U0689437

普通高等教育"十一五"国家级规划教材

电 机 控 制

The Centrol of Electrical Machinery

（第三版）

贺益康　许大中　编著

ZHEJIANG UNIVERSITY PRESS
浙江大学出版社

内容简介

本书主要讨论电力电子技术在电机的能量变换、速度调节、特性控制中,特别是节能降耗、新能源开发中的应用技术,以及电力电子装置非正弦供电对电机的运行性能影响及分析。其内容是电机原理、电力电子技术、传感技术、控制理论及微机数字控制技术的有机结合,体现了电子、计算机、信息等高新技术对传统机电技术的改造及当今电机行业发展的新趋势。

本书为《电机控制》的第三版,是普通高等教育"十一五"国家级规划教材,全国高等学校电气工程及自动化专业统编教材,可供电机电器专业研究生用作教学参考书。对于从事电机、电力电子及电力传动领域中的研究、设计及运行工程技术人员也有较好的参考价值。

图书在版编目(CIP)数据

电机控制 / 贺益康,许大中编著. —杭州:浙江大学出版社,2010.5(2025.1重印)
 ISBN 978-7-308-07573-2
 Ⅰ.①电… Ⅱ.①贺… ②许… Ⅲ.①电机－控制系统
Ⅳ.①TM301.2

中国版本图书馆 CIP 数据核字(2010)第 076418 号

电机控制(第三版)
贺益康 许大中 编著

责任编辑 王 波(wb123@zju.edu.cn)
封面设计 刘依群
出版发行 浙江大学出版社
 (杭州市天目山路 148 号 邮政编码 310007)
 (网址:http://www.zjupress.com)
排 版 杭州青翔图文设计有限公司
印 刷 广东虎彩云印刷有限公司绍兴分公司
开 本 787mm×1092mm 1/16
印 张 18.5
字 数 474 千
版 印 次 2010 年 5 月第 3 版 2025 年 1 月第 20 次印刷
书 号 ISBN 978-7-308-07573-2
定 价 49.00 元

版权所有 侵权必究 印装差错 负责调换

浙江大学出版社市场运营中心联系方式:0571－88925591;http://zjdxcbs.tmall.com

前　言

　　《电机控制》一书最早是根据 1992 年 9 月全国高等学校电机专业教学指导委员会第六次全体(扩大)会议讨论通过的电机控制课程教材编写大纲编写,于 1995 年 2 月由浙江大学出版社出版,并作为全国高等学校电机及其控制专业的统编教材在全国发行。1999 年 11 月全国高等学校电机电器及其控制专业教学指导委员会第三次会议上,决定该书作为面向 21 世纪推荐教材再次编写。同时,为适应原电机电器及其控制专业进一步拓宽成为电气工程及其自动化专业后更为宽广的专业方向和综合人材培养的需要,以将电子、计算机、信息技术更为有机地结合进传统电机学科为目标,重新编写了《电机控制(第二版)》。2002 年 5 月通过了教育部评审,被列入了普通高等教育"十五"国家级规划教材。多年来该教材作为全国高等学校电气工程及其自动化专业课统编教材在全国高等院校有关专业中广为使用,多次重印。随着电机控制技术的进步和高素质电机人才的培养要求,对使用多年的《电机控制(第二版)》进行修订已势在必行。为此,作者对原书内容进行了全面增补、修订,规划并重写本书的第三版。2007 年《电机控制(第三版)》通过了教育部评审,再次被列入普通高等教育"十一五"国家级规划教材,并继续作为全国高等学校电气工程及其自动化专业课统编教材和电机电器专业研究生教学参考书使用。

　　本书内容共分六章及两个附录。

　　● 第 1 章为直流电动机的控制,介绍了直流电动机的晶闸管可控整流调压调速和自关断器件的直流脉宽调制(PWM)调压调速,分析了双闭环直流调速系统的构成和工作原理,系统讨论了双闭环调速系统实现优化设计的工程方法,针对电力电子装置供电对直流电机最为关键的换向性能影响也作了深入分析。

　　● 第 2 章为异步电动机的控制,首先系统地介绍了异步电动机各种调速方法的机理和分类,分别讨论了交流调压调速、电磁滑差离合器调速、变极调速、串级调速和双馈调速技术。变频调速是本章的重点,结合电机原理、电力电子技术,分别从变频调速理论、静止变频器、脉宽调制(PWM)技术、变频调速系统及高性能的控制策略(矢量变换控制,直接转矩控制)等诸多方面进行了详细讨论。

　　● 第 3 章为同步电动机的变频调速控制,分别介绍了同步电动机它控式及自控式变频调速系统的工作原理和系统构成、同步电动机的矢量变换控制技术,对永磁同步电动机常用的几种矢量控制策略也作了详细讨论。

　　● 第 4 章为交流发电机的励磁控制,这是电机电子控制的另一重要方面内容。本章首先介绍了同步发电机对励磁系统的基本要求,随后系统地讨论了它励式、自励式和自复励等典型的励磁系统,对于 20 世纪 90 年代出现的先进交流励磁发电技术,更结合作者在变速恒频风力发电研究中的技术成果进行详细介绍。

● 第 5 章为位置检测式调速电动机及其控制,这是一类以带位置检测器为特征的机电一体化新型调速电机系统,包括永磁无刷直流电动机和开关磁阻电动机。本章中全面讨论了它们的原理、构造、调速系统构成及其控制。

● 第 6 章为电机的微机控制,即微机数字控制技术在电机控制领域中的应用。与一般的微机控制技术书籍不同,本章仅从电机控制的数字实现角度简明地讨论了电机采用微机控制的特点及优势,实现电机微机控制最常用的基本硬、软件技术等;并以直流电机 PWM 可逆调速、交流电机 SPWM 变频调速为例介绍了微机控制的具体实现方法。

● 附录中则给出了本书在异步电机高性能控制中所用的坐标变换理论和异步电机基本方程式。

● 此外,作为一本完整的教材,本书各章均配备有一定数量的思考题和习题,以利学习。

与《电机控制(第二版)》相比,本书内容的重要修订是:

(1)直流电动机的控制中,对晶闸管-直流电动机的双闭环调速系统从系统形成过程的角度作了更完整的讨论,更利于掌握;对直流电动机的脉宽调制调速增补了受限单极性电路的分析。

(2)在异步电动机控制中,从电力电子技术角度加深了异步电动机调压调速的机理分析,增加了在恒流软起动中应用;深化了谐振软开关技术在电机调速控制中的应用,特别讨论了带直流谐振环节的 PWM 逆变器-异步电动机变频调速系统;为接近工程实际并跟踪新技术的发展,增加了变频器桥臂元件开关死区设置影响的讨论,更将具备功率双流动能力的PWM 整流-PWM 逆变器形式的变频器列入了学习内容。

(3)增加了直接转矩控制新内容,与矢量变换控制一起构成了异步电动机的高性能控制新章节。

(4)配合永磁电机调速技术迅速发展的学习需要,在同步电动机的变频调速控制中增加了永磁同步电动机的矢量控制策略新章节。

(5)考虑到当今新能源开发的新形势,特别是学习变速恒频风力发电技术的需要,增补了双馈异步发电机的交流励磁控制一节,并将第 4 章更名为交流发电机的励磁控制。

本书由浙江大学贺益康教授、许大中教授共同编写。鉴于编著者水平有限,书中难免有不当或错误之处,恳请读者批评指正。

编著者

2009 年 11 月于浙江大学

目　录

绪论 ··· 1

第 1 章　直流电动机的控制 ·· 9
1.1　晶闸管供电直流电动机的机械特性 ·· 9
1.2　晶闸管—直流电动机调速系统 ··· 15
1.3　直流电动机的脉宽调制（PWM）调速 ·· 24
1.4　直流电动机调速系统的特性及其优化 ·· 32
1.5　晶闸管供电对直流电动机换向的影响 ·· 48
思考题与习题 ··· 53

第 2 章　异步电动机的控制 ·· 54
2.1　异步电动机的调速方法 ·· 54
2.2　异步电动机的调压调速 ·· 56
2.3　电磁滑差离合器（电磁调速电机） ·· 63
2.4　绕线式异步电动机的调速 ··· 65
2.5　异步电动机变极调速 ·· 75
2.6　异步电动机变频调速理论 ··· 78
2.7　静止变频器 ··· 94
2.8　异步电动机变频调速系统 ·· 126
2.9　异步电动机的高性能控制 ·· 134
思考题与习题 ·· 160

第 3 章　同步电动机的变频调速控制 ·· 162
3.1　同步电动机的结构形式和运行性能 ·· 163
3.2　无换向器电机（自控式同步电动机变频调速系统） ························ 167
3.3　同步电动机矢量变换控制 ·· 178
3.4　永磁同步电动机矢量控制策略 ··· 183
思考题与习题 ·· 189

第 4 章　交流发电机的励磁控制 ·· 190
4.1　对同步发电机励磁的基本要求 ··· 190

4.2　它励式励磁系统 ………………………………………………… 194
4.3　自励式半导体励磁系统 ………………………………………… 198
4.4　相复励励磁系统 ………………………………………………… 201
4.5　双馈异步发电机的交流励磁控制 ……………………………… 206
思考题与习题 …………………………………………………………… 215

第5章　位置检测式调速电动机及其控制 ……………………………… 216
5.1　永磁无刷直流电动机原理 ……………………………………… 216
5.2　永磁无刷直流电动机的控制 …………………………………… 225
5.3　开关磁阻电动机原理 …………………………………………… 231
5.4　开关磁阻电动机的控制 ………………………………………… 237
思考题与习题 …………………………………………………………… 243

第6章　电机的微机控制 ………………………………………………… 244
6.1　电机的微机控制概述 …………………………………………… 244
6.2　电机微机控制中的基础技术 …………………………………… 252
6.3　直流电动机调速系统的微机控制 ……………………………… 266
6.4　SPWM变频器的微机控制 ……………………………………… 269
思考题与习题 …………………………………………………………… 278

附录Ⅰ　坐标变换理论 …………………………………………………… 279
附录Ⅱ　异步电机基本方程式 …………………………………………… 284

参考文献 …………………………………………………………………… 289

绪 论

人类社会发展的历史进程中,能源永远是人类赖以生存的物质基础、科学技术进步的动力。电工技术的发展更是和能源的获取、变换、利用紧密联系在一起。由于电能的生产、变换高效,传输分配容易,使用控制方便,因而获得了最为广泛的应用。电能的产生和利用更涉及机械与电气两种形态能量之间的转换,电机(电动机、发电机)作为机电能量转换的设备所处位置关键,使得电机技术的发展直接关系到能源的有效变换和利用,能源的开发和节约更是当今节能降耗、新能源开发的主要技术手段,十分关键和重要。

一般而言,电机技术包括电机制造技术和电机控制技术两个方面。电机制造技术主要是电机本体的优化设计、加工制造、工艺处理等技术,涉及较多的传统电工及机械、材料学科的内容。电机控制技术则主要服务于电机的运行、特性控制,最主要是电动机的速度控制和发电机的励磁调节。随着电力电子技术、微电子技术、传感技术、微机控制技术在电机控制中的应用,电机控制是以电子控制为主要形式,已逐渐成为了一门以电机为机械本体,集信息技术、微电子技术与工作机械于一体的机电一体化技术,更是以高新技术改造传统机电技术的重要手段。本书主要讨论电机的电子控制,特别是交流电机的控制技术。

一、电动机的速度控制

现代工业生产中有两种情况需要实现电机的速度控制:

1. 满足运行及生产工艺要求

可以用车床、电动车辆、轧钢机如何为满足生产工艺要求而实施电机的控制为例来说明。

对于车床来说,毛坯粗加工时,要求工件旋转慢、切削量大,需控制主轴电机运行在低速、大转矩状态;成品精加时要求工件旋转快、切削量小,需控制主轴电机运行在高速、小转矩状态。可以看出这两种加工工况分别提出了对电机实施转速、转矩控制的不同要求。

对于电动车辆(车辆电驱动)面言,上坡时要求运行在低速、大转矩(恒转矩)状态,下坡时实行动能回馈形式的再生制动(非机械抱闸形式的摩擦能耗制动);平路飞驰时要求高速、小转矩的恒功率运行,防止过载以保护机电装置的运行安全。可以看出这些驱动工况分别提出了对电机实施电动/发电、恒转矩/恒功率的多状态运行控制要求。

对于轧钢机这类高性能机电控制系统来说,为确保钢材金属结晶结构均匀,要求稳态运行时稳速精度高;为减少结晶不均匀的钢材损耗,提高生产效率,要求电机转矩动态响应速度快,使"咬钢"时的动态速降小,恢复时间短,钢材不合格部分裁切量少。为适应钢材的往返轧制需要,要求驱动电机能作正/反转、电动/制动的四象限可逆运行。可以看出这一类高性能机电运动控制系统已对电机提出了转矩的动态控制和四象限可逆运行的高要求。

2. 实现调速节能

采用速度调节方法实现节能降耗已是当前电机控制技术中的重要功能和应用方式,特别是通过速度控制实现风机、水泵的流量调节,可以获得巨大的运行节能效果。过去拖动风机、水泵的电机常作恒速运行,使输入风机、水泵的功率恒为额定值,而输出流量大小是通过设置档风板或调节阀门开度来调节,这使得在档板、阀门上产生大量能耗,故是一种耗能的流量调节方式。如果去除风道上的档板或管道内的阀门,尽可能地减小了管道阻力及相应损耗,而通过调节拖动电机的转速来调节流量,这可使转速下降时电机的输入功率随转速的立方关系减小,从而可获得高达 20%~30% 的节能效果。这是一种通过电机控制技术改变运行方式来获得节能的范例。

按照电机类型的不同,电机的速度控制可区分为直流调速和交流调速两大类。

直流调速即对直流电动机的速度实施控制。由于直流电动机中产生转矩的两个要素——电枢电流和励磁磁通相互没有耦合,并可通过相应电流分别控制,因此直流电动机调速时易获得良好的控制性能及快速的动态响应,在变速传动领域中过去一直占据主导地位。然而由于直流电机需要设置机械式换向器和电刷,使得直流调速存在固有的结构性缺陷:

(1)机械换向器结构复杂、成本增加,同时机械强度低,电刷容易磨损,需要经常维护,影响运行可靠性。

(2)运行中电刷易产生火花,限制了使用场合,不能用于化工企业、矿山、炼油厂等有粉尘、腐蚀、易燃物质或气体的恶劣环境。

(3)由于存在换向问题,难以制造成大容量、高转速及高电压直流电机,其极限容量与转速乘积限制在 10^6 kW·r/min,使得目前 3000r/min 左右的高速直流电动机最大容量只能达 (400~500)kW;低速直流电动机也只能做到几千千瓦,远远不能适应现代工业生产向高速大容量化发展的需要。

交流调速即对交流电动机的速度实施控制。交流电机,尤其是笼型异步电动机,由于结构简单、制造方便、造价低廉、坚固耐用、无需维护、运行可靠,更可用于恶劣的环境之中,特别是能做成高速大容量,其极限容量与转速乘积高达 $(400~600) \times 10^6$ kW·r/min,因此在工农业生产中得到了极为广泛的应用。但是交流电动机调速、控制比较困难,这是由于同步电动机的气隙磁场由电枢电流和励磁电流共同产生,其磁通值不仅决定于这两个电流的大小,还与工作状态有关;异步电动机则因电枢与励磁同在一个绕组中实现,两者间存在强烈的耦合,不能简单地通过控制电枢电压或电流来准确控制气隙磁通进而控制电磁转矩,因而不能有效地实现电机的运动控制。

交流电机调速原理早在 20 世纪 30 年代就进行深入的研究,但一直受实现技术或手段的限制而进展缓慢。早期传统的交流调速多采用电磁装置和水银整流器或闸流管等原始变流元器件来实现,最早是绕线式异步电动机转子串电阻调速,在吊车、卷扬机等设备中得到较为广泛的应用,但采用这种方法调速时会在电阻上耗费大量的电能,运行效率低下。20 世纪 50 年代发展了异步电机定子串饱和电抗器实现调压调速的简单方法,但仍有转子损耗引起严重发热问题。笼型转子异步电机变极调速是一种高效的调速方法,但速度变化有级,应用范围受到限制。为了提高绕线式异步电机转子串电阻调速的运行效率,20 世纪 30 年代就提出了串级调速的思想。这种方法把原本消耗在外接电阻上的转子滑差功率引出,经整流变为直流电能供给同轴联接的直流电动机,使这部分能量变为机械功加以利用。交流电机变频调速是一种理想调速方法,早在 20 世纪 20 年代对此就有明确认识:既能在宽广的速度范围内实现无级调速,也不会在调速过程中使运行效率下降,更可获得良好的起动运行特性。但由于当时采用的水银整流器和闸流管性能不理想而未能推广使用;采用旋转变流机作变频供电也因技术性能不如直流调速而未能推广使用。

20 世纪 50 年代中期世界上第一只晶闸管研制成功,开创了电力电子技术发展的新时代。从此"电子"进入强电领域,电力电子器件成为弱电控制强电的桥梁与纽带,使得电能的变换、利用更加方便和高效,大大地促进了电机调速与控制技术的飞速发展。首先电力电子技术的应用使直流电机调速系统摆脱了以往笨重的电动—发电机组供电形式,进步到了采用可控整流器的简洁供电方式,加上线性集成电路、运算放大器的应用和调节器的优化,现代直流调速技术的静、动态性能获得了很大的提高。与此同时,交流电机调速技术的发展也获得了一次飞跃,尤其是 20 世纪 70 年代中期世界范围内出现了能源危机,节约能源成了人们普遍的共识。作为节约电能的重要手段,交流电机调速引起了人们的重视,尤其是拖动风机、水泵、压缩机的交流电机实施以调速来调节流量的运行方式改造后,产生了巨大的节能效果,更为有力地推动了交流调速技术本身的快速发展。

交流电机调速方法众多,技术手段各异,但可从电机运行原理的角度予以合理分类。

对于异步电机面言,根据电机原理,从定子通过气隙传入转子的电磁功率 P_M 可以分为两部分:一部分是轴上的机械功率 $P_2 = (1-S)P_M$,这是拖动负载做功的有效功率;另一部分是转子绕组内的滑差功率 $P_S = SP_M$,它与转差 S 的大小成正比。我们可以按照调速过程滑差功率是否增大、真实消耗还是得以回收来划分调速类型。

(1)滑差功率消耗型。调速过程中全部滑差功率均转换成热能形式,不可逆地被消耗掉,而且消耗越多调速范围越宽,当然运行效率将越低。常见的调压调速、绕线式异步电机转子串电阻调速、电磁滑差离合器(电磁调速电机)就属于这种调速类型。值得指出的是尽管滑差功率消耗型调速时耗能,但在风机、水泵采用调速调流量方式时仍有相当大的节能效果。这是因为离心式风机、水泵的输入功率是转速的三次方关系,随减小流量而降低转速时电机的输入功率大大减小,抵消掉因调速引起的能耗后仍有近 20% 的节能潜力,十分可观。

(2)滑差功率回馈型。调速时滑差功率的一部分被消耗掉,大部分可通过变流装置返回电网或转化为机械功被利用,以此维持较高的运行效率。绕线式异步电机串级调速就是属于此类调速方式。

(3)滑差功率不变型。这种方法主要是通过改变同步转速实现调速,滑差功率消耗水平保持不变,因而是一种真正意义上的高效调速方式,变频调速、变极调速就是具体的方法。变频调速更是交流电机的主要调速方式,以此为基础可以构成许多高性能的交流调速系统。

对于同步电机而言,由于转子速度与旋转磁场速度严格同步而不存在滑差,故其调速类型只能是滑差功率不变型,即为 $P_S = 0$ 的调速方式,加上同步电机转子极对数固定而无法采用变极调速,因而变频调速是其唯一可行的调速方法。按照变频器频率指令的来源,同步电机变频调速系统可区分为它控式及自控式两种,其中自控式同步电机变频调速系统又称无换向器电机,与它控式相比最大优点是电机本身的转速控制了变频器的供电频率,使转子与旋转磁场永远保持同步旋转关系,没有失步问题。

　　交流电机调速技术的发展总是与电力电子技术和微机控制技术的进步紧密联系，电力电子器件和微机构成了交流调速系统的物质基础。电力电子器件的作用更为关键，可以说新一代的器件带来了新一代的变换器，又推动了新一代交流调速系统的形成和发展。

　　20 世纪 60 年代初，中、小型异步电机多采晶闸管调压调速或采用晶闸管可控整流的电磁滑差离合器，取代了传统的饱和电抗器调速；而在中、大容量绕线式异步电机中，多采用晶闸管串级调速装置代替早先机组式串级调速系统，并广泛应用于风机、水泵的调速节能改造。至于变频调速，由于作为第一代电力电子器件的晶闸管没有自关断能力，由它构成的逆变器需要有附加的换流措施，由此产生了几种晶闸管的变频调速装置。最简单的是利用电机反电势换流的自控式同步电机变频调速系统（无换向器电机），这种调速电机在 20 世纪 70 年代就得到了迅速的推广，现在最大单机容量已超过 $1 \times 10^5 \, \text{kW}$。由于异步电机的输入电流相位总是滞后于端电压，不能利用其反电势帮助逆变器中晶闸管实现换流，必须采用电容强迫换流，使得其变频调速系统电路结构一般比较复杂。这一时期还较多地发展了供单台异步电机变频调速用的串联二极管式电流源型逆变器，供多台异步电机协同调速运行的串联电感式及带辅助换流晶闸管式的电压源型逆变器，还有利用电网电压自然换流、适合于低速大容量调速传动的交—交变频器（循环换流器）。这些晶闸管逆变器的输出电流或电压波形通常是矩形波、阶梯波或正弦波拼块，除了基波外还含有较大的谐波成分，会对电机、电网产生严重的谐波负面效应。特别是其中的 5 次、7 次等低次谐波会在异步电机中引起转矩脉动、振动噪声、损耗发热、效率及功率因数下降等不良影响。这些都是由于所采用的晶闸管器件开关频率太低所致，因此必须从提高开关频率、优化输出波形着手来解决，此时电力电子器件成为了关键。

　　20 世纪 50 年代出现的晶闸管只是一种可控制导通但不能控制关断的半控器件，开关频率又低，但它的通态压降小，可以做成高压大容量，因而在大功率（>1MW）、高电压（≥10kV）的交流调速装置中仍有不可替代的地位。20 世纪 70 年代后，各种具有自关断能力的高频自关断器件随着调速节能技术的发展应运而生，主要有电流控制型的大功率晶体管 GTR、门极可关断晶闸管 GTO、电压控制型的功率 MOS 场效应晶体管 Power MOSFET、绝缘栅双极型晶体管 IGBT、MOS 控制晶闸管 MCT 等。由于电压控制（场控）型器件的驱动远比电流控制型简单、方便，因而更具发展前景。这些器件的开关频率和电压、电流容量均已达到相当高水平，在产品中已获得了广泛应用。它们的开关频率和电压、电流容量简列如下：

　　GTO　8000V/10000A，开关频率 1kHz；

　　GTR　1200V/800A，开关频率（2～4）kHz；

　　Power MOSFET　2000V/250A，开关频率>100kHz；

　　IGBT　3300V/1800A，开关频率 20kHz；

　　MCT　2500V/1000A，开关频率 1kHz。

　　20 世纪 80 年代以后，又出现了新的一代电力电子器件——功率集成电路 PIC，它集成功率开关器件、驱动电路、保护电路、接口电路于一体，发展成了智能化的电力电子模块器件，目前广泛应用于交流调速中的智能功率模块 IPM 就是采用 IGBT 作功率开关器件，把集成电流传感器、驱动电路及过载、短路、过热、欠压等保护电路于一体，简化了接线，减小了体积，实现信号处理、故障诊断、驱动保护等功能，方便了使用，提高了可靠性，是电力电子器件今后发展的方向。

随着高频自关断器件的应用,进一步推动了交流调速中的变流技术和控制策略的发展。首先是脉宽调制(PWM)技术的成熟和应用。脉冲宽度按正弦规律变化的 SPWM 显著地降低了逆变器输出电压中的低次谐波,使电机运行时的转矩脉动大为减小,动态响应加快。由于脉宽调制逆变器把变频与调压结合在一起,输入直流电压无需调节,电源侧可以简单地采用二极管不控整流,从而显著提高了调速系统输入侧功率因数。所用自关断器件开关频率的提高又使逆变器输出谐波次数升高、谐波幅值减小,有效地抑制了输出电力谐波对电机的影响,因而使 SPWM 调制技术在中、小型异步电机变频调速中获得了极为广泛的使用。

从电机原理可知,要使交流电机具备优良的运行性能,首先要向电机提供三相平衡的正弦交流电压,当它作用在三相对称的交流电机绕组中时,就能产生三相平衡的正弦交流电流。若交流电机磁路对称、线性,就能在定、转子气隙中建立单一转向的圆形旋转磁场,使电机获得平稳的转矩、均匀的转速和优良的运行特性,这在大电网供电下自然是能得到满足,但在变频器开关方式供电下就有一个发展过程。正弦脉宽调制 SPWM 追求的是给电机提供一个频率可变的三相正弦电压,并未关心电机绕组内的电流和电机气隙中的旋转磁场。另一种电流跟踪型脉宽调制方式则是避开电压的正弦性,直接追求在电机三相绕组中产生频率可变的对称正弦电流,这比只考虑电压波形进了一步。电流跟踪型 PWM 逆变器为电流控制型电压源逆变器,兼有电压和电流控制逆变器的特点,其中滞环控制电流跟踪 PWM 更因电流动态响应快、实现方便而受到重视。为了追求采用逆变器开关切换能在电机内部生成圆形磁场的效果,近期又研究出磁链跟踪型脉宽调制技术。它将逆变器与交流电机作为一个整体来考虑,通过对逆变器开关模式的控制,形成不同的三相电压组合(电压空间矢量),使其产生的实际磁通尽可能地逼近理想的圆形磁通轨迹——理想磁链圆,从而使变频器的性能达到一个更高水平。这种方法采用三相统一处理的电压空间矢量来决定逆变器的开关状态,形成 SVPWM 波形,操作简单方便,易于实现全数字控制,已呈现取代传统 SPWM 的趋势。

由于交流电机定、转子各相绕组之间的耦合紧密,形成了一个复杂的非线性系统,使其转矩与电流不成正比,瞬时转矩控制困难,导致交流电机调速系统的动态性能不如直流调速系统优良。为了有效地控制交流电机的转矩,改善交流调速系统的动态性能,1973 年德国 F.Blaschke 提出了矢量变换控制方法,它以坐标变换理论为基础,参照直流电机中磁场(励磁电流)与产生电磁转矩的电枢电流在空间相互垂直、没有耦合、可分别控制的特点,把交流电机的三相定子电流(电流空间矢量)经坐标旋转变换,也分解成磁化电流分量和与之垂直的转矩电流分量,通过控制定子电流矢量在旋转坐标系中的位置和大小,实现对两个分量的分别控制,也就实现了对磁场和转矩的解耦控制,达到与直流电机一样有效地控制电机瞬时转矩的目的,使之具有较好的动态特性。

矢量控制方法的采用使交流电机调速系统的转矩动态性能得到了显著的改善,开创了用交流调速系统取代直流调速系统的新时代,这无疑是交流传动控制理论上的一个质的飞跃。但是经典的矢量控制方法要进行坐标变换,比较复杂;而异步电机矢量控制时坐标轴线需要以转子磁链来定向,其计算比较繁琐,精度常受转子参数变化的影响,造成矢量变换控制系统的控制精度随运行状态变化,达不到理想效果,对此各国学者又相继提出了不少新的控制策略,如转差矢量控制、标量解耦控制、直接转矩控制等。这些新的控制方法又进一步改进了交流电机的控制性能,使得现代高性能交流调速系统的动态性能已完全能达到甚至超过直流电机调速系统的水平。

高性能的控制策略涉及复杂的变换关系和实时数学运算,这又促进了微机数字控制技术在交、直流调速传动中的应用和发展。众所周知,常用的电子控制方式有采用模拟电子电路的模拟控制和采用数字电子电路的数字控制。在 20 世纪 70 年代之前,交、直流调速系统多采用模拟控制方式,由众多的线性运算放大器、二极管、三极管等模拟器件构成控制器。这种控制装置体积大、可靠性差,特别是存在温度漂移对器件参数的影响而稳定性差,又难于实现信息存储、逻辑判断,复杂的数学运算控制(如矢量变换控制)几乎无法实现。随着数字电路、微机技术的发展,采用计算机软件实现各种规律控制已成可能。大规模集成电路技术的成熟出现了微处理器、微控制器,使得电机的电子控制步入了一个崭新的数字化阶段。当前,以单片机为主体的微型计算机已成为调速系统数字控制的核心,展现出十分优越的控制性能:

(1)数字控制器硬件标准、简洁,成本低,可靠性高;

(2)数字控制实现灵活,功能齐全,可以按需编写、更换软件,具有最大的柔性;

(3)可实现复杂的逻辑判断、数字运算,使得新型、复杂的控制策略能得以实现。

与模拟控制相比数字控制实时性较差,模拟量数字化时引入的量化误差影响控制精度和平稳性,但随着微机运算速度和字长的提高这些障碍将得到克服。目前广泛采用的微处理器主要类型有美国 INTEL 公司的 MCS—51 系列的八位单片机、MCS—96 系列的 16 位单片机,美国 TEXAS 公司的 TMS320 系列的 16 位、TMS28XX 系列 32 位数字信号处理器(DSP)等,它们的应用和进步大幅度地提高了调速系统的控制性能。

二、发电机的励磁调节

电机控制中另一个有重要意义的领域是励磁调节。现代工业生产和人民生活对发电机的供电质量要求越来越高,发电机励磁系统的好坏更直接影响发电机系统的供电质量和运行稳定性、可靠性。现代同步发电机对励磁系统的要求是多方面的,不但要能及时地根据发电机负荷变化情况调节其励磁电流,维持机端电压在一定水平上,并使各并联运行机组的无功功率得到合理分配,而且要求反应迅速,以利于提高电力系统的静态稳定性。在电力系统和电机内部发生故障和扰动时,更要求励磁系统能作出快速响应,以提高发电机的动态稳定性和安全可靠性。这包括在电力系统发生短路或其他原因使机端电压严重下降时要能进行强行励磁,提高电力系统的动态稳定性;在电力系统突甩负荷时能实现强行减磁,以防止发电机端电压的过分升高;在发电机定子绕组出现匝间短路故障时,能快速灭磁以避免事故的扩大。

一般来说,同步发电机的励磁系统包括了两方面的问题,即励磁功率的来源和励磁调节的方式。发电机的励磁功率从外部独立电源获得时称它励式,从发电机本身发出的电功率中获取时称自励式。它励式要有单独励磁电源,比较复杂,但在发电机端发生短路故障时有较强的励磁能力,有利于发电机运行时的动态稳定性,但为简化励磁系统,现代中、小型同步发电机基本上都采用自励的方式。至于励磁调节方法,过去只有按发电机电压、电流偏差进行调节的比例式调节方式,现在除采用按电压、电流偏差进行调节外,还引入了电压、电流的导数及转速、频率等信号作为依据的强励调节方式,用以改善电力系统动态性能。在中、小型同步发电机中则广泛采用具有自动调节励磁能力的相复励系统,以保持发电机端电压稳定不变,且在发电机或电网发生短路故障时仍能维持自励并提供一定的强励能力。

交流励磁发电是 20 世纪 90 年代以来开发出的新型励磁方式,它是在异步发电机的转子绕组中采用变频器提供滑差频率的三相交流电以实现励磁,可使发电机在变速的情况下发出恒定电网频率的交流电能;同时采用矢量变换控制技术,实现发电机的有功功率、无功功率独立调节。交流励磁实现的变速恒频发电技术可用于水头或落差有变化,或为避免多泥沙水流对水轮机叶轮冲击损伤的变速运行水力发电系统,以及风速随机变化的风力发电系统。

近年来在绿色能源、特别是风能的开发、利用中,现代风力发电技术获得了广泛的关注,已在世界范围内得到了飞速的发展。目前广泛采用的变速恒频风力发电系统主要有采用交流励磁方式的双馈异步发电机和采用交-直-交全功率变换方式的永磁同步发电机,它们都是传统电机与现代电力电子技术、高性能电机控制策略相结合,使电机运行于发电状态的高新技术手段,达到新能源高效开发利用的目的。

三、电机控制技术的发展动向

电机的电子控制是一门集电机运行理论、电力电子技术、自动控制理论和微机控制技术于一体的机电一体化技术,随着这些相关技术的飞速进步,电机控制技术正在日新月异地不断发展。目前的发展动向主要表现在:

1. 变流装置

随着一代代自关断器件的陆续产生,调速系统变流装置正朝高电压、大容量、高频化、小型化方向发展,适合中电压($\geqslant 10$kV)、大容量($\geqslant 10$MW)的变频器已获得应用。随着功率器件开关频率的提高,PWM 调制技术进一步优化,可以获得十分理想的正弦电压输出。变频器电网侧的交-直变换虽采用不控整流可使基波功率因数(位移因数)接近于 1,但因输入电流谐波大而使得总功率因数低下。消除对电网的谐波污染、提高系统输入功率因数、优化变频器输入特性已成为当前变频技术关注热点。因此,PWM 整流技术、新型单位功率因数变流器(如矩阵式交-交变换器)的研究、开发已引起广泛关注。

与此同时,如何提高变频器的开关频率也受到重视,特别是大功率逆变器中功率开关频率主要受到开关损耗的限制,如何降低开关损耗是变频器高频化的关键。近年来已研究出了应用谐振原理使功率器件在零电压或零电流下进行开关的软开关技术,其开关损耗接近为零,大大提高了变流器的运行效率。

2. 控制策略

交流电机是一个多变量、强耦合、时变的非线性系统,瞬时转矩控制困难,造成长时间以来其动态性能不如直流电机优良。20 世纪 70 年代提出的矢量变换控制开创了交流电机高性能控制的新时代,但矢量变换控制也有不尽如人意之处。1985 年德国学者 Depenbrock 又提出了直接转矩控制,它将电机与逆变器作为一个整体来考虑,采用电压空间矢量方法在定子坐标系内进行磁通、转矩的计算,通过磁链跟踪型 PWM 逆变器的开关切换直接控制磁链和转矩,无须进行定子电流解耦所需的复杂坐标变换,系统控制更为简单、直接,动、静态性能优越,目前正受到广泛的关注。

各类电机闭环控制中常需检测转子速度或磁极位置,因而带来了传感器安装、维护、环境适应性及运行可靠性等诸多问题。为了降低造价并提高可靠性,国外从 20 世纪 70 年代开始进行了无速度传感器控制技术的研究。最初是利用检测定子电压、电流等易测量和电机模型进行速度估算,后来采用了模型参考自适应方法(MRAS)进行速度辨识,近年已将卡尔曼滤波器理论用于电机的参数辨识。为解决静止和极低速情况下电机转子位置(速度)的自检测,高频电压(电流)注入法也已引入了交流电机的无位置(速度)传感器运行研究中。目前无速度传感器技术已应用于商品化变频器之中。

3. 全数字化控制

随着微机运算速度的提高、存储器的大容量化,全数字控制已是电机控制方式的主流方向。目前除采用各类单片微机作为数字控制器核心外,数字信号处理器(DSP)已展现出越来越大的优势。与普通单片机相比,DSP 改变了集成电路结构、提高了时钟频率,采用指令列排队方式来提高运行效率,更集成了硬件乘法器,大大缩短了乘、除运算时间,特别适合于复杂数学运算。近来又增加了 I/O 口,提高了作为微控制器的功能,形成了电机控制专用系列,已在商品变频器中得到了应用。

20 世纪 80 年代后期,又出现了一种精简指令计算机 RISC,它依靠硬件与软件的优化组合,提高了常用基本指令的执行速度,丢弃了一些运算复杂而不常用的指令,实现了在一个给定周期内并行执行多条指令的能力,以此提高了软件总体效率和执行速度,以一种新的方式解决了数字控制实时性问题。

为了解决控制器的小型化,出现了高级专用集成电路 ASIC,如变压变频用的 SPWM 序列波发生器 HEF4752、SLE4520 等,甚至还有包括一个完整控制系统的 ASlC 面市。现在开发各种新一代 ASIC 已成为先进电气公司当前技术竞争的手段。如果用户欲自己开发电机专用控制芯片,现场可编程门阵列 FPGA 是一种有效解决方案。这是一种可以方便实现多次改写的逻辑器件,一片 FPGA 包含有少则几千、多则几十万个逻辑门,可以用来实现非常复杂的运算,替代多块集成电路和分立元件,且具有很强的保密能力。现在,采用 DSP＋FPGA＋IPM 构成电机控制系统已是一种较先进的硬件格局。

4. 智能控制理论的应用

基于现代控制理论的滑模变结构控制,采用微分几何理论的非线性解耦控制、模型参考自适应控制等均已引入电机控制。但这些方法仍建立在对象精确的数学模型之上,需要大量传感器、观测器,结构复杂,仍无法摆脱系统非线性和参数变化的影响。智能控制无需对象的精确数学模型并具有较强的鲁棒性,近年已被陆续引入电机控制之中,如模糊控制、人工神经元网络控制、专家系统等,使电机控制正朝智能化控制方向发展。

第1章

直流电动机的控制

　　直流电动机由于具有良好的调速特性,宽广的调速范围,长期以来在要求调速的地方,特别是对调速性能指标要求较高的场合,例如轧钢机、龙门刨和高精度机床等传动中得到了广泛的应用。

　　以前直流电机调速系统采用直流发电机组供电,不仅重量大,效率低,占地多,而且控制的快速性比较差,维护也比较麻烦。近年来随着电力电子技术迅速发展,已普遍采用了由晶闸管可控整流器供电的直流电机调速系统,以取代以前广泛应用的交流电动机 — 直流发电机组供电的系统。特别是采用了由集成运算放大器构成的电子调节器后,晶闸管整流器供电的直流电机调速系统在性能上已远远地超过直流发电机组供电的系统。随着自关断器件的出现,脉宽调制(PWM)调速或斩波调速方式在直流调速系统中得到发展。由于调制频率高,动态响应快,在高性能直流伺服驱动中得到了广泛的应用。近几年微型计算机应用的普及,更为直流电机调速系统实现数字化和高性能化创造了条件。这些都是本章要重点讨论的内容。

1.1　晶闸管供电直流电动机的机械特性

　　从机电运动控制系统的控制目标看,电机控制可以区分为调速控制、位置随动(伺服)控制、张力控制、多电机同步控制等类型,但各类控制都是通过转速控制来实现其最终目标的,因此调速控制应是最基本的电机控制方式。

　　调速控制的依据是电动机的转速公式。对直流电动机而言,有

$$n = \frac{U_a - R_a I_a}{C_e \Phi} \tag{1.1}$$

式中　　n—— 转速(r/min);

　　　　U_a—— 电枢电压(V);

　　　　I_a—— 电枢回路总电阻(Ω);

　　　　Φ—— 励磁磁通(Wb);

　　　　C_e—— 由电机结构决定的电势常数。

可以看出,直流电动机有三种调速方法:

(1) 调压调速 —— 调节电枢电压 U_a,使电机转速在宽广的范围内平滑变化;

　　（2）弱磁调速 —— 改变励磁磁通 Φ 大小使转速变化，但基于电机铁磁饱和考虑只能在额定速度以上通过弱磁作升速运行，限制了调速范围；

　　（3）串电阻调速 —— 通过增大电枢电阻 R_a 实现调速，但伴随有巨大的功率损耗、发热和运行效率下降，很少采用。

　　因此，直流电动机主要采用调压调速方式。

　　传统的调压调速是通过直流发电机（G）—— 直流电动机（M）的 G-M 机组方式实现的，调节直流发电机的励磁电流获得可变的直流电压，供给直流电动机实现调速；改变发电机励磁电流的极性可使电动机电枢电压的极性、电磁转矩性质和电动机转向、转速均发生变化，很易实现四象限运行，其机械特性如图 1.1 所示，其特点是直流电动机电枢电流连续，机械特性硬，静差度小。

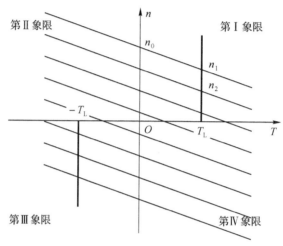

图 1.1　G-M 组机械特性

　　G-M 形式直流调速系统需配置旋转变流机组，因而设备庞大、成本高、效率低、动态响应慢。20 世纪 60 年代晶闸管出现后已被可控整流器供电直流电动机调速系统所替代。图 1.2 为采用三相桥式晶闸管可控整流器实现调压调速的直流调速系统主电路原理图。

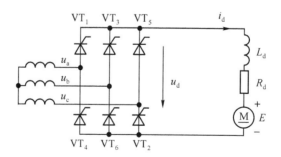

图 1.2　三相桥式可控整流器 —— 直流电动机调速系统

　　可控整流器供电直流电动机调速系统中，直流电动机（包括电枢回路所串平波电抗器）是可控整流电路的一种带电感的反电势负载，电流容易出现断续现象，这是传统 G-M 组形式直流调速系统中未曾出现过的新现象。一旦电枢电流断续，调速系统的机械特性很软，无法承担负载;同时闭环控制中往往会出现参数失调、系统振荡,不得不采取一些措施来补救。如采用多相整流电路、加大平波电抗器电感量等来防止电流的断续;或者在控制方式中采用自适应控制,使系统中的调节器参数能随电流的断续而自动发生相应的变化,以此保持系统的运行稳定性。所以,晶闸管可控整流器供电直流电动机调速系统的机械特性必须按电流连续与否来分开讨论。

一、电流连续时

如果直流电机电枢回路电感足够大,使得可控整流器输出电流连续。在不计换流重叠压降情况下,根据可控整流电路的不同拓扑形式,其输出整流电压平均值分别为:

$$
\left.
\begin{aligned}
\text{单相桥式整流} \qquad & U_{\mathrm d} = 0.9 U \cos \alpha = U_{\mathrm{do}} \cos \alpha \\
\text{三相半波整流} \qquad & U_{\mathrm d} = 1.17 U \cos \alpha = U_{\mathrm{do}} \cos \alpha \\
\text{三相桥式整流} \qquad & U_{\mathrm d} = 2.34 U \cos \alpha = U_{\mathrm{do}} \cos \alpha
\end{aligned}
\right\}
\tag{1.2}
$$

式中,U 为电源相电压的有效值。

在电流连续的情况下,由于晶闸管有换流重叠现象,产生了一定的换流重叠压降,其对调速系统性能的影响可通过在整流电源内阻中计入一个不消耗功率的虚拟电阻 $R_{\mathrm e}$ 来考虑。图 1.3 为用于说明虚拟电阻 $R_{\mathrm e}$ 成因及计算用的三相半波整流电路及其电压、电流波形图。

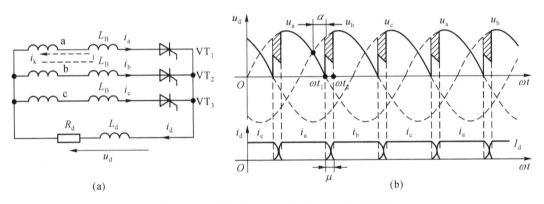

图 1.3　换流重叠现象对可控整流电路的影响

以 a 相 $\mathrm{VT_1}$ 管至 b 相 $\mathrm{VT_2}$ 管换流为例,ωt_1 时刻 $\mathrm{VT_2}$ 被触发导通,由于 $\mathrm{VT_2}$ 支路内有电感 L_B 的存在,b 相电流 i_b 从零开始增长,直到 $\omega t_2 = \omega t_1 + \mu$ 时刻才达 $i_b = i_d$ 恒定;相反在 $\omega t_1 \sim \omega t_2$ 的时间内,$\mathrm{VT_1}$ 支路也因换流电感 L_B 的存在使 i_a 从 i_d 逐渐下降至零,以此完成负载电流从 $\mathrm{VT_1}$ 至 $\mathrm{VT_2}$ 的换流过程。

在 $\mathrm{VT_1}$、$\mathrm{VT_2}$ 重叠导通的换流期间 μ,整流平均电压为 $u_{\mathrm d} = (u_{\mathrm a} + u_{\mathrm b})/2$,与不计换流重叠现象相比,$u_{\mathrm d}$ 波形损失了一块如图所示的阴影面积,使整流平均电压 $u_{\mathrm d}$ 减少了一个换流重叠压降 $\Delta U_{\mathrm d}$。如设整流电路一个工作周期内换流 m 次,每个重复部分持续时间为 $2\pi/m$,则可求得

$$
\begin{aligned}
\Delta U_{\mathrm d} &= \frac{1}{2\pi/m} \int_{\alpha}^{\alpha+\mu} (u_{\mathrm b} - u_{\mathrm d}) \mathrm d\omega t = \frac{m}{2\pi} \int_{\alpha}^{\alpha+\mu} L_{\mathrm B} \frac{\mathrm d i_{\mathrm k}}{\mathrm d t} \mathrm d\omega t \\
&= \frac{m}{2\pi} \omega L_{\mathrm B} I_{\mathrm d} = R_{\mathrm e} I_{\mathrm d}
\end{aligned}
\tag{1.3}
$$

其中 $\qquad R_e = \dfrac{m}{2\pi}\omega L_B$ $\hfill$ (1.4)

即为换流重叠压降的等效电阻。考虑到单相全波整流时 $m=2$，$R_e=(1/\pi)\omega L_B$；三相半波整流时 $m=3$，$R_e=(3/2\pi)\omega L_B$；三相桥式整流时 $m=6$，$R_e=(3/\pi)\omega L_B$。

如果再考虑交流电源的等效内电阻 R_o，则在电流连续的情况下晶闸管整流器可以等效地看作是一个具有内电势 U_d、内电阻 R_e+R_o 的直流电源，在这个直流电源供电下，直流电动机的基本方程式为

$$U_d = (R_e + R_o + R)I_d + E = R_\Sigma I_d + E \hfill (1.5)$$

和 $\qquad n = \dfrac{E}{C_e\Phi} = \dfrac{1}{C_e\Phi}(U_d - R_\Sigma I_d) = \dfrac{1}{C_e\Phi}(U_{do}\cos\alpha - I_d R_\Sigma)$ $\hfill$ (1.6)

由式(1.6)可以看出，在电流连续的情况下，当整流器移相角 α 不变时，电动机的转速随负载电流 I_d 的增加而降低。在图 1.4 中绘出了不同的移角 α 时的一簇机械特性曲线，它们实际上是一组相互平行而向下倾斜的直线，其斜率为 $|\Delta n/\Delta I_d| = R_\Sigma/C_e\Phi$。但是当电流减小到一定程度时，平波电抗器中贮存的能量将不足以维持电流连续，电流将出现断续现象，此时直流电动机的机械特性就会发生很大的变化，它将不再是直线，图 1.4 中以虚线表示。

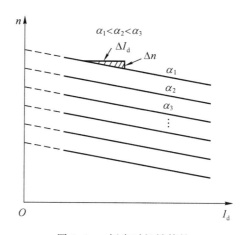

图 1.4　α 恒定时机械特性

二、电流断续时

电枢电流断续时不再存在换流两相晶闸管重叠导通的现象，直流电机通电的情况可以用图 1.5 所示的等效电路来分析。在此电路中，电压 u_2 在单相和三相零式整流电路中是一相的相电压；在三相桥式电路中则为线电压。由于电机有反电势 E 存在，显然只有在电源电压的瞬时值 u_2 大于反电势 E 时晶闸管 VT 才能导通，即要求整流触发角 $\alpha > \Psi$，Ψ 为自然换流点的位置（即 $\alpha = 0°$ 处），如图 1.6 所示。

根据图 1.5 所示交流等效电路，可写出电路的电压平衡

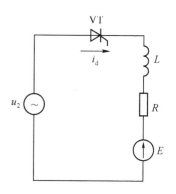

图 1.5　电流断续时的直流电机
等效电路

关系

$$u_2 = \sqrt{2}U\sin \omega t = E + R_\Sigma i_d + L\frac{\mathrm{d}i_d}{\mathrm{d}t} \tag{1.7}$$

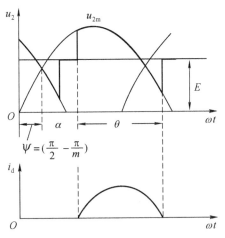

图 1.6　电流断续时的电机电流

考虑到等效电阻 R_Σ 的作用主要是改变机械特性的斜率(硬度),为了分析简便起见,可先不计 R_Σ 的影响,以后再作特性斜率修正,于是回路电压平衡方程式简化为

$$u_2 = \sqrt{2}U\sin \omega t = E + L\frac{\mathrm{d}i_d}{\mathrm{d}t}$$

式中　U——电源电压的有效值。

求解以上方程式可得

$$i_d = -\frac{\sqrt{2}U}{\omega L}\cos \omega t - \frac{E}{L}t + C \tag{1.8}$$

式中　C——积分常数,可由图 1.6 中边界条件决定。

由于电流是断续的,在晶闸管开始导通的瞬间 $\omega t = \Psi + \alpha$ 时,$i_d = 0$,故可求得

$$C = \frac{\sqrt{2}U}{\omega L}\cos (\Psi + \alpha) + \frac{E}{\omega L}(\Psi + \alpha) \tag{1.9}$$

式中　Ψ——整流器移相角起算点(自然换流点)的相位,$\Psi = \frac{\pi}{2} - \frac{\pi}{m}$,因整流电路不同而异:

在单相整流电路中　　　　$m' = 2, \Psi = 0$

在三相零式电路中　　　　$m' = 3, \Psi = 30°$

在三相桥式电路中　　　　$m' = 6, \Psi = 60°$

把式(1.9)代入式(1.8)可得

$$i_d = -\frac{\sqrt{2}U}{\omega L}[\cos \omega t - \cos (\Psi + \alpha)] - \frac{E}{\omega L}[\omega t - (\Psi + \alpha)] \tag{1.10}$$

由于电流不连续,晶闸管只在一段时间内导通。设晶闸管的导通角为 θ,则当 $\omega t = \Psi + \alpha + \theta$ 时断流,又有 $i_d = 0$,故把 $\omega t = \Psi + \alpha + \theta$ 代入式(1.10)应得

$$\theta = \frac{-\sqrt{2}U}{\omega L}[\cos (\Psi + \alpha + \theta) - \cos (\Psi + \alpha)] - \frac{E}{\omega L}\theta$$

$$=\frac{\sqrt{2}U}{\omega L}\big[2\sin\big(\varPsi+\alpha+\frac{\theta}{2}\big)\sin\frac{\theta}{2}\big]-\frac{E\theta}{\omega L}$$

从而,可以求得反电势 E 和 θ 及 α 之间的关系为

$$E=\frac{\sqrt{2}U}{\theta}\big[2\sin\big(\varPsi+\alpha+\frac{\theta}{2}\big)\sin\frac{\theta}{2}\big] \tag{1.11}$$

在并励直流电动机中, $E=C_{e}\varPhi n$,故由式(1.11)可以转而求得转速和 θ 及 α 的关系为

$$n=\frac{\sqrt{2}U}{C_{e}\varPhi\theta}\big[2\sin\big(\varPsi+\alpha+\frac{\theta}{2}\big)\sin\frac{\theta}{2}\big] \tag{1.12}$$

由于晶闸管的导通角 θ 和负载电流的大小有关,所以式(1.12)实际上隐含地给出了直流电动机在电流断续时的机械特性,只是关系式比较复杂,不直观,需要通过求解电机电枢电流平均值 I_{d} 与导通角 θ 间关系来揭示。由图 1.6 可见电枢电流平均值 I_{d} 为

$$I_{d}=\frac{m}{2\pi}\int_{\varPsi+\alpha}^{\varPsi+\alpha+\theta}i_{d}d(\omega t)$$

式中 m ——每周期内换流次数,对单相全波整流电路 $m=2$,三相半波和桥式整流电路 $m=3$ 。

将式(1.10)和式(1.11)代入上式进行积分和整理,可得负载电流 I_{d} 和导通角 θ 之间的关系为

$$I_{d}=\frac{m}{2\pi}\cdot\frac{\sqrt{2}U}{\omega L}\big[\cos\big(\varPsi+\alpha+\frac{\theta}{2}\big)\big(\theta\cos\frac{\theta}{2}-2\sin\frac{\theta}{2}\big)\big] \tag{1.13}$$

这样,就可以 θ 角为参变量,把式(1.12)和式(1.13)联系起来求得不同 α 和 θ 下的直流电动机机械特性,图 1.7 示出了三相零式整流电路供电下的直流电机机械特性。可以看到,当负载电流 I_{d} 比较小时,晶闸管导通角 $\theta<120°$,电流进入断续状态,电机的机械特性变得很软;随着负载的增加转速很快下降,变化斜率显著增大,如同在并励直流电机的电枢中串联了很大的电阻;当负载增加到一定数值时, $\theta=120°$,电流连续,于是机械特性变成了水平直线,如图中虚线所示,这是因为在分析中忽略了电枢电阻的影响之故。如计及电阻,那么电流连续时的特性将如图中实线所示,具有一定的斜度,其斜率为 $|\Delta n/\Delta I_{d}|=R_{\Sigma}/C_{e}\varPhi$ 。

由于电流断续时直流电机电枢回路等效电阻增加很多,除使机械特性变软外,也对调速系统的特性产生很不利影响,往往引起振荡,因此需要接入平波电抗器防止电流的断续。在选择电抗器电

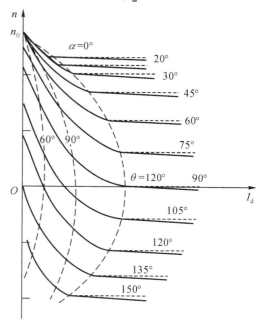

图 1.7   三相零式电路供电时的机械特性

感量时,按最小负载电流 I_{Lmin} 下保证电流仍连续的原则计算电感量。因为电流连续时的导通角保持为 $2\pi/m$,则可由式(1.13)推得

$$I_{\text{Lmin}} = \frac{\sqrt{2}U}{\omega L}\left[\frac{m}{\pi}\sin\frac{\pi}{m} - \cos\frac{\pi}{m}\right]\sin\alpha$$

由此则可求得为保证电流连续必需的电感量

$$L \geqslant \frac{\sqrt{2}U}{I_{\text{Lmin}}\omega}\left[\frac{m}{\pi}\sin\frac{\pi}{m} - \cos\frac{\pi}{m}\right]\sin\alpha \tag{1.14}$$

如考虑再留一定裕度,则可假定 $\sin\alpha = 1$。一般来说,整流相数越多、整流电压脉波越小,所需的平波电抗器电感量可以选得小些。

1.2   晶闸管-直流电动机调速系统

晶闸管-直流电动机调速系统可以区分为不可逆调速系统和可逆调速系统。若调速系统只能产生一个方向的电磁转矩,致使一般情况下电机只能在单一转向上作电动运行,则称不可逆调速系统。若调速系统在正、反两个方向上均能产生电磁转矩,电机可在正转、反转、电动、制动运行状态之间切换运行,则称可逆调速系统。它们的性能要求不同,系统结构、控制方式均不同。

一、不可逆调速系统

(一) 开环调速系统

最简单的直流电动机不可逆调速系统是开环调速系统。直流电机的励磁采用单独整流桥供电,以保持基本恒定的磁通,电枢由可控整流器供电,如图 1.8 所示。

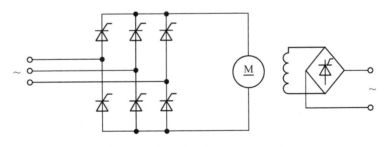

图 1.8   直流电动机开环调速系统

调节可控整流器的移相角 α,改变它的输出电压 U_d 就可以实现电机的调压调速。但是从图 1.7 所示的晶闸管供电直流电机机械特性可见,在移相角 α 保持恒定的条件下,随着负载的改变电机的转速有明显的变化,特别是在负载较轻、电流出现断续时转速的变化更大。这样的调速系统无调速精度可言,只能用于调速要求不高的场合。

（二）速度闭环调速系统

为了保证调速的精度，一般须采用速度负反馈的办法形成所谓速度闭环控制系统。图 1.9 系统中速度给定信号 u_g 与实际速度反馈信号 u_{fn} 相比较，将它们的差额经放大以后去控制整流桥的输出电压，使系统向消除差额的方向调节，最终使实际转速等于给定值。

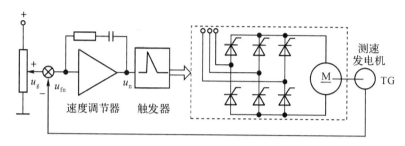

图 1.9   速度负反馈直流电动机闭环调速系统

仅有速度负反馈的调速系统在速度给定发生突变时，整流桥的输出电压变化很大，可能会引起电机电枢电流剧增，使晶闸管损坏。此时，电流的急剧变化也会导致直流电机换向恶化，并引起电机转矩的剧变，对传动系统产生猛烈的冲击，这是不允许的。这都是因为这类系统只对转速实现了控制而没有实现电流的控制。为此，在调速系统中还必须采取限制电流冲击的措施，即再加入电流反馈闭环以构成所谓转速、电流双闭环调速系统的控制方案。

（三）速度、电流双闭环调速系统

图 1.10 所示为典型的晶闸管供电直流电动机双闭环不可逆调速系统的结构框图。双闭环调速系统中包括两个反馈控制闭环，其内环是电流控制环，外环是速度控制环。电流环由 PI 型电流调节器 LT，晶闸管移相触发器 CF，晶闸管整流器和电动机电枢回路所组成。电流调节器的给定信号 u_n 与电机电枢电流反馈信号 u_{fi} 相比较，其差值 Δu_i 送入电流调节器。调节器的输出为移相电压 u_k，通过移相触发器去控制整流桥的输出电压 U_d，在这个电压的作用下电机的电流及转矩将相应地发生变化。电流反馈信号可能通过直流互感器或霍尔电流传感器取自电枢回路直流，也可以用交流互感器取自整流桥的交流输入电流，然后经整流而得。由于交流互感器结构比较简单，后一电流传感方式应用较多。

电流调节的过程是这样的实现的：当电流调节器的给定信号 u_n 大于电流反馈信号 u_{fi} 时，经过调节器控制整流桥的移相角 α，使整流输出电压升高，电枢电流增大；反之，当给定信号 u_n 小于电流反馈信号时，使整流桥输出电压降低，电流减小，力图使电枢电流与电流给定值相等。

速度环中速度调节器 ST 也是一个 PI 型调节器，它的一个输入端送入速度给定信号 u_g，由它规定电机运行的速度；另一端送入来自与电机同轴的测速发电机 TG 的速度反馈信号 u_{fn}，两者之差 Δu_n 输入到速度调节器，经 PI 调节后的输出信号 U_n 则作为电流给定信号输入送到电流调节器，通过前面所讲的电流调节环的控制作用调节电机的电枢电流 I_d 和转矩 T，使电机转速发生变化，最后达到给定转速。

调速系统中采用比例－积分型（PI）调节器可使被控制量获得静态无差和快速动态调节

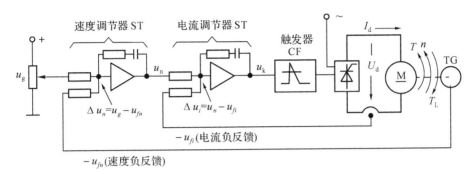

图 1.10　直流电动机的双闭环调速系统

的控制效果。能实现静态无差调节是因为调节器中的积分运算具有记忆功能,对输入偏差初次为零时刻的系统状态保持有"记忆"。这样,当调节器输入输出相等、系统达到无差时,调节器的输出并不为零,其值用以维持调节器输入误差第一次为零时刻的系统状态,即相应的触发角 α、整流器输出直流电压 U_d、电枢电流 I_d、电磁转矩 T 及转速 n。采用这种误差控制机制控制调节器的输出时,可保证被控制值与指令的严格相等。

PI 调节器的快速动态响应得益于调节器采取限幅输出的结果。这既从安全角度约束了被控制量的数值范围,也保证了系统能以最大限幅值实现相应被控制量的快速调节。

值得注意的是一旦调节器进入饱和限幅输出时,PI 调节器将蜕变为一简单限幅器,失去PI 调节功能,相应闭环系统也将蜕变成开环系统。

双闭环调速系统连接上的特点是速度调节器的输出作为电流调节器的给定来控制电动机的电流和转矩。这样做的好处在于可以根据给定速度与实际速度的差额及时地控制电机的转矩,使在速度差值比较大时电机转矩大,速度变化快,以便尽快地把电机转速拉向给定值,实现调速过程的快速性;而当转速接近给定值时又能使电机的转矩自动减小,避免过大超调,使转速很快达到给定,做到静态无差。

此外,由于电流环的等效时间常数一般比较小,当系统受到外来干扰时它能比较迅速地作出响应,抑制干扰的影响,提高系统运行的稳定性和抗干扰能力。而且双闭环系统有以速度调节器的输出作为电流调节的输入给定值的特点,速度调节器的输出限幅值也就限定了电枢电流,对过载能力比较低的晶闸管元件能起到有效的保护作用。因此双闭环系统在现代交、直流电机调速系统中得到极广泛的应用。

双闭环调速系统的工作过程可以直流电动机的起动过程为例具体说明。

图 1.11 示出了双闭环调速系统起动时的过渡过程。图中(1)为开始起动阶段,在速度调节器的输入端突然加上给定电压 u_g 时,由于电机还没有转动,速度反馈电压 $u_{fn} = 0$,这样速度调节器ST 中输入信号和反馈信号的差值 Δu_n 相当大,经调节器放大后,其输出将达到调节器的输出饱和限幅值。因此 ST 蜕化成限幅器,实为速度开环控

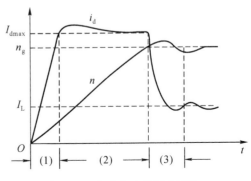

图 1.11　直流电动机起动过程

制。ST 的饱和输出值也就是电流调节器的最大输入信号,由于此时电流刚由零开始增长,电流反馈值远小于指令值,LT 也饱和输出,蜕化为限幅器,失去 PI 调节功能,电流也实为开环控制,使晶闸管整流桥的移相角 α 前移,整流输出电压增加,电枢电流就急剧上升,电机转矩 T 也随之迅速增大,于是电机就很快起动起来。因此就起动阶段而言,调速系统实为双开环系统。由于电枢回路参数经调节器适当校正后其等效时间常数比较小,电枢电流的增长很快就会达到速度调节器输出所限定数值 I_{dmax},于是就进入第(2)阶段 —— 加速阶段。

在加速阶段由于电枢电流已达到了限定值 I_{dmax}(通常就是电枢回路和晶闸管所允许的最大电流),电流反馈信号与速度调节器的输出限幅值(电流调节器输入信号)相平衡,使整流桥的移相角 α 保持在某一数值上。随着转速的升高,电机的反电势将增大,受其影响电枢电流可能要下降。但只要 I_d 有所下降,电流反馈信号也将变小,电流调节器的输入信号差额 Δu_i 就会增加,它的输出 u_k 也将随之上升,通过它对整流桥移相角的控制,使电枢电流又回到 I_{dmax} 上。这种电枢电流保持在最大值的动态过程一直要继续到电机的转速接近给定值时为止,然后转入第(3)阶段。在第(2)阶段由于实际转速一直小于速度给定值,速度调节器始终处在饱和输出状态,速度实为开环控制。系统中实际上只有电流调节器在起作用,仅实现了电流的闭环控制,动态地保持电流为最大值,从而使电机始终以最大转矩加速,转速直线上升。

当电机转速达给定值时起就开始进入第(3)阶段,这个阶段的特点是调速系统真正实现了转速、电流的双闭环控制。这时电机的转速达到并因惯性而超过了速度给定值,使速度反馈电压 $u_{fn} > u_g$,速度调节器的输出 u_n 将退出饱和,实现速度的 PI 调节。退出限幅值后的 u_n 作为电流调节器的给定值将使电枢电流下降,随之电机的转矩也将下降。当它变得小于负载转矩 T_L 时,电机就会减速,有利重新回到速度给定值。当速度反馈值达到给定值时刻调节器的输入为零,即 $\Delta u_n = 0$。由于一般都采用比例积分调节器,通过调节器的积分作用,虽其输入端信号之差为零,但它的输出 u_n 和 u_k 都并不是零,这就能使整流桥的 α、U_d、I_d 保持在一定的数值,以维持电机稳定地运行在由给定信号所规定的转速下。至此起动过程结束。

双闭环调速系统对突加负载的反应过程可以用来说明系统的抗干扰能力,如图 1.12 所示。

假如负载突然增加,电机转速就要下降,于是速度反馈电压 u_{fn} 将小于给定电压 u_g,在速度调节器的输入端将出现正的偏差电压,经过调节器的作用将使电流调节器的给定电流增大,整流桥的移相角 α 前移,I_d 增加,电机电磁转矩增大。当 $T > T_L$ 时电机转速就又回升,使 u_{fn} 接近于原来的给定值 u_g。由于速度调节器是比例积分调节器,即使它的输入信号又趋于平衡,但只要在调节过程中给定电压 u_g 和反馈电压 u_{fn} 之间一度出现偏差,经过积分它就会改变调节器的输出,使电机的电流和转矩有所变化。一般经过一、二次调整、振荡,最后能在 $T = T_L$ 的条件下重新达到平衡。

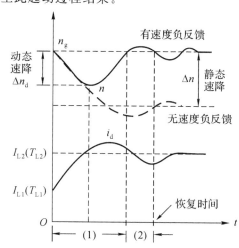

图 1.12　负载突变时的过渡过程

某些机械,如挖土机等在运行过程中可能遇到特大的阻力,电机的转速会急剧下降,甚至堵转。这时速度调节器的给定信号和反馈信号之间将出现很大的偏差,速度调节器将进入饱和输出状态。通过电流调节器的作用,又使电机的电流和转矩达到最大限幅值 I_{dmax} 和 T_{max}。如外界阻力转矩大于 T_{max},则电机就停止不转,进入所谓堵转状态。电机的堵转电流和起动电流一样是由速度调节器的限值幅值所整定的,如该值整定适宜,可以对电机和晶闸管元件起到有效的限流保护作用。

　　双闭环 PI 型调速系统结构简单,设计和调试方便,具有良好的静态及动态特性,是一种得到广泛工程应用的调速系统控制结构。唯一不足是转速有超调,抗干扰性能的进一步提高也受到限制。对于某些高要求的应用场合必须加以改进,此时可在双闭环的 PI 型速度调节器上增设速度微分负反馈功能,构成了带微分负反馈的 PID 型速度调节器,其电路结构如图 1.13 所示。它是在原 PI 调节器的速度反馈输入端并联微分电容 C_{dn} 和滤波电阻 R_{dn} 构成,使速度负反馈信号再迭加了一个带滤波的速度微分负反馈信号。

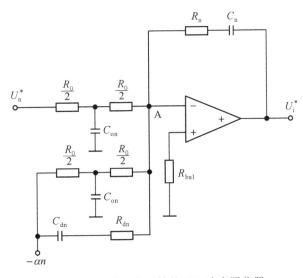

图 1.13　带微分负反馈的 PID 速度调节器

　　在转速调节过程中,速度负反馈和速度微分负反馈信号同时与速度给定信号相平衡,可使调节过程比普通 PI 型双闭环系统更早地达到平衡和退出饱和。图 1.14 比较了两种调节器系统在电动机起动过程中的速度响应特性,可以看出,对于普通 PI 型双闭环系统,t_2 时刻转速 n 已达到给定值 n^*(O' 点),速度调节器开始退出饱和,其后转速势必出现超调。而带速度微分负反馈的 PID 系统能预感转速的上升趋势,将退出饱和点的时刻提前到 T

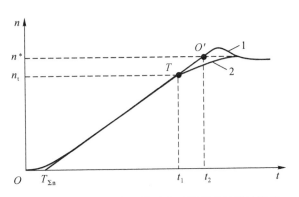

图 1.14　速度微分负反馈对电动机起动过程的影响

点,所对应的转速 n_t 比 n^* 小,提前进入了线性闭环系统的工作状态,可使电机电流大于负载电流($I_d \geqslant I_{dL}$)时转速仍能继续上升,有可能在无超调的条件下趋于稳定,如图 1.14 中曲线 2

所示。

有关带速度微分负反馈的PID调节器的进一步分析、设计请参阅相关资料。

二、可逆调速系统

在生产实际中有许多场合要求电动机能作四象限运行,例如龙门刨、轧钢机等都要求不断地进行正向电动,接着快速制动,然后反向电动,再反向制动,频繁地进行运行状态变换,这就要求电动机能产生正、反两个方向的电磁转矩。它励直流电动机在磁场不变的情况下作四象限运行时,需要改变电枢电流的方向,但是可控整流器晶闸管PN结的导电机制只允许电流从一个方向上通过,所以单个整流桥不能满足直流电机四象限运行的要求。为此,通常采用两组整流器构成所谓可逆整流电路,其中一组整流器为一个方向的电流提供通路,而另一个方向的电流由另一组整流器提供,以此产生两个方向电枢电流及相应正、反转方向的转矩。

可逆整流电路有两种连接方式:一种是交叉连接法,另一种是反并联接法,这两种电路从本质上讲没有什么大的差别,而现在用得比较多的是反并联电路,它们的交流侧可以是同一个交流电源,如图1.15所示。当两组整流器均作整流运行时,其整流电压将顺串短路,产生不经负载电机的环流。为了防止在两个反并联的整流桥之间产生环流,要求两个整流器的输出电压必须相等,极性互相"对顶"。由于两个桥的接法是反并联的,若要电压相平衡,则两个桥中必须有一个工作在整流状态,而另一个工作在逆变状态,且两个桥的移相角必须满足 $\alpha_1 = \beta_2$。其中 α_1 为正组整流桥的整流滞后角,而 β_2 为反组整流桥的逆变超前角。若 $\alpha_1 < \beta_2$,正组整流桥的输出电压 U_1 将大于反组整流桥的对顶电压 U_2,在两个整流桥之间可能出现在很大的环流,导致烧毁晶闸管。因此,如果系统中 $\alpha_1 = \beta_2$ 的条件不能绝对保证时,则应使 $\alpha_1 > \beta_2$ 以保安全。

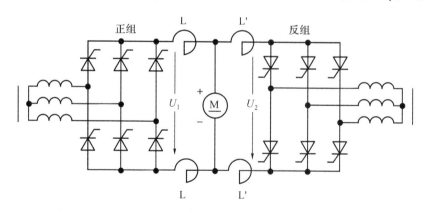

图 1.15   直流可逆调系统主电路(反并联连接)

这里应当指出:保证 $\alpha_1 = \beta_2$ 仅仅是使正反两组整流桥的输出电压平均值相同,仅用于限制平均环流。实际上整流桥的输出瞬时电压是脉动的,这是因为一组整流器工作在整流状态,另一组整流器工作在逆变状态,两组整流桥的输出电压波形是不相同的。图1.17给出了相应于图1.16所示反并联的三相半波整流电路的两桥整流电压及电流波形。可以看出,即使 $\alpha_1 = \beta_2$ 两组整流桥整流电压之间仍有瞬时电压差 —— 环流电压 u_h,在此电压作用下会在两组整流桥之间产生不经负载的环流 i_h,其波形如图1.17(c)、(d)所示。由于环流电压出现在两组整流桥之间,不流经负载电动机,而两桥间的阻抗一般都很小,如不采取措施加以限制,很小环流电压会产生出很大数值的环流,烧毁整流电路。

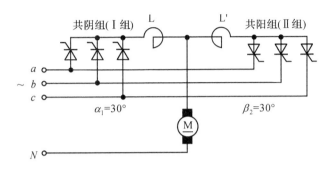

图 1.16　三相半波反并联可逆调速系统主电路

　　限制环流的办法有二:一种是如图 1.15 中所示的在两组反并联整流桥之间加限流电抗器(或称均衡电抗器)L 及 L′,这种系统一般叫做有环流系统。另一种办法是在一组整流桥工作时把另一组整流桥的触发脉冲封锁,使该组不导通,这样也就不会出现环流,这种系统叫做无环流系统。

(一) 有环流可逆调速系统

　　图 1.18 为有环流可逆调速系统的示意图。在这个系统中也采用了双闭环控制,但是电流调节器 LT 的输出一方面直接控制正桥 Ⅰ 的移相触发器 CFI,另一方面通过一个倒相器把输出电压极性改变后去控制反桥 Ⅱ 的移相触发系统。在 LT 输出为零时,两个移相器所产生的触发脉冲正好使两个整流桥的移相角 $\alpha_1 = \beta_2 = 90°$;而当 LT 有正的输出时,它使正桥 Ⅰ 的移相角 α_1 前移;而经倒相器输出的负信号使反桥 Ⅱ 的移相角往后移,且始终保持着 $\alpha_1 = \beta_2$。在有环流系统中为了限制环流增加了电抗器 L 及 L′,其体积比较大,而且由于环流的存在

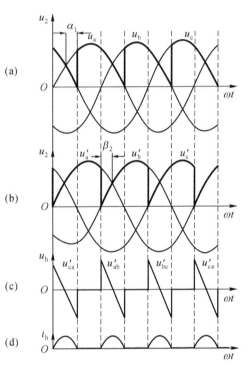

图 1.17　$\alpha_1 = \beta_2$ 时的环流电压和电流

消耗能量,降低效率。但是在有环流系统中由于正反两桥始终处在工作状态(热态),电机的电流随时可以改变方向,所以运行状态的改变比较快速,动态响应快,也比较安全。而在无环流系统中由于在一组整流桥工作时另一组被封锁,电流反向时需在两组整流桥之间进行切换,这必须要在前一组整流桥的电流衰减到零、所有晶闸管完全关断以后才能开放另一组整流桥,否则两组整流桥可能会同时导通产生很大的环流,造成严重危害,因而动态响应时间相对要长些。

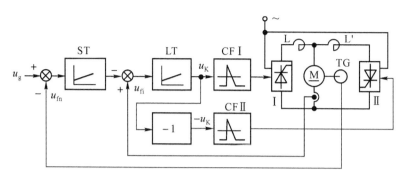

图 1.18　有环流可逆调速系统

（二）无环流可逆调速系统

图 1.19 为无环流可逆调速系统的示意图。在这个系统中有一个逻辑装置 LJ，它是系统控制核心，其任务是根据给定控制信号的极性和主电路的状态，决定哪一组整流桥导通、哪一组封锁，以及在什么时候进行切换，并且要保证切换时的安全。

逻辑装置必须确保系统具有以下功能：

① 任何时候只允许一组整流桥有触发脉冲；

② 工作中的整流桥只有当它断流并确实关断后才能封锁其脉冲，以防整流桥可能工作在逆变状态因触发脉冲消失而导致逆变颠覆；

③ 只有当原先工作的一组整流完全关断后才能开放另一组整流桥，以防止环流的出现；

④ 为了避免电流冲击，任何一组整流桥在开放时其触发相位应使产生的整流电压平均值与电动机的电势相对应（平衡），以防出现冲击电流。

能满足上述要求的一种典型逻辑装置如图 1.20 所示，它由信号检测、逻辑判断、限制冲击与逻辑保护四部分所组成，可根据调速系统所要求的转矩方向来判断该由哪一组整流桥导通，哪一组封锁。例如系统要求产生正向转矩时电流应该为正，则应使正组整流桥触发，而对反组的触发信号加以封锁。

信号检测部分包括一个转矩极性鉴别器 SJB 和一个零电流检测器 LJB。转矩极性鉴别器 SJB 是根据速度调节器的输出电压 u_n 极性来判定应有的电机转矩极性。例如当正向给定速度大于实际转速时，要求电机正向加速，需要正转矩。这时正的给定电压 $u_g > u_{fn}$，两者之间的偏差 Δu_n 为正，经过速度调节器的反相位，输出电压 $u_n < 0$，同时将正转矩量化为 1，则可通过逻辑电路判断，使正组整流桥开放，反组封锁。而当给定速度小于实际速度时，$u_g < u_{fn}$，Δu_n 变负，速度调节器的反相输出 u_n 极性也就变反，表明需要反转矩（量化为 0），经过逻辑判断，使正组封锁，反组开放。这个关系同样适用于反转的情况，因为反转时 u_g 和 u_{fn} 值均为负。例如当要求反向加速时 $|u_g| > |u_{fn}|$，而 $u_g < u_{fn}$，所以 Δu_n 也为负，u_n 则为正，它使正组封锁，反组导通，电机产生反向转矩，正好满足反向加速的需要。零电流检测器 LJB 是用来检测电枢电流是否为零，以此给出两桥安全切换的时刻。它实际上是一个电平检测器，当电枢电流为零（$u_{fi} = 0$）时，LJB 输出高电平 1，反之输出低电平 0。

图 1.20 中逻辑判断部分是由 4 个与非门 YF$_1$ ～ YF$_4$ 组成的。设系统起初没有工作，主回

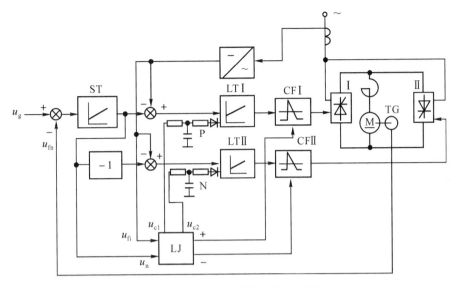

图 1.19　逻辑无环流可逆调速系统

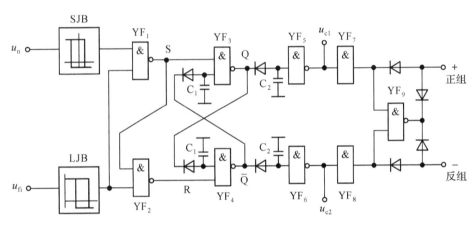

图 1.20　无环流可逆调速系统的逻辑电路

路电流为零,LJB 输出为 1。这时 YF$_1$ 开放,它的输出状态完全决定于 SJB 的信号。现在若是要求电机作正向起动,由于速度调节器输出的信号 u_n 为负,SJB 输出为 1,则经过逻辑运算,YF$_3$ 的输出变 1,而 YF$_4$ 的输出为 0。于是正组整流桥开放、反组桥封锁,电机就正向起动。这时电枢中开始有了电流,LJB 的输出就变 0,关闭 YF$_1$,使 u_n 的极性偶然变化也不会影响后面逻辑电路的电平。而逻辑电路靠它本身的记忆功能维持其输出状态不变,一直保持正组开放、反组封锁,使电机在由给定电压所规定的转速下稳定正向运行。

假设现在速度给定信号突然降低,电机转速却由于惯性不会突变,这样速度调节器输入端的电压偏差信号将变负,而 u_n 将变正,这说明要求电机产生反向(制动)转矩,于是 SJB 的输出由 1 变为 0。但是只要主电路中电流没有下降到零,LJB 的输出 0 状态不会改变,YF$_1$ 就始终关着,SJB 输出的变化不会影响后面逻辑电路的状态,仍继续是正组整流桥工作。但由于速度调节器输出改变了极性,正组触发器的控制电压由正变负,使正组整流桥的移相角 α_1 后移大于 90°,正组整流桥就进入逆变状态,把电枢回路中(包括平波电抗器中)贮存的能量回馈到电网,使主回路电流迅速衰减。这个逆变过程是由原来的那组（正组）整流桥完成的，称为本桥逆变。本桥逆变只是反馈电磁能量，使电流下降，但电枢电流方向未反，故不会产生反向（制动）转矩。

当主回路电流下降到零后，LJB 的输出变为 1，YF_1 开放，SJB 的输出将使 $YF_2 \sim YF_6$ 的输出状态发生变化：开放反组整流桥触发脉冲，封锁正组。如果不采取限制冲击电流的措施，在反组整流桥开放时往往因 $\alpha_2 < 90°$ 处于整流状态，其整流电压将与电动机反电势相迭加，会产生很大的反向冲击电流。虽然通过电流调节器的作用能把反组触发脉冲推向 $\alpha_2 > 90°$，使反组桥进入逆变状态，最后维持电枢电流在限幅值内，但电流的冲击总是不希望的。在电枢电流限幅值下电机以恒定的减速度快速制动，直到电机转速低于速度给定值，速度调节器的输出极性又翻转到原来的极性，SJB 的输出重新变为 1 为止。由于反桥逆变使电机制动减速，作为逆变电势的电机反电势不断减小，作为逆变电流的电枢电流不断减小，最终为零，又使 LJB = 1，开放 YF_1，从而 SJB 输出发生变化，整个逻辑电路又将按上述的顺序作一次切换，使正组桥重新开放、反组桥再次封锁，电机重新进入电动运行状态，在新的给定转速下运行。

为了防止反组桥开始投入时处于整流状态引起冲击电流，可在反组桥开放以前在电流调节器的输入端加上一个从逻辑电路中引来称之为推 β 信号的电压 u_{c2}（见图 1.20），使反组桥的触发脉冲相位后移至 $\beta = \beta_{\min}$，进入所谓待逆变状态。（之所以称为待逆变状态是因为实际上反桥脉冲是被封锁了，桥路并没有工作）。这样一旦逻辑线路状态翻转，触发脉冲的封锁解除，虽 u_{c2} 电压消失，但由于电流调节器输入端有 T 形阻容电路的延时作用，推 β 信号电压不会立即消失，而是逐渐下降。这样反组桥便是先工作在逆变状态，其 β 角由 $\beta_{\min}$ 渐渐增大，与电机反电势相对顶的反桥电压逐渐降低，使电枢电流平稳上升，从而避免电流冲击。

此外，在逻辑装置中为了防止由于逻辑元件故障可能出现两个输出端均为 1 的情况，致使正、反两组桥同时开放，引起严重环流发生，还设置了所谓"多 1"保护电路。此电路由与非门 YF_7，YF_8，YF_9 及四个二极管所组成，当逻辑电路的两个输出皆为 1 时，YF_9 输出将变为 0，使两个输出端均变成低电位，同时封锁两组整流桥，以防止出现组间环流。

除了采用逻辑电路控制正、反两桥使之一个工作、一个封锁以实现无环流运行的所谓"逻辑无环流"系统以外，在实用上还有一种叫做"错位无环流"系统。在原理上它就是使反桥始终处在 $\beta_2 = 0$ 或 $\alpha_2 = 180°$ 的状态，此时反桥的逆变电势在任何瞬间总是高于或等于正桥的输出电压，不会出现环流。但为了防止在正、反桥切换的过程中出现换流失败，通常还要加一个电压调节环。关于这种系统的详细情况请参阅有关文献。

1.3　直流电动机的脉宽调制（PWM）调速

在直流电动机的调速系统中，除了前面所述的利用相控整流方式的调压调速以外，脉宽调制（PWM）方式的调压调速也得到相当广泛的应用。由于相控整流中电网端输入电流的功率因数与移相触发角 α 直接有关，在电动机低速运行整流桥输出电压较低时，移相触发角 α 很大，致使电网输入电流功率因数低，谐波含量很大，对电网有十分不利影响。采用脉宽调制调速时，电源侧一般采用二极管不控整流，这对改善电网功率因数和减小谐波对电网的污染都是有利的。对于像城市电车、地铁、电动汽车和电瓶车等采用公共直流电网或由蓄电池供电的直流电机而言,那更是非用脉宽调制调速不可。

脉宽调制调速又称斩波调速,是在直流电源电压基本不变的情况下通过电子开关的通断,改变施加到电机电枢端的直流电压脉冲宽度(即所谓占空比),以调节输入电机的电枢电压平均值的调速方式。

早期常采用晶闸管作为直流脉宽调制调速装置的电力电子开关元件,但晶闸管没有自关断能力,用于极性恒定的直流电源条件下为了确保关断需要有一个专门的换流电路,比较复杂,而且开关频率也受到限制,通常在 300Hz 以下。由于调制频率低,电枢电流和转矩波动大,容易出现电流不连续,控制精度差,响应速度比较慢。近年来随着具有自关断能力的第二代电力电子器件的出现,在大功率斩波调速装置中已较多采用门极可关断晶闸管 GTO,而在中小功率的调速系统中已普遍采用了大功率晶体管 GTR,特别是目前第三代电压控制型自关断器件绝缘栅极双极型晶体管 IGBT 也已广泛应用。采用大功率晶体管以后,开关频率一般可以提高到 $1 \sim 3kHz$,比晶闸管的开关频率提高了一个数量级;而 IGBT 的开关频率更可高达 $10 \sim 20kHz$,因而脉宽调速系统的响应速度和稳速精度等性能指标均得以明显提高。

直流电动机脉宽调制调速可按是否有四象限运行能力划分为不可逆脉宽调制调速系统和可逆脉宽调制调速系统两大类。

一、不可逆脉宽调制调速系统

(一) 无制动能力不可逆脉宽调制调速系统

在不要求可逆运行也不要求制动的情况下,最简单的脉宽调制调速系统如图 1.21(a) 所示。在开关管 V 导通时,电源电压 U_s 直接加在直流电动机电枢的两端;而在 V 关断时,电枢电流经二极管 VD 续流。如直流电动机的负载电流和电枢回路的电感足够大,而关断的时间又比较短时,电流将连续,电机的电枢电压为零,此时直流电动机端电压的波形如图 1.21(b) 所示。端电压的平均值为

$$U_A = \frac{t_1}{T}U_s = \rho U_s \tag{1.15}$$

式中　ρ——负载电压系数,在这里:$\rho = t_1/T = \gamma$,也就是电压脉冲宽度的占空比 γ。

如若电机负载电流比较小,或者电枢回路的电感量不够大,调制频率比较低,则在 V 关断期间经续流二极管 VD 流通的电枢电流可能出现断续。例如当 $t = t_2$ 时,电枢电流下降到零,则电机两端的电压将等于电机的反电势 E_a,如图 1.21(c) 所示。此时直流电机端电压的平均值 U_A 将升高,其值为

$$U_A = \rho U_s + \frac{T - t_2}{T}E_a \tag{1.16}$$

(a)

如认为电机内电势 $E_a \approx U_A$,则得

$$U_A = \rho\left(\frac{T}{t_2}\right)U_s = \rho'U_s \qquad (1.17)$$

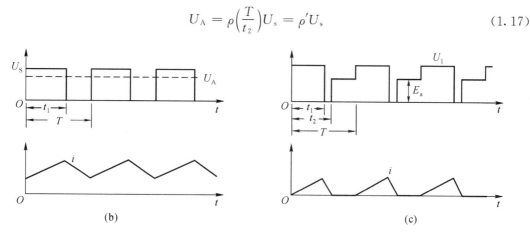

(b)   (c)

图 1.21   最简单的直流电动机脉宽调速

因此求得电流断续时的负载电压系数为 $\rho' = (T/t_2)\rho$。由于 $T > t_2$,故一般 $\rho' > \rho$,即在电枢电流出现断续时电机端的平均电压 U_A 将升高,随之电动机的转速也将上升。所以,在脉宽占空比 γ 一定的情况下,随着负载的减小电枢电流可能出现断续,电机转速会显著增加,使电动机的机械特性显著变软,如图 1.22 所示,这与相控整流电路供电下电流出现断续时的情况相似。

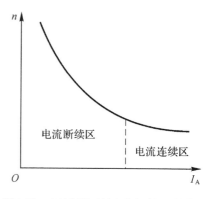

图 1.22   电流断续时的直流电动机机械特性

(二) 有制动能力不可逆脉宽调制调速系统

如果电动机有制动要求,可在图 1.21 的最简单电路上加一开关管 V_2 与续流二极管 VD_2 并联,以作动态制动之用;而在主开关 V_1 旁边并联一个二极管 VD_1,以解决再生制动问题,此时的电路构成如图 1.23 所示。其工作原理如下:设开关管 V_1、V_2 的基极驱电压 U_{b1} 和 U_{b2} 是两个极性相反的互补脉冲电压。在 $0 < t < t_1$ 期间 U_{b1} 为正、U_{b2} 为负,则 V_1 导通而 V_2 关断,电源电压 U_s 经 V_1 加到电动机的电枢上。在电源电压 U_s 大于电枢电势 E_a 的情况下,电枢电流 i_a 由 A 点流向 B 点,其方向与反电势 E_a 相反,故电机工作在电动状态。接着在 $t_1 < t < T$ 期间 U_{b1} 变负、U_{b2} 为正,则 V_1 关断切断电动机的电源,但由于电枢回路电感的作用 i_a 将经二极管 VD_2 续流,因电流方向不变,电机仍工作在电动状态。此时 V_2 的驱动电压 U_{b2} 虽已变正,但由于 VD_2 导通,其正向压降以反向电压的形式加在 V_2 两端,使 V_2 不能导通。若 V_1 的关断时间比较短,直

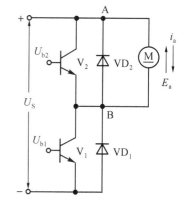

图 1.23   带制动功能直流电动机脉宽调速电路

到一个控制周期结束,即 $t = T$ 时电枢电流一直维持不断,那么 V_2 始终不通,电机就不能进入制动状态。如果 V_1 关断时间比较长,在 $t = t_2$ 时刻电枢电流 i_a 衰减到零,那么在电机反电势 E_a 的作用下 V_2 将导通,电枢电流 i_a 将沿着相反的方向从 B 点流到 A 点,其方向与反电势 E_a 相同,于是电机就进入能耗制动状态。这样,通过控制 V_1 关断的时间间隔就可以控制电机的制动转矩。这里需要指出:在 V_1 重新导通之前必须先关断 V_2,让电枢电流经过 VD_1 续流,电机短时进入再生制动状态,然后才能使 V_1 导通,否则在 V_2 还没有完全关断之前就让 V_1 导通,电源可能经过 V_2、V_1 直接短路,损坏开关元件。

电动机在位能负载驱使下高速运行或者通过对电机加强励磁时,会使电机反电势 E_a 高于电源电压 U_s,如此时开关 V_2 关断,则电流将经过二极管 VD_1 和电枢(从 B 点流向 A 点)流向电源,使电机进入再生制动状态,而若 V_2 导通,则电机就进入能耗制动。

二、可逆脉宽调制调速系统

直流电动机晶体管可逆脉宽调制调速系统结构如图 1.24 所示,它是由四个大功率晶体管 V_1、V_2、V_3、V_4 和四个与之反并联的二极管 VD_1、VD_2、VD_3、VD_4 组成的桥式电路。桥路的一个对角线接电源电压 U_s,另一个对角线接直流电动机 M。根据各晶体管控制方法的不同,这种 H 型桥式可逆调速电路可以分为单极性脉宽调制(斩波)和双极性脉宽调制(斩波)两种控制方式,其中单极性脉宽调制还可派生出受限单极性脉宽调制方式。

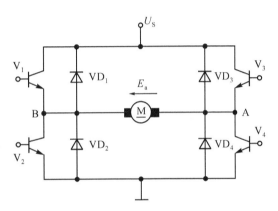

图 1.24　直流电动机 H 型桥可逆脉宽调速系统

(一)单极性脉宽调制方式

单极性脉宽调制时,系统输出电压 U_A 的极性是通过一个称之为控制电压的开关量 U_c 来改变的。当控制电压 U_c 为正时,晶体管 V_1 和 V_2 交替导通,而 V_4 一直导通、V_3 一直关断,$VT_1 \sim VT_4$ 的驱动信号 $U_{b1} \sim U_{b4}$ 如图 1.25 所示。这时输入到电动机的电压总是 B 端为(+)、A 端为(一),呈现出一种单方向的极性。而当控制电压 U_c 的极性变负时,则晶体管的基极电压 U_{b1} 与 U_{b3} 对换,U_{b2} 与 U_{b4} 对换,变成 V_3、V_4 交替导通,而 V_2 一直导通、V_1 一直关断,H 桥的输出电压也将随之而改变极性,变成 A 端为(+)、而 B 端为(一)的单一极性。

以 $U_c > 0$ 为例,并首先设 $U_s > E_a$。在 $0 \leqslant t < t_1$ 期间,驱动电压 $U_{b1} > 0$,$U_{b2} < 0$,晶体管 V_1 导通、V_2 关断。在 $(U_s - E_a) > 0$ 作用下经 V_1、V_4 构成电流路径 ①,电流 i_a 从 B 端流向 A 端,与反电势 E_a 反向,直流电机吸收能量作电动运行。在 $t_1 \leqslant t < T$ 期间,U_{b1} 变负、U_{b2} 为正,V_1 关断电机供电电源,但依靠电枢回路的自感电势 $e_L = L di_a / dt$ 使电流将经 V_4、VD_2 续流。VD_2 导通产生的管压降构成 V_2 反向偏置使之无法导通,此时电流 i_a 沿路径 ② 流通,仍与 E_a 反向使电机运行于电动状态,但由 e_L 维持的电流将很快衰减至零。若在 $t_1 \leqslant t < T$ 期间的 t_2 时刻

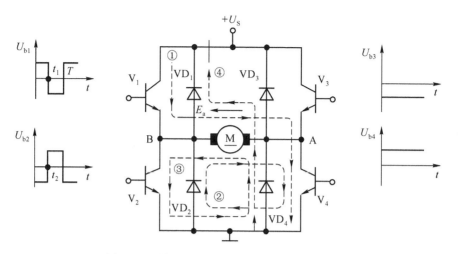

图 1.25　单极性脉宽调制时电流路径($U_c > 0$)

电枢电流衰减为零,V_2 反偏消失但驱动电压 $U_{b2} > 0$ 仍存在,则 $t_2 \leqslant t < T$ 期间在反电势 E_a 作用下将使 V_2 导通,电枢电流反向,经 V_2、VD_4 从 A 端流向 B 端,形成电流路径 ③,i_a 与 E_a 同向,电机进入能耗制动状态。

若 $E_a > U_s$,则在 V_2 关断期间在 $(E_a - U_s) > 0$ 作用下,电枢电流经 VD_1、VD_4 输回电源,形成电流路径 ④,i_a 与 E_a 同方向,电机作再生(发电)制动运行。而在 V_2 导通期间,电流流经 V_2、VD_4 形成电流路径 ③,电机作能耗制动,其过程与不可逆脉宽调制调速的情况相似。

单极性脉宽调制时的电压、电流波形如图 1.26 所示,图中分别示出了 $U_s > E_a$、$U_s < E_a$ 及 $U_s \approx E_a$ 三种情况下的电流波形。

在单极性调制方式中,当控制电压 $U_c > 0$ 时只输出正脉冲电压,当 $U_c < 0$ 时只输出负脉冲电压。这种脉宽调制方式中 H 桥输出的负载电压系数 ρ 仍可按式(1.15)计算,但 $\rho = -1 \sim +1$,其绝对值与占空比 γ 相等,即

$$|\rho| = \gamma = t_1/T \tag{1.18}$$

在以上可逆脉宽调制电路开关过程分析中,都是将晶体管当作理想开关处理,导通和关断均瞬时完成。事实上真实开关器件都需有开通与关断时间,这样同桥臂上、下元件互补通、断控制时必须要确保导通管有效关断后才能开通另一关断管,以防两管同时导通造成电源对地短路(直通)。为此,必须引入开通延时,但这一方面会破坏理想的输出电压波形,也限制了开关频率,为此提出了一种无需延时的单极性控制方式 —— 受限单极性脉宽调制控制。

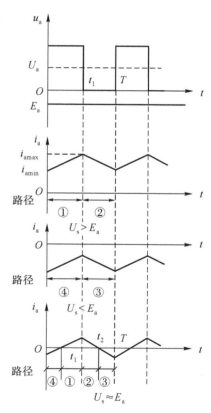

图 1.26　单极性脉宽调制时的电压、电流($U_c > 0$)

(二) 受限单极性脉宽调制控制

图 1.27 为受限单极性脉宽调制电路 $U_c > 0$ 时的开关驱动信号及相应电路路径。可以看出当 $U_c > 0$ 时，V_1 工作在开关状态，V_2、V_3 始终处于关断状态，V_4 始终为导通状态。

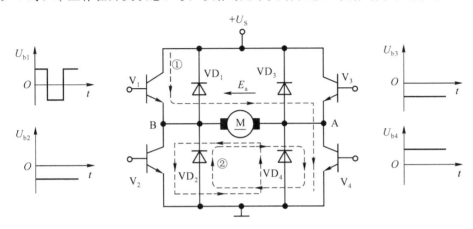

图 1.27　受限单极性脉宽调制时电流路径($U_c > 0$)

若 $U_s > E_a$，在 $0 \leqslant t < t_1$ 期间，$U_{b1} > 0$ 使 V_1 导通，$U_{b4} > 0$ 使 V_4 恒导通，在 $(U_s - E_a) > 0$ 作用下，电枢电流 i_a 经 V_1、V_4 从 B 端流向 A 端，形成电流路径①，且与 E_a 反向，直流电机作电动运行。在 $t_1 \leqslant t < T$ 期间，$U_{b1} < 0$，V_1 关断，在电枢自感电势 $e_L = L di_a / dt$ 作用下沿恒导通的 V_4、VD_2 续流，形成电流路径②，其电枢电压 $U_a \approx 0$(两个管压降)。电机电压、电流波形如图 1.28 所示。

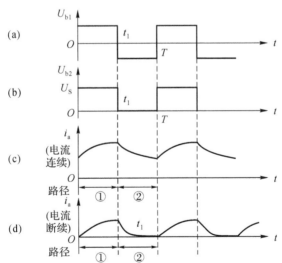

图 1.28　受限单极性脉宽调制直流调速系统电压、电流波形($U_c > 0$)

当 $U_s > E_a$ 时，常规单极性控制的制动电流应沿图 1.25 中的电流路径③流通，但在受限单极控制时，V_2 的一直截止使能耗制动电流回路受到限制，由此得受限单极性之名。这样在轻载运行时，$t_1 \leqslant t < T$ 期间电枢电流 i_a 沿路径②续流过程中会在某时刻因 e_L 不够大而断流，

电枢电流出现断续现象,如图 1.28(d)所示。

可以看出,受限单极性控制轻载时虽会出现电流断续现象,但可有效避免同桥臂上、下元件的直通,大大提高了系统的运行可靠性,在高要求、大功率、频繁起制动的直流脉宽调制调速系统中得到广泛应用,而电流可能断续的固有缺点可通过提高器件开关频率、改进电路来克服。

(三)双极性脉宽调制方式

在双极性脉宽调制方式中四个晶体管分为两组:一组为 V_1 和 V_4,另一组为 V_2 和 V_3。同组中两个晶体管同时通断,而两组晶体管的通断互补交替,图 1.29 给出了双极性调制时电压、电流及电机运行状态,图 1.30 则示出了双极性调制时各阶段的电流路径。

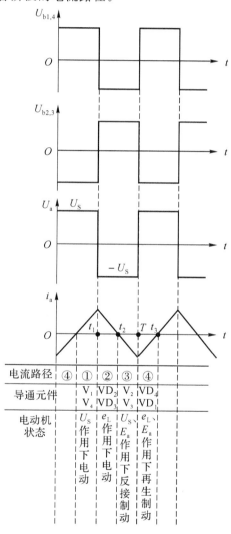

设在 $0 < t < t_1$ 期间,U_{b1} 和 U_{b4} 为正,U_{b2} 和 U_{b3} 为负,晶体管 V_1 和 V_4 导通,V_2 和 V_3 关断。这时施加于电机两端的电压为正,即 B 端为(+)、A 端为(−)。如 $U_s > E_a$,电枢电流 i_a 经过 V_1 和 V_4 从 B 端流向 A 端,形成电流路径①,电枢电流 i_a 与反电势 E_a 反向,电机工作在电动状态。

在 $t_1 < t < T$ 期间,U_{b1} 和 U_{b4} 变为负,而 U_{b2} 和 U_{b3} 变为正,则 V_1 和 V_4 关断。在电枢回路自感的电势 $e_L = L di_a/dt$ 作用下,原电流将通过 VD_2 和 VD_3 续流,形成电流路径②,电流方向不变,电机仍处在电动状态。但这时电机端电压已改变了极性,变成 A 端为(+)、B 端为(−),它将使电枢电流快速衰减。如果电机的负载电流比较大,调制频率比较高,直到一个调制周期结束即 $t = T$ 时,电枢电流还没有衰减到零,那末电机就始终工作在电动机状态。假若电流不够大,在某一 $t = t_2$ 时刻电流 i_a 衰减到了零,那末在以后的 $t_2 < t < T$ 期间,晶体管 V_2 和 V_3 在电源电压 U_s 和电机反电势 E_a 的共同作用下导通,电枢电流将沿相反的方向从 A 端流向 B 端,形成电流路径③,在 $U_s + E_a$ 作用下形成很大电流冲击,且 i_a 与 E_a 同向,电机进入反接制动状态。直到下一个调制周期开始后,即在 $T < t < (T + t_1)$ 期间,V_2、V_3 关断,反向的电枢电流经二极管 VD_1 和 VD_4 续流,在自感电势 e_L 与反电势 E_a 共同作用下,形成电流路径④,电机将电能反馈回电源,电机进入再生制动状态。到了 $t = t_3$ 时,反向电流衰减到零,V_1 和 V_4 开始导通,又开始了一个新的工作周期。

图 1.29　双极性调制时的电压和电流波形

电流路径	④	①	②	③	④
导通元件	V_1 V_4	V_1 V_4	VD_2 VD_3	V_2 V_3	VD_1 VD_4
电动机状态		U_s作用下电动	e_L作用下电动	U_s、E_a作用下反接制动	e_L、E_a作用下再生制动

可以看出在双极性调制方式中,无论电机工作在什么状态,在 $0 < t < t_1$ 期间电枢端电压 U_A 总等于 $+U_s$;而在 $t_1 < t < T$ 期间 U_A 总等于 $-U_s$,所以电枢电压平均值 U_A 等于正脉冲电压平均值 U_{A1} 和负脉冲电压平均值 U_{A2} 之差,即

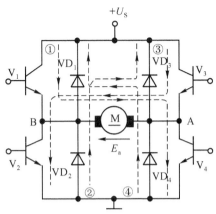

$$U_A = U_{A1} - U_{A2} = \frac{t_1}{T}U_s - \frac{(T-t_1)}{T}U_s$$

$$= (2 \times \frac{t_1}{T} - 1)U_s \qquad (1.19)$$

因此,双极性脉宽调制方式的负载电压系数为

$$\rho = \frac{U_A}{U_s} = 2 \times \frac{t_1}{T} - 1 \qquad (1.20)$$

图 1.30　双极性调制时各阶段的电流路径

这里,ρ 的变化范围也是 $+1 \sim 0 \sim -1$。值得特别指出的是:当 $t_1 = T/2$ 时,$\rho = 0$,电机的输入电压平均值为零,电机当然就静止不动了。但由于 $t_1 = T/2$ 时,实际电机两端加有正负脉冲宽度相等的交变电压,电枢中可能出现一个交变的电流 i_a。这个电流虽然增加了电机的损耗,但它产生了正、反两个方向的瞬时转矩,虽转子因机械惯性来不及运动,却能使电机产生高频的微振,从而减少了静摩擦,起到动力润滑的作用。

双极性直流脉宽调制调速系统可实现正、反转,电、制动的四象限运行,如图 1.31 所示。

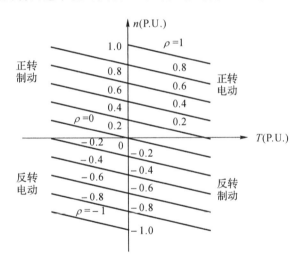

图 1.31　双极性直流脉宽调制调速系统机械特性

（四）双极性调制和单极性调制方式的比较

双极性脉宽调制方式与单极性脉宽调制方式相比具有以下特点:

(1) 双极性调制方式控制简单,只要改变 t_1 位置就能将输出电压从 $+U_s$ 变到 $-U_s$。而在单极性调制方式中需要改变晶体管的工作方式。

(2) 双极性脉宽调制输出电压比较小时,每个晶体管的驱动电压脉冲 U_b 仍然比较宽,能保证开关器件的可靠导通和电动机低速运转的平稳性。而单极性调制方式在输出电压比较小

时晶体管的驱动电压脉冲 U_b 变窄,窄到一定程度往往就不能保证晶体管的可靠导通,从而影响电动机低速运转的平稳性。因此用单极性调制方式时电机的低速运行性能不如采用双极性调制方式时好。

（3）双极性调制方式输出平均电压等于零时,电枢回路中存在的交变电流虽增加了电机的损耗,但它所产生的高频微振能起到动力润滑的作用,有利于克服机械静摩擦。而单极性调制方式在输出电压平均值为零时电枢回路中没有电流,不产生损耗,也没有动力润滑作用,存在较大静摩擦,负载条件下可能较难起动。

（4）双极性调制方式四个晶体管都处在开关状态,开关损耗比较大,而单极性调制方式中只有两个晶体管工作在连续的开关状态,开关损耗要小些。

1.4　直流电动机调速系统的特性及其优化

一、调速系统的静态和动态性能

电机调速系统不但要求调速范围广,而且要求具有良好的静态和动态特性。系统的静态（稳态）性能指标是以它的稳态误差来衡量的,包括调速的精度和跟踪误差两个方面,与系统的类型和输入信号的性质有关。图 1.32 所示是一个典型的单位反馈系统,其中 $W_0(s)$ 为系统的开环传递函数,$R(s)$ 和 $C(s)$ 分别为系统的输入和输出,而 $E(s)$ 为系统的误差。

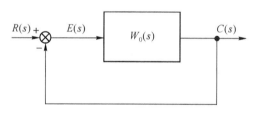

图 1.32　单位反馈系统

系统开环传递函数一般形式为

$$W_0(s) = \frac{K(b_m s^m + b_{m-1} s^{m-1} + \cdots + b_1 s + 1)}{s^\gamma(a_n s^n + a_{n-1} s^{n-1} + \cdots + a_1 s + 1)} \tag{1.21}$$

对系统的静态特性有重要意义的是传递函数 $W_0(s)$ 中积分因子数 γ。通常根据 $\gamma = 0, 1, 2$,可分别把相应的系统称为 0 型,Ⅰ 型,Ⅱ 型系统。为了说明这些系统的静态特性的好坏,通常以它们对三种不同典型输入函数,即单位阶跃函数 $[1(t)]$,单位斜坡（等速度）函数 $[t]$ 和单位抛物线（等加速度）函数 $[t^2/2]$ 的响应表征之。在图 1.33 示出了 0 型,Ⅰ 型,Ⅱ 型系统对上述三种输入信号的响应曲线。从图可见,0 型系统在跟踪阶跃输入信号时就存在一定的稳态误差,所以称为有差系统,它不能跟踪速度和加速度输入信号。Ⅰ 型系统在跟踪阶跃输入信号时其稳态误差为零,但在跟踪速度输入信号时有一定稳态（速度）误差,而跟踪加速度输入信号时

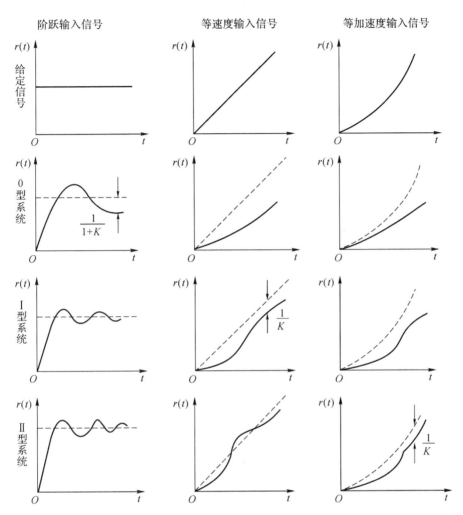

图 1.33　典型输入信号作用下,三类系统的响应

稳态误差趋于无穷大,故 Ⅰ 型系统称为一阶无差系统。Ⅱ 型系统跟踪阶跃输入信号和速度信号时稳态误差均为零,而跟踪加速度输入信号时存在一定的稳态误差(加速度误差),故 Ⅱ 型系统称为二阶无差系统。一般说来,系统的类型数或无差度(γ)愈大,它的稳态误差愈小,但是系统的动态性能却要差一些。

所谓动态性能指的是在电机运行条件突变时,从一种运行状态到另一种运行状态的过渡过程情况。系统的动态特性通常以其在单位阶跃输入信号作用下的动态响应曲线表征,如图1.34 所示。

在工程上常用以下几个特征量作为衡量动态响应过程的性能指标:

① 上升时间 t_r:响应曲线从稳态值的 10% 上升到 90% 所需的时间(s);

② 延迟时间 t_d:响应曲线第一次达到稳态值的 50% 所需的时间(s);

③ 峰值时间 t_p:响应曲达到第一个峰值所需的时间(s);

④ 超调量 $\sigma(\%)$:响应曲线第一次达到稳定值后的最大偏差量与稳态值之比的百分值

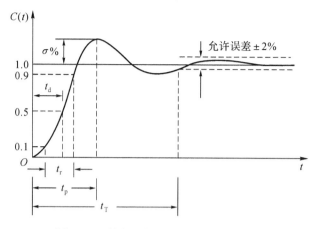

图 1.34　控制系统的单位阶跃响应曲线

$$\sigma(\%) = \frac{C(t_{\mathrm{p}}) - C(\infty)}{C(\infty)} \times 100\%$$

⑤ 调整时间 t_{T}：响应曲线与稳态值之间的偏差达到允许值（通常为 ±2%）范围内所需时间；

⑥ 振荡次数 N：在过渡过程持续期间，即在 $0 < t < t_{\mathrm{T}}$ 范围内系统单位阶跃响应曲线在稳态值上下起伏的次数。

在实际应用中常以调整时间 t_{T} 和超调量 σ 作为衡量系统动态特性的主要指标。

二、直流电动机的传递函数

要研究直流电动机的调速性能，首先要获得电机的数学模型，即列写出直流电动机的状态方程或传递函数。针对磁场恒定的并激直流电机，根据对机械过程和电磁过程的不同处理原则，可以建立起两种模型：精确模型和简化模型。

（一）精确模型

精确模型是将电机转速变化的机械过程和电量变化的电磁过程按照实际情况考虑认为它们同时发生，从电枢电压平衡方程或和转矩平衡方程式出发建立其状态方程及传递函数关系。

电枢电压平衡方程为

$$\left.\begin{aligned} u_{\mathrm{a}} &= R_{\mathrm{a}} i_{\mathrm{a}} + L_{\mathrm{a}} \frac{\mathrm{d}i_{\mathrm{a}}}{\mathrm{d}t} + e \\ e &= C_{\mathrm{e}} \Phi n \end{aligned}\right\} \tag{1.22}$$

转矩平衡方程为：

$$\left.\begin{aligned} J \frac{\mathrm{d}n}{\mathrm{d}t} &= T - T_{\mathrm{L}} \\ T &= C_{\mathrm{t}} \Phi i_{\mathrm{a}} \end{aligned}\right\} \tag{1.23}$$

式中　u_{a}　——电枢电压（V）；

e　——电枢反电势（V）；

i_a　　　——电枢电流(A)；

L_a、R_a　——电枢电感(H)、电枢电阻(Ω)；

Φ　　　——每极磁通(Wb)

n　　　——转子转速(r/min)

C_e、C_t　——直流电机电势常数和转矩常数，$C_e = PN/(60a)$、$C_t = PN/(2\pi a)$，其中 P 为电机极对数，N 为电枢总导体数，a 为并联支路数；

T、T_L　——电磁转矩及负载转矩(N·m)；

J　　　——转速惯量(N·m·s·min/r)。

转速惯量与常用的转动惯量 J_0(N·m·s^2/rad) 的关系可从下式推得：

因　　　　$T - T_L = J_0 \dfrac{d\omega}{dt} = J_0 \dfrac{d}{dt}\left(\dfrac{2\pi}{60}n\right) = \left(\dfrac{\pi}{30}J_0\right)\dfrac{dn}{dt} = J\dfrac{dn}{dt}$

即　　　　$J = \dfrac{\pi}{30}J_0$

若采用拉氏变换，则按 $d/dt \to s$，$\int dt \to 1/s$ 的关系，可从以上微分方程导出以下传递函数关系：

从电压方程式(1.22)可求得电枢电流 i_a 与电枢电压 u_a 之间传递函数为

$$\frac{i_a}{(u_a - e)} = \frac{1/R_a}{1 + sL_a/R_a} = \frac{K_a}{1 + T_a s} \tag{1.24}$$

式中　　$K_a = 1/R_a$——电枢回路放大倍数；

　　　　$T_a = L_a/R_a$——电枢回路电磁时间常数(s)。

从转矩方程式(1.23)可求得转子转速 n 与动态转矩$(T - T_L)$之间传递函数为

$$\frac{n}{T - T_L} = \frac{1}{Js} \tag{1.25}$$

考虑到 $e = C_e\Phi n$ 及 $T = C_t\Phi i_a$ 的辅助关系，并引入一个机电时间常数 T_m，$T_m = JR_a/(C_t C_e \Phi^2)(s)$，则可求得精确模型的传递函数框图如图 1.35 所示。

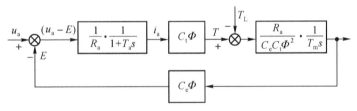

图 1.35　直流电机的精确模型

由于建立精确模型时综合地考虑了机电(T_m)和电磁(T_a)的过渡过程，故反映在传递函数框图中形成了一个有反馈的闭环二阶系统，其二阶系统的特性体现在各量之间的关系上。如转速与电枢电压间传递关系为

$$\frac{n}{u_a} = \frac{1/C_e\Phi}{T_m T_a s^2 + T_m s + 1} \tag{1.26}$$

电枢电流与电枢电压间传递关系为

$$\frac{i_a}{u_a} = \frac{T_m s/R_a}{T_m T_a s^2 + T_m s + 1} \tag{1.27}$$

转速与负载转矩间传递关系为

$$\frac{n}{-T_L} = \frac{T_m(1 + T_a s)/J}{T_m T_a s^2 + T_m s + 1} \tag{1.28}$$

精确模型本身为二阶,当采用速度、电流反馈构成双闭环控制时,系统的阶数还要增加,给分析带来麻烦。然而实际系统中时间常数 T_a 和 T_m 在数量上相差很大,电枢回路电磁时间常数 T_a 比较小,转子惯性引起的机电时间常数 T_m 往往要比 T_a 大一个数量级,两个过程可以不看作同时发生而是接续发生。这样在研究比较快的电流变化过程中可以近似认为电机转速不变,也就是认为电枢反电势 e 不变;而在研究比较缓慢的速度变化过程时,可以认为电磁过程已经衰减完毕,即认为 $T_a = 0$,这样可以导出由两个一阶环节(各自时间常数分别为 T_m 和 T_a)串联而无反馈的一阶简化模型。

(二) 简化模型

简化模型是通过电机方程式线性化后的增量方程建立起来的传递函数形式数学模型。根据电磁、机电过程分离处理的原则,在研究电压由原来 u_{a0} 变到 $u_{a0} + \Delta u_a$ 的电磁过渡过程时,设电流相应地由 i_{a0} 变化至 $i_{a0} + \Delta i_a$,电磁转矩也由 T_0 变到 $T_0 + \Delta T$,但转速认为不变。这样,电压跃变前后的电路方程分别为

$$L_a \frac{d i_{a0}}{dt} + R_a i_{a0} = u_{a0} - C_e \Phi n$$

$$L_a \frac{d(i_{a0} + \Delta i_a)}{dt} + R_a(i_{a0} + \Delta i_a) = u_{a0} + \Delta u_a - C_e \Phi n$$

将上面两式相减,可求得电压增量 Δu_a 和电流增量 Δi_a 之间的传递函数为

$$\frac{\Delta i_a}{\Delta u_a} = \frac{1}{R_a} \cdot \frac{1}{1 + T_a s} \tag{1.29}$$

在这个电流增量 Δi_a 的作用下,将产生转矩增量 $\Delta T = C_t \Phi \Delta i_a$。如负载转矩不变,则 ΔT 全用于转子加速,即

$$\Delta T = J \frac{d\Delta n}{dt}$$

于是求得电流增量 Δi_a 与转速增量 Δn 之间的传递函数为

$$\frac{\Delta n}{\Delta i_a} = \frac{C_t \Phi}{J s} = \frac{R_a/C_e \, \Phi}{T_m s} \tag{1.30}$$

而电压增量 Δu_a 与转速增量 Δn 之间的传递数为

$$\frac{\Delta n}{\Delta u_a} = \frac{\Delta n}{\Delta i_a} \cdot \frac{\Delta i_a}{\Delta u_a} = \frac{1/C_e \Phi}{T_m s(1 + T_a s)} \tag{1.31}$$

据此构成的直流电机简化模型框图如图 1.36 所示,它把直流电机看成了由两个相对独立的一阶系统构成的开环电路,没有内部反馈环节,这给闭环调速系统分析带来了许多方便。

比较式(1.31)和式(1.26),可见以上的假定相当于在式(1.26)中忽略了分母中的常数项1。根据拉氏变换的初值和终值定理,在 $t \to 0$ 时(相当于 $s \to \infty$),常数项 1 的影响完全可以忽略,所以利用式(1.31)研究过程开始阶段的动态响应是足够准确的。但是在稳态过程中 $t \to \infty$,$s \to 0$,在这种情况下式(1.31)将趋于发散。这是由于分析中忽略了转速的变化(也就是反

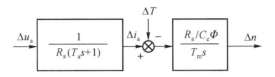

图 1.36　直流电机简化模型

电势的变化) 对电流增长过程的影响, 于是静态时电机电流的增长只受电枢电阻的限制, 即 $\Delta i_a = \Delta u_a / R_a$, 它将产生一定的转矩增长, 使电机一直处在加速状态, 以致转速趋于发散。但是当直流电机调速系统中另外加入速度负反馈后, 转速发散的情况就不会出现, 所以利用图 1.36 所示直流电机的传递函数框图进行分析在工程上是允许的。

三、调速系统的性能优化

在实际的直流电机调速中除了速度调节器、电流调节器外, 还有其他一些滤波环节, 这些环节合在一起, 使得系统的传递函数阶次增高。这种比较复杂的高阶系统虽可利用计算机仿真技术进行研究, 但在工程设计上并不是都有这个必要, 实用上往往可以采用所谓"电子调节器优化"的办法。利用电子调节器等各种电子校正回路可人为地把高阶系统校正为较低的阶次 (通常为二阶或三阶), 再通过适当选择调节器的参数, 可使系统具有较好的静态和动态性能, 这就是调速系统的性能优化。调速系统性能优化技术对交流电机的调速控制同样有效和重要。

为了合理地选择调节器的参数使系统优化, 先分析几种典型的低阶系统的动态特性及其优化原则。

(一) 一阶系统

典型的一阶系统是一个积分环节 $W_0(s) = 1/(T_i s)$ (图 1.37), 接成直接反馈的闭环后其闭环传递函数变为

$$W_0(s) = \frac{1}{T_i s + 1} \tag{1.32}$$

当系统的输入为单位阶跃函数时,

$$x_i = \begin{cases} 0 & t < 0 \\ 1 & t \geqslant 0 \end{cases}$$

系统的输出是按指数曲线上升的, 其关系式为

$$\frac{x_0}{x_i} = (1 - e^{-\frac{t}{T_i}}) \tag{1.33}$$

它的增长时间常数就等于系统的积分时间数 T_i。一般来说, 一阶类型的自动调节系统是一个稳定的系统, 它的变化过程遵循指数规律逐渐逼近, 没有所谓"超调"现象, 过程进展的快慢完全决定于积分环节的时间常数。在电机调速系统中由于积分环节时间常数往往取得比较大, 所以如按一阶系统设计, 动作将过于缓慢, 故较少采用。

(二) 二阶系统

典型的二阶系统是由一个惯性环节和一个积分环节组成 (图 1.38), 系统的开环传递

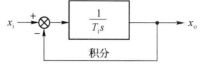

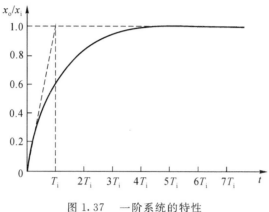

图 1.37　一阶系统的特性

函数为

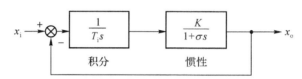

图 1.38　二阶系统的构成

$$W_0(s) = \frac{1}{T_i s} \cdot \frac{K}{1+\sigma s} \tag{1.34}$$

式中　　T_i——积分环节的时间常数；

　　　　σ——惯性环节的时间常数；

　　　　K——系统的放大系数。

这个系统的闭环传递函数为

$$W(s) = \frac{W_0(s)}{1+W_0(s)} = \frac{1}{1+\dfrac{T_i}{K}+\dfrac{T_i\sigma}{K}s^2} = \frac{1}{1+T_1 s + T_2 s^2} \tag{1.35}$$

这是一种典型的二阶系统,输入 x_i 和输出 x_o 之间满足下列微分方程式

$$x_i(t) = x_o(t) + T_1 \frac{\mathrm{d}x_o(t)}{\mathrm{d}t} + T_2 \frac{\mathrm{d}^2 x_o(t)}{\mathrm{d}t^2}$$

当 T_1,T_2 具有不同数值时,系统的动态特性是不同的,分析的结果认为在 $T_1 = 2\sigma$,$T_2 = 2\sigma^2$,即满足条件 $T_i = 2K\sigma$ 的情况下系统具有较好的动态特性。该系统在单位阶跃输入 x_i 的作用下其输出 x_o 的过程为

$$\frac{x_o}{x_i} = 1 - \sqrt{2}\,\mathrm{e}^{-\frac{1}{2\sigma}}\sin\left(\frac{t}{2\sigma} + \frac{\pi}{4}\right) \tag{1.36}$$

x_o/x_i 动态响应过程的曲线如图 1.39 所示,其性能指标如下:

(1) 起调时间 t_q。即从单位阶跃输入 x_i 施加的瞬间起到输出量 x_o 第一次达到单位阶跃给定值所经历的时间,亦即响应曲线 $f(t)$ 与水平线 (1.0) 第一次相交的时间,$t_q = 4.7\sigma$。

(2) 最大超调量 Δx_{max}。即在动态响应过程中 x_o 可能超过给定值 x_i 的最大数值,约为 4.3%,且超调数仅有一次。

(3) 调整时间 t_T。即从信号 x_i 输入到超调量衰减到 $< 2\%$ 的时间,$t_T = 8.4\sigma$。

具有这样动态特性的二阶系统在实用上把它看作是一种比较理想的系统,习惯上常称它为"二阶最佳"(二阶优化)系统。这个系统的动态响应曲线近似地可以用一个时间常数为 $T_0 = 2\sigma$ 的指数曲线来等效,如图 1.39 中虚线所示。这就是说一个具有二阶优化特性的闭环系统可以近似地用

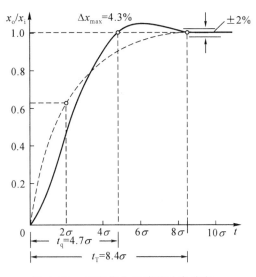

图 1.39　二阶优化系统的动态响应

一个具有时间常数为 2σ 的惯性环节 $1/(2\sigma s + 1)$ 来代替。

(三) 三阶系统

当系统由一个积分环节、一个惯性环节和一个比例积分调节器所组成时,构成了一个典型的三阶系统(图 1.40)。系统的开环传递函数为

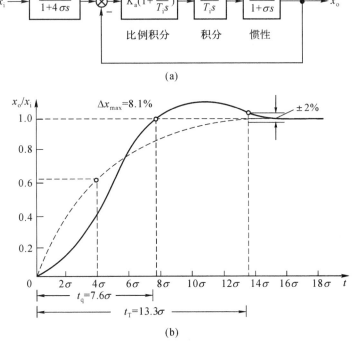

(a)

(b)

图 1.40　三阶系统的构成及优化特性

$$W_0(s) = K_a\left(1 + \frac{1}{\tau_i s}\right)\left(\frac{1}{T_i s}\right)\left(\frac{K_x}{1 + \sigma s}\right) \tag{1.37}$$

式中　　K_a —— 比例积分调节器的放大系数；

　　　　τ_i —— 调节器的积分时间常数；

　　　　T_i —— 积分环节的时间常数；

　　　　σ —— 惯性环节的时间常数；

　　　　K_x —— 调节对象的放大系数。

这个系统构成闭环时，它的闭环传递函数为

$$W(s) = \frac{K_a K_x(1 + \tau_i s)}{\tau_i T_i s^2(\sigma s + 1) + K_a K_x(1 + \tau_i s)} = \frac{(1 + \tau_i s)}{1 + T_1 s + T_2 s^2 + T_3 s^3} \tag{1.38}$$

式中　　$T_1 = \tau_i$；$T_2 = \dfrac{\tau_i T_i}{K_a K_x}$；$T_3 = \dfrac{\tau_i T_i}{K_a K_x}\sigma$。 \tag{1.39}

如果这个闭环系统的输入端再加接一个滤波环节，其惯性时间常数又正好是 τ_i，如图 1.40(a) 所示，则整个系统的传递函数就具有典型的三阶形式

$$W(s) = \frac{1}{1 + \tau_i s} \cdot \frac{(1 + \tau_i s)}{1 + T_1 s + T_2 s^2 + T_3 s^3} = \frac{1}{1 + T_1 s + T_2 s^2 + T_3 s^3} \tag{1.40}$$

在 T_1、T_2、T_3 具有不同数值时，系统的动态特性是不同的。分析比较结果一般认为，当这三个系数满足以下关系时，三阶系统具有比较好的特性

$$T_2 = T_1^2/2, \quad T_3 = T_1^3/8 \tag{1.41}$$

把式(1.39)的关系代入式(1.41)，即可求得满足三阶优化条件系统的调节器参数应满足的关系

$$\left.\begin{array}{l} \tau_i = 4\sigma \\[2mm] K_a = \dfrac{T_i}{2\sigma K_x} \end{array}\right\} \tag{1.42}$$

把式(1.42)代入式(1.40)，可得典型"三阶优化"系统的传递函数为

$$W(s) = \frac{1}{1 + 4\sigma s + 8\sigma^2 s^2 + 8\sigma^3 s^3} \tag{1.43}$$

当三阶优化系统输入端有单位阶跃信号 x_i 输入时，其输出 x_0 的动态过程为

$$\frac{x_0}{x_i} = 1 + e^{-\frac{t}{2\sigma}} - \frac{2}{\sqrt{3}}e^{-\frac{t}{4\sigma}}\sin\left(\frac{\sqrt{3}}{4\sigma}t\right) \tag{1.44}$$

其响应曲线如图(1.40)(b)所示，它的起调时间 $t_q = 7.6\sigma$，最大超调量 8.1%，达到偏差小于 $\pm 2\%$ 所需的调整时间 $t_T = 13.3\sigma$。这个动态过程也可以近似地用一个时间常数为 4σ 的指数曲线来代替。这就是说，一个具有三阶优化调节特性的系统，可以等效地把它看作一个具有时间常数为 4σ 的惯性环节。

这里应当指出：上面所讲的三阶优化系统指的是在闭环系统前面接有滤波环节 $1/(1 + \tau_i s) = 1/(1 + 4\sigma s)$ 的情况。如若输入端没有滤波环节，阶跃信号直接加在闭环系统的输入端，那么系统的传递函数为式(1.38)，在单位阶跃输入信号的作用下，其输出的动态响应曲线将如图 1.41 所示。它的起调时间 $t_q = 3.1\sigma$，最大超调量为 $\Delta x_{max} = 43.4\%$，而达到偏差小于 $\pm 2\%$ 所需的调整时间为 $t_T = 16.5\sigma$。这个系统的超调量过大，实用上往往不允许，因此当调节系统

按三阶进行设计时,其输入端通常需加滤波缓冲环节。

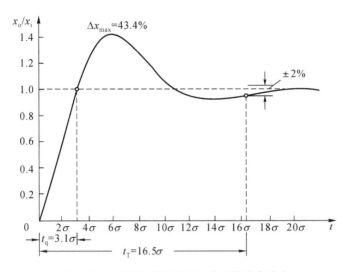

图 1.41　不加滤波环节时三阶系统动态响应

（四）三阶优化和二阶优化的比较

以上的分析说明,从对输入信号响应的快速性和过渡过程的品质来看,似乎二阶优化优于三阶优化:三阶优化系统不但要求在系统的输入端加适当的缓冲环节以减小超调量,而且它动作的快速性也不及二阶优化系统,因为三阶优化系统的过渡过程等效时间常数为 4σ,而二阶优化系统的等效时间常数只有 2σ。但是从下面的分析中将会看到,对于电机调速系统而言,二阶优化系统也有它明显不足之处。

首先在电机调速系统中往往有某些大惯性元件存在,例如平波电抗器的电感和转子的转动惯量等。采用二阶优化系统时,为了保证动作的快速性,这些大时间常数需要由调节器来完全加以补偿。这样在二阶优化系统中,调节器的积分时间常数 τ 就是用来对消、补偿系统中这些大时间常数的,与之有一一对应关系。所以当系统参数有所变化时,调节器的参数也必须随之重新调整。而在三阶优化系统中,由于调节器的时间常数只决定于系统中的小时间常数 σ,与系统中的大时间常数几乎没有直接关系,所以系统参数的变化(例如更换电机、平波电抗器或变更负载的转动惯量等)对系统的动态性能影响不是太大,可以不必改变调节器的主要参数,所以调试方便。这对于生产适应范围比较广的通用控制装置有很大实际意义。

此外,从调节偏差和抗干能力来看,也是三阶优化系统优于二阶优化系统,这可以图 1.42 的系统为例来说明。

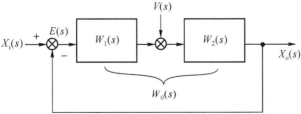

图 1.42　系统的偏差分析

设系统输入信号的拉氏变换为 $X_i(s)$，输出为 $X_o(s)$，干扰信号为 $V(s)$。在 $X_i(s)$、$V(s)$ 作用下，系统总偏差为

$$E(s) = X_i(s) - X_o(s) \tag{1.45}$$

如系统的开环传递函数为

$$W_0(s) = W_1(s) \cdot W_2(s) \tag{1.46}$$

则不难求得系统输出为

$$X_o(s) = [E(s) \cdot W_1(s) + V(s)]W_2(s) \tag{1.47}$$

联立式(1.45)、(1.47)，可得系统的总偏差为

$$E(s) = \frac{X_i(s)}{1 + W_0(s)} - \frac{W_2(s)}{1 + W_0(s)}V(s) = E'(s) + E''(s) \tag{1.48}$$

式中　　$E'(s)$—— 系统本身静态偏差；

　　　　$E''(s)$—— 干扰作用下的偏差。

现在先看静态偏差，根据拉氏变换的基本关系式可知

$$\lim_{t \to \infty} e'(t) = \lim_{s \to 0} sE'(s) = \lim_{s \to 0} s \cdot \frac{X_i(s)}{1 + W_0(s)} \tag{1.49}$$

此式说明系统的静态偏差，即调节精度既与输入信号 $x_i(t)$ 有关，也和系统的传递函数有关，特别是与它在 $s = 0$ 处的极点阶数有关。例如惯性环节，在 $W_0(s)$ 中没有 $s = 0$ 的极点，当 $s = 0$ 时 $W_0(0)$ 为有限值，则它在阶跃信号 $x_i(t) = 1(t)$，$X_i(s) = 1/s$ 的作用下其静态偏差

$$e'(t) = \lim_{s \to 0} \frac{s\left(\dfrac{1}{s}\right)}{1 + W_0(s)}$$

为一有限值。这说明这个系统在阶跃信号作用下输出是有一定偏差的，所以它是一个有差系统，或称零阶无差系统。

二阶优化系统的开环传递函数为

$$W_0(s) = \frac{1}{T_i s}\left(\frac{K}{1 + \sigma s}\right)$$

它有一个 $s = 0$ 的极点，它在阶跃信号 $x_i(t) = 1(t)$，$X_i(s) = 1/s$ 的作用下静态偏差为

$$e'(t) = \lim_{s \to 0} \frac{s\left(\dfrac{1}{s}\right)}{1 + W_0(s)} = 0$$

所以二阶优化系统对阶跃信号而言是无差系统，静态偏差为零。但是对于随时间而连续变化的信号，如 $x_i(t) = t$，$X_i(s) = 1/s^2$ 而言，其静态偏差将为一有限值

$$e = \lim_{s \to 0} \frac{s\left(\dfrac{1}{s}\right)}{1 + W_0(s)} = \frac{\dfrac{1}{s}}{\dfrac{1}{T_i s}\left[T_i s + \left(\dfrac{K}{1 + \sigma s}\right)\right]} = \frac{T_i}{K}$$

这说明二阶优化系统由于只有一个 $s = 0$ 的极点，所以只是一个所谓的一阶无差系统，它只对随后持续不变的阶跃信号能保持无差调节，而对连续变化的输入信号不能始终跟随，有一定的跟随误差。

三阶优化系统的情况与此有所不同，它的开环传递函数为

$$W_0(s) = \frac{K_a(1+\tau_i s)}{\tau_i s} \cdot \frac{1}{T_i s} \cdot \frac{K_x}{1+\sigma s} = \frac{K}{s^2} \cdot \frac{1+\tau_i s}{1+\sigma s}$$

式中 $K = \dfrac{K_a K_x}{\tau_i T_i}$。

该 $W_0(s)$ 中有两个 $s=0$ 的极点,故是一个二阶无差系统。它不但对于阶跃信号,而且对于随时间而变化的信号,例如 $x_i(t) = t, X_i(s) = 1/s^2$ 而言其静态误差也为零,即

$$e'(t) = \lim_{s \to 0} \frac{s\left(\dfrac{1}{s^2}\right)}{1+W_0(0)} = 0$$

所以三阶优化系统的跟随特性优于二阶系统。

另外从抗干扰的角度来看,三阶系统也比二阶系统好。对于电机调速系统来讲,最常见的外来干扰是电源电压的跳变和电机轴上负载的突变,这些干扰信号从框图上来看往往是施加在调节器和控制对象之间。在图 1.42 所示的框图中,设 $W_1(s)$ 为调节器的传递函数,$W_2(s)$ 为干扰信号后面控制对象以及其他有关部分的传递函数,则由式(1.48)求得在干扰信号 $V(s)$ 作用下系统本身所具有的偏差为

$$E''(s) = \frac{V(s)W_2(s)}{1+W_1(s)W_2(s)} = \frac{V(s)}{W_1(s)} \cdot \frac{W_0(s)}{1+W_0(s)} \tag{1.50}$$

式(1.50)表明,由干扰所引起的误差和 $W_1(s)$ 成反比,所以调节器的参数对抑制干扰的影响具有重要的作用。通常电机调速系统中采用比例积分型(PI)调节器,其传递函数为

$$W_1(s) = \frac{K(1+\tau_i s)}{\tau_i s}$$

这样干扰 $V(s)$ 所引起的影响与

$$E''(s) = \frac{\tau_i s}{K(1+\tau_i s)}V(s)$$

有关:调节器的积分时间常数 τ_i 大,干扰的影响大;τ_i 小时对干扰会有较好的抑制作用。而调节器时间常数的选择是根据系统优化方式的不同而异。从随后的分析中将会看到,当直流电机调速系统按二阶优化时,需要用调节器的时间常数 τ_i 去补偿系统中的大时间常数,因此调节器的积分时间常数通常选得比较大;而按三阶优化设计时,并不需要对大惯性时间常数进行全补偿,调节器的时间常数 τ_i 只决定于系统中的小时间常数,所以 τ_i 一般选得比较小。这样,在二阶系统中由于调节器时间常数选得大,由干扰所引起的偏差 $e''(t)$ 就比较大,衰减也比较慢,持续时间长;而按三阶系统优化设计时,由于调节器时间常数选得比较小,干扰引起的偏差 $e''(t)$ 衰减比较快,影响比较小。所以目前在直流电机调速系统中,特别是速度环的调节器多按三阶优化的方法选择参数。

四、直流电机调速系统的工程优化设计

在分析了典型的二阶和三阶优化系统以后,现在来讨论如何把直流电机调速系统设计成优化系统的问题。

直流电机调速系统的传递函数框图如图 1.43 所示。这个框图中有两个闭环,其中内环为

电流调节环,外环为速度调节环。电流环由四个环节组成:

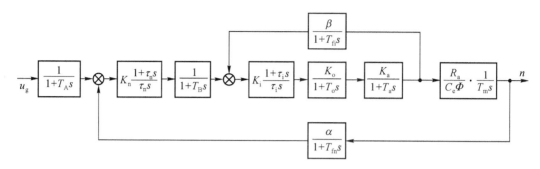

图 1.43 直流电机双闭环调速系统框图

① 环节 $K_a/(1+T_as)$ 代表电枢回路,是一个惯性环节,T_a 为电枢回路的时间常数。由于电枢回路中有平波电抗器 L_d 的存在,T_a 之值比较大,一般为几十甚至上百毫秒。

② 环节 $K_o/(1+T_os)$ 代表可控整流桥,K_o 是它的电压放大倍数,T_o 为整流桥的等效时间常数。由于可控整流桥在一个晶闸管触发后到另一个晶闸管触发之时有一个失控期,在这个失控期内整流桥对控制信号不能即时响应,出现了时间上的滞后现象,近似地可用一个小时间常数 T_o 来表征。对于全控整流桥而言,平均滞后时间 $T_o \approx 2\text{ms}$;而对于半控桥一般取 $T_o \approx 4\text{ms}$ 左右。对于脉宽调制(PWM)调速系统而言,PWM 变换器也可等效为一阶惯性环节,与可控整流器的传递函数形式完全一致,其 K_a 为 PWM 装置电压放大倍数,T_o 为开关频率决定的等效时间常数。若开关频率为 10kHz,$T_o = 0.1\text{ms}$。

③ 环节 $\beta/(1+T_{fi}s)$ 为电流反馈回路的传递函数,β 为电流反馈系数,T_{fi} 为电流反馈回路的滤波时间常数,一般说来这个时间常数也是选得很小,通常只有几个毫秒。

④ 环节 $K_i(1+1/\tau_i s) = K_i[(1+\tau_i s)/\tau_i s]$ 代表比例积分型(PI 型)电流调节器,这是优化对象,主要是选择它的参数:放大系数 K_i 和积分时间常数 τ_i。

速度环除了其中所包括的电流调节环以外,还有一个比例积分(PI)型速度调节器 $K_n[1+1/(\tau_n s)] = K_n[(1+\tau_n s)/\tau_n s]$,一个电流环输入端的滤波环节 $1/(1+T_B s)$ 和一个速度反馈环节 $\alpha/(1+T_{fn}s)$。其中 T_{fn} 为速度反馈回路的滤波时间常数,α 为速度反馈系数。环节 $(R_a/C_e\Phi)\cdot(1/T_m s)$ 代表电机(包括轴上机械负载)转动部分的惯性。在速度环的输入端往往还加有一个给定缓冲(滤波)环节 $1/(1+T_A s)$,其目的在于减少当给定突变时转速调节过程中可能出现的转速超调量。如若转速给定信号不是直接而是通过一个给定积分器输入到速度调节器,则输入信号不会发生阶跃突变,此时可以省略缓冲环节。

现在,首先优化内环。从图 1.43 可见,电流调节环不是一个简单的直接反馈系统,而是在反馈回路中有一个惯性环节 $\beta/(1+T_{fi}s)$。为了简化分析起见,首先应把这个非直接反馈系统转化为直接反馈系统。

根据自动控制理论,对于如图 1.44(a) 所示的非直接反馈系统不难证明它的闭环传递函数为

$$W(s) = \frac{A(s)}{1+A(s)B(s)} = \frac{1}{B(s)} \cdot \left[\frac{A(s)B(s)}{1+A(s)B(s)} \right] \tag{1.51}$$

由式(1.51)可以画出这个系统的等效框图如图 1.44(b) 所示,它相当于 $A(s)$ 和 $B(s)$ 两

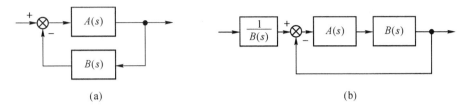

(a)　　　　　　　　　　　(b)

图 1.44　框图的等值变换

个环节串联起来构成直接反馈系统,而在信号输入端加一个环节 $1/B(s)$。根据这个原理,电流环可以改画成图 1.45(a) 的形式。

时间常数环节 $\beta/(1+T_{fi}s)$ 和 $K_0/(1+T_0s)$ 可以合在一起写成:

$$\frac{\beta}{(1+T_{fi}s)} \cdot \frac{K_0}{(1+T_0s)} \approx \frac{\beta K_0}{1+(T_{fi}+T_0)s} \approx \frac{\beta K_0}{1+T_{\Sigma i}s} \tag{1.52}$$

式中　略去了小时间常数的高次项而用等效时间常数 $T_{\Sigma i}$ 代表回路中各小时常数之和,即 $T_{\Sigma i}=T_{fi}+T_0$,于是系统就可简化成图 1.45(b) 的形式。这时,环内有一个惯性环节 $K_a/(1+T_as)$,一个惯性环节 $K_0\beta/(1+T_{\Sigma i}s)$ 和一个 PI 调节器 $K_i[(1+\tau_i s)/\tau_i s]$。

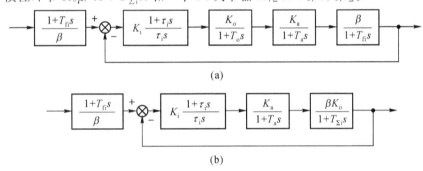

(a)

(b)

图 1.45　电流环的等效框图

如果选择调节器的参数使其积分时间常数 τ_i 正好等于 T_a,那么系统的开环传递函数将变为:

$$W_0(s)=K_i \frac{1+\tau_i s}{\tau_i s} \cdot \frac{K_a}{1+T_a s} \cdot \frac{K_0\beta}{1+T_{\Sigma i}s}=K \frac{1}{\tau_i s} \cdot \frac{1}{1+T_{\Sigma i}s}$$

式中　$K=K_i \cdot K_a \cdot K_0 \cdot \beta$。

上式表明,在系统中由于用比例积分环节补偿了惯性环节 $1/(1+T_as)$,系统变得相当于只有一个积分环节和一个小时间常数的惯性环节相串联,这就构成了一个典型的二阶系统。如果根据前面所推荐的按 $\tau_i=2K\sigma=2KT_{\Sigma i}$ 选取调节器的放大倍数,并考虑到 $\tau_i=T_a$,则

$$K_i=\frac{T_a}{2T_{\Sigma i}K_a \cdot K_0 \cdot \beta} \tag{1.53}$$

当电流调节器的参数按上述原则选取时,电流环就具有二阶优化的特性。当然闭环前面的等效环节 $(1+T_{fi}s)/\beta$(参见图 1.45)还应在输入端另外加一适当滤波环节 $1/(1+T_{fi}s)$ 来补偿。

如若希望把电流环设计成三阶优化系统,那么调节器的时间常数 τ_i 可以选得比较小。根据优化的条件只要 $\tau_i=4T_{\Sigma i}$ 即可,而把大惯性环节近似地当作一个积分环节来看待。一般说

来,只要大惯性时间常数比 τ_i 大得多,这样的处理所引起的误差并不大。

按三阶优化系统设计电流调节器时,根据式(1.42)调节器的积分时间常数应为 $\tau_i = 4T_{\Sigma i}$,放大系数 $K_i = T_a/(2K_a K_0 T_{\Sigma i}\beta)$,并应在电流环输入端添加一滤波缓冲环节 $1/(1+T_B s)$。这个缓冲环节的作用在于一方面用来补偿图 1.45 中的等效环节 $(1+T_{fi}s)/\beta$,另一方面对输入信号起缓冲作用 $1/(1+4T_{\Sigma i}s)$,以防止动态过程中出现过大的超调量,从而使系统实现优化。这样,这个滤波缓冲环节的传递函数应为 $[1/(1+4T_{\Sigma i}s)] \cdot [1/(1+T_{fi}s)]$。实用上常用一个等效的惯性环节 $1/(1+T_B s)$ 来代替,即认为 $1/(1+T_B s) = 1/[(1+4T_{\Sigma i}s) \cdot (1+T_{fi}s)]$,故 $T_B = 4T_{\Sigma i} + T_{fi}$。添加这个滤波缓冲环节以后,整个电流环(包括缓冲环节)的传递函数将变为

$$W(s) = \frac{1}{(1+4T_{\Sigma i}s)(1+T_{fi}s)} \cdot \frac{1+T_{fi}s}{\beta} \cdot \frac{1+4T_{\Sigma i}s}{1+4T_{\Sigma i}s+8T_{\Sigma i}^2 s^2 + 8T_{\Sigma i}^3 s^3}$$

$$\approx \frac{1}{\beta} \cdot \frac{1}{1+4T_{\Sigma i}s} = \frac{1}{\beta} \cdot \frac{1}{1+T_{ei}s}$$

即电流环变成为等效的惯性环节,它的等效时间常数 $T_{ei} = 4T_{\Sigma i}$,而它的放大系数为 $1/\beta$。由于 $T_{\Sigma i}$ 之值通常只有 3~5ms,所以电流环的等效时间常数 T_{ei} 之值一般是在 10~20ms 之间,与机电时间常数相比仍然可以看作是一个小时间常数的惯性环节。于是整个电机调速系统就可简化成一个简单的速度环,其框图如图 1.46(a)所示。

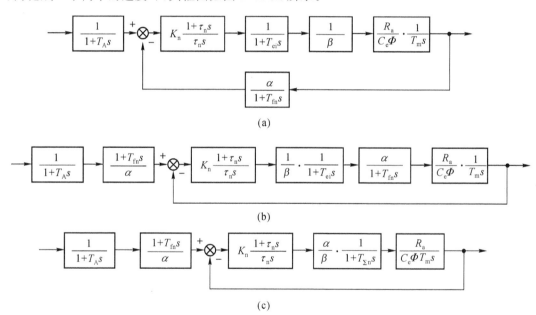

图 1.46　速度环的框图

速度环的处理方法和电流环类似,可以把它变换成图 1.46(b)的形式。如果把两个小时间常数的惯性环节合在一起,即认为

$$\frac{1}{\beta} \cdot \frac{1}{1+T_{ei}s} \cdot \frac{\alpha}{1+T_{fn}s} \approx \frac{\alpha}{\beta} \cdot \frac{1}{1+T_{en}s}$$

其中,α 为速度反馈系数,T_{fn} 为速度反馈回路的时间常数,$T_{en} = T_{ei} + T_{fn}$ 为速度环的小时间常数之和。于是速度环最终就简化成如图 1.46(c)所示,变成了由一个惯性环节、一个积分环

和一个比例积分调节器所组成的典型三阶系统。为了得到优化的调节特性,速度调节器的积分时间常数应满足 $\tau_n = 4T_{en} = 4(T_{ei} + T_{fn})$,而它的放大系数 K_n 应为

$$K_n = \frac{T_i}{2\sigma K_x} = \frac{T_m}{2T_{en}} \cdot \frac{\beta}{\alpha} \cdot \frac{C_e\Phi}{R} \tag{1.54}$$

在速度环的输入端也需要加一等效传递函数为 $1/(1+4T_{en}s)$ 的缓冲环节,由此可以确定速度调节器输入端的滤波环节时间常数 T_A 应为

$$\frac{1}{(1+T_As)}(1+T_{fn}s) \approx \frac{1}{1+4T_{en}s}$$

或

$$T_A \approx T_{fn} + 4T_{en} \approx 4T_{ei} + 5T_{fn}$$

【例】　有一台直流电机,其额定值为 $P_N = 150\text{kW}$,$n_N = 950\text{r/min}$,$U_N = 440\text{V}$,$I_N = 350\text{A}$,电枢回路(包括平波电抗器)总电阻 $R_a = 0.055\Omega$,总电感 $L_a = 2\text{mH}$,系统机电时间常数 $T_m = 0.098\text{s}$。由三相 380V 交流电源经桥式全控整流电路供电,整流桥电压放大倍数 $K_0 = 82.5$;电流反馈和速度反馈滤波环节时间常数分别为 $T_{fi} = 1\text{ms}$,$T_{fn} = 10\text{ms}$;若电机最大电流被限定在 $150\%I_N$,此时电流的反馈电压为 10V,电机额定速度下的速度反馈电压也是 10V。试设计优化的双闭环直流调速系统,其中电流环按二阶优化设计,速度环按三阶优化考虑。

【解】

1. 系统各环节参数计算

(1)直流电机参数

① $K_a = 1/R_a = 1/0.055 = 18.18(1/\Omega)$

② $T_a = L_a/R_a = 2\times10^{-3}/0.055 = 36.4(\text{ms})$

③ $C_e\Phi = \dfrac{U_N - I_N R_a}{n_N} = \dfrac{440 - 350\times0.055}{950} = 0.44(\text{V}(\text{r}\cdot\text{min}^{-1}))$

④ $T_m = 98(\text{ms})$

(2)可控整流器

① $T_0 \approx 2(\text{ms})$

② $K_0 \approx 82.5$

(3)电流反馈环节

① $\beta = 10/(1.5\times350) = 0.019(\text{V/A})$

② $T_{fi} = 1(\text{ms})$

(4)速度反馈环节

① $\alpha = 10/950 = 0.01053(\text{V}/(\text{r}\cdot\text{min}^{-1}))$

② $T_{fi} = 10(\text{ms})$

2. 电流环设计(二阶优化)

① $T_{\Sigma i} = T_0 + T_{fi} = 2 + 1 = 3(\text{ms})$

② $\tau_i = T_a = 36.4(\text{ms})$

③ $K_i = \dfrac{T_a}{2K_a K_0 \beta T_{\Sigma i}} = \dfrac{0.0364}{2\times18.18\times82.5\times0.019\times3\times10^{-3}} = 0.21$

④ $T_\beta = T_{fi} = 1(\text{ms})$

⑤ 电流调节器电路参数(图 1.47)

$$R_{11} = R_{12} = 20(\text{k}\Omega)$$

$$R_{\text{f}} = K_{\text{i}} \cdot R_{12} = 0.21 \times 20 \times 10^3 = 4.2(\text{k}\Omega)$$

$$C_{\text{f}} = \tau_{\text{i}} / R_{\text{f}} = 0.0364 / (4.2 \times 10^3) = 8.6(\mu\text{F})$$

$$C_{\text{B}} = \frac{4T_{\text{B}}}{R_{11}} = \frac{4 \times 10^{-3}}{20 \times 10^3} = 0.2(\mu\text{F})$$

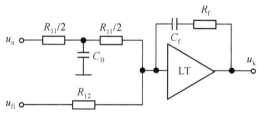

图 1.47   电流调节器电路参数

3. 速度环计算(三阶优化)

①二阶优化电流环等效时间常数

$$T_{\text{ei}} = 2T_{\Sigma\text{i}} = 2 \times 3 = 6(\text{ms})$$

②$T_{\text{en}} = T_{\text{ei}} + T_{\text{fn}} = 6 + 10 = 16(\text{ms})$

③$\tau_{\text{n}} = 4T_{\text{en}} = 4 \times 16 = 64(\text{ms})$

④$K_{\text{n}} = \dfrac{T_{\text{m}}}{2T_{\text{en}}} \cdot \dfrac{\beta}{\alpha} \cdot \dfrac{C_{\text{e}}\Phi}{R_{\text{a}}} = \dfrac{98}{2 \times 16} \times \dfrac{0.019}{0.01053} \times \dfrac{0.44}{0.055} = 44.2$

⑤$T_{\text{A}} = 4T_{\text{ei}} + 5T_{\text{fn}} = 4 \times 6 + 5 \times 10 = 74(\text{ms})$

⑥速度调节器电路参数(图 1.48)

$$R_{11} = R_{12} = 20(\text{k}\Omega)$$

$$R_{\text{f}} = K_{\text{n}} \cdot R_{11} = 44.2 \times 20 = 884(\text{k}\Omega)$$

$$C_{\text{f}} = \tau_{\text{n}} / R_{\text{f}} = 64 \times 10^{-3} / (884 \times 10^3) = 0.072(\mu\text{F})$$

$$C_{\text{A}} = \frac{4T_{\text{A}}}{R_{11}} = \frac{4 \times 74 \times 10^{-3}}{20 \times 10^3} = 14.8(\mu\text{F})$$

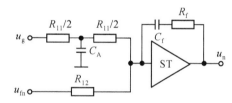

图 1.48   速度调节器电路参数

1.5   晶闸管供电对直流电动机换向的影响

　　直流电机在采用晶闸管供电后,由于电流中含有较大的纹波,常会引起换向恶化、无火花区显著缩小,对直流电机运行的安全可靠性带来严重的威胁。为了限制电流中的脉动,特别是防止电流断续,一般都是在电枢回路中串接电感量相当大的平波电抗器。但电抗器相当笨重,消耗大量的金属材料,占据空间,使用不便。近年来就脉动电流对直流电机换向的影响、危害的严重程度以及克服的办法等方面进行了一系列的研究以后,逐渐倾向于在某些场合,特别是在中小型电机中不加平波电抗器。在这种情况下,电流脉动比较大,换向火花比较明显,其后果如何,值得探讨。

长期运行经验表明,电流脉动会造成直流电机换向条件恶化,无火花区明显缩小,其影响如图 1.49 所示。一般是电机磁轭采用铸钢件时无火花区缩小十分明显;若磁轭由薄钢板叠成,特别是换向极采用叠片铁芯和 E 形换向极结构,则无火花区缩小的程度有所抑制。

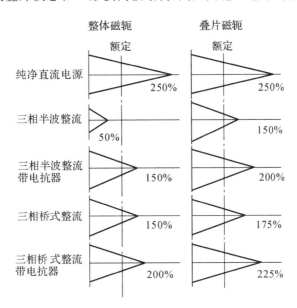

图 1.49　电源类型对无火花区的影响

造成脉动电流下工作时直流电机换向恶化的原因有两个:其一是电流脉动会在磁轭、换向极以及换向极垫块中产生涡流,这些涡流的影响使得换向极下磁场的脉动和电枢电流的脉动在时间上产生相位滞后,于是在换向元件中由换向极磁场所感应的换向电势 E_c 就不能很好地补偿换向元件的自感电势,从而使换向困难。其二是随着电枢电流的脉动也会在换向元件中感应产生附加电势,使换向进一步恶化,这可根据直流电机的换向方程式作出说明。

为简单起见,假定炭刷宽度等于换向片间距,根据图 1.50 可写出直流电机电枢绕组元件在换向过程中的电压方程式:

$$I\frac{\mathrm{d}i_c}{\mathrm{d}t}+R_b\left(\frac{i_c-I}{t/T_k}\right)+R_b\left(\frac{i_c+I}{1-t/T_K}\right)=-E_c \tag{1.55}$$

上式左边第一项是换向线圈中的自感电势,第二和第三项分别为炭刷的前刷边和后刷边与换向片之间的接触电阻压降,这里假定接触电阻和接触面积反正比。等式的右边为由换向极磁通所感应的换向电势,用来抵消电感电势,使换向过程能够较顺利地进行,以防在换向结束时因炭刷边的电流密度过大、压降过高而引起火花。

在理想纯净直流供电情况下 $I=$ 常数,换流结束时 $t=T_k$,$i_c=-I$,式(1.55)中代表后刷边压降 U_{bT} 的左边第三项分子、分母均为零。通过对其分子、分母进行微分可得

$$U_{bT}=\lim_{t\to T_K}\left(R_b\frac{i_c+I}{1-t/T_K}\right)=-R_bT_K\frac{\mathrm{d}i_c}{\mathrm{d}t} \tag{1.56}$$

及

$$L\frac{\mathrm{d}i_c}{\mathrm{d}t}=-U_{bT}\left(\frac{L}{R_bT_K}\right) \tag{1.57}$$

把式(1.56)和式(1.57)代入式(1.55)得

$$U_{bT} = \frac{2IR_b - E_c}{1 - L/(R_b T_K)} \tag{1.58}$$

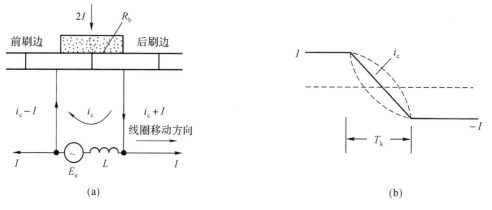

图 1.50 直流电机换向过程

通常要求 $L/(R_b T_K) < 1$。在 $U_{bT} < 3V$ 时基本上是无火花换向；在 $3V < U_{bT} < 10V$ 条件下虽可能出现一些火花，但一般只不过是使换向器发热，而不会对换向器造成危害，所以把这种火花称之为"加热火花"；只有当 $U_{bT} > 10V$，甚至达到 15V 左右时才产生电弧放电，它将对换向器造成严重危害。

在理想纯净直流供电的情况下，由于 E_c 和 I 是成比例变化的，两者可以互相进行抵偿，使得在较大的电流变化范围内 U_{bT} 不超过允许值。但在脉动电流供电时，由于电流 I 和换向电势 E_c 均随时间而变，即 $I \rightarrow I(t)$，$E_c \rightarrow E_c(t)$，而且由于磁轭和换向极中涡流的影响，$E_c(t)$ 的变化在相位上滞后于 $I(t)$，这样后刷边的压降将变为

$$U_{bT} = \lim_{t \to T_K} R_b \left[\frac{i_c(t) + I(t)}{1 - t/T_K} \right] = -R_b T_K \left[\frac{di_c(t)}{dt} + \frac{dI(t)}{dt} \right] \tag{1.59}$$

或

$$L \frac{di_c(t)}{dt} = -L \frac{U_{bT}}{R_b T_K} - L \frac{dI(t)}{dt} \tag{1.60}$$

把式(1.60)代入式(1.55)，经整理后得

$$U_{bT} = \frac{L \frac{dI(t)}{dt} + 2R_b I(t) - E_c(t)}{1 - L/(R_b T_K)} \tag{1.61}$$

式(1.61)说明，在电流脉动的情况下，后刷边的压降 U_{bT} 和电流脉动率 $dI(t)/dt$、电流 $I(t)$ 和换向电势 $E_c(t)$ 之间相位差有很大关系。换向极磁通滞后于电枢电流的相位与磁轭、磁极铁芯的导磁率 σ、脉动频率 ω 和磁极、磁轭钢板的厚度 b 的平方，即与 $\sigma \omega b^2$ 有关。$\sigma \omega b^2$ 的值愈大，相位差也愈大。不同 $\sigma \omega b^2$ 下换向极励磁电流（电枢电流 I_a）和换向极磁通 Φ_K 的脉动分量之间的关系呈回线形，如图 1.51 所示，回线面积代表每次脉动中铁芯里的损耗。若磁轭和磁极采用叠片式，回线面积比较小，当电流和磁通均用相对值表示时，它接近一条与水平线呈 45° 倾斜的直线；若 $\sigma \omega b^2$ 增大，回线的轴线将逐渐倾斜，而回线的面积变大，E_c 和 I 之间的相位差将相应地增加，E_c 和 $2R_b I$ 之间就难以达到相互补偿，恶化了换向条件。

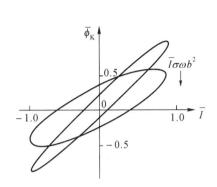

图 1.51　换向极励磁回线

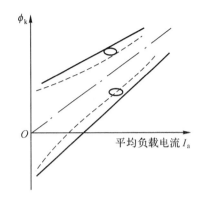

图 1.52　理想纯净直流和脉动电流时的无火花区

设若电机在理想纯净直流供电时以换向极磁通 Φ_K 和电枢电流 I_a 表示的无火花区如图 1.52 中实线所示,则在脉动电流时根据脉动分量的大小和磁轭的构造(叠片还是铸件),按照图 1.49 所说明的道理,可以画一系列小回线内接于图 1.49 中无火花区界线(实线),然后将这些回线中心点连起来就得脉动电流时的无火花区,如虚线所示。显然在电流脉动情况下无火花区的范围变窄,换向器上容易出现火花。然而一系列试验结果表明,在同样火花等级的条件下,由脉动电流所产生的火花对换向器的危害性却比纯净直流供电时小。这是因为目前测定火花等级主要靠目测,在脉动电流时火花容易产生,往往在后刷边电压比较低时就出现了明显的火花,但是这种火花实际上大多数还是属于加热火花,持续时间也可能比较短,释放的能量不大,所以它的危害性比较小。而在纯净直流供电条件下出现同样火花时往往电刷上压降已经比较大,出现的已是能释放大量能量的电弧放电,它对换向器的危害就大了。

图 1.53 和图 1.54 中绘出了火花等级为 $1\frac{1}{4}$ 级和 $1\frac{1}{2}$ 级时的火花能量分布图。

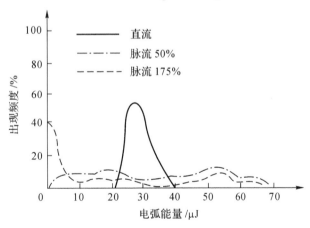

图 1.53　$1\frac{1}{4}$ 级火花时能量分布

从图中可见,在理想纯净直流供电情况下火花都具有较高的电弧放电能量;而在脉动电流时,多数情况下火花能量是比较小的,甚至可能几乎接近于零。图 1.55 中绘出了性质不同电流下火花等级和电弧放电可能性之间的关系。从图中可见,在同样火花等级下纯净直流供电时电弧放电的可能性比脉动电流时大得多,因此它对换向器的危害性也就比较严重,可见不能简单地用同样的火花等级标准来衡量直流电机在不同供电情况下的工作状态。

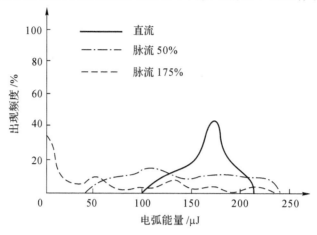

图 1.54 $1\frac{1}{2}$ 级火花时能量分布

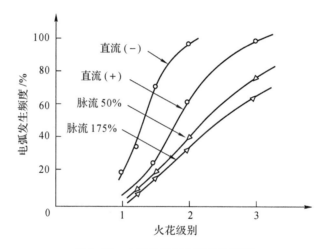

图 1.55 火花级别与电弧发生频度

思考题与习题

1. 在转速、电流双闭环调速系统中,速度调节器有哪些作用? 其输出限幅值应按什么要求来调整? 电流调节器有哪些作用? 其限幅值又应如何整定?

2. 在转速、电流双闭环调速系统中出现电网电压波动与负载扰动时,各是哪个调节器在起主要调节作用? 说明理由。

3. 双闭环调速系统正常工作时,调节什么参数可以改变电动机转速? 如果速度闭环的转速反馈线突然断掉,会发生什么现象? 电动机还能否调速?

4. 双闭环调速系统稳态运行时,两个 PI 调节器的输入偏差(给定与反馈之差)是多少? 它们的输出电压应对应于何种状态的数值? 为什么?

5. 在直流可逆调速系统中,主回路为何需要双桥反并联? 反并联时为何会出现环流? 限制环流有哪些有效方法? 各有什么特点?

6. 有一台直流电动机,额定值为 $P_N = 3\text{kW}$, $n_N = 1500\text{r/min}$, $U_N = 220\text{V}$, $I_N = 17.5A$, 电枢绕组电阻 $R_a = 12.5\Omega$。采用三相桥式全控整流电路供电,整流桥电压放大倍数为 $K_0 = 27.5$, 整流装置内阻 $R = 1.3\Omega$, 平波电抗器电阻 $R_L = 0.3\Omega$, 整流回路总电感 $L = 200\text{mH}$。调速系统机电时间常数 $T_m = 100\text{ms}$, 电流反馈、速度反馈滤波环节时间常数分别为 $T_{fi} = 1\text{ms}$、$T_{fn} = 10\text{ms}$。设系统最大电流被限定为 $1.5I_N$, 此时电流反馈电压为 $10V$, $1.2n_N$ 速度下速度反馈电压也为 $10V$。试设计优化的双闭环调速系统,其中电流环按二阶优化,速度环按三阶优化考虑。计算速度及电流 PI 调节器的各项电路参数(设调节器输入电阻 $R_{11} = R_{12} = 20\text{k}\Omega$)。

7. 设计某晶闸管供电的双闭环直流调速系统的电流调节器和速度调节器。已知数据如下:整流装置采用三相桥式电路,直流电动机额定值为 $U_N = 220\text{V}$, $I_N = 136A$, $n_N = 1460\text{r/min}$, $C_e = 0.132\text{V}/(\text{r} \cdot \text{min}^{-1})$, 最大电流倍数 $\lambda = 1.5$。晶闸管装置电压放大系数 $K_0 = 40$, 电枢回路总电阻 $R_a = 0.5\Omega$, 电磁时间常数 $T_a = 0.03s$, 机电时间常数 $T_m = 0.18s$。电流反馈滤波时间常数 $T_{fi} = 0.001s$, 速度反馈滤波时间常数 $T_{fn} = 0.002s$。设计要求为:稳态无静差,动态时电流超调量 $\sigma_i \leqslant 5\%$, 空载起动到额定转速时的转速超调量 $\sigma_n \leqslant 10\%$。

8. 对于 H 型桥式单极性 PWM 变换器,当电机工作在电动状态时,晶体管的总功率损耗主要是由哪几只晶体管中何种损耗(指截止损耗,导通损耗,开关损耗)所组成?

9. 受限单极性 PWM 变换器在驱动信号安排上与常规单极性 PWM 电路有何不同? 由此引起的运行特性上有什么特点?

10. 画出可逆脉宽调速系统在单极性调制、双极性调制工作过程各阶段电流路径,标出电枢电压 U_a、电枢电流 I_a、反电势 E_a 及自感电势 $e_L = L\dfrac{\mathrm{d}i_a}{\mathrm{d}t}$(如有)的方向,指出该阶段直流电机工作在何种状态(电动,能耗制动,再生制动,反接制动)及其原因。

11. 为什么脉宽调制(PWM)型调速系统比可控整流器型调速系统能获得更好的动态特性?

第 2 章

异步电动机的控制

异步电动机是工业生产中应用最为广泛的一种交流电机,它的调速控制具有重要的工程实际意义,也是本书的重点内容。异步电机调速控制的方法很多,本章第一节将首先对此作全面系统的介绍。随后将分别讨论调压调速、电磁调速电机、绕线式异步电机的串级调速及双馈调速,对于变极调速也将作简要介绍。变频调速是本章的学习重点,内容十分广泛,紧密结合电机原理、现代电力电子技术,我们将从变频调速理论、静止变频器、变频调速系统和矢量变换控制、直接转矩控制等几个方面分节进入深入讨论。

2.1 异步电动机的调速方法

异步电动机的调速方法很多,有变极调速、调压调速、转子串电阻调速、串级调速、电磁滑差离合器调速、变频调速等等。但是从异步电动机的转速公式 $n = n_s(1-s)$ 来看,其调速方法本质上只有两大类:一类是在电机中旋转磁场同步速度 n_s 恒定的情况下调节转差率 s,而另一种是调节电机旋转磁场同步速度 n_s。异步电动机的这两种调速方法和直流电动机的串电阻调速和调压调速分别相类似,从能量的观点看一种是属于耗能的低效调速方法,另一种是属于高效率的调速方法。

在直流电动机中,要产生一定的电磁转矩,在一定的磁场下需要有一定的电流。在电源电压一定的情况下,从电源输入的功率是一定的。通过在电枢中串入电阻的调速,就是在电阻上产生一部分损耗,使电机的输出功率减少,从而转速降低,这就是典型的耗能调速方法。另一种办法是改变电机的输入电压,随着电压的降低,输入功率降低,输出功率当然也下降,于是电机转速下降。这种方法由于不增加损耗,所以是高效率的调速方法。异步电机的情况可以与此类似,要让电机输出一定的转矩,需要从定子侧通过旋转磁场输送一定的功率到达转子。从电机学中可以知道,这个由定子输送到转子的功率是电磁功率 $P_M = T \cdot \omega_1$,它与转矩 T 和旋转磁场同步角速度 ω_1 的乘积成正比。在一定转矩下调速,如同步角速度 ω_1 不变,那么从定子侧输送到转子的电磁功率 P_M 是不变的,要使电机的转速降低、输出功率减少,从异步电动机的输出功率 $P_2 = T \cdot \omega_2 = T\omega_1(1-s) = P_M - sP_M$ 看,只有增加转差率,增加转子回路中电阻损耗来达到。这个 sP_M 称为异步电动机的转差功率,也就是消耗在转子回路里的损耗。转差率 s 直接意味着电机转子损耗的大小,所以增大转差率的调速方法就是增大电机中滑差功率消耗的低效调速方法。如果采用改变旋转磁场同步角速度 ω_1 的办法进行调速,在一定的转矩下 s 基本不变,则随着 ω_1 的降低,电机的输入电磁功率 $P_{\mathrm{M}}=\omega_1 \cdot T$ 和输出功率 $P_2=P_{\mathrm{M}}(1-s)$ $=T\omega_1(1-s)$ 成比例下降,损耗没有增加,所以是高效的调速方法。

　　异步电动机的调压调速、转子串电阻调速、斩波调速和电磁滑差离合调速等均是在旋转磁场转速不变的情况下调节转差的调速方法,都是属于耗能低效调速之列;而变极调速和变频调速则是高效率的调速方法。串级调速情况比较特殊,由于电机旋转磁场的转速不变,所以它本质上也是一种调转差的调速方法,似应属于低效调速的范畴。但是由于串级调速系统中把转差功率加以回收利用而没有白白消耗掉,使系统的实际损耗减小了,于是它就由原来的低效调速方法转变成了高效调速方法。

　　一般说来,低效调速方法是耗能的调速方法,从节能的观点来看是不经济的。但是这类调速方法比较简单,设备价格比较便宜,故还是广泛应用于一些调速范围不大、低速运行时间不长、电机容量较小的场合中。特别值得指出的是,这种调转差的耗能调速方法在透平式风机、水泵类设备的小范围调速节能中能产生明显的节能效果,因而被广泛采用。这是因为透平式(包括离心式和轴流式)风机、水泵的功耗和转速的三次方成正比,而调转差的调速方法中转子损耗只和转差的一次成正比,当电机转速降低时,风机、水泵能耗的下降要比电机中损耗的增加快得多。例如当电机转速下降到额定转速的 90% 时,风机、水泵的功耗变为额定转速时的72.9%,减少了 27.1%;而转子中损耗约只比额定时增大 8%,两者相抵,机组总的耗电量可以减少近 20%,具有相当好的节能效果。但是当电机转速降到额定转速的 70% 时,风机、水泵的输出功率减少到只有额定转速时输出功率的 34.3%,而这时电机转子中的功耗却达到最大值,为电机额定功率的 14.8%,它占了当时风机、水泵实际功耗的 33%,这已是一个相当大的数值而不能忽视。然而,对于容积式的风机、水泵、压缩机,例如罗茨风机,它们的功率只和转速的一次方成正比,这类机械采用低效调速方法是达不到节能效果的。因为随着转速的降低,工作机械的能耗只是和转速成比例地减少,而电机中的损耗却随转差比例增大,使工作机械的能耗和电机中损耗之和为一常数。这样调节转速并不能达到节能的效果,只是把本来应由工作机械输出的功率变成了电机内部的损耗,使电机发热加剧而已。

　　变极调速是一种改变旋转磁场同步速度的调速方法,属于高效调速方法之列。变极调速方法比较简单,投资较小,但是它是有级调速,一般只有二级,最多也只有三、四级,只适用于二、三种固定转速运行工况的场合。同时根据电机原理,只有定、转子磁场具有相同极对数时才能产生大小、方向恒定的电磁转矩,这就要求定、转子绕组极对数要同时改变。这样只有鼠笼式异步电机才能采用变极调速,因为它的转子电流及相应的磁场极对数是从定子磁场中感应生成的,也就能随之同时改变。而绕线式异步电机不具备这种特性,故不能采用变极调速。

　　异步电动机高效调速方法的典范是变频调速。异步电动机采用变频调速时不但能无级变速,而且可根据负载特性的不同,通过适当调节电压与频率之间的关系,使电机始终运行在高效率区,并保证良好的运行特性。异步电动机采用变频起动更能显著改善起动性能,大幅降低电机的起动电流,增加起动转矩,所以变频调速是异步电动机理想的调速方法。然而变频调速需要有一个能满足电机运行要求的变频电源,设备投资较大。不过随着电力电子器件的发展和变频技术的成熟,这一局面正在逐步改善,目前变频调速已成为交流电机调速传动中的主流技术。

　　变频电源按其特性分为电压源(型)和电流源(型)两大类。电压源逆变器其直流侧采用电容滤波,内阻抗比较小,输出电压比较稳定,其特性和普通市电相类似,适用于多台电机的并联运行和协同调速,广泛应用于化纤、冶金等行业的多机传动系统中。这种逆变器的输出电流可以突变,容易出现过电流,需要有快速的保护系统。电压源逆变器的主要问题是不易实现再生制动,难以实现电动机四象限运行的要求。电流源逆变器的情况正好与此相反,由于在它的直流回路中接有较大的平波电抗器,电感滤波使得它的内阻抗比较大,输出电流比较稳定,出现过电流的可能性较小,也易实现过流保护,这对过载能力比较低的半导体器件来说比较安全。然而异步电动机在电流源逆变器供电下运行稳定性比较差,通常需要采用闭环控制和动态校正才能保证电动机的稳定运行。此外,电流源逆变器供电的最大优点在于容易实现调速系统的四象限运行,可以进行再生制动,获得快速的系统响应,较多地被应用于中等以上容量的单台电动机调速中。

　　变频电源输出特性的好坏直接决定了变频调速系统运行性能的优劣。早期变频器采用半控器件晶闸管作为功率开关,由于异步电机工作在落后功率因数状态,无法向直-交变换的逆变器提供元件换流所需的落后无功电流,异步电机所用晶闸管逆变器通常均带有强迫关断的辅助换流电路,复杂了变频器结构。此外,由于晶闸管开关频率低,导致变频器输出电压或电流为富含低次谐波的阶梯波(六脉波)或方波,恶化了电机的供电条件,产生了损耗、发热、转矩脉动、振动与噪声等谐波负面效应。只是因为晶闸管元件技术成熟,可以做到高压、大容量,故在电流型的大机组变频传动中仍得到应用。

　　近20余年来随着具有自关断能力的高频功率开关器件(GTO、GTR、Power MOSFET、IGBT、MCT)的成熟和应用,逆变器输出特性有可能采用新型的脉宽调制(PWM)技术来优化,尤其是正弦脉宽调制(SPWM)和空间电压矢量脉宽调制(SVPWM)。脉冲宽度按正弦规律变化的SPWM波形显著降低了逆变器输出电压中的低次谐波,高频开关方式又提高了输出谐波频率、降低了谐波幅值,也提高了逆变器动态响应速度,在中、小型异步电机变频调速中获得了极为广泛的应用。如果SPWM追求的是以功率器件开关方式来产生一个变频的正弦电压源,那么近期以来又出现了一种称之为空间电压矢量调制(SVPWM)的脉宽调制方式,它是将逆变器与交流电机作为一个整体来考虑,通过对逆变器功率器件的开关方式控制,输出不同的三相电压组合,构成一个空间矢量,使电机气隙中产生的实际磁通尽可能地逼近电网正弦电压供电时的理想圆形磁通轨迹,从而使变频器输出特性达到一个更高的综合性能。由于SVPWM方法是将三相变量作统一处理,更易于数字实现,目前已呈现取代SPWM的趋势。

　　与此同时,为解决调速系统的高性能控制,控制策略研究方兴未艾。除20世纪70年代出现的矢量变换控制外,80年代中期又出现了标量解耦控制、直接转矩控制等,从而开创了交流调速系统全面取代直流调速系统的新时代。

2.2　异步电动机的调压调速

　　异步电动机调压调速是一种比较简单的调速方法,在20世纪50年代以前一般采用串饱和电抗器以改变电机输入端电压的方法来实现,近年来随着电力电子技术的发展,多用双向晶闸管来实现交流调压,常称交流固态调压器。

一、双向晶闸管调压调速电路的触发控制

双向晶闸管调压电路的触发控制方法有两种:一种是相控技术,即通过改变晶闸管的触发相位,改变输出电压波形以实现调压。采用相控技术的问题在于其输出电压为缺块正弦波,所含谐波分量比较大。另一种是整周波通断控制,即将双向晶闸管用作交流过零开关,交替地接通和阻断几个周波的电源交流电压,用改变接通时间和阻断时间之比来控制输出电压的有效值。但异步电机定子调压时晶闸管若采用通断控制,其通断的频率不能太低,否则一方面会引起电机转速的波动,另一方面会引起大电流冲击。这是因为晶闸管的每次导通都相当于一次异步电机重合闸过程。当电源断开时电机的气隙磁场将由转子瞬态电流维持,并随速度不断变化的转子旋转,气隙磁场在定子绕组中感应的电势频率也将随之变化。当断流时间间隔较长、电机运行速度较低时,这个旋转磁场在定子中感应的电势和重新接通时的电源电压在相位上可能会有相当大的差别,这样在重新通电时由于瞬时电压的差异就会出现相当大的电流冲击,危及晶闸管的安全。如通断交替频率较高,则每次通断时间间隔中的交流电周波数较少,会导致速度调节不够平滑,所以异步电机调压控制中多用相控技术。当然采用相控时输出电压波形中含有较多的低次谐波,会在异步电机中引起附加损耗,产生转矩脉动等不良影响,值得注意。

异步电动机晶闸管调压调速时,必须注意采用宽脉冲触发,特别是采用后沿固定、前沿可调、最大脉宽可达 180° 的脉冲列来实施触发控制。这是由于异步电动机相对于晶闸管调压电路而言是一种感性负载,双向晶闸管在此种性质负载下能否具有调压功能与晶闸管触发角 α、负载(电动机)功率因数角 φ 之间有密切关系。电力电子技术分析表明,由于电感的储能作用,各相负载(电动机)电流 i_0 会在相应电源相电压 u_1 过零后延迟一段时间才能下降为零,延迟时间与负载功率因数角 φ 有关,这样晶闸管的导通时间 θ 将不仅与触发角 α、还和 φ 角有关,并直接影响调压功能。

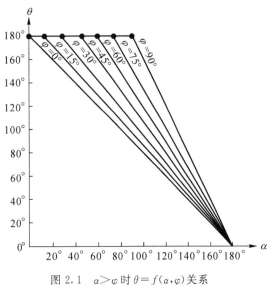

图 2.1　$\alpha > \varphi$ 时 $\theta = f(\alpha, \varphi)$ 关系

①$\varphi < \alpha < \pi$　采用 φ 作参变量,可求得不同负载下 $\theta = f(\alpha, \varphi)$ 的曲线关系如图 2.1 所示。当 $\alpha = \pi$ 时,$\theta = 0°$,$u_0 = 0$;当 α 从 π 逐渐减小至 φ 时(不包括 $\alpha = \varphi$ 这个点),θ 从零逐渐增大至接近 π,电机端电压有效值 u_0 为缺块正弦波,晶闸管调压装置能实现调压调速功能,如图 2.2(a) 所示。

②$\alpha = \varphi$　此时电流 i_0 正弦、连续($\theta = \pi$),输出电压 $u_0 = u_1$ 波形正弦完整,如图 2.2(b) 所示。此时电路丧失调压功能,处于失控状态,电机运行在固定的高速下,无法调速。晶闸管导通角 $\theta = f(\alpha, \varphi)$ 关系如图 2.1 中 $\theta = 180°$ 中的各弧立点所示。

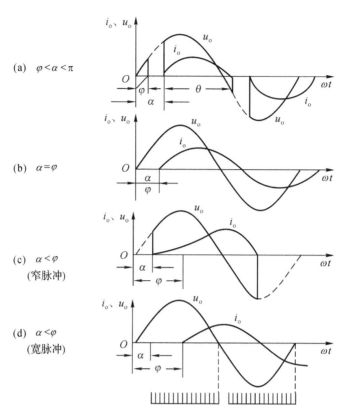

图 2.2   不同 α,φ 时 u_0,i_0 波形

③$0<\alpha<\varphi$ 且采用窄脉冲触发   双向晶闸管中各单向元件导通时间理论上可达 $\theta>\pi$，但由于反并联的各单向晶闸管 VT_1、VT_2 的触发脉冲 u_{g1}、u_{g2} 相位严格互差 $180°$，故在 u_{g2} 到来时 VT_1 因 $\theta>\pi$ 仍在导通，其导通压降构成了对 VT_2 的反向阳极电压，VT_2 无法导通；当 VT_1 关断后却因窄脉冲的 u_{g2} 已消失，VT_2 仍无法导通，致使各周期内只能是同一晶闸管 VT_1 导通的"单管整流"状态，输出电流呈单向脉冲波，含有很大直流分量，如图 2.2(c)所示。这将给电机这种小电阻、大电感的负载带来大电流为害。

④$0<\alpha<\varphi$ 且采用足够宽脉冲触发   特别是采用后沿固定、前沿可调、最大脉冲宽可达 $180°$ 的脉冲列触发时，可以保证反并联的两单向晶闸管可靠导通，$\theta=\pi$，电流波形正弦，连续，如图 2.2(d)所示。此时无论 α 多大，均会在 $\omega t=\varphi$ 处导通，且电流连续，$u_0=u_1$，电机运行在高速下，无调压调速功能，也处于失控状态。

可以看出，异步电动机晶闸管调压调速时，为使电路正常工作，需保证：

①晶闸管触发脉冲移相范围：$\varphi \leqslant \alpha < \pi$；

②采用宽度大于 $60°$ 的宽脉冲，或后沿固定、前沿可调，最大脉宽可达 $180°$ 的脉冲列触发。

二、三相交流调压调速主电路

三相异步电动机的晶闸管调压调速系统主回路可以有以下几种不同连接方案，如图 2.3

所示。其中方案(a)是用 6 个晶闸管(或三个双向晶闸管)分别串联在 Y 接法的三相定子绕组上,此时电机电流谐波比较少,调速性能最为优越,与用自耦变压器压(电压接近正弦波)时相比,在同样输出功率下电流只比正弦电压供电时增加 7% 左右。其次是方案(b),在这种接法中所用晶闸管元件的数量与方案(a)相同,只是电机绕组为△接法,也可以得到良好的调速性能。但△接绕组中由三次谐波电压所引起的三次谐波电流可以流通,将使绕组电流增大,绕组附加铜耗增加。方案(c)接法的损耗要比方案(a)和方案(b)大,所用的晶闸管元件虽然同样是 6 个,但元件的参数定额可以比方案(a)、方案(b)减少到 $1/\sqrt{3}$。这是因为在方案(a),(b)中虽然表面看来元件承受的是相电压,但是在故障的情况下可能出现两相晶闸管没有导通而第三相却导通的情况,这时全部线电压将加在没有导通的晶闸管上,所以晶闸管的额定电压还应按

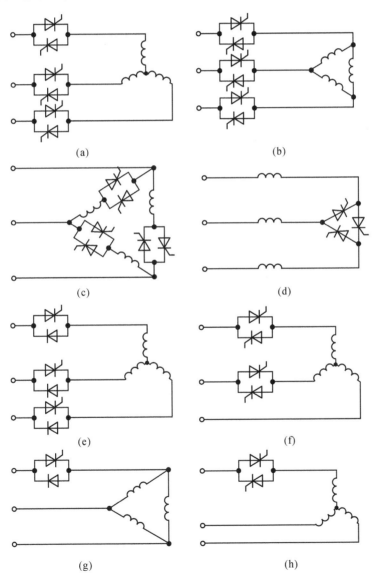

图 2.3　常用三相调压调速主电路方案

线电压来选择,而它们的电流定额显然要比方案(c)大$\sqrt{3}$倍。方案(d)至(h)是属于不对称的接线方式,所需晶闸管元件较少,电路不对称,系统比较简单,但是性能不太理想,电流谐波分量较多,电机损耗较大,一般只适用于小容量电机。比如方案(h)所用晶闸管很少,触发电路简单,较有吸引力,但在输出相同功率条件下,电流要比正弦电压供电下增大 43%,只能用于小容量大转子电阻的力矩电机调速中。

三、异步电机调压调速运行特性

异步电动机调压调速时电机电磁转矩与输入电压基波有效值的平方成正比,改变电机端电压基波可以改变异步电动机的机械特性形状以及它们和负载特性的交点(工作点),从而实现调速,如图 2.4 所示。这里应当指出,调压调速的效果与电机的机械特性 $T = f(s)$ 的形状有很大关系。对于转子电阻比较大的电机(如高滑差电机),机械特性比较软(图 2.4(a)),电磁转矩随电压的平方迅速下降,电机工作点的转速变化比较明显,调速效果较好。而对于转子电阻比较小的电机(如 Y 系列高效电机),其机械特性硬,电磁转矩随电压变化不明显(图 2.4(b)),难以获得转速的明显变化,这种情况下调压难以达到调速的目的。因此对用于调压调速的电机有类型要求,要采用转子电阻较大的高滑差电机,或者采用绕线型异步电机并在转子回路中串入适量的电阻或频敏变阻器,或者采用实心转子电机,使电动机的机械特性变软,以适应调压调速的要求。

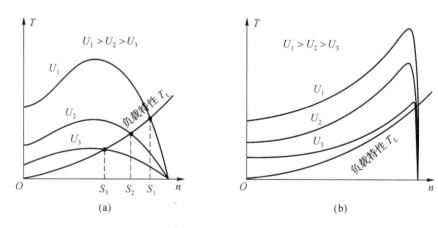

图 2.4   调压调速原理

调压调速方法比较适用于拖动风机、水泵的异步电动机,因为风机、水泵类的负载转矩 T 与转速 n 的平方成正比,即

$$T \propto n^2 \propto (1-s)^2 \tag{2.1}$$

这样当转速降低时电机的负载显著减小,而降压运行时电机的磁化电流可以忽略不计,电机的电磁转矩可表达为

$$T \propto \frac{I_2^2 R_2}{s} \tag{2.2}$$

由式(2.1)和式(2.2)可得电机电流和转差率之间的关系为

$$I_2 \infty (1-s)\sqrt{s}/\sqrt{R_2} \qquad\qquad (2.3)$$

这是一种具有极值的凸函数关系,通过 $dI_2/ds=0$ 微分求极值的方法,可以求出在 $s=1/3$ 时电流 I_2 有最大值,其值和转子电阻的平方根 $\sqrt{R_2}$ 成反比。考虑到电机设计中额定转差率 s_N 一般等于转子电阻标幺值 $\overline{R_2}$,图 2.5 中示出电机在风机、水泵类负载下可能出现的最大电流倍数 I_{max}/I 与电机额定转差率 s_N 之间的关系。从图可见,对于驱动风机、水泵的电机而言,若其额定负载时的转差率在 12% 左右(高滑差电机),则在调速过程中可能出现的最大电流约比电机额定电流大 25%,因而定、转子的铜耗可能增加 56%,但因铁耗有所减少,所以电机一般尚不至于过热而烧坏。若采用低转子电阻的高效电机,其 $s_N=4\%$,则调速过程中可能出现的最大电流将为额定电流的 2.5 倍,定、转子铜耗将增加

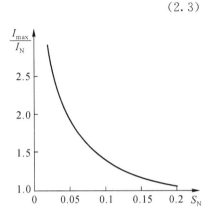

图 2.5　风机水泵负载时电机最大电流与额定转差率之间的关系

5.25 倍,电机一定过热烧毁,说明即使用于风机、水泵的调速节能,调压调速时也必须选用高转子电阻电机。至于恒转矩负载,可以导出 $I_2 \infty \sqrt{s/R_2}$,说明无论何类电机,转子电流将随着转差率的增加而增加。为了防止过热,电机调速运行的范围和低速运行时间应当加以限制。

四、速度负反馈异步电机调压调速系统

异步电动机调压调速系统的机械特性是比较软的,导致低速运行时稳定性很差,在负载和电网电压波动时都可能引起较大的速度波动。因此对于恒转矩负载以及调速范围在 2∶1 以上的场合往往要加速度反馈控制,以达到自动调节转速的目的。最常用的速度负反馈调压调速系统如图 2.6(a)的所示,闭环机械特性如图 2.6(b)所示。如果系统最初带负载 T_L 运行于 A 点,当 T_L 增大引起转速下降时,速度反馈的结果会使定子电压提高,从而在新的一条机械特性上找到工作点 A′;当 T_L 减小时,也会在定子电压低的机械特性上找到新的工作点 A″。将工作点 A″、A、A′ 连接起来便是闭环系统的机械特性,其硬度极大地得到提高。改变系统速度

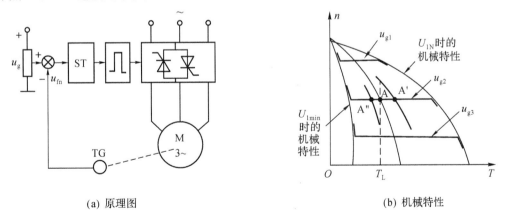

(a) 原理图　　　　　　　　　　　　　　　(b) 机械特性

图 2.6　速度负反馈调压调速系统及其闭环机械特性

给定电压 u_g 时特性上下平行移动,从而达到调速目的。闭环机械特性的左、右边界则分别是最小定子电压和额定定子电压下的开环机械特性。

五、晶闸管交流调压器的其他应用

晶闸管交流调压装置不但用于异步电机的调压调速,而且还可用于异步电机的恒流软起动和准恒速下的轻载调压节能。

(一)恒流软起动器

对于小容量异步电动机,只要供电电网和变压器的容量足够(一般要求为电动机容量 4 倍以上),供电线路不太长(起动电流造成的瞬时电压降落小于 $10\%\sim15\%$),可以采取全压直接起动,其起动电流将为额定值的 $4\sim7$ 倍,起动转矩为额定转矩的 $0.9\sim1.3$ 倍。但对于中、大容量电机,直接起动的大电流会使电网电压降落过大,影响其他并网用电设备的正常运行;此外远距离长馈电线连接时,还会因大起动电流造成线路压降过大、机端得不到所需电压而起动不起来。因此中、大容量电机的起动是个大问题,常采用降压起动方法。

常规降压起动方法有定子 $Y/\triangle$ 改接起动、串电抗器起动、自耦变压器降压起动等,他们都是一次降压,起动中经历二次电流冲击,如图 2.7 所示。

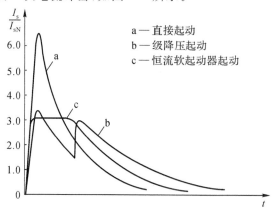

a——直接起动
b——级降压起动
c——恒流软起动器起动

图 2.7 异步电动机不同起动方法的电流冲击

采用电流闭环控制的交流调压电路可以构成异步电动机的恒流软起动器。它通过对起动电流的恒流控制来连续调节电机电压,使起动电流限制在 $(0.5\sim4)$ 倍额定电流上,获得最佳的起动效果。但不宜满载下起动。

软起动器还可用制动,实现软停车。

(二)准恒速轻载调压节能

双向晶闸管交流调压装置还可以用于准恒速下的轻载调压节能。在生产实际中许多设备所配置的电机由于种种原因容量选配过大,形成"大马拉小车"的局面;或者电机长时间处于轻载、甚至空载状态运行,如机床主轴驱动电机,切削时电机负载率通常只有 $25\%\sim40\%$。电机

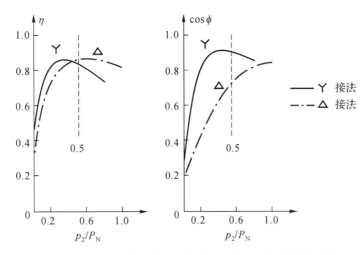

图 2.8　异步电机定子绕组 Y 接法和△接法时运行特性比较

在轻载运行时虽然负载电流小、铜损小，但电压不变，铁损仍然保持额定，造成损耗比例很高、效率下降，功率因数低下。如果轻载时能在确保拖动负载和转速基本不变的条件下适当降低电压，此时电机内磁场强度减弱，使得铁损及磁化电流随之降低，于是电机轻载运行下的效率、功率因数明显提高，达到了轻载运行节能的目的。图 2.8 所示为异步电动机定子绕组△接法及 Y 接法时的效率 η 及 $\cos\varphi$ 曲线的变化，说明端电压下降 $\sqrt{3}$ 倍后，在 $P_2/P_N \leqslant 50\%$ 轻载下 η 及 $\cos\varphi$ 均获提高的事实。值得注意的是轻载调压节能节省的是电机的铁损，因此要求电机必须长时间运行在轻载状态，同时电机需要有一定的额定容量才有效果。

为了控制双向晶闸管按负载大小有效地调节电机端电压，正确选用反馈量是关键。由于异步电机中有不产生转矩的磁化电流，使得定子电流不能正确反映电机实际负载大小。异步电机的功率因数随负载大小变化，轻载时低、重载时增大，两者虽然不是线性关系但还是能比较准确地反映负载率的大小。据此，美国宇航局的 Nolla 提出了一种所谓的功率因数控制器，它实质上就是一个由双向晶闸管构成的电压调节器，根据电机功率因数的不同，亦即负载大小的不同自动调节电机端电压，以减少轻载运行时损耗，提高电机运行效率，产生节能效果。从现有运行实际看，利用功率因数调节器大致可以减少 60% 左右的空载损耗，但当电机负载率超过 40% 后将失去节能效果。

2.3　电磁滑差离合器(电磁调速电机)

电磁滑差离合器是一种调速原理和性能与异步电机调压调速十分相似的调速系统，它是通过调节滑差离合器的励磁电流，改变其内部的磁场强度实现调速的，也是属于滑差功率消耗型调速方式，只是滑差功率不消耗在电机内部而是在与电机同轴的电磁滑差离合器之中。

电磁滑差离合器结构如图 2.9 所示，它是由电枢和磁极两部分构成的，两者可分别旋转，只在磁路上通过气隙磁通构成联系。电枢大多为整块铸钢构成，常呈爪极结构；磁极上装有直流励磁绕组,通过集电环由单相半波可控整流电路提供大小可调的励磁电流 I_f。一般电枢与异步电机同轴,以恒速 n 旋转,是电磁滑差离合器的主动部分;磁极与负载同轴,其转速 n' 受励磁电流调节,是从动部分。当电枢由电动机拖动以恒速 n 旋转时,电枢与磁极之间有相对运动,会在实心电枢中感应出涡流电流,此电流与磁场作用产生电磁转矩,其过程与作用和实心转子异步电机相同。改变励磁电流 I_f 的大小就可调节电枢与机械旋转磁场之间的转差率,从而改变了从动轴的输出速度 n'。若不加励磁电流,磁极就会停转,相当于把从动轴与主动轴分离,起到了离合器的作用。

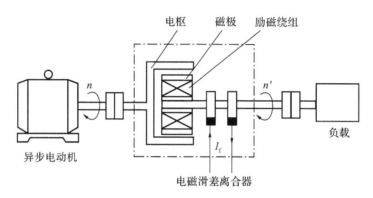

图 2.9　电磁滑差离合器结构

电磁滑差离合器常与鼠笼式异步电机在结构上做成一体,并配有同轴测速发电机和速度反馈闭环控制装置,这种成套配置常称为电磁调速电机,简称 VS 或 HC 电机。

电磁滑差离合器的机械特性和实心转子异步电机调压调速特性十分接近,如图 2.10 所示,其中 I_f 为滑差离合器的励磁电流。可以看出其自然机械特性很软,稍加负载转速就会有大幅下降。为了提高调速精度和运行稳定性,常采用速度负反馈以构成闭环调速系统,如图 2.11(a)所示,可获 1∶10 的调速范围;相应闭环机械特性如图 2.11(b)所示,此时机械特性硬度大为提高,呈水平线,其两端分别

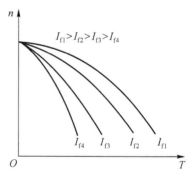

图 2.10　电磁滑差离合器的机械特性

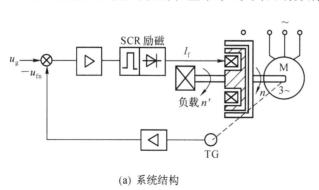

(a) 系统结构

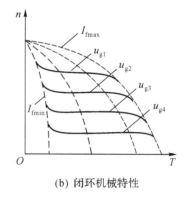

(b) 闭环机械特性

图 2.11　速度负反馈电磁滑差离合器闭环调速系统及其机械特性

受最大励磁电流 I_{fmax} 和最小励磁电流 I_{fmin} 的限制。

电磁滑差离合器结构简单,价格低廉,控制方便,运行可靠。但它低速运行时损耗大,效率低,常用于调速范围不宽、经常处于高速运行的场合,特别适合风机、水泵的调速节能应用。

2.4 绕线式异步电动机的调速

绕线式异步电动机由于转子绕组可以通过滑环及电刷与外部实现电的联系,使得其调速方式要比鼠笼式异步电动机更加灵活。除了变频和定子调压调速外,更可通过直接控制转子回路内的滑差功率实现转子串电阻调速、转子斩波变阻调速、串级调速和双馈调速等多种调速方式。而且由于变流装置设置在转子侧,要处理的仅是滑差功率而不是全部的电磁功率,因而具有调速装置容量小、投资省的显著特点,在各类调速方式中颇具特色。

一、绕线式异步电动机变滑差调速的本质

根据电机学原理,异步电机输入功率 P_1 扣除定子铜损 P_{cu1}、铁损 P_{Fe} 后即为电磁功率 P_M。P_M 经过气隙传送到转子后,一部分作为机械功率 P_2 从轴上输出,剩余部分为滑差功率 P_s 消耗在转子回路的线圈电阻 R_2 及外接电阻 R_f 上,其功率关系为

$$P_M = P_1 - P_{Fe} - P_{cu1} \tag{2.4}$$
$$P_M = T \cdot \omega_1 = P_2 + P_s \tag{2.5}$$
$$P_2 = T \cdot \omega = (1-s)P_M \tag{2.6}$$
$$P_s = s \cdot P_M = 3I_2^2(R_2 + R_f) \tag{2.7}$$

式中　T——电磁转矩;

　　　ω_1——同步机械角速度;

　　　ω——转子机械角速度;

　　　I_2——转子相电流。

当电机拖动恒转矩负载运行时,电磁功率 P_M 基本为一恒值,此时若要作降速运行,则需要增大滑差 s,也即意味着增大电机滑差功率 P_s 的消耗。滑差功率消耗越多,调速范围越宽。因此从能量的观点看绕线式异步电动机改变滑差 s 调速的本质就是通过改变滑差功率 P_s 的消耗来实现调速。

仔细分析转子回路滑差功率的构成。由式(2.7)可知,其一部分是在转子绕组欧姆电阻 R_2 上以发热形式不可逆地被真正消耗掉,另一部分则是消耗在转子外接电阻 R_f 上。如果 R_f 是一真实欧姆电阻,则电机全部滑差功率均以发热形式被真正消耗光,这就形成了传统的绕线式异步电动机转子串电阻调速;如果 R_f 为某种形式的"虚拟"电阻(如电势),则从电机转子能量平衡的角度看 $3I_2^2R_f$ 部分滑差功率也是被"消耗"掉,使得电机滑差增大、转速降低,但实际上是被起虚拟电阻作用的附加电势所吸收并转化、反馈回电源,达到既调速又不增加附加损耗的目的,这就是绕线式异步电动机串级调速的思想。

二、转子串电阻调速

根据电机学原理,绕线式异步电机转子回路外接三相附加电阻 R_f 后,转矩—滑差曲线(T-s 曲线)将从自然特性变为人工特性,其最大转矩 T_m 不变,但对应 T_m 的临界转差 s_m 将随外加电阻 R_f 的增大而增加,意味着转速下降。不同 R_f 时异步电机的机械特性如图 2.12 所示,拖动恒转矩负载 T_L 时的交点即为变速下的稳态运行点。

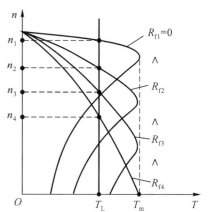

图 2.12　不同转子外加电阻 R_f 时的机械特性

绕线式异步电动机外接三相转子电阻调速具有较高的功率因数,但传统方式为手动、有级调节,反应速度慢且电阻数量多。为实现自动控制,现多采用斩波变阻的方式,如图 2.13 所示。图中电机转子三相绕组经滑环接至整流桥,使转子中三相交流变为直流,施加到一个受斩波器控制的单个外接电阻 R_f 上。当斩波器开路时,R_f 接入转子回路;当斩波器导通时,R_f 被短路,等效阻值为零。改变斩波器的占空比,可使外接电阻的等效阻值从零至 R_f 无级变化,从而实现了电机的自动控制无级调速。

转子串电阻调速是一种耗能的调速方式,恒转矩负载时采用这种调速方法是不适宜的。但是对于负载转矩随转速平方变化的风机、水泵类负载还是有着调速节能的应用前景,特别是转子斩波变阻调速方法由于方法简单、价格低廉、可靠性高,在 500kW 以下的中、小容量机组中仍不失一种可以考虑的实用方案。

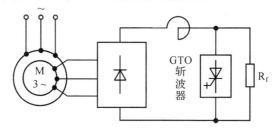

图 2.13　绕线式异步电动机转子斩波变阻调速系统

三、串级调速系统

绕线式异步电动机串级调速的基本思想就是在转子回路中串入一个与转子同频的附加电势 E_f,取代串电阻调速中的外接电阻 R_f,进行滑差功率的吸收或补充,实现速度的调节,其原理性电路如图 2.14 所示。根据附加电势的不同相位可对电机运行产生不同的影响。如果 E_f 的相位和转子电流 I_2 相位相反,则附加电势吸收电功率,其作用和转子外加电阻相似,增加这个电势可使转子转差功率 $P_s = 3I_2^2 R_2 + 3E_f I_2$ 增加,电机滑差增大、转速降低。如果 E_f 的相位和转子电流相位相同,则提供附加电势 E_f 的装置将有功功率 $3E_\mathrm{f}I_2$ 馈入电机转子回路,补偿了部分甚至全部转子电阻固有损耗 $3I_2^2R_2$,使电机从定子侧通过气隙向转子提供的滑差功率 P_s 减小,甚至变负。此时转速升高,甚至超过同步转速 $n_\mathrm{s}(P_\mathrm{s}=sP_\mathrm{M}<0$ 时 $,s<0,n>n_\mathrm{s})$。习惯上将前一种称为亚同步串级调速,后一种称为超同步串级调速。超同步串级调速需从定子及转子侧均馈入电功率才能在同步转速以上作电动运行,常称为双馈调速系统,后面将作专门介绍。

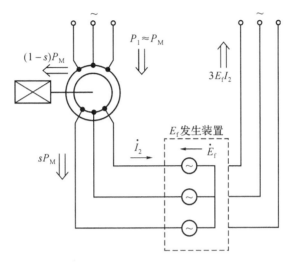

图 2.14　串级调速原理框图

　　在实际的串级调速系统中,转差频率的转子附加电势 E_f 通常是通过静止变流器引入,变流器的形式与所需处理的转子功率有关。如仅仅是为了回收利用电机转子绕组中的转差功率,则主要进行的是有功功率的传递;同时为了避免调速运行中转子附加电势必须跟踪转差频率的技术难点,可以将转差频率的转子交流电势通过不控整流器变成直流,从而避免了频率跟踪问题。这样,就可以采用有源逆变器的直流侧逆变电势作为转子附加电势,同时也可将所吸收的滑差功率从直流形式转化为交流形式而返回电网,实现了串级调速的功能。这样构成的串级调速系统可称为晶闸管亚同步串级调速系统。

(一)晶闸管亚同步串级调速系统的构成与控制

　　目前应用较广的晶闸管亚同步串级调速系统主电路结构如图 2.15 所示。在该系统中,电机转子侧接入一个三相不控整流器,将交流滑差功率转换为直流形式,由电源侧设置的三相有源逆变桥所提供的直流逆变电势吸收滑差功率,并转化为电网频率交流返回电网。由于电机转子侧采用了不控整流器,决定了滑差功率流动方向只能是从电机转子到电网并从电机中被吸收走,使电机转速从同步速向下调节,故是一种亚同步串级调速系统。该系统的速度调节是通过改变有源逆变器中移相角 β 以改变直流回路电压 U_β 的大小,从而改变与其相联系的异步电机转子附加电势 E_f 来达到调节电机转速的目的。当逆变器移相角 β 接近 $90°$ 时,逆变电路中直流电压为零,与其相联系的转子附加电势 E_f 也等于零,电机就按其本来的自然特性运行在最高的转速下。当 β 减小时，E_f 增加，转子滑差功率消耗增大，电机转速就下降。通常为了防止逆变换流失败，β 角的最小值限定在 30°左右，这就限制了电机的最低运行速度。

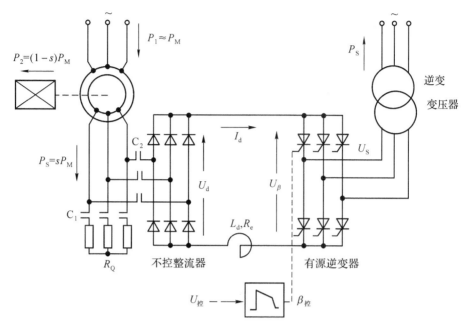

图 2.15   晶闸管亚同步串级调速系统

串级调速系统中逆变变压器的作用一方面是使电机的转子电压和电网电压相匹配，另一方面也有利于抑制变流器中产生的电流谐波对电网的干扰。

串级调速系统的主要优点是系统中变流装置处理的只是电机的滑差功率，若电机调速范围不大，则所用的变流装置的容量比较小。例如通常风机、水泵的调速范围一般只要 30% 左右即可，因此用亚同步串级调速其变流装置的容量只有电机容量的 30%，比较经济。但是这同时也限制了串级调速系统的运行速度范围，不允许超过规定值，否则将导致变流装置的过载，使功率半导体元件损坏。由于起动时 $s=1$，$P_s=P_M$ 超过了串级调速装置的容量，所以串级调速装置一般不允许用来起动电机，需要另配专门的起动电阻、频敏变阻器等，如图 2.15 中的 R_Q。只有当电机起动完毕进入高速运行后，才可以把串级调速装置投入，进行向下的调速运行。

（二）运行特性

1. 开环机械特性

串级调速系统的开环机械特性可以通过分析转子侧变流装置直流环节的电压平衡关系求得。

串级调速系统中经过不控整流输出的转子侧直流电压为

$$U_d = sE_{d0} - \Delta U_M \tag{2.8}$$

式中 E_{d0}——电机静止时的转子整流输出电压；

ΔU_M——电机侧不控整流电路中的总压降，包括折算到直流侧的转子电阻压降

$K_r R_2 I_d$,转子回路换流重叠压降 $3 s X_M I_d / \pi$ 和两只整流管上的压降 $2 \Delta U_d$ 等,其中 K_r 为交流至直流的电阻折算系数,X_M 为折算到转子侧的电机总漏抗。

逆变侧的直流电压为

$$U_\beta = E_\beta + \Delta U_s \tag{2.9}$$

对于三相全控桥逆变电压 $E_\beta = 2.34 U_s \cos \beta$,其中 U_s 为逆变变压器副边相电压,β 为逆变角;而 ΔU_s 为电网侧逆变电路中的总压降,包括变压器次级绕组电阻压降 $K_r I_d R_s$,逆变器换流重叠压降 $3 X_s I_d / \pi$ 和两只晶闸管的管压降 $2 \Delta U$ 等,其中 X_s 为折算到次级的变压器每相漏抗。

从直流回路稳态的电压平衡关系可得

$$U_d = U_\beta + R_e I_d \tag{2.10}$$

式中　R_e——滤波电抗器的电阻。

把式(2.8)、(2.9)代入式(2.10),经过整理可得下列关系

$$s = K_1 \cos \beta + K_2 I_d \tag{2.11}$$

和

$$n = n_s (1 - s) = n_s (1 - K_1 \cos \beta - K_2 I_d) \tag{2.12}$$

式中　n_s——气隙磁场同步转速,K_1、K_2 为常数。

式(2.12)说明,串级调速系统的机械特性与直流电机的特性颇为相似,几乎是一簇平行而向下斜的直线,如图 2.16 所示。在一定的负载 I_d 下改变逆变角 β 可以实现调速;而在 β 保持一定时,电机的转速随负载增大而下降,特性较软。所以除了一些对调速精度要求不高、调速范围不大的场合,例如风机、水泵的调速可以采用开环控制以外,一般需要采用带速度反馈和电流反馈的双闭环调速系统。

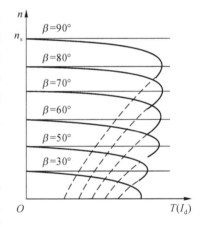

图 2.16　串级调速系统的机械特性

2. 双闭环控制下的动态特性

速度、电流双闭环控制串级调速系统的结构与直流电机双闭环调速系统相似,控制系统的框图如图 2.17 所示。图中,TG 为测速发电机,u_g 为速度给定信号,ST 为速度调节器,LT 为电流调节器,CF 为触发器,LH 为电流互感器。

要进行双闭环控制下串级调速系统动态特性的分析,须建立分析所需的数学模型。双闭环控制的串级调速系统的动态结构示于图 2.18 中,其中 W_{ST}、W_{LT} 分别表示速度调节器和电流调节器的传递函数;K_0、T_0 表示逆变桥的放大倍数及时间常数;而 K_{fn} 和 T_{fn} 为速度反馈环节的反馈系数和时间常数;K_{fi} 和 T_{fi} 表示电流反馈环节的反馈系数和时间常数;K_M 表示电机作为一个积分环节处理时的放大倍数。闭环系统中所需控制的是转子直流回路中的逆变器的电压 U_β。

根据转子直流回路的动态电压方程式

$$U_d = U_\beta + R_e I_d + L_d \frac{dI_d}{dt} \tag{2.13}$$

把式(2.8)和式(2.9)代入上式,经整理后可得

$$E_d - E_\beta = L_d \frac{dI_d}{dt} + \left[\frac{3}{\pi} s X_M + \sum R_d \right] I_d \tag{2.14}$$

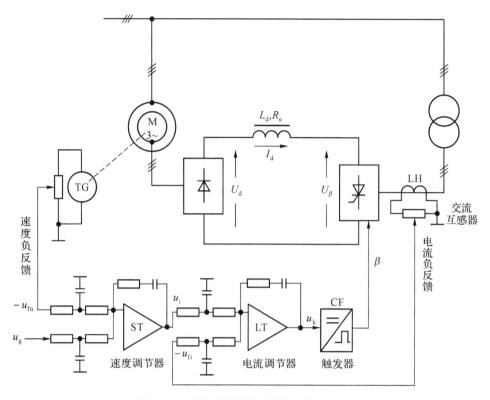

图 2.17　双闭环控制串级调速系统的组成

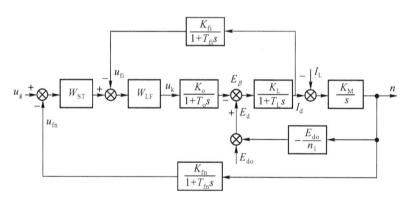

图 2.18　双闭环串级调速系统动态结构图

式中，$\sum R_{\mathrm{d}}$ 为整理后的直流回路总电阻。

经拉氏变换后，可求得输入量电势$(E_{\mathrm{d}}-E_{\beta})$与输出量 I_{d} 之间的传递函数为

$$\frac{I_{\mathrm{d}}(s)}{E_{\mathrm{d}}(s)-E_{\beta}(s)}=\frac{K_{\mathrm{L}}}{1+T_{\mathrm{L}}s} \tag{2.15}$$

其形式和直流电机调速系统中电枢回路的传递函数相似，但它的放大系数

$$K_{\mathrm{L}}=\frac{1}{\dfrac{3}{\pi}sX_{\mathrm{M}}+\sum R_{\mathrm{d}}} \tag{2.16}$$

和时间常数
$$T_{\mathrm{L}} = \frac{L_{\mathrm{d}}}{\frac{3}{\pi} s X_{\mathrm{M}} + \sum R_{\mathrm{d}}} \tag{2.17}$$

均是转差率 s 的函数。

由于 $E_{\mathrm{d}} = s E_{\mathrm{d0}} = (1 - n/n_{\mathrm{s}}) E_{\mathrm{d0}}$，故转速对于输入电压也有 $(-E_{\mathrm{d0}} \cdot n/n_{\mathrm{s}})$ 关系的反馈作用，类似于直流电机的反电势效果。由于串级调速系统和直流电机调速系统之间有许多相似之处，可以采用第一章中分析、综合直流电机调速系统的方法来分析和综合串级调速系统。只是串级调速系统中直流回路的时间常数 T_{L} 和放大系数 K_{L} 随转差 s 而变，已成为了一个非定常系统。实践表明，若串级调速系统的调速范围不大，如根据低速时的 K_{L} 和 T_{L} 值进行电流环的二阶优化设计，则当转差在 $0 < s < 0.7$ 的范围内变动时，电流环的动态响应几乎不受转差的影响。

(三) 功率因数问题

晶闸管亚同步串级调速系统的主要缺点是功率因数低。如果系统按照较宽调速范围设计，则在最高速度下满载运行时功率因数 $\cos\varphi = 0.5$；而当速度降低时功率因数更低，$\cos\varphi < 0.3$，与异步电要本身固有的功率因数 $\cos\varphi_{\mathrm{D}} \approx 0.9$ 相差很多。这样就会造成用串级调速系统拖动风机、水泵运行时虽可节约有功功率，但会造成无功功率消耗的大量增多。

1. 造成晶闸管亚同步串级调速系统功率因数低下的原因

分析造成这类串级调速系统功率低下的原因，首先应从串级调速系统功率因数定义入手。串级调速系统由电机本体和不控整流—有源逆变电路构成，异步电机本身固有的功率因数为 $\cos\varphi_{\mathrm{D}}$，其中 φ_{D} 为电机电流 $\dot{I}_1$ 落后电网电压 $\dot{U}_1$ 的相角。逆变电路接入电网后的输入电流为 $\dot{I}_{\beta}$，这样构成的串级调速系统总电流应为 $\dot{I}_{\mathrm{w}} = \dot{I}_1 + \dot{I}_{\beta}$，$\dot{I}_{\mathrm{w}}$ 与 $\dot{U}_1$ 之间的相位差的余弦 $\cos\varphi$ 即为串级调速系统的功率因数，如图 2.19 所示，据此可分析出造成晶闸管亚同步串级调速系统功率因数低下的原因。

①逆变器晶闸管换流需要落后的感性无功电流，即 $\dot{I}_{\beta}$ 落后 $\dot{U}_1$。这样，异步电机和逆变电路均需要无

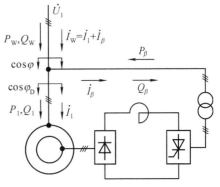

图 2.19　晶闸管亚同步串级调速系统功率流向图

功功率，使得串级调速系统的无功功率相加，即 $Q_{\mathrm{w}} = Q_1 + Q_{\beta}$；而串级调速系统中的逆变器可实现滑差功率 P_{β} 向电网的回馈，故串级调速系统中的有功功率相减，即 $P_{\mathrm{w}} = P_1 - P_{\beta}$。这样，串级调速系统的功率因数则为

$$\cos\varphi = \frac{P_{\mathrm{w}}}{\sqrt{P_{\mathrm{w}}^2 + Q_{\mathrm{w}}^2}} = \frac{P_1 - P_{\beta}}{\sqrt{(P_1 - P_{\beta})^2 + (Q_1 + Q_{\beta})^2}} \tag{2.18}$$

就要比电机本身的功率因数 $\cos\varphi_{\mathrm{D}} = \dfrac{P_1}{\sqrt{P_1^2 + Q_1^2}}$ 低得多。

②电机转子电势很低，工作在低频状态下的不控整流器元件存在严重的换流重叠现象，换

流重叠角 μ 很大。反映到定子侧使定子电流 I_1 比不接整流器时要多落后定子电压 $\dot{U}_1$ 一个 $\mu/2$ 角,使得电机本身的功率因数为 $\cos(\varphi_D+\mu/2)\approx\cos\varphi_D\cdot\cos(\mu/2)<\cos\varphi_D$,也被恶化。

③逆变器晶闸管采用移相触发控制,造成电压、电流波形非正弦畸变,各类谐波无功的存在恶化了系统功率因数。

要改善晶闸管亚同步串级调速系统的功率因数,最主要的是减少有源逆变器对无功的需求,这可从两方面采取措施:

2. 减少有源逆变器对无功的需求的措施

①改变晶闸管的换流方式,由电网电压自然换流改为电容强迫换流,使有源逆变电路不仅无需感性无功,甚至可以产生感性无功,进一步还可以补偿异步电机的无功需要。为此,必须采用高功率因数的串级调速装置。

②对于采用电网电压自然换流方式的逆变器,应减少换流过程对感性无功的需求,即使晶闸管保持较小的逆变角 β。为此,可以采用改变逆变器抽头来变化变压器次级电压 U_β,以满足小逆变角下工作的条件。或者采用两个逆变器的纵续联接替代一大容量逆变器,运行时采取固定一个的逆变角为最小($\beta_{min}=30°$)、改变另一个的逆变角($\beta=30°\sim150°$)来调速的所谓"不对称控制"方式。

另外还有在转子直流回路中加入斩波器调压以缩小逆变角变化范围的改善功率因数方案。

四、双馈调速系统

在亚同步串级调速系统中,转子侧采用不控整流器,决定了电机的滑差功率只能从转子向电网单方向传递,电机只能工作在低于同步转速的电动机状态。如果把转子侧变流器改为可控整流器(图2.20),并使电机侧变流器工作在逆变状态,同时使电网侧变流器工作在整流状态,则滑差功率可从电网输入电机转子,此时电机处于定、转子双馈状态,两部分功率汇集起来变成机械功率从轴上输出。由于电机内部的电磁功率关系 $P_2=(1-s)P_M$ 仍然成立,显然此时的滑差功率 P_s 和滑差 s 均应为负值。$s<0$ 表明电机转速高于同步转速,这就构成了超同步串级调速系统,此时电机从定子、转子两侧同时馈入功率,即为双馈调速系统。由于定、转子的双方馈电,在超同步电动运行状态下电机轴上输出功率可以大于铭牌规定的额定功率。

双馈调速系统的速度调节主要是通过控制两变流器移相触发角实现的。例如当系统作超同步运行时,转子侧的桥Ⅰ工作在逆变状态($\beta_1=30°\sim90°$)、电网侧的桥Ⅱ工作在整流状态($\alpha_1=0°\sim90°$),在理想空载条件下,转子直流环节电压方程式为

$$sE_{d0}\cos\beta_1=2.34U_s\cos\alpha_2$$

可求得

$$s=\frac{2.34U_s\cos\alpha_2}{E_{d0}\cos\beta_1} \quad (2.19)$$

所以调节 β_1 或 α_2 均可改变电机的转速。由于超同

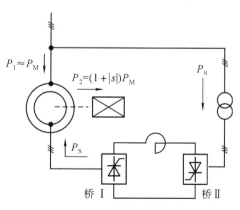

图2.20 双馈调速系统

步电动运行时桥Ⅱ工作在可控整流状态,保持较小的移相角 α_2 可以提高系统的功率因数,故一般常采用固定桥Ⅱ移相角 α_2 而变化桥Ⅰ的移相角 α_1 来调速。

双馈调速系统中定、转子的功率流向可以双向控制,从而具有四象限运动能力。图 2.21 为根据相对同步转速的高、低和电磁转矩的性质划分的四象限运行状态下的功率流向图。

如果转子侧变流器能承受转子的额定电压,则还可以利用改变定子电源相序来实现正、反转,那就能实现按转向、转矩划分的四象限运行。

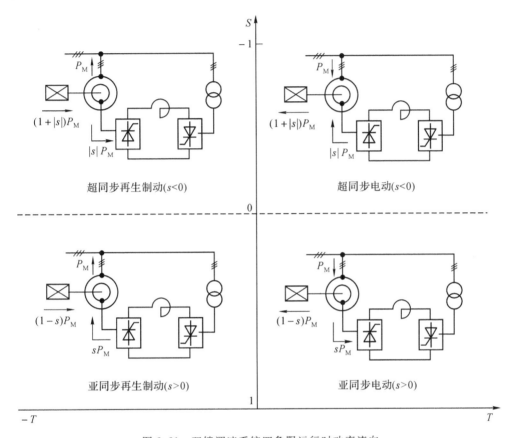

图 2.21 双馈调速系统四象限运行时功率流向

要实现双馈调速运行,要求变流装置能把电网的工频电流变成与转子感应电势同频率的交流电流送入电机的转子绕组,在中、小功率系统中就采用了图 2.20 的主电路结构形式,这实际上是异步电机转子交-直-交变频调速系统,其中的转子侧变流器必须采用强迫换流或自关断功率器件。

采用高频自关断器件 IGBT 构成的双馈调速系统如图 2.22 所示。这是一个采用电压型双 PWM 变频器实现转子侧馈电的双馈调速系统,由于采用了 PWM 变换电路,使能量可在双馈电机转子与电网间实现双向流动,从而使电机具有四象限运行能力。其中网侧 PWM 变换器可实现交-直-交变频电路输入功率因数、输入电流波形控制,以获得包括超前、落后及单位功率因数,同时也能实现转子侧变换器所需的直流母线电压动态控制;转子侧 PWM 变换器则保证输入双馈电机转子绕组所需的转子频率电压,并通过矢量控制策略实现气隙磁场和电磁转矩的解耦控制,获得优越的转矩动态调节性能。

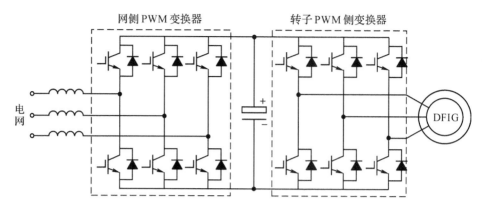

图 2.22　电压型双 PWM 变换器供电双馈调速系统

当双馈电机运行在发电状态时,便可应用于可再生能源的开发利用,图 2.23 即为用于风力发电的双馈异步风力发电机系统。

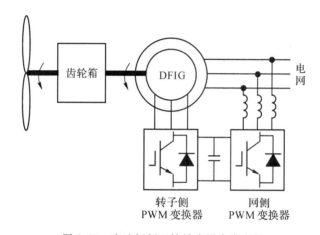

图 2.23　变速恒频双馈异步风力发电机

对于大功率双馈调速系统则多采用交-交变频器,其优点是变流器在电网侧可利用电网电压自然换流,转子侧可利用转子感应电势实现换流,避开了强迫换流引发的系列问题。图 2.24 为一种采用三相零式交-交变频器构成的双馈调速系统主电路结构。

与亚同步串级调速系统相比,双馈调速系统具有以下优点:

①在相同的额定功率和调速范围条件下,由于双馈调速系统可以在同步转速上、下运行,转子回路中设置的调速装置容量可比亚同步串级调速系统中的装置容量减小一半。

②由于滑差功率可以双向传送,具有再生制动功能,双馈调速系统动态响应快。

③超同步转速运行时系统功率因数高。

所以双馈调速系统在大容量、宽调速、对动态性能要求高的场合以及可再生能源开发(风电、水电)中获得广泛应用。

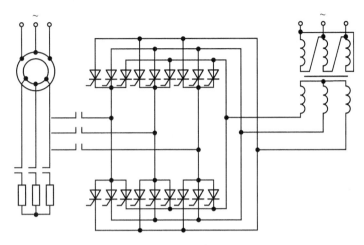

图 2.24　大功率双馈调速系统

2.5　异步电动机变极调速

在异步电机改变同步速的调速方法中,变极调速是一种行之有效的传统方法。根据电机学原理,只有当定、转子的极对数相同时两者磁势才能相互作用产生恒定电磁转矩,因此要求变极时定、转子的极对数必须同时改变,这对绕线式转子显然是不现实的,所以只有鼠笼式异步电机才能采用变极调速方式。同时由于极对数的改变是成倍的,因此尽管可在一台电机中做成单绕组双速或双绕组三速或四速,但变极调速仍是有极调速,只适应于不要求平滑调速的场合。

一、变极调速原理

异步电机变极是通过改变定子绕组接线来实现的,可以以 4、2 极变换为例来说明。

图 2.25(a)为一台 4 极电机一相(A 相)两个线圈的示意图,每个线圈代表 A 相半个绕组,它们处于头尾相连的顺向串联状态。根据电流方向可以确定出所建立的磁场极性,显然为 $2P=4$ 极。如果将两个半相绕组改为图(b)的反向串联或图(c)的反向并联状态,由于有一个半相绕组电流反向,致使极数减半,形成 $2P=2$ 极,从而使同步速增加一倍。

对于三相异步电机而言,每相定子绕组变极时连接方式均应相同,但要注意在改变定子绕组接线时,必须同时改变接至绕组的电源相序,以维持调速时电机转向不变。这是因为三相绕组轴线间的机械角度虽不变,但三相轴线的电角度则随极对数而变化。当 $P=1$ 时,A、B、C 三相绕组依次落后 $0°$、$120°$、$240°$电角度;当 $P=2$ 时,则 A、B、C 三相绕组相序互换了。为了保持转向不变,必须在变极的同时改变电源的相序。

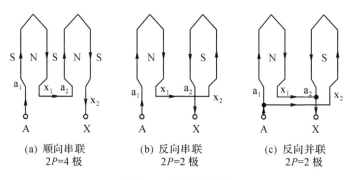

(a) 顺向串联
2P=4 极

(b) 反向串联
2P=2 极

(c) 反向并联
2P=2 极

图 2.25　变极原理图

二、典型变极联接及特性

（一）Y-YY 接变极

接法如图 2.26 所示，Y 接时极对数为 $2P$，同步速为 n_s；YY 接时极对数为 P，同步速为 $2n_s$。

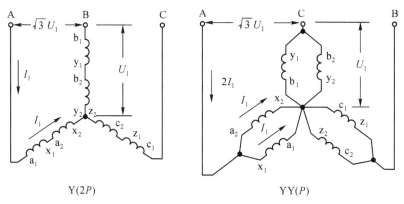

Y(2P)　　　　　　　　　　　YY(P)

图 2.26　Y-YY 接法变极

为了分析变极调速的机械特性和转矩，假设各半相绕组参数相等，分别为 $R_1/2$、$R'_2/2$、$X_1/2$、$X'_2/2$。Y 接时每相绕组为两半相绕组串联，相应参数则为 R_1、R'_2、X_1、X'_2；YY 接时两半相绕组反并联，相应参数变为 $R_1/4$、$R'_2/4$、$X_1/4$、$X'_2/4$。再考虑到 Y 及 YY 接时每相电压均为 U_1，可以求得勾画机械特性特征的最大转矩 T_m、临界滑差 s_m 及起动转矩 T_q 分别为：

Y 接时：

$$\left.\begin{array}{l} Y_{mY} = \dfrac{mPU_1^2}{4\pi f_1\left[R_1 + \sqrt{R_1^2 + (X_1 + X'_2)^2}\right]} \\[3mm] s_{mY} = \dfrac{R'_2}{\sqrt{R_1^2 + (X_1 + X'_2)^2}} \\[3mm] T_{qY} = \dfrac{mPU_1^2 R'_2}{2\pi f_1\left[(R_1 + R'_2)^2 + (X_1 + X'_2)^2\right]} \end{array}\right\} \qquad (2.20)$$

YY 接时：

$$Y_{mYY}=\frac{m(P/2)U_1^2}{4\pi f_1\left[\dfrac{R_1}{4}+\sqrt{\left(\dfrac{R_1}{4}\right)^2+\left(\dfrac{X_1+X'_2}{4}\right)^2}\right]}=2T_{mY}$$

$$s_{mYY}=\frac{R'_2/4}{\sqrt{\left(\dfrac{R_1}{4}\right)^2+\left(\dfrac{X_1+X'_2}{4}\right)^2}}=s_{mY}\qquad\qquad(2.21)$$

$$T_{qYY}=\frac{m(P/2)U_1^2(R'_2/4)}{2\pi f_1\left[\left(\dfrac{R_1+R'_2}{4}\right)^2+\left(\dfrac{X_1+X'_2}{4}\right)^2\right]}=2T_{qY}$$

根据式(2.21)关系绘制的 Y-YY 接法变极调速时的机械特性如图 2.27 所示。

为了定性分析 Y-YY 接法变极调速的性质,可以假设变极前后电机的功率因数 $\cos\varphi$、效率 η 保持不变,同时每半相绕组中都流过额定电流 I_1 以充分利用电机。这样电机的输出功率 P_2 及转矩 T 可作如下估算：

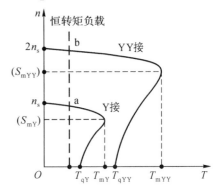

图 2.27　Y-YY 接法变极时机械特性

Y 接时：

$$\left.\begin{aligned}P_{2Y}&=mU_1I_1\cos\varphi\cdot\eta\\T_Y&=9550\frac{P_{2Y}}{n_s}\end{aligned}\right\}\qquad(2.22)$$

YY 接时：

$$\left.\begin{aligned}P_{2YY}&=mU_1(2I_1)\cos\varphi\cdot\eta=2P_{2Y}\\T_{YY}&=9550\frac{P_{2YY}}{2n_s}=T_Y\end{aligned}\right\}\qquad(2.23)$$

从式(2.23)可见,Y-YY 接法变极调速属恒转矩调速方式。

(二)△-YY 接变极

接法如图 2.28 所示。△接时极对数为 $2P$,同步速为 n_s；YY 接法时极对数为 P,同步速为 $2n_s$。

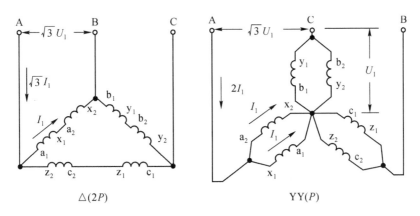

图 2.28　△-Y 接法变极

假设△接每相绕组参数为 R_1、R'_2、X_1、X'_2，YY 接时则为 $R_1/4$、$R'_2/4$、$X_1/4$、$X'_2/4$。再考虑△接法时相电压等于线电压，而 YY 接法时相电压等于 $1/\sqrt{3}$ 线电压，则仿照 Y-YY 接算法可以求得

$$\left.\begin{array}{c} T_{\mathrm{mYY}}=\dfrac{2}{3}T_{\mathrm{m\triangle}} \\[2mm] s_{\mathrm{mYY}}=s_{\mathrm{m\triangle}} \\[2mm] T_{\mathrm{qYY}}=\dfrac{2}{3}T_{\mathrm{m\triangle}} \end{array}\right\} \qquad (2.24)$$

根据式(2.24)关系绘制的△-YY 接变极调速时机械特性如图 2.29 所示。

同样，如假设变极前后电机的 $\cos\varphi$、η 均不变，每半相绕组中均流过额定电流，则电机输出功率 P_2 及转矩亦可作如下估算

△接法时：

$$\left.\begin{array}{c} P_{2\triangle}=m(\sqrt{3}U_1)I_1\cos\varphi\cdot\eta \\[2mm] T_{\triangle}=9550\dfrac{P_{2\triangle}}{n_{\mathrm{s}}} \end{array}\right\} \qquad (2.25)$$

YY 接时：

$$\left.\begin{array}{l} P_{2\mathrm{YY}}=mU_1(2I_1)\cos\varphi\cdot\eta=\dfrac{2}{\sqrt{3}}P_{2\triangle}=1.155P_{2\triangle} \\[2mm] T_{\mathrm{YY}}=9550\dfrac{P_{2\mathrm{YY}}}{2n_{\mathrm{s}}}=\dfrac{1}{\sqrt{3}}T_{\triangle}=0.577T_{\triangle} \end{array}\right\} \qquad (2.26)$$

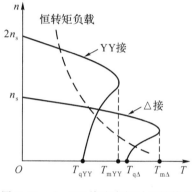

图 2.29 △-YY 接法变极时机械特性

可见，△-YY 接变极调速非恒转矩调速，只能近似为恒功率调速。

2.6 异步电动机变频调速理论

异步电机，特别是笼型异步电机，结构简单、牢固，价格便宜，运行可靠，无需维护，在交流传动中得到了极为广泛的应用。异步电机采用变频调速技术后，调速范围广，调速时因滑差功率不变而无附加能量损失，是一种性能优良的高效调速方式，是交流电机调速传动发展的主要方向，也是本章重点介绍内容。由于变频调速内容十分广泛，我们将从变频调速理论、静止变频器、变频调速系统和高性能控制策略四个方面分节讨论。

在变频调速系统中，由变频器提供给电机的频率变化电压或电流激励均非正弦，除基波外包含有大量的谐波。分析表明，决定异步电机变频运行特性的主要因素还是基波，谐波分量只起着使电机电压或电流畸变、产生谐波损耗、恶化力能指标、引起转矩脉动的作用。为突出主要矛盾，本节将分开讨论基波所决定的异步电机变频调速特性和谐波对电机运性能的影响。

一、变频调速的基本控制方式

根据电机原理,一台电机如若希望获得良好的运行性能、力能指标,必须保持其磁路工作点稳定不变,即保持每极磁通量 Φ_{m} 额定不变。这是因为若 Φ_{m} 太强,电机磁路饱和,励磁电流、励磁损耗及发热增大;若 Φ_{m} 太弱,电机出力不够,铁芯也未充分利用。

从异步电机定子每相电势有效值公式看

$$E_1 = 4.44 f_1 W_1 K_{\mathrm{W1}} \Phi_{\mathrm{m}} \tag{2.27}$$

式中　f_1——定子供电频率(Hz);

　　　W_1——定子每相串联匝数;

　　　K_{W1}——基波绕组系数;

　　　Φ_{m}——每极气隙磁通(Wb)。

当电机一旦选定,结构参数确定,则有

$$\Phi_{\mathrm{m}} \infty \frac{E_1}{f_1} \tag{2.28}$$

说明只要协调地控制 E_1、f_1,即可达到控制气隙磁通 Φ_{m} 的目的,但控制方式随运行频率在基频以下或基频以上不同而异。

(一)基频以下调速

根据式(2.28)可知,要保持 Φ_{m} 额定不变,必须采用恒电势频率比的控制方式,即变频过程中须维持 E_1/f_1=常值。但定子气隙电势为内部量,难以直接量测、控制,根据异步电机定子电压方程式

$$\dot{U}_1 = -\dot{E}_1 + \dot{I}_1 Z_1 \tag{2.29}$$

当运行频率较高、电势较大时,可忽略定子绕组漏阻抗压降 $\dot{I}_1 Z_1$,得 $U_1 \approx E_1$,故只要维持 U_1/f_1=常数(恒电压频率比)即可维持气隙磁通恒定。

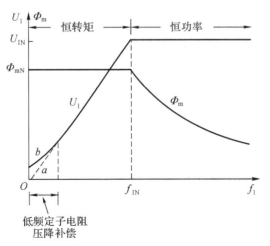

图 2.30　异步电机变频调速控制特性

当运行在低频时,E_1较小,定子电阻压降的影响不能忽略,必须有意抬高U_1加以补偿才能近似维持E_1/f_1＝常数。此时采用带低频定子电阻压降补偿的恒压频比控制,其电压、频率关系如图2.30中曲线b所示。由于维持了气隙磁通恒定,电机将作恒转矩运行。

(二)基频以上调速

当运行频率超过基频f_{1N}时,由于变频装置半导体元件及电机绝缘的耐压限制,电机电压不能超过额定,只能维持$U_1＝U_{1N}$不变。这样,随着运行频率的升高,U_1/f_1比值下降,气隙磁通随之减小,进入弱磁状态。此时电机转矩大体上反比于频率变化,使转矩与机械角速度之积大体恒定,电机作近似恒功率运行。

如前所述,决定异步电机变频运行工作特性的是变频电源中的基波,工作特性分析中的电压、电流、磁通均应理解为变频器输出基波成分。由于变频器类型不同,提供给异步电机端部的激励可能是电压,也可能是电流。不同特性电源供电时电机运行特性有很大差异,也应分别讨论。

二、电压源供电时异步电机的工作特性

根据电机学知识,在忽略空间和时间谐波、忽略铁磁非线性饱和、忽略铁损的假定下,异步电机稳态等值电路将如图2.31所示。

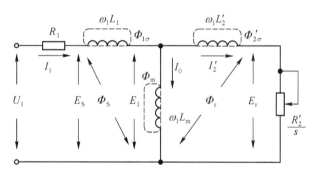

图2.31 异步电机稳态等值电路

图中:R_1、R_2'为定子每相电阻和折算到定子侧的转子每相电阻;L_1、L_2'为定子每相漏感和折算到定子侧的转子每相漏感;L_m为每相激磁电感;U_1、$\omega_1＝2\pi f_1$为定子每相电压及运行角频率;$s＝(n_s-n)/n_s$为转差率;n_s为运行频率下的同步速;n为转子转速;E_1为定子每相气隙(互感)电势;E_s为对应定子全磁通($\Phi_s＝\Phi_m+\Phi_{1\sigma}$)的定子每相感应电势;$E_r$为对应转子全磁通($\Phi_r＝\Phi_m+\Phi_{2\sigma}'$)的转子每相感应电势。

根据此等值电路,可以导出电压源供电下恒压频比($U_1/\omega_1＝C$)控制时的电磁转矩表达式

$$T=\frac{mPU_1^2(R_2'/s)}{\omega_1[(R_1+R_2'/s)^2+\omega_1^2(L_1+L_2')^2]}$$
$$=mP\left(\frac{U_1}{\omega_1}\right)^2\frac{s\omega_1 R_2'}{(sR_1+R_2')^2+s^2\omega_1^2(L_1+L_2')^2} \quad (2.30)$$

式中　m——相数;

P——电机极对数。

此时若由某一确定频率 ω_1 供电,则当转差率 s 很小时,可忽略上式分母中 s 各项,得

$$T \approx mP\left(\frac{U_1}{\omega_1}\right)^2 \frac{s\omega_1}{R'_2} \infty s \tag{2.31}$$

说明高速时,恒压频比控制异步电机的机械特性 $T=f(s)$ 近似为一直线,如图 2.32 中 a 所示。

当 $s \approx 1$ 时,可忽略式(2.30)分母中的 R'_2,则有

$$T \approx mP\left(\frac{U_1}{\omega_1}\right)^2 \frac{\omega_1 R'_2}{s[R_1^2 + \omega_1^2(L_1 + L'_2)^2]} \infty \frac{1}{s} \tag{2.32}$$

说明 s 接近于 1 时,$T=f(s)$ 将是对称于原点的一段双曲线,如图 2.32 中 b 所示。当 s 为中间数值时,$T=f(s)$ 曲线从直线逐渐过渡到双曲线。

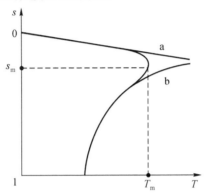

图 2.32　恒压频比控制异步电机机械特性

电压源型变频器供电时,必须对施加在电机端部的电压及频率实行协调控制,以确保获得期望的工作特性。电压 U_1 与角频率 ω_1 可以有多种配合关系,即不同的电压、频率控制方式,其运行特性亦不相同。

(一)恒电压/频率比($U_1/f_1 = C$)控制

在 $U_1/f_1 = C$ 控制下,异步电机的气隙磁通 Φ_m 近似保持恒定,其机械特性如图 2.33 所示,它具有以下特点:

①同步速 n_s 随运行频率 ω_1 变化。

②不同频率下机械特性为一组硬度相同的平行直线。这是因为负载时速度变化为 $\Delta n = sn_s = (60/2\pi P) \cdot s\omega_1$,在 s 很小的机械特性直线段上,根据式(2.31)可以导出

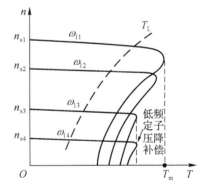

图 2.33　恒压频比控制变频调速的异步电机机械特性

$$s\omega_1 \approx \frac{R'_2 T}{mP\left(\dfrac{U_1}{\omega_1}\right)^2}$$

由此可见,当恒压频比控制时($U_1/\omega_1 = C$),同一转矩 T 下 $s\omega_1$ 基本相同,因而不同运行频率下的转速降落 Δn 基本不变,这就是恒转矩控制的特性。

③最大转矩 T_{m} 随频率降低而减小。

根据电机原理,最大转矩表达式为

$$T_{\mathrm{m}}=\frac{mPU_1^2}{2\omega_1\left[R_1+\sqrt{R_1^2+\omega_1^2(L_1+L'_2)^2}\right]} \tag{2.33}$$

临界转差为

$$s_{\mathrm{m}}=\frac{R'_2}{\sqrt{R_1^2+\omega_1^2(L_1+L'_2)^2}} \tag{2.34}$$

对于恒压频比控制,则有

$$T_{\mathrm{m}}=\frac{mP}{2}\left(\frac{U_1}{\omega_1}\right)^2\bigg/\left[\frac{R_1}{\omega_1}+\sqrt{\left(\frac{R_1}{\omega_1}\right)^2+(L_1+L'_2)^2}\right] \tag{2.35}$$

上式说明,虽然 $U_1/\omega_1=C$,但随着运行频率 ω_1 降低,最大转矩减小。所以恒压频比控制方式只适合调速范围不大、最低转速不太低、或负载转矩随转速降低而减小的负载,如负载转矩与转速平方成正比的风机、水泵类负载,如图中虚线所示。如果在低频时适当提高电压 U_1 以补偿定子电阻压降,则可在局部低频范围内增大最大转矩,增强负载能力。

(二)恒气隙电势/频率比($E_1/f_1=C$)控制

在电压频率控制中,如果在全频率范围内恰当地提高电压 U_1 以克服定子压降,维持恒定的气隙电势频率比 E_1/f_1 不变,则电机每极磁通 Φ_{m} 能真正保持恒定,电机工作特性将有很大改善。

根据异步电机等值电路,转子电流为

$$I'_2=E_1\bigg/\sqrt{\left(\frac{R'_2}{s}\right)^2+(\omega_1 L'_2)^2}$$

代入电磁转矩基本关系式,可求得恒气隙电势频率比 E_1/f_1 控制下的转矩表达式为

$$T=mP\left(\frac{E_1}{\omega_1}\right)^2\frac{s\omega_1 R'_2}{(R'_2)^2+(s\omega_1 L'_2)^2} \tag{2.36}$$

此种控制方式下的异步电机机械特性如图 2.34 所示,它具有以下特点:

①整条特性曲线与恒压频比控制时性质相同,但对比式(2.36)与式(2.30)时发现,前者分母中含 s 项要小于后者中的含 s 项,可见恒定 E_1/f_1 值控制时,s 值要更大一些才会使含 s 项在分母中占主导地位而不会被忽略,因此恒定 E_1/f_1 控制的机械特性段的范围比恒压频比控制更宽,即调速范围更广。

②低频下起动时起动转矩比额定频率下的起动转矩大,而起动电流并不大。这是因为异步电机电磁转矩可以表达成气隙磁通 Φ_{m} 与转子电流有功分量 $I'_2\cos\Psi'_2$ 乘积形式:$T=\Phi_{\mathrm{m}}\cdot(I'_2\cos\Psi'_2)$,如图 2.35 所示。因此转矩大小与转子内功率因数 $\Psi'_2=\mathrm{tg}^{-1}\left(\frac{s\omega_1 L'_2}{R'_2}\right)$

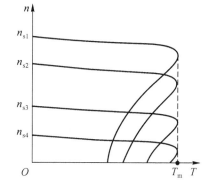

图 2.34 恒 E_1/f_1 控制变频调速异步电机机械特性

有关,起动时 $s=1$,转子回路频率与定子频率相同。低频起动时 ω_1 小,$\dot{\Psi}'_2$ 小,$\dot{I}'_2$ 靠近 $\dot{E}'_2$,转子内功率因数好,较小起动电流就能产生较大起动转矩,有效地改善了起动性能;额定频率 ω_{1N} 下起动时,转子回路频率高,内功率因数差,很大的起动电流却产生不出相应的起动转矩。因此,降频起动也应是异步电机变频调速的一种有效应用方式。

③对式(2.36)进行求极值运算,可以求得临界转差和最大转矩分别为

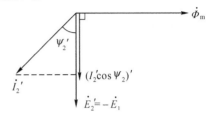

图 2.35　异步电机 $\dot{\Phi}_m$、$\dot{E}'_2$、$\dot{I}'_2$ 关系

$$s_m = \frac{R'_2}{\omega_1 L'_2} \tag{2.37}$$

$$T_m = \frac{mP}{2}\left(\frac{E_1}{\omega_1}\right)^2 \frac{1}{L'_2} \tag{2.38}$$

可以看出在恒定 E_1/f_1 值控制时,任何运行频率下的最大转矩恒定不变,稳态工作特性明显优于恒压频比控制,这正是全频范围采用了定子电阻压降补偿的结果。

要实现恒最大转矩运行,必须确保电机内部气隙磁通 Φ_m 在变频运行中大小恒定。由于电势 E_1 是电机内部量无法直接控制,而能控制的外部量是电机端电压 U_1,两者之间相差一个定子漏阻抗压降(主要是定子电阻压降)。为此,必须随着频率的降低,寻找出适当提高定子电压 U_1 来加以补偿的规律。

若将电机最大转矩保持在额定频率 f_{1N}、额定电压 U_{1N} 时的大小,根据式(2.33)并设 $f_1/f_{1N}=\omega_1/\omega_{1N}=\alpha$,可得

$$\left(\frac{U_1}{U_{1N}}\right)^2 = \alpha\left[\frac{R_1+\sqrt{R_1^2+\alpha^2\omega_{1N}^2(L_1+L'_2)^2}}{R_1+\sqrt{R_1^2+\omega_{1N}^2(L_1+L'_2)^2}}\right] = \alpha\left[\frac{1+\sqrt{1+\alpha^2Q^2}}{1+\sqrt{1+Q^2}}\right]$$

或

$$U_1 = \alpha U_{1N}\sqrt{\frac{\frac{1}{\alpha}+\sqrt{\left(\frac{1}{\alpha}\right)^2+Q^2}}{1+\sqrt{1+Q^2}}} \tag{2.39}$$

其中

$$Q = \frac{\omega_{1N}(L_1+L'_2)}{R_1} \tag{2.40}$$

此式表示了在电机参数一定(Q 一定)的条件下,维持气隙磁通 Φ_m 以及最大转矩恒定时,定子电压 U_1 随运行频率 $f_1=\alpha f_{1N}$ 变化所应遵循的规律,其图形表示如图 2.36 所示。从中可以看出,定子电阻 R_1 越大,即 Q 值越小,定子电压所需补偿的程度也越高。

在低频定子电阻压降补偿中有两点值得注意:一是由于定子电阻上的压降随负载大小而变化,若单纯从保持最大转矩恒定的角度出发来考虑定子压降补偿时,则在正常负载下电机可能会处于过补偿状态,即随着频率的降低,气隙磁通将增大,空载电流会显著增加,甚至出现电机负载愈

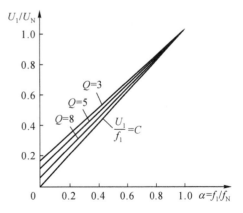

图 2.36　恒最大转矩运行时,定子电压与运行频率关系

轻电流愈大的反常现象。为防止这种不希望的情况出现,一般应采取电流反馈控制使轻载时电压降低。另一点是在大多数的实际场合下,特别是拖动风机、水泵类负载时并不要求低速下也有满载转矩。相反地为减少轻载时的电机损耗,提高运行效率,此时反面采用减小电压/频率比的运行方式。

(三)恒转子电势/频率比($E_r/f_1=C$)控制

如果将电压—频率曲线中低频段 U_1 值再提高一些,且随时补偿转子漏抗上的压降以保持转子电势 E_r 随频率作线性变化,即可实现恒 E_r/f_1 控制。根据图 2.31 的等值电路,转子电流可表示为

$$I'_2 = \frac{E_r}{(R'_2/s)}$$

代入电磁转矩表达式,可求得

$$T = mP\left(\frac{E_r}{\omega_1}\right)^2 \cdot \frac{s\omega_1}{R'_2} \tag{2.41}$$

说明此时异步电机的机械特性 $T=f(s)$ 为一准确的直线,如图 2.37 中所示。与 $U_1/f_1=C$ 及 $E_1/f_1=C$ 控制方式相比,$E_r/f_1=C$ 控制下的稳态工作特性最好,可以获得类似并激直流电机一样的直线型机械特性,没有最大转矩 T_m 的限制,这是高性能交流电机变频调速所最终追求的目标。

由于气隙磁通 Φ_m 对应气隙电势 E_1,转子全磁通 Φ_r 则对应转子电势 E_r,所以若能控制转子全磁通幅值 Φ_{rm} = 常数,就能获得 $E_r/f_1=C$ 的控制效果,这就是以后要学习的异步电机矢量变换控制中采用转子全磁通 Φ_r 定向的道理。

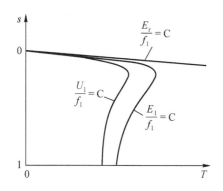

图 2.37 不同电压—频率协调控制下的机械特性

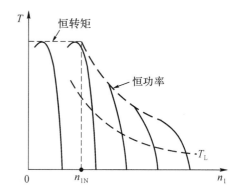

图 2.38 恒功率变频调速时异步电机机械特性

(四)恒功率运行

以上讨论的主要是在保持气隙磁通不变条件下的运行,适合于恒转矩负载的情况。在实际应用中还有一种按恒功率进行调速运行的方式,即低速时要求输出大转矩,高速时要求输出小转矩,其转矩特性如图 2.38 所示,电气车辆牵引中就有这种特性要求。此外在交流电机变频调速控制中基频以上的弱磁运行也是近似恒功率运行,其转矩与频率大体上呈反比关系。

为了确保异步电机在恒功率变频运行时具有不变的过载能力 $\lambda=T_m/T$,不同性质负载下电压与频率有不同的协调控制关系。

变频运行中当运行频率较高时,可以忽略定子电阻 R_1 的影响,根据式(2.33),异步电机最大转矩

$$T_m = \frac{mPU_1^2}{2\omega_1^2(L_1+L_2')} = K\left(\frac{U_1}{\omega_1}\right)^2$$

代入 $T = T_m/\lambda$,则

$$T = \left(\frac{K}{\lambda}\right)\left(\frac{U_1}{\omega_1}\right)^2 \infty \left(\frac{U_1}{\omega_1}\right)^2$$

于是

$$\frac{T}{T_N} = \left(\frac{U_1}{U_{1N}}\right)^2 \cdot \left(\frac{\omega_{1N}}{\omega_1}\right)^2$$

或

$$\frac{U_1}{U_{1N}} = \frac{f_1}{f_{1N}}\sqrt{\frac{T}{T_N}} \tag{2.42}$$

恒功率负载性质为

$$\frac{T}{T_N} = \frac{f_{1N}}{f_1}$$

于是异步电机端电压随频率的变化规律为

$$\frac{U_1}{U_{1N}} = \sqrt{\frac{f_1}{f_{1N}}} \tag{2.43}$$

此时电机中气隙磁通大小为

$$\frac{\Phi_m}{\Phi_{mN}} = \frac{U_1/f_1}{U_{1N}/f_{1N}} = \sqrt{\frac{f_{1N}}{f_1}} = \frac{1}{\sqrt{\alpha}} \tag{2.44}$$

即恒功率调速时,电机气隙磁通将随频率的减小而增大,所以在设计恒功率负载电机时应按运行中最低频率来考虑它的磁路工作点。

(五)电流源供电时异步电机的工作特性

恒定的电流源供电时,异步电机工作特性与恒定的电压源供电时情况有所不同。图 2.39 给出了一台电流激励的异步电机等值电路。恒定的电流源(恒流源)可以用一个恒定电流 I_1 来表示,与电机内部阻抗相比,电源内阻可以看作无穷大。这样,根据戴维宁定律,从转子电阻 R_2'/s 两端看入的开路电势为

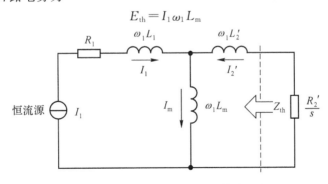

图 2.39　恒流源供电异步电机等值电路

等效阻抗为

$$Z_{th} = \omega_1(L_m + L_2')$$

从而可方便地求得转子电流为

$$I'_2 = \frac{I_1 \omega_1 L_m}{\sqrt{(R'_2/s)^2 + \omega_1^2 (L_m + L'_2)^2}} \tag{2.45}$$

恒流源供电时异步电机的电磁转矩为

$$T = \frac{mP(I'_2)^2 R'_2/s}{\omega_1} = \frac{mPI_1^2(\omega_1 L_m)^2 \dfrac{R'_2}{s}}{\omega_1 \left[\left(\dfrac{R'_2}{s}\right)^2 + \omega_1^2(L_m + L'_2)^2\right]} \tag{2.46}$$

最大转矩为

$$T_m = \frac{mPI_1^2(\omega_1 L_m)^2}{2\omega_1^2(L_m + L'_2)} \tag{2.47}$$

根据阻抗匹配原则，最大传输功率（对应最大转矩）下的临界转差应为

$$s_m = \frac{R'_2}{\omega_1(L_m + L'_2)} \tag{2.48}$$

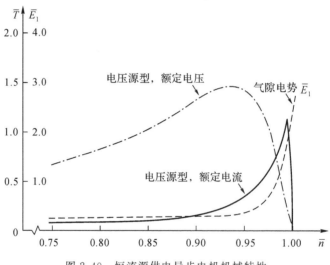

图 2.40　恒流源供电异步电机机械特性

　　根据这些特性，可以画出恒流源供电异步电机机械特性如图 2.40 所示，$\overline{T}$、$\overline{E_1}$、$\overline{n}$ 均为标幺值，图上还同时画出同一电机在电压源供电时机械特性。可以看出，两者形状相似，都有一个最大转矩，但产生最大转矩的临界转差率不同。恒流源供电时临界转差很小，因此机械特性呈陡削的尖峰状，能稳定运行的范围很窄，同时起动电流为恒流所限制，使得起动转矩很小。而对于电压源供电情况来说，电压源可以看作内阻很小的电源，从转子边电阻 R'_2/s 两端看入的戴维宁等效阻抗可以从忽略励磁支路后得到，即 $Z_{th} = \omega_1(L_1 + L'_2)$。当 $R'_2/s = Z_{th}$ 时，阻抗匹配使传输电磁功率及相应电磁转矩最大，由此可求出电压源供电下临界转差率为

$$s_m = \frac{R'_2}{\omega_1(L_1 + L'_2)} \tag{2.49}$$

　　对比式（2.48），由于 $L_m \gg L_1$，显然电流源供电时电机临界转差要小得多，故机械特性呈现尖陡形状。

　　以上是不计电机饱和情况下导出的理论结果。实际上在小转差下励磁支路两端的气隙电

势 E_1 很高(图 2.40),此时主磁路的饱和效应将引起励磁参数的变化,使得临界转差不仅与运行频率有关,同时也将随负载电流而变化,引起机械特性的变化。此时应设法控制转差率,避免在极低转差下运行。

理想恒流源供电下异步电机变频调速运行时的机械特性如图 2.41 所示,它和电压源供电恒气隙通控制下的特性相似,均属恒转矩性质。但由于电源的恒流特性限制了定子电流的增长,使得最大转矩 T_m 比电压源供电时小,过载能力低,只适合于负载变化不大的场合。

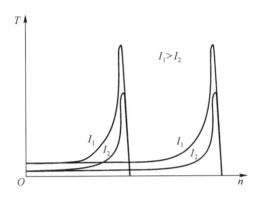

图 2.41　电流源供电变频调速时异步电机的机械特性

实际的电流源型变频装置是由交流电源经过可控整流、再经过平波电抗器滤波后供电,电源的恒流特性是通过大电感的储能维持及可控整流器输出电压的调节来实现的,故称为电压激励(控制)电源。异步电机在这种性质电流源供电下通过电压、电流闭环控制改善了理想恒流源供电时的机械特性,获得如图 2.42 所示曲线。图中虚线为采用电流闭环后一组不同电流值下的机械特性;加入电压反馈后,根据恒电压/频率比方式对电流加以控制,使端电压保持在应有的水平上,此时异步电机的机械特性将改造成由不同数值恒流特性上相同电压点连成的曲线,如图中实线所示。这样,调速系统的机械特性就变得和电压源供电时完全相同,特性得到改造而实用。

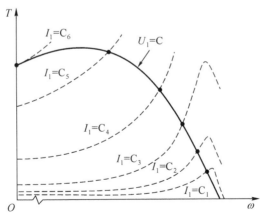

图 2.42　电压反馈控制下,电流源供电变频调速运行时异步电机机械特性

(六)变频器非正弦供电对异步电机运行性能的影响

当采用变频装置对异步电机供电时,电机端输入的电压、电流非正弦,其中谐波分量对异步电机,特别是对鼠笼式电机的运行性能会产生显著影响。如使电机电流增大,损耗增加,效率、功率因数降低,温升增加;还会出现转矩脉动,使振动噪声增大;绕组绝缘也可能因过大电压梯度而易老化。必须对非正弦供电下异步电机运行性能的变化作必要分析。

1. 变频器供电的非正弦特性

几种变频器输出电压的典型波形如图 2.43 所示,其中(a)为 6 阶梯波,(b)为 12 阶梯波,(c)为脉宽调制(PWM)波形。这些非正弦电压可分解出一系列谐波,对典型的三相系统而言,只存在除 3 及其倍数次之外的奇次谐波,即谐波次数为 $k=6m\pm1, m=0,1,2,3,\cdots$;于是输出电压可表示成

$$u = \sqrt{2}[U_1 \sin\omega_1 t + U_5 \sin(5\omega_1 t + \theta_5) \\ + U_7 \sin(7\omega_1 t + \theta_7) + \cdots + U_k \sin(k\omega_1 t + \theta_k) + \cdots] \quad (2.50)$$

式中　U_k——k 次谐波电压有效值;

　　　θ_k——k 次谐波电压初相应;

　　　ω_1——基波角频率。

这样,如果不考虑铁芯饱和等非线性因素,则可利用叠加原理,采用异步电机的等值电路分别计算出各次谐波电压产生的电流、功率、损耗、转矩,从而可分析出非正弦供电对电机运行性能的影响。

由于谐波频率一般比基波高得多,谐波气隙磁场的转速很高,使得 k 次谐波磁场对转子的转差率 s_k 一般都很大。根据 k 次谐波旋转磁场相对转子转速的相对滑差定义 $s_k = \dfrac{\pm k\omega_1 - \omega}{\pm k\omega_1}$ 及 $\omega = (1-s_1)\omega_1$ 关系,可以证明

$$s_k = \frac{k \pm (1-s_1)}{k} \approx 1 \quad (2.51)$$

其中,$s_1 = (n_s - n)/n_s$ 为基波转差率。

在如此高的谐波转差率下,异步电机等值电路中转子回路电阻 $R'_2/s_k \approx R'_2$ 将很小,定、转子电阻与电抗相比均可忽略,同时激磁电抗要比漏抗大得多,足以允许将激励支路视为开路。故对谐波来说,异步电机的等效电路可以简单地表示成定、转子谐波漏抗之和的形式,如图 2.44 所示。

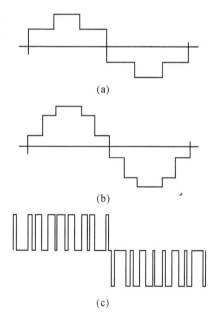

图 2.43　变频器输出典型电压波形

这样,在电源电压 k 次谐波 U_k 的作用下,相应定子谐波电流将为

$$I_k = \frac{U_k}{k(X_1 + X'_2)} \quad (2.52)$$

式中　X_1、X'_2——基波频率下的定、转子每相漏抗。

总的谐波电流有效值为

$$I_h = \sqrt{\sum_{k=5}^{\infty} I_k^2} \tag{2.53}$$

总的定子电流有效值为

$$I = \sqrt{I_1^2 + I_h^2} \tag{2.54}$$

由于矩形波的谐波电压大小与谐波次数成反比，$U_k = U_1/k$，则

$$I_k = \frac{U_1}{k^2(X_1 + X'_2)} \tag{2.55}$$

如果把 6 阶梯波和 12 阶梯波中谐波电压的相应次数代入式(2.55)及式(2.53)，可得以电机额定电流(基波)为基值的谐波电流标么有效值，分别为 $0.46/\overline{X}$ 和 $0.105/\overline{X}$，其中

$$\overline{X} = (X_1 + X'_2)I_N/U_N \tag{2.56}$$

为基波频率下的漏抗标么值，I_N、U_N 为电机相电流、相电压额定值。

这样，可求出额定负载下定子总电流标么有效值 $\overline{I}$，在 6 阶梯波电压供电时为

$$\overline{I} = \sqrt{1 + (0.46/\overline{X})^2} \tag{2.57}$$

12 阶梯电压供电时为

$$\overline{I} = \sqrt{1 + (0.105/\overline{X})^2} \tag{2.58}$$

式(2.57)、式(2.58)的关系示于图 2.45。可见在 12 阶梯波电压供电下，电流有效值的增加可以忽略不计，但在 6 阶梯波电压供电下，按电机漏抗大小的不同，额定电流有效值可能会比基波电流增大 2%～10%。6 阶梯波供电时电机定子电流波形如图 2.46 所示，可以看出非正弦的严重程度。

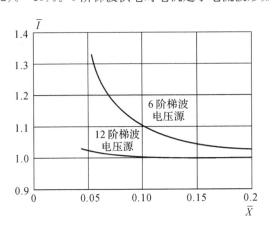

图 2.45 定子总电流标么值有效值 $\overline{I}$ 与漏抗标么值 $\overline{X}$ 关系

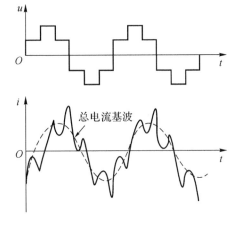

图 2.46 6 阶梯波电压及定子电流波形

2. 电源非正弦对电机运行性能的影响

(1)磁路工作点

在非正弦供电下，电机气隙中存在有谐波磁场分量，气隙磁密可表达为

$$B(\theta, \omega_1 t) = B_1 \cos(\theta_1 - \omega_1 t) + B_5 \cos(\theta_5 + 5\omega_1 t) + B_7 \cos(\theta_7 - 7\omega_1 t)$$
$$+ \cdots + B_k \cos(\theta_k \pm k\omega_1 t) + \cdots \tag{2.59}$$

这样，在正弦供电时只有基波磁场，气隙磁密的幅值恒定；而在非正弦供电下，由于高次谐

波的存在,气隙磁密的幅值不再恒定,其可能是最大幅值将增大到

$$B = B_1 + B_5 + B_7 + \cdots + B_k + \cdots \tag{2.60}$$

试验表明,在保持基波电压相同的条件下,6阶梯波电压源供电时电机气隙等效磁密一般比正弦供电时增加10%。如果电压波形中有更多的谐波,等效磁密还要增大。所以在设计非正弦电压源供电的调速电机时,其磁路计算和空载试验都必须在适当提高电压下进行。

(2)定子漏抗

在电压非正弦情况下,绕组中除基波以外还存在许多谐波电流,使槽电流增大,槽漏磁增加,漏磁路饱和程度提高。这种情况下定子漏抗一般将比只有基波额定电流时减少15%~20%。

(3)转子回路参数

非正弦供电下,高次谐波转差率 $s_k \approx 1$,所以转子谐波参数相应的频率几乎等于对应定子谐波频率。由于频率较高,转子导体中集肤效应相当强,使转子有效电阻比相应直流电阻值大几倍;与此同时高频造成的挤流效应使转子电流集中在槽口部位,其等效磁链及相应电抗减小,转子槽漏感则会减少到只通直流时的1/3,且频率越高变化越大,这就使转子谐波电流大幅增大。谐波电流和有效电阻的同时增大,大大增大了转子谐波损耗,成为变频调速电机运行中的重要问题。

(4)功率因数

波形非正弦引起的谐波一方面使电流有效值增大,另一方面使气隙最大磁密增大,磁路饱和程度提高,无功磁化电流增加,所以电机功率因数下降明显。

(5)损耗与效率

变频器非正弦供电下,异步电机损耗增大、效率下降,但损耗与相应效率的变化与变频器类型有密切关系。

①电压源型变频器供电时,谐波的含量比例取决于供电电压,与电机负载大小关系不大,使谐波电流及其所产生的附加损耗几乎大小一定。这就造成轻载时效率下降较多,满载时影响较小,满载效率只下降2%左右。作为例证,图2.47给出一台10kW异步电机在正弦波电压源及6阶梯波电压源供电下,60Hz及30Hz时的运行特性,可以看出效率变化的趋势。

至于总损耗中各项单耗所占比例可用一般电压源型PWM供电下、15Hz时某电机的各项损耗来说明,如表2.1所示。

表2.1　一般电压源型PWM供电下,某异步电机损耗分配　单位(W)

第一组损耗				第二组损耗						
定子基波铜损	转子基波铜损	附加损耗	第一组总损耗	风摩损耗	定子谐波损耗	转子谐波损耗	铁芯附加损耗			二组总损耗
							曲折损耗	定子端部损耗	转子端部损耗	
空载	194.3	0	0	194.3	98	158	532	3.4	57.7	54	933.7
满载	509	224	5.3	738.3	98	158	532	36.7	64	54	942.7

可以看出,电机损耗可分两组,第一组损耗随负载变化,第二组损耗基本与负载无关。各项损耗中,定子谐波损耗不是很大,满载时仅使基本损耗增加30%。转子谐波损耗很大,可达

转子基波铜耗的两倍以上,这是转子谐波的集肤效应使转子有效电阻大大增加的结果。如改用正弦 SPWM 供电时,随着低次谐波的减小,损耗有所降低,但高次谐波损耗仍然比较大。

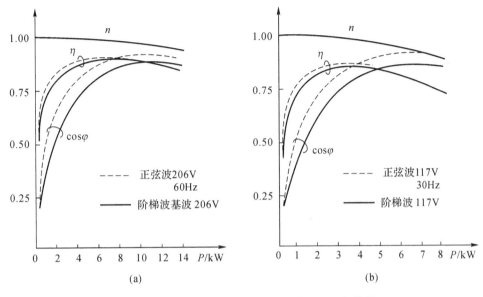

图 2.47　不同波形电压源供电下异步电机运行特性

②电流源型变频器供电时,电机电流波形确定,电流中各次谐波分量所占比例确定,大小则随负载正比变化,负载增加时谐波分量大小显著增加。与正弦波电压供电相比,谐波损耗随负载增大,效率及功率因数将显著下降,表现出与电压源供电时不同的特性,如图 2.48 所示。其中(a)、(b)为基波电压保持恒定,运行频率分别为 50Hz 及 25Hz 下,6 阶梯波电流源供电时的运行特性;而(c)、(d)则为电机电压有效值不变、运行频率分别为 50Hz 及 25Hz 下,6 阶梯波电流源供电时的运行特性。

(6)谐波转矩

非正弦供电下谐波电流产生的谐波转矩有两种形式:恒定谐波转矩和脉动谐波转矩。

①恒定谐波转矩。　主要是由气隙谐波磁通和它在转子上感应出的同次电流相互作用产生的异步性质转矩。由于谐波电流频率高,转子对谐波磁场的转差率 $s_k \approx 1$ 相当大,转子回路内功率数角 $\Psi'_2 = \tan^{-1}(s_k \cdot k \cdot \omega_1 L'_2/R'_2)$ 很差,转子回路中电抗远大于电阻,谐波电流基本上为无功电流,故产生的谐波转矩 $T_k = \Phi_{km} I'_{2k} \cos \Psi'_{2k}$ 很小,通常在基波转矩的 1% 以下,影响甚微,可以忽略不计。

②脉动谐波转矩。　在 6 阶梯波电源供电时,5、7 次谐波电流幅值较大,他们在转子中感应的电流与气隙基波磁场相互作用将产生 6 倍基频的脉动转矩,影响最严重。这是因为 5 次谐波电流为负序电流,所产生的旋转磁场将以 5 倍基波同步速反方向旋转;7 次谐波电流为正序电流,所产生的旋转磁场将以 7 倍基波同步速正方向旋转。这两个谐波磁场与正转的基波磁场之间的相对速度都是 6 倍基波同步速,而这两种时间谐波电流所产生的旋转磁场极数和基波磁场极数相等,所以它们能相互作用产生 6 倍基频的脉动转矩。脉动转矩是交变的,其平均值为零,但脉动转矩单方向幅值可能很大,在低频运行时可能达到额定转矩的 1/3,而某些

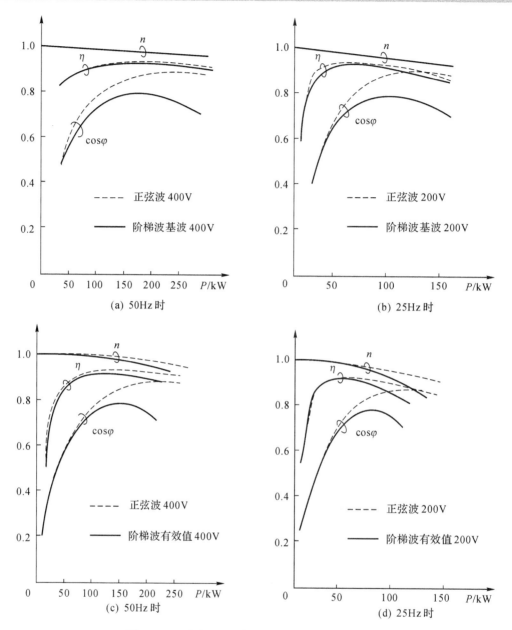

图 2.48　6 阶波电流源供电时异步电动机运行特性

PWM 变频器由调制引起的谐波分量电流可能更大,它们与基波磁场作用产生的脉动转矩有时甚至达到与额定转矩差不多大小的程度。

为了减小脉动谐波转矩,对 6 阶梯波电压源供电电机要选择好电机参数,限制谐波电流的大小,适当减小气隙磁密。对 PWM 变频器供电电机,则要从电源角度设法改善输出特性,如增加调制频率,优化输出波形,限制谐波电流大小等。

(7)电应力问题

在变频器非正弦供电下,电机电压波形常因供电方式而不同,但一般都有很高的瞬间电压变化梯度,如图 2.43 所示。其中电压的陡升、陡降均带来趋于无穷大电压变化率,即 $dv/dt \rightarrow \infty$。而在电流源型逆变器供电时,会在基波电压之上叠加换流(换相)引起的浪涌(脉冲)电压尖峰。浪涌尖峰前沿上升速度在 $2.5 \sim 25 \mu s$ 之间,幅值高达电机额定电压 1.5 倍。由于电机线圈之间有分布电容,浪涌电压侵入的波过程中各线圈之间电压不再按绕组阻抗分配而按电容分布,有 40% 左右的浪涌电压施加在接入电源的第一个线圈上,出现线圈绝缘能否承受住如此强、反覆施加的电应力问题。所以变频调速电机需要加强绝缘,以确保能长期反复承受较高浪涌电压而不产生电晕和出现绝缘老化现象。

(8)轴电流问题

在变频器供电机中,由于变频装置主电路、元器件、连接及回路阻抗甚至开关过程可能的不平衡,电源电压不可避免地会产生零点漂移,使电源零点对地电压 $U_0 = (U_A + U_B + U_C)/3 \neq 0$,构成了轴电流的源头。此外由于静电耦合,电机各部分间存在大小不等的分布电容,再经由电机轴承就会构成电机的零序回路路径。零点漂移电压作用在零序回路上就会产生一种流过轴承的轴电流,如图 2.49 所示。轴电流是零序阻抗的函数,与零序电压频率有关。由于通常电网供电机的工频频率低,电源中点对地阻抗及电机容性电抗较大,有效地抑制了轴电压及轴电流;而对变频器供电机而言,由于零点漂移电压中含有大量的高次谐波,零序路径呈现阻抗很小,轴电流大大增加。流过轴承的大电流不但破坏轴承油膜的稳定性,有害于平滑的转动,而且将在滚动轴承的滚子和滚道、滑动轴承的轴颈与轴瓦表面产生电弧放电麻点,破坏轴承的光洁度和油膜的形成条件,导致轴承温度升高甚至烧毁,这就是变频调速电机中的轴电流问题。

为消除轴电流,可以采取如下措施:

①对于较小的轴电流,可以适当增大电机气隙和选用合适轴承及润滑脂来加以限制。

②对于过高轴电压,应设法隔断轴电流回路,如采用陶瓷滚子轴承或实现轴承室绝缘。

③使用隔离变压器并经可靠接地可以消除定子零序电压。

④在电机定子槽楔上覆以接地金属箔并与铁芯绝缘,可使定子零序电压通过由金属箔形成的旁路电容短路而消失。这是一种"静电屏蔽电机"的新思想,实验证明非常有效。

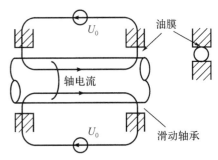

图 2.49　轴电流的产生

综上可见,要减小非正弦供电对异步电机运行性能的不良影响,关键是要减小和限制谐波电压和电流。一般来说,电压源型非正弦电源输出电压谐波确定,需选用漏抗大的电机来限制谐波电流及其影响;电流源型非正弦电源输出电流谐波成分确定,需选用漏抗小的电机来减小所产生的谐波电压及其影响。根据电机漏抗大小来适配非正弦电源是交流调速系统设计中需考虑的问题。

2.7　静止变频器

异步电机变频调速系统由静止变频器、异步电机及控制系统构成。在讨论系统之前,本节将先对变频调速系统中所用交-直-交型及交-交型变频器作一回顾,重点讨论脉宽调制型(PWM)逆变器的波形生成及硬、软件开关技术。

静止变频器是一种能提供频率及电压同时变化的电力电子电源装置,可分为间接变频器和直接变频器两大类。间接变频器先将工频交流电源整流成电压大小可控的直流,或将工频交流整成大小固定的直流后经直流斩波实现调压,之后再经过逆变器变换成可变频率交流,故可称交-直-交变频器。直接变频器则将工频交流一次性变换成可变频率交流,故可称交-交变频器。目前中、小容量调速传动中以间接变频器应用较为广泛,交-交变频器则多用于大容量、低速调速传动。

一、交-直-交变频器

(一)结构型式

按照电压、频率的控制方式,交-直-交变频器结构有 4 种拓扑形式:

(1)可控整流器调压、逆变器调频方式

如图 2.50(a)所示。其调压与调频功能分别在两个环节上实现,由控制电路协调配合,故结构简单,控制方便。由于装置输入环节采用可控整流,当低频低压运行时,移相触发角 α 很大,致使输入功率因数低下。此外逆变器多用晶闸管型 6 阶梯波逆变器(每周换流 6 次),器件开关频率低,输出谐波成分大。

(2)不控整流器整流、斩波器调压、逆变器调频方式

如图 2.50(b)所示。由于采用二极管整流,可使输入电流基波与电网电压同相位,虽有电流谐波,但输入功率因数获得提高。输出逆变环节不变,仍有输出谐波成分大的弊病。

(3)不控整流器整流、脉宽调制型(PWM)逆变器同时实现调压调频方式

如图 2.50(c)所示。此时除装置输入功率因数高,又因采用高开关频率的自关断器件构造逆变器,输出谐波很小。

(4)脉宽调制型(PWM)整流器调压、脉宽调制型(PWM)逆变器变频方式

如图 2.50(d)所示。此时变频装置全部采用高频自关断器件构成的 PWM 变换器,除调压外还具有功率因数校正功能,其输入电流正弦、电流谐波很小,可获得领先、落后及单位功率因数;输出电压正弦、电压谐波很小。同时可实现电源与负载(电动机)间功率双向流动,调速系统具有四象限运行能力。

从以上结构中看出,交-直-交变频装置中核心功能部分是逆变器,有晶闸管构成的 6 阶梯波逆变器和自关断器件构成的 PWM 逆变器两大类,本小节主要涉及晶闸管 6 阶梯逆变器的

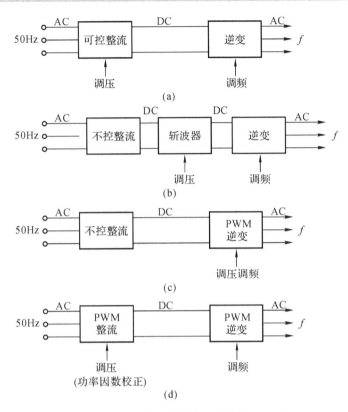

图 2.50　交-直-交变频装置拓扑结构形式

有关问题。

(二)逆变器晶闸管的换流

　　逆变器实现的是直-交电能变换,采用自关断器件的 PWM 逆变器无换流问题,但 6 阶梯波逆变器中采用的功率半导体器件多为晶闸管,无自关断能力,工作在恒定直流电源下存在关断问题。直流电机可逆调速和异步电机串级调速中采用有源逆变电路,晶闸管可利用电网侧的交流电压进行自然换流。实现换流的条件是整流触发角 $\alpha < 180°$ 或逆变触发角 $\beta > 0$(超前),即负载电流 i_B 必须落后于以 e_B 表示的电网电压,如图 2.51 所示,其中 i_{B1} 为其基波有效值,说明逆变器晶闸管换流需要滞后无功电流。

　　在交流电机变频调速系统中,存在有电机的三相反电势,能否利用它们的交流特性实现逆变器晶闸管的自然换流与交流电机的运行功率因数有关。对于过激状态同步电机来说,电机呈容性,可以向逆变器提供落后无功电流以满足换流需要,故可直接利用电机反电势换流,即图 2.51 中电流 i_B 所示。对于欠激同步电机和异步电机,由于电机电流落后机端电压,使落后电机反电势的相位大于 180°,即 $\alpha' > 180°$,如图 2.51 中 i'_B 所示。由于此时电机不能向逆变器提供落后无功电流,也就不能利用电机反电势实现自然换流,必须采用电容储能的强迫换流方式。采用电容强迫换流是异步电机用逆变器晶闸管换流机理上的一大特点。

　　采用电容强迫关断的晶闸管逆变器可配置不同的换流电路形式。图 2.52 为一种带辅助换流晶闸管的电压源型逆变器电路结构,其中 $VT_1 \sim VT_6$ 为主晶闸管,流过负载电流;$VT'_1 \sim$

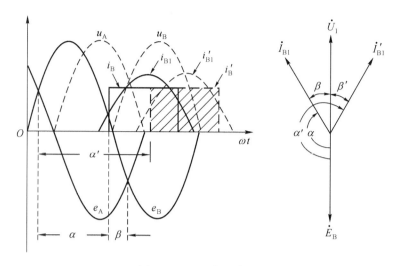

图 2.51　电源换流条件

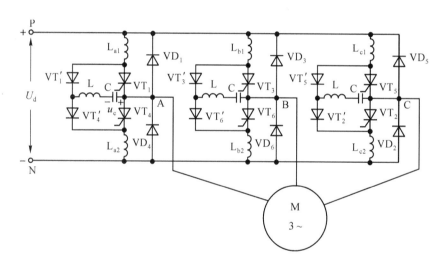

图 2.52　具有辅助换流晶闸管的电压源型逆变器

VT_6' 为辅助晶闸管,用作换流元件 L、C 构成的振荡电路充放电开关;$VD_1 \sim VD_6$ 为反馈二极管,给振荡电流和负载电流中无功分量提供通道;各桥臂电感 $L_{a1} \sim L_{c1}$、$L_{a2} \sim L_{c2}$ 用来限制电流上升率。换流是在同相的上、下桥臂元件之间进行,主晶闸管是通过触发导通辅助晶闸管实现关断的。以 a 相桥臂为例,VT_1 通电时关断电容 C 上电压 u_c 充至左负右正,当 VT_1 触发导通时 u_c 反极性地将 VT_1 关断,并在 $VD_1 - L - C - VT_1'$ 构成的回路中形成串联谐振,经半周期后电容电压 u_c 极性反向,为下次换流作好准备。当 u_c 电压高于电源电压 U_d 时 VD_4 导通,负载电流转移至 VD_4,辅助晶闸管 VT_1' 断流而自行关断,换流过程结束。可以看出这种电容强关断的换流能量能重复利用,换流效率高,但电路结构相当复杂。

电压源型 6 阶梯波逆变器输出低次谐波大,输出特性差,所构成的变频调速系统不具备四象限运行能力,已被脉宽调制型电压源逆变器所取代。中、大容量单机可逆调速传动中多用电流源型逆变器。

图 2.53 是一种串联二极管式电流源型逆变器主电路,其中 $VT_1 \sim VT_6$ 为主晶闸管,$C_1 \sim C_6$ 为换流电容,$VD_1 \sim VD_6$ 为防止电容上贮存的换流用电压经负载泄放而设置的隔离二极管。

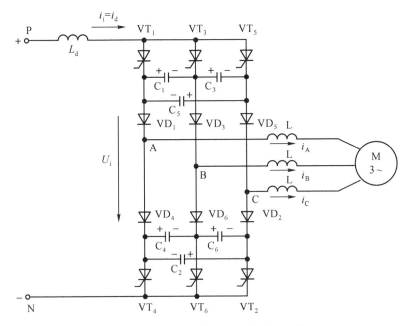

图 2.53 串联二极管式电流源型逆变器

逆变器晶闸管导通顺序为 $VT_1 \rightarrow VT_2 \rightarrow VT_3 \rightarrow VT_4 \rightarrow VT_5 \rightarrow VT_6 \rightarrow VT_1 \rightarrow \cdots$,各管导通 $120°$,导通时间上互差 $60°$,元件换流在同一极性接法内(共阳极 VT_1、VT_3、VT_5 之间及共阴极 VT_2、VT_4、VT_6 之间)进行,其特点是负载电机作为换流电路的一部分参与逆变器元件的换流。可以原 VT_5、VT_6 导通构成电机 C、B 相通电,换流至 VT_6、VT_1 导 A、B 相通电,中间发生的 VT_5 至 VT_1 换流为例分阶段说明,如图 2.54 所示。

(1)换流前阶段

这一阶段,VT_5、VT_6 导通,负载电流 I_d 经 VT_5、VD_5 电机 C、B 相绕组,VD_6、VT_6 流通,如图 2.54(a)所示(图中涂黑元件表导通元件)。与此同时,电容 C_5 充有极性左(一)、右(+)的一定电压,为关断 VT_5 作准备。

(2)晶闸管换流与恒流充、放电阶段

这一阶段,触发导通 VT_1 后,电容 C_5 上电压反向施加在 VT_5 两端,实现电容强迫关断。VT_5 立即关断,负载电流 I_d 经由 VT_1、电容 C_1、C_3 串再与 C_5 并构成的等效电容 $3C/2$(C 为每个电容的容量)、VD_5 流通,如图 2.54(b)所示。等效电容 $3C/2$ 放电至零之前,VT_5 一直承受反压,确保其可靠关断。由于电流源型逆变器中直流电流 I_d 恒定不变,对等效电容实施了恒流充电,使 C_1、C_3 和 C_5 上的电压极性变反。当电容 C_5 上电压 u_{C5} 等于电机 A、C 绕组线电压 u_{AC} 时,VD_1 开始导通,进入二极管 VD_5 至 VD_1 的换流。

(3)二极管换流阶段

这一阶段,VD_1、VD_5 同时导通的换流期间,由 C_1、C_3 和 C_5 构成的等效电容 $3C/2$ 与电机

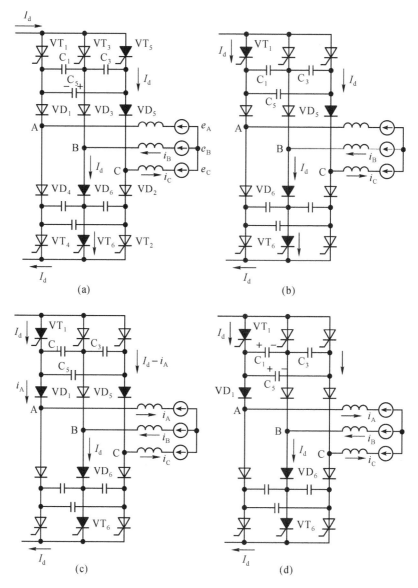

图 2.54　串联二极管式电流源型逆变器换流过程

A、C 两相串联漏电感 2L 构成串联谐振,其固有频率为 $\omega_0 = \dfrac{1}{\sqrt{3LC}}$。谐振过程使 A 相电流由

零上升至 I_d,C 相电流从 I_d 下降至零,实现了二极管间的负载谐振换流,换流路径如图如图

2.54(c) 所示。此阶段由于 A、C 相绕组电流迅速变化,将在漏感上引起相当大的自感电势 L

$\dfrac{di}{dt}$,迭加在正弦变化的反电势上,使相电压出现高达 1.5 倍额定电压的尖峰,如图 2.55 所示。

这对电机绝缘和二极管电压耐量都是不利的。

　　(4) 换流后运行阶段

　　这一阶段,当 A 相电流 $i_A = I_d$,C 相电流 $i_C = 0$ 时,二极管换流结束,进入 VT_1、VD_1 与

VT$_6$、VD$_6$ 及电机 A、B 相稳定导通新阶段。此时 VD$_5$ 承受反压而截止,电容 C$_1$ 上电压充成左(＋)、右(－),为下次 VT$_1$ 强迫关断作准备,如图 2.54(d)所示。

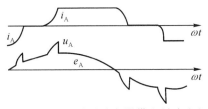

图 2.55　电流源型逆变器供电异步电机相电流、相电压波形

　　如前所述,三相电流源型逆变器用于过激同步电动机调速系统时,还可以利用其滞后于电流相位的电机反电势实现负载自然换流,无需任何电容之类的辅助换流元件及电路,其换流分析可参见"3.2 无换向器电机(自控式同步电机变频调速系统)"。

(三)逆变器的电源特性

　　在交-直-交变频器的直流环节中,实际上还设置有使电流平滑的滤波元件,不同的滤波方式将决定逆变器具有不同的电源内阻特性。当滤波元件为电容时,则在动态过程中等效电源内阻很小,输出电压比较稳定,逆变器具有电压源的性质,称电压源型逆变器,如图 2.56(a)所示。当滤波元件采用大电感时,则在动态过程中等效电源内阻较大,输出电流比较稳定,逆变器具有电流源性质,称电流源型逆变器,如图 2.56(b)所示。

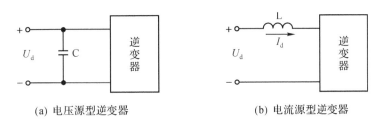

(a) 电压源型逆变器　　　　　　　　(b) 电流源型逆变器

图 2.56　逆变器分类

电压源型逆变器与电流源型逆变器性能有很大不同,主要表现在:

(1)功率元件导通方式

　　交流电机调速装置中的逆变器一般为三相桥式结构,其功率开关元件的导通方式与逆变器类型有关。

　　①电压源型逆变器。采用 180°导通型,换流是在同相上、下桥臂元件之间进行,如图 2.52 中的 VT$_1$、VT$_4$ 间,VT$_3$、VT$_6$ 间,VT$_5$、VT$_2$ 间。这样任何时刻均会有三个元件同时导通,使电机三相绕组端点经过导通元件分别接至直流电源的正、负母线上,每相电压大小确定且不随负载变化,形成方波电压输出。以图 2.57 中选定的 t_1 时刻为例,此时 VT$_1$、VT$_3$、VT$_2$ 导通,形成三相 $V_{ao} = V_{bo} = \dfrac{U_d}{3}$,$V_{co} = -\dfrac{2U_d}{3}$ 的确定电压状态,故 180°导通型符合电压源型逆变器的输出特性要求。

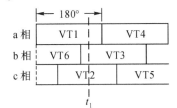

图 2.57　电压源型逆变器 VT$_1$、VT$_3$、VT$_2$
导通时输出电压

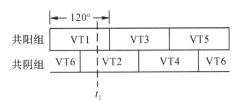

图 2.58　电流源型逆变器 VT$_1$、VT$_2$
导通时的输出电流

②电流源型逆变器。采用120°导通型,换流是在同极性组(共阳极组或共阴极组)三相元件之间进行,如图2.53中的VT_1、VT_3、VT_5间和VT_2、VT_4、VT_6间。这样除换流期间外,任何时刻不同相的上、下桥臂各有一元件导通,使三相负载只有两相接至直流电源正、负母线,其相电流绝对值为I_d,另一相悬空,电流为零。这样负载三相电流完全确定,电流波形为方波。以图2.58中选定的t_1时刻为例,此时VT_1、VT_2导通,形成确定的三相电流状态,即$i_a = I_d$,$i_c = -I_d$,$i_b = 0$,故120°导通型符合电流源型逆变器的输出特性要求。

(2)四象限运行能力

四象限运行是指调速系统能运行在电动及再生制动状态,以满足需要制动和经常正转、反转的负载要求。具有四象限运行能力的关键是调速系统中能量(或功率)能在电网和负载之间双向流动,这与逆变器的类型有关。

①电流源型逆变器系统

对于电流源型逆变器系统而言,当可控整流器桥Ⅰ工作在整流状态($\alpha_1 < 90°$)、逆变桥Ⅱ工作在逆变状态($\beta_2 < 90°$),根据图2.59(a)中所示两桥电压的极性及直流电流I_d的流向可以判断,功率P从交流电网经过直流环节传向电机,此时逆变器输出频率ω_1高于电机旋转角速度ω,电机运行在电动状态。

如果降低逆变器输出频率ω_1,或从机械上设法升高电机转速ω使满足$\omega > \omega_1$,同时使桥Ⅱ进入整流状态($\alpha_2 < 90°$)、桥Ⅰ进入逆变状态($\beta_1 < 90°$),此时两桥直流电压极性将反向,如图2.59(b)所示。由于半导体器件的单向导电性决定了I_d方向不变,这样功率P将从电机通过直流环节传向电网,使电机的转子机械动能回馈为电网的电能,电磁转矩方向与电机转向相反,成为制动转矩,电机运行在再生(发电)制动状态。可以看出,对于电流源型逆变器调速系统,可以通过简单地改变两桥的移相触发角方便地实现四象限运行。

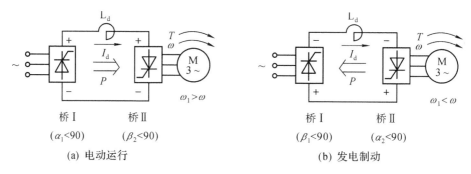

图2.59 电流源型逆变器的两种运行状态

②电压源型逆变器系统

与此相反,由于电压源型逆变器调速系统中间直流环节采用大电容滤波,直流电压不能迅速改变极性,而半导体器件的单向导电性又决定了直流电流不能反向,所以系统不能运行在再生制动状态,无四象限运行能力。必须实现制动时,须对电路结构进行改造。

(A)能耗制动 当负载电机作制动运行时,转子动能转化为交流反电势形式电能,经由逆变器开关元件旁反并联的无功(续流)二极管整流成直流,I_d改变流向,促使能量从负载泵入电容,引起电容电压泵升。此时可在直流母线上并接能耗电阻R_b及电子开关V_b,当U_d高

于设定值时 V_0 导通,使回馈能量通过 R_0 泄放而使 U_d 下降,电机产生制动转矩,如图 2.60 所示。该方法只能用于小功率及无需快速制动的场合。

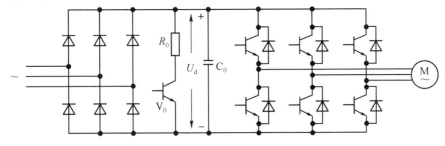

图 2.60　能耗制动系统

(B)再生制动　　在原系统不控整流器旁反并联一套可控整流器,使其工作在有源逆变状态,将负载电机回馈至直流环节能量返馈回电网,实现再生制动,如图 2.61 所示。由于电网侧、电机侧变换器均可控,故可实现真正四象限运行,用于容量较大和需要快速可逆运行场合。

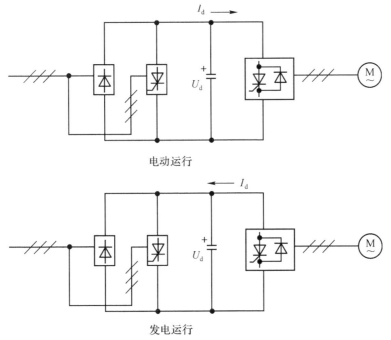

电动运行

发电运行

图 2.61　再生制动系统原理

(C)双 PWM 方式　　一般电压源型 PWM 变频器采用不控整流器实现交-直变换,以期改善变频器输入功率因数。但由于二极管整流器直流侧接有大容量滤波电容,只有当交流电压瞬时值超过电容电压时二极管才导通;而当交流电压瞬时值低于电容电压时电流便终止,因此整流器输入电流呈脉冲形,如图 2.62 所示。虽分解出的基波电流与交流电压同相位,基波位移因数 $\cos\varphi_1=1$,但电流波形畸变,具有很大谐波,使电流基波因数(基波电流有效值与总电流有效值之比)$\gamma=I_1/I<1$,变频调速系统的输入功率因数 $\lambda=\gamma\cos\varphi_1<1$,仍然较差。为彻底改善功率因数,交-直变换也采用 PWM 整流方式,配合 PWM 逆变器,构成双 PWM 交-直-交

变频电路,如图 2.63 所示。这种交-直-交变频电路的整流器与逆变器均采用自关断器件和 PWM 调制,故称双 PWM 变频器。

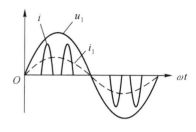

图 2.62 电容滤波三相桥式不控整流器输入相电流波形

当电机作电动运行时,PWM 整流器使输入电流正弦,并与电网电压同相位,获得单位功率因数,极大减少了输入电流谐波;当电机作制动运行时,直流母线电压 U_d 高于电网线电压,整流器自动工作在逆变状态,将电动机动能反馈回电网,实现再生制动。双 PWM 变频器是一种具有能量双向流动能力和极优良输入、输出特性的变频器。

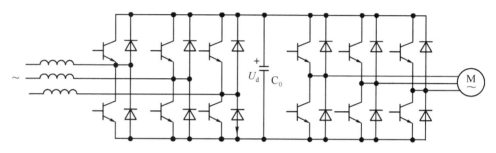

图 2.63 双 PWM 电压源型变频调速系统

(3)过电流保护

由于电流源型逆变器直流环节滤波电感对于电流变化表现出阻塞作用,或者说电源内阻所呈现的恒流特性,使故障短路时电流上升速度受阻,容易争取到时间采取保护措施。与此相反,电压源型逆变器的电源特性使得在电机侧出现故障时,因电源内阻小,故障电流无法有效限制和控制,过电流及短路保护较为困难,特别是采用快速自关断器件时。

(4)适应范围

电压源型逆变器电源内阻小,属于恒压电源,多台电机工作时不会通过电源小内阻相互影响,故可拖动多台电机同步调速运行。由于一般电路拓扑不具备四象限运行能力,故不能快速加、减速,除非采用双 PWM 变换器的电压源型电路结构。电流源型逆变器电源内阻大,负载之间通过电源内阻抗相互干扰,故不适应多机传动,但适合单机快速起动、制动和可逆运行场合。

两种类型逆变器性能比较如表 2.2 所示。

表 2.2 电压源型与电流源型逆变器性能比较

类型 内容	电压源型	电流源型
直流滤波环节	电容器	电抗器
输出电压波形	矩形波	近似正弦波,迭加有换流尖峰
输出电流波形	近似正弦波,含有较大谐波成分	矩形波
动态输出阻抗	小	大

类型 内容	电压源型	电流源型
开关元件导通方式	180°导通型	120°导通型
四象限运行	不便,需在电源侧另外反并联逆变器或采用双 PWM 变换器电路结构	方便,只需改变两变流器移相触发角
过流及短路保护	困难	容易
线路结构	较复杂	较简单
适用范围	多机传动,不可逆稳定运行场合(双 PWM 电压源型变频器具有可逆运行能力)	单机可逆运行,经常需正、反转及电动、制动场合

二、交-交变频器

交-直-交变频器控制简单,所用开关元件少,但它要经过两次能量转换,损耗比较大;而晶闸管型逆变器其开关元件多采用电容强迫换流,电路结构复杂。交-交变频器可直接将电网频率交流变成频率可调交流,无需中间直流环节,从而可提高整个变频装置的变换效率;又由于交-交变频器中晶闸管可利用交流电网实现电源自然换流,无需换流电路,简化了变流器结构。再由于这种变频器基本单元是由三相可逆整流装置所构成,每相装置均为两个反并联的三相整流器,变频器容量就由它们来分担,因此在不采用元件串、并联的条件下可将交-交变频器容量做得很大,使这种变频器在大容量低速同步电机的无齿系传动、大型线绕异步电机的超同步双馈调速、以及新型交流励磁变速恒频发电系统中得到了相当广泛的应用。

交-交变频器输出的每一相都是由两组晶闸管可控整流器反并联的可逆线路构成,如图 2.64 所示。其中,图(a)电路可控整流器进线侧接入了足够大滤波电感 L,输出电流近似方波,称电流源型;图(b)两组整流器直接反并联,构成电压源型电路。当正组工作在整流状态时,反组封锁,负载上电压 u_0 为上(+)下(-);当反组处于整流状态而正组封锁时,u_0 为上(-)下(+);两组交替工作就使负载上得到交流电压,如图(c)所示。其输出频率即为两组整流器的交替工作切换频率,输出电压幅值由可控整流器输出整流电压平均值来确定,亦即由整流触发角 α 来确定。由于交-交变频器输出的交流电压是经晶闸管整流后获得,其瞬时电压波形由输入电压的拼块构成,所具有的电压谐波成份与输出频率高低有关。输

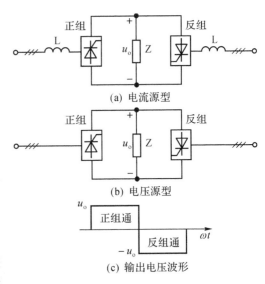

图 2.64　交-交变频器原理图(一相)

出频率越高,输出电压波形中拼块越少,谐波含量越大。为了限制输出谐波、优化输出特性,通常最高输出频率被限制为电网频率的(1/3～1/2)。此外,由于晶闸管利用电网电压换流,其输出频率也是不能高于电网频率。

根据输出电压波形不同,交-交变频器可分为 120°导通型的方波电流源变频器和 180°导通型的正弦波电压源变频器。

(一)方波型变频器

三相中零式方波型交-交变频器主电路结构如图 2.65 所示,其每相均由两组反并联的三相半波可控整流电路组成,三相共有 18 只晶闸管;如每相采用三相桥式,则需 36 只晶闸管。图中 A 组、B 组、C 组为正组,X 组、Y 组、Z 组为反组;各组导电时间为 1/3 周期,触发顺序为 A－Z－B－X－C－Y,依次相差 1/6 周期。这样,同一时刻内各有一正组及反组同时导通,它们之间相互关系与 120°导通型电流源逆变器六只元件间的导通关系相同,输出一组三相平衡的方波电流。

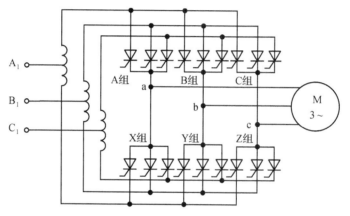

图 2.65　三相中零式方波型交-交变频器

交-交变频器输出电压是依靠调节反并联整流桥晶闸管的触发相位来实现的,输出频率则决定输出端 A、B、C 各组间的切换频率。

和直流可逆调速中的反并联整流器一样,方波型交-交变频器中正组和反组整流桥的触发角是恒定不变的,以保证输出电压大小不变。为防止反并联桥间的环流,要求正组整流桥的触发角 α_P 与反组整流桥的触发角 α_N 必须满足 $\alpha_P = 180° - \alpha_N$ 的关系。

方波型交-交变频器晶闸管触发控制简单,但方波电流所带来的高次谐波使电机损耗及噪声增大,转矩脉动也相当大,故在异步电机调速系统中很少采用,多见用于交-交型无换向器电机。

(二)正弦波交-交变频器

正弦波交-交变频器属于 180°导通型电压源变频器,它的主回路结构和方波型交-交变频器相同,只是控制规律复杂些。图 2.66 给出了通过逐步改变移相角 α 以获得正弦波输出电压的原理。图(a)中,A 点处 $\alpha_P = 0$ 最小,正组桥输出平均电压 U_d 最大;B 点处 α_P 有所增加,输

出 U_d 有所降低，C、D、E 点整流平均电压
愈来愈小；而在 F 点处 $\alpha_p = \pi/2$，$U_d = 0$。
若半周中 α_p 在 $\pi/2\sim0\sim\pi/2$ 间变化，则半
周内的输出平均电压为一正弦波，如图中
虚线所示。由于整流平均电压为正，总的
功率由电源供向负载，故正组整流器工作
在整流状态。

如果正组桥触发角 α_P 进一步增大，使
在 $\pi/2\sim\pi\sim\pi/2$ 间变化，如图（b）所示，则
变流器输出平均电压为正弦波的负半周，
总的功率由负载流向电源，正组整流桥工
作在逆变状态。

反组整流桥的输出电压波形如图（c）、
（d）所示。当反组桥触发角 $\alpha_N < \pi/2$，反组
桥处于整流状态，总的功率由电源输向负
载；当 $\alpha_N > \pi/2$，反组桥处于逆变状态，由
负载向电源传送功率。

以上是使触发角 α 在 $0\sim\pi$ 范围内变
化以获得输出最大平均正弦电压幅值的情
况。如果控制整流桥移相触发角 α 使其在
某一 $\alpha_0 > 0$ 到 $(\pi - \alpha_0)$ 范围内来回变动，就
可使整流平均电压既按正弦规律变化，又
可通过改变 α_0 的大小来改变输出正弦平
均电压幅值。

为解决正、反组桥反并联时可能产生
的平均环流，应使两组整流桥移相触发角
始终保持 $\alpha_P + \alpha_N = \pi$ 的关系，以使正、反两
组桥输出整流平均电压始终相等。但此时

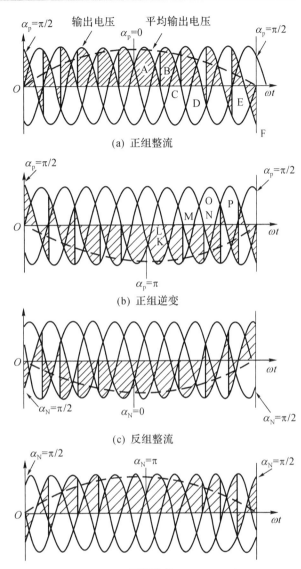

（a）正组整流

（b）正组逆变

（c）反组整流

（d）反组逆变

图 2.66　正弦波交-交变频器输出电压波形

还会产生由两桥输出波形不同引起的瞬时
环流，为此可像直流可逆调速系统中一样，既可采用电抗器限流的有环流方式，或可采用一桥
工作一桥封锁的无环流方式。

要实现交-交变频电路输出电压波形正弦化，必须不断改变晶闸管的触发角 α，其方法很
多，但应用最为广泛的是余弦交点控制法。该方法的基本思想是使构成交-交变频器的各可
控整流器输出电压尽可能接近理想正弦波形，使实际输出电压波形与理想正弦波之间的偏差
最小。

图 2.67 为余弦交点法波形控制原理图。交-交变频电路中任一相负载在任一时刻都要经
过一个正组和一个反组的整流器接至三相电源，根据导通晶闸管的不同，加在负载上的瞬时电
压可能是 u_{ab}、u_{ac}、u_{bc}、u_{ba}、u_{ca}、u_{cb} 六种线电压，它们在相位上互差 60°。如分别用 $u_1\sim u_6$ 来表

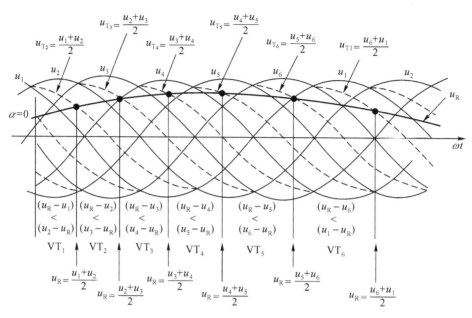

图 2.67　余弦交点控制法波形原理

示,则有

$$u_1 = \sqrt{2}U\sin \omega t$$

$$u_2 = \sqrt{2}U\sin (\omega t - \pi/3)$$

$$u_3 = \sqrt{2}U\sin(\omega t - 2\pi/3)$$

$$u_4 = \sqrt{2}U\sin (\omega t - \pi)$$

$$u_5 = \sqrt{2}U\sin (\omega t - 4\pi/3)$$

$$u_6 = \sqrt{2}U\sin(\omega t - 5\pi/3)$$

设 $u_R = \sqrt{2}U_1\sin \omega_1 t$ 为期望输出的理想正弦电压波形。为使输出实际正弦电压波形的偏差尽可能小,应随时将第一个晶闸管导通时的电压偏差 $u_R - u_1$ 与让下一个管子导通时的偏差 $(u_2 - u_R)$ 相比较,如 $(u_R - u_1) < (u_2 - u_R)$,则第一个管子继续导通;如 $(u_R - u_1) > (u_2 - u_R)$,则应及时切换至下一个管子导通。因此 u_1 换相至 u_2 的条件为

$$(u_R - u_1) = (u_2 - u_R)$$

即

$$u_R = \frac{u_1 + u_2}{2} \tag{2.61}$$

同理,由 u_i 换相到 u_{i+1} 的条件应为

$$u_R = \frac{u_i + u_{i+1}}{2} \tag{2.62}$$

当 u_i 和 u_{i+1} 都为正弦波时,$u_R = \frac{u_i + u_{i+1}}{2}$ 也应为正弦波,如图 2.67 各虚线所示。这些正弦波的峰值正好处于 u_{i+1} 波上相当于触发角 $\alpha = 0°$ 的位置上,故此波即为 u_{i+1} 波触发角 α 的余弦函数,常称为 u_{i+1} 的同步波。由于换相点应满足 $u_R = u_T = \frac{u_i + u_{i+1}}{2}$ 的条件,故应在 u_R 和 u_T

的交点上发出触发脉冲,导通相应晶闸管元件,从而使交-交变频电路输出接近于正弦波的瞬时电压波形,如图 2.68 中 u_o 粗实线波形所示,相应阻－感性负载下的输出电流波形 i_o 则相当接近正弦形。

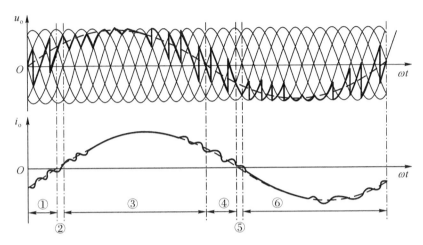

图 2.68　正弦型交-交变频电路输出电压 u_o、电流 i_o 波形

交-交变频器与交-直-交变频器的性能比较如表 2.3 所示。

表 2.3　交-交变频器与交-直-交变频器的比较

内容 ＼ 类型	交-交型	交-直-交型
换能形式	一次变换,效率较高	二次变换,效率较低
换流形式	电网自然换流	电容强迫换流或负载自然换流
器件数量	多,利用率低	少,利用率高
调频范围	最高输出频率为电网频率的 $1/3 \sim 1/2$	频率范围宽,可高于电网频率
装置功率因数	较低	可控整流调压时,低频低压下较低;不控整流斩波调压或 PWM 整流时较高
适合场合	低速大容量调速系统	各种调速系统,稳频、稳压电源,不停电电源

三、脉宽调制型(PWM)逆变器

异步电机在变频调速运行时,一方面要求是机端电压大小随频率连续变化,另一方面又要求电压波形尽可能地接近正弦,谐波含量少,特别是低次谐波含量应尽可能少,即要求输出特性好。以上交-直-交变频装置中输出电压或电流为 6 阶梯波形,含有较大 5 次和 7 次等低次谐波,会引起恶劣的谐波效应。调压采用相控整流方式,会使调速系统输入功率因数随整流电压大小变化。当电机低频低速运行时,系统功率因数会变得很差,即输入特性差。

为了解决以上变频器输入、输出特性问题，实践中提出一种脉宽调制逆变器(Pulse Width Modulated Inverter，PWM)，它采用不控整流以提高系统的功率因数，但输出为大小恒定的直流电压；控制逆变器的功率开关器件实现高频的通、断，使输出的电压波形为一组宽度按某种规律变化的矩形脉冲波，图 2.69 所示即是一种脉冲宽度按正弦规律变化的 SPWM 波形，其每个脉冲的面积等于每个脉冲周期 T_t 内的正弦波下面积。这样一种 SPWM 脉冲波分解成傅氏级数

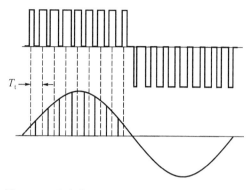

图 2.69 宽度按正弦规律变化的 SPWM 脉冲波

时主要是基波和高次谐波，明显地降低了低次谐波含量。同时通过成比例地改变各脉冲波的宽度就可控制逆变器输出交流基波电压的幅值，通过改变脉冲宽度变化规律的周期可以控制其输出频率，从而在同一逆变器中实现输出电压大小及频率的控制，这就是 PWM 逆变器的基本原理和特点。

图 2.70 为 PWM 逆变器主电路结构图，$V_1 \sim V_6$ 为功率开关器件(多为 GTR、IGBT、MOSFET、GTO 等高频自关断器件，图示为 IGBT)，$VD_1 \sim VD_6$ 为与之反并联的大功率快速恢复二极管，它们为异步电机无功电流提供通路。U_d 为恒定大小直流电源，由三相不控整流器产生；C 为滤波电容，故为电压源型逆变电路。由于两电容的中点 O′ 可以认为与电机定子 Y 接绕组中点 O 等电位，因而当逆变器一相导通时，电机绕组上获得的相电压为 $U_d/2$。逆变器输出的三相 PWM 波形取决于功率开关器件驱动信号波形，即 PWM 的调制方式。

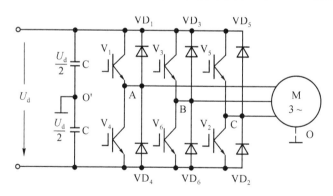

图 2.70 电压源型 PWM 逆变器主电路结构图

生成 PWM 波形的具体调制方式有很多种，从控制思想上可分为三大类：即正弦脉宽调制(SPWM)，电流跟踪型脉宽调制和磁链跟踪型脉宽调制，它们的形成体现了人们对高性能交流调速特性的追求。从电机原理可知，要使交流电机具备优良的运行性能，首先要提供三相平衡的正弦交流电压，当它作用在三相对称的交流电机绕组中，就能产生三相平衡的正弦交流电流。若交流电机磁路对称、线性，就能在定、转子气隙间建立一个幅值恒定、方向单一的圆形旋转磁场，使电机获得平滑的转矩、均匀的转速和良好的运行性能。这在大电网供电条件下是自然而然能得到满足的，但在变频器开关方式供电的交流调速系统中就有一个形成、发展和完善

过程,其中正弦脉宽调制逆变器追求给电机提供一个频率可变的三相正弦电压源,但不去关心电流情况,电流要受电机参数的影响;电流跟踪型脉宽调制逆变器则避开电压,直接追求在电机绕组中产生出频率可变的三相正弦电流,这比只考虑电压波形进了一步,但电机内部是否能建立圆形气隙磁场还受很多因素制约。磁链跟踪型脉宽调制逆变器更是一步到位,它将逆变器与交流电机作为一个整体来考虑,通过对电机三相供电电压的综合控制,直接追求在气隙中建立一个转向、转速可控的圆形磁场,使变频调速系统运行性能达到一个更高的水平。

(一)正弦脉宽调制(SPWM)

正弦脉宽调制是以获得三相对称正弦电压为目标的一种调制方式,具体实现方法有自然采样法、指定谐波消去法等方法。

(1)自然采样法

自然采样法是采用一组三相对称正弦参考电压信号(调制波)u_{RA}、u_{RB}、u_{RC}与等腰三角波电压信号(载波)u_T相比较,交点处确定逆变器功率开关元件的通、断时刻,由此产生出一组逆变器开关元件的驱动信号 u_{DA}、u_{DB}、u_{DC},其控制框图如图 2.71 所示。由于等腰三角波是上、下宽度线性对称变化的波形,它与任何光滑曲线相交时,交点时刻控制功率开关器

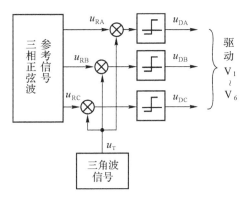

图 2.71 SPWM 波形控制框图

件的通断,便可得到一组等幅而脉冲宽度正比于该曲线函数值的矩形脉冲列。所以采用正弦波 u_{RA} 与三角波 u_T 相交时,交点处便可得到一组正弦脉宽调制的 SPWM 波 u_{DA},如图 2.72 所示。这样,改变正弦调制波的频率便可调节 SPWM 波的输出基波频率,改变正弦调制波的幅值(如 u_{RA} 和 u'_{RA},但必须低于三角形载波幅值)便可改变同一时间位置上的脉冲宽度,调节SPWM 波的输出基波幅值,从而实现了在同一逆变器内同时对输出基波频率和幅值的控制。

①调制脉冲极性控制。自然采样法实现正弦脉宽调制过程中,按照逆变器功率开关器件的控制方式不同可产生出不同极性的脉冲,分为单极性控制和双极性控制。

(A)单极性控制 采用单极性控制时,逆变器每个开关元件只在输出半周期内反复地通断工作,另半个周期始终截止。以 A 相为例,输出电压的正半周期内,A 相下桥臂元件 V_4 始终截止,上桥臂元件 V_1 工作:当调制波电压 u_{RA} 大于载波电压 u_T 时,V_1 导通,输出正脉冲;当 u_{RA} 小于 u_T 时,V_1 关断,输出零电压,如图 2.73 所示。输出电压的负半周期内,通过倒相信号控制,使 V_1 始终截止、V_4 反复通断,输出负的脉冲序列。输出相电压 u_{AO} 在($+U_d/2\sim0$)或($0\sim-U_d/2$)变化,直流母线电压未获得充分利用。三相的 SPWM 波形则是互差 120° 波形的重复。

(B)双极性控制 采用双极性控制时,载波信号和调制波信号的极性均在不断地交变,逆变器同一桥臂上、下两开关元件在整个输出周期内均交替互补地通、断,其过程可用图 2.74 来说明。以 A 相为例,当 $u_{RA}>u_T$ 时,V_1 导通、V_4 关断,输出相电压 $u_{AO}=+U_d/2$;当 $u_{RA}<u_T$ 时,V_4 导通、V_1 关断,$u_{AO}=-U_d/2$,使 u_{AO} 在 $+U_d/2$ 和 $-U_d/2$ 两种极性间跳变。B 相电压 u_{BO} 是 V_3、V_6 交替导通的结果,C 相电压 u_{CO} 是 V_5、V_2 交替导通结果。输出线电压则是有关两相

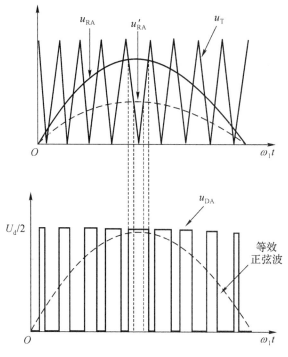

图 2.72　SPWM 波形的形成

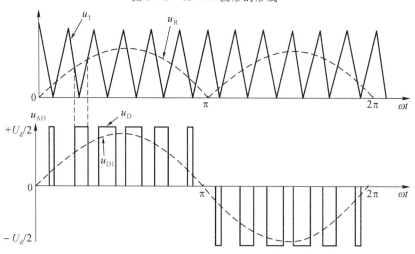

图 2.73　单极性调制 SPWM

电压之差，脉冲幅值在 U_d 与 $-U_d$ 之间跳变，如 u_{AB} 所示，直流母线电压获得了充分利用。

②调制波与载波的配合控制。在实现 SPWM 脉宽调制时，调制波频率 f_R 与载波频率 f_T 之间可有不同的配合关系，从而形成不同的调制方式。

（A）同步调制　同步调制时，载波频率与调制波频率同步改变，以保持载波比 $N = f_T/f_r$ = 常数，这样可使不同频率运行时输出电压半波内的脉冲数固定不变，使电机运行平稳。一般应取 N 为 3 的倍数，这样能保证输出波形正、负半波对称，同时三相波形互差 120°。然而当输

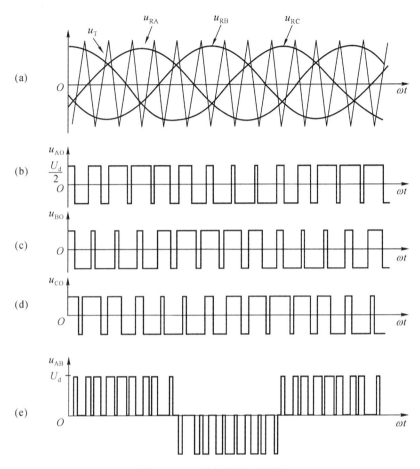

图 2.74　双极性控制 SPWM

出频率很低时,相邻脉冲间的间距扩大,造成谐波增加,这是应予解决的重要问题。

(B)异步调制　异步调制时,整个输出频率范围内载波比 N 不为常数,一般是保持载波频率始终不变。这样,一方面可使低频时载波比增大,输出半周内脉冲数增加,解决了谐波问题;但另一方面不能在整个输出频率范围内满足 N 为 3 的倍数的要求,会使输出电压波形、相位随时变化,难以保持正、负半波以及三相之间脉冲的对称性,引起电机运行不稳定。

(C)分段同步调制　分段同步调制是将同步、异步调制相结合的一种调制方法,它把整个变频运行范围划分为若干频率段,不同的频率段 N 取值不同,在每段内都维持恒定的载波比,低频时 N 取值增大,其规律如图 2.75 所示。这样,既保持了同步调制下波形对称、运行稳定的优点,又解决了低频运行时谐波增大的弊病。图中频率段的划分和载波比 N 的取值应注意到使各段的开关频率变化范围基本一致,并适应功率开关器件对开关频率的限制。图中最高开关频率约 2kHz,适合采用 GTR 作逆变器功率开关器件。此外当运行频率超过额定频率后运行在 6 阶梯方式,不再进行 PWM 调制($N=1$),以提高输出基波电压幅值。

③桥臂元件开关死区对 PWM 变频器输出的影响。双极性 SPWM 控制中,逆变器同相桥臂上、下功率器件驱动信号互补,而实际功率器件存在有开通与关断过程,开关过程中易发

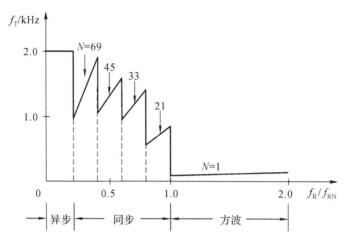

图 2.75　分段同步调制时,载波频率 f_T 与调制频率 f_R 关系

生同相桥臂上、下元件直通短路,造成逆变器故障。为保证逆变器的工作安全,必须在上、下桥臂元件驱动信号之间设置一段死区时间 t_d,使上、下桥臂元件均关断。一般选定 $t_d=(2\sim5)\mu s$ (IGBT)或 $t_d=(10\sim20)\mu s$(GTR)。死区时间的存在使变频器输出电压波形偏离了按 SPWM 控制设计的理想波形,产生电压谐波,造成输出电压损失,使交流电机变频调速系统性能恶化。

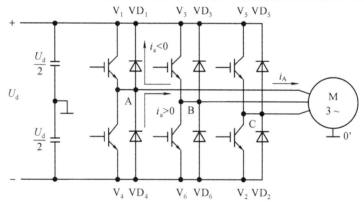

图 2.76　电压源型 PWM 逆变器

死区对输出电压波形的影响:

以图 2.76 所示三相 SPWM 逆变器 A 相桥臂元件 V_1、V_4 的开关过程波形图 2.77 为例说明。无开关死区的理想 A 相电压波形 u_{AO}^* 如图 2.77(a)所示;设置死区时间 t_d 的 V_1、V_4 驱动信号 u_{g1}、u_{g4} 及实际输出 A 相电压波形 u_{AO} 分别如图 2.77(b),(c),(d)所示。由于死区时间 V_1、V_4 均阻断,异步电机感性电流 i_A(滞后于 A 相电压基波功率因数角 φ)将通过 VD_1 或 VD_4 续流,取决于 i_A 流向。当 $i_A>0$ 时,V_1 关断后 VD_4 续流,电机 A 点电位被钳位于 $-U_d/2$;当 $i_A<0$ 时,VD_1 续流,A 点电位被钳于 $+U_d/2$。这样,当 $i_A>0$ 时实际 u_{AO} 的负脉冲增宽、正脉冲变窄;当 $i_A<0$ 时 u_{AO} 变化反之。A 相电压的实际输出 u_{AO} 与理想输出 u_{AO}^* 之差为一系列脉冲电压 u_{er},如图 2.77(e)所示,一周期 T 内的平均值可等效为矩形波的平均偏差电压 U_{ef}

$$U_{\mathrm{ef}} = \frac{t_{\mathrm{d}}\, U_{\mathrm{d}}\, N}{T} \qquad (2.63)$$

式中 $N = \dfrac{f_{\mathrm{T}}}{f_R}$ 为载波比。

偏差电压 U_{ef} 的基波幅值为

$$U_{\mathrm{ef1}} = \frac{2\sqrt{2}}{\pi} \cdot \frac{t_{\mathrm{d}}\, U_{\mathrm{d}}\, N}{T} \qquad (2.64)$$

这样,死区对变频器输出的影响规律为

①计及死区效应的实际输出电压基波幅值比不计死区效应的理想情况减小,且电动机运行功率因数越好,影响越大。

②随着变频器输出频率的降低,死区影响增大,故低频、低速运行时,死区效应会越严重。

③理想输出 SPWM 波形中只存在与载波比有关的高次谐波,不存在低次谐波。但计及死区效应后,变频器输出波形发生畸变,存在非 3 的倍数低次谐波,引起电磁转矩脉动,甚至发生机组振荡。

死区的影响在各种调制类型 PWM 变频器中均存在,应采取相应死区补偿措施来消除。

在实现采样法的正弦脉宽调制中可以采用模拟电路也可采用微机的数字电路,但由于模拟电路的复杂性和不稳定性,已很少应用,数字控制已是目前常用方法。但原理性的采样法要求精确求解正弦函数与三角函数的交点(称自然采

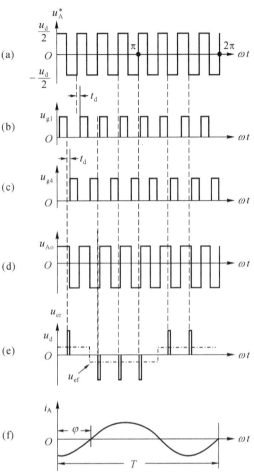

图 2.77 桥臂死区对逆变器输出电压波形影响

样),这是一组超越方程,很难实时运算,为此发展了一些近似的数值解法,如规则采样、不规则采样等。采用单片微机数字方法产生 SPWM 波的精度等效果受微机指令功能、运算速度、存储容量及算法的限制,很难做到快速、实时,特别难适配高开关频率功率器件的要求。为此,随着微电子技术的发展,开发出了很多产生 SPWM 波形信号的集成控制芯片,如 HEF4752、SLE4520、MB63H110 等,它们与单片微机控制系统相配合,可以构成性能优良的 SPWM 变频器。

从以上脉宽调制过程可见,逆变器各功率开关元件在一个输出半周期内要进行高频的开关动作,使脉宽调制技术在实现中受到功率器件最高开关频率的限制。晶闸管因有换流问题,开关频率不超过(300～500)Hz,故在 SPWM 逆变器中很少使用。其他自关断器件中,大功率晶体管(GTR)开关频率可达(1～5)kHz,可关断晶闸管(GTO)开关频率为(1～2)kHz,功率场效应晶体管(Power-MOSFET)开关频率可达 100kHz 以上,绝缘栅双极型晶体管(IGBT)也可达 20kHz,它们都是构成 PWM 逆变器的良好功率开关器件。

(2)指定谐波消除法

指定谐波消除法是将变频器与电动机作为一个整体进行分析,从消去对系统有害的某些

指定次数谐波出发来确定低开关频率 PWM 波形的开关时刻,使逆变器输出的电压接近正弦波,改善整个变频调速系统的工作性能。

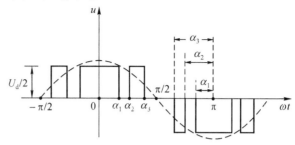

图 2.78   可以消除 5、7 次谐波的三脉冲 SPWM 波形

图 2.78 为 1/4 周期内仅有三个开关角 α_1、α_2、α_3 的三脉冲单极性 SPWM 波形,要求控制逆变器输出基波电压幅值为 U_{1m},消除其中的 5、7 次谐波电压(电机 Y 接无中线,无 3 及其倍数次谐波)。为决定开关时刻,可将时间坐标原点取在波形的 1/4 周期处,则该 PWM 电压的傅氏级数展开为

$$u(\omega t) = \sum_{k=1}^{\infty} U_{km} \cos k\omega_1 t \tag{2.65}$$

式中,第 k 次谐波电压幅值 U_{km} 可展开成

$$\begin{aligned}
U_{km} &= \frac{2}{\pi}\int_0^{\pi} u(\omega t)\cos k\omega_1 t\,\mathrm{d}(\omega_1 t) \\
&= \frac{U_d}{\pi}\Big[\int_0^{\alpha_1}\cos k\omega_1 t\,\mathrm{d}(\omega_1 t) + \int_{\alpha_2}^{\alpha_3}\cos k\omega_1 t\,\mathrm{d}(\omega_1 t) - \int_{\pi-\alpha_3}^{\pi-\alpha_2}\cos k\omega_1 t\,\mathrm{d}(\omega_1 t) - \int_{\pi-\alpha_1}^{\pi}\cos k\omega_1 t\,\mathrm{d}(\omega_1 t)\Big] \\
&= \frac{2U_d}{k\pi}\big[\sin k\alpha_1 - \sin k\alpha_2 + \sin k\alpha_3\big]
\end{aligned} \tag{2.66}$$

由于脉冲具有轴对称性,无偶次谐波,则 k 为奇数。将上式代入式(2.65),可得

$$\begin{aligned}
u(\omega t) &= \frac{2U_d}{\pi}\sum_{k=1}^{\infty}\frac{1}{k}\big[\sin k\alpha_1 - \sin k\alpha_2 + \sin k\alpha_3\big]\cos k\omega_1 t \\
&= \frac{2U_d}{\pi}(\sin \alpha_1 - \sin \alpha_2 + \sin \alpha_3)\cos \omega_1 t + \frac{2U_d}{5\pi}(\sin 5\alpha_1 - \sin 5\alpha_2 + \sin 5\alpha_3)\cos 5\omega_1 t \\
&\quad + \frac{2U_d}{7\pi}(\sin 7\alpha_1 - \sin 7\alpha_2 + \sin 7\alpha_3)\cos \omega_1 t + \cdots
\end{aligned} \tag{2.67}$$

根据要求,应有

$$\left.\begin{aligned}
U_{1m} &= \frac{2U_d}{\pi}(\sin \alpha_1 - \sin \alpha_2 + \sin \alpha_3) = \text{要求值} \\
U_{5m} &= \frac{2U_d}{5\pi}(\sin 5\alpha_1 - \sin 5\alpha_2 + \sin 5\alpha_3) = 0 \\
U_{7m} &= \frac{2U_d}{7\pi}(\sin 7\alpha_1 - \sin 7\alpha_2 + \sin 7\alpha_3) = 0
\end{aligned}\right\} \tag{2.68}$$

求解以上谐波幅值方程,即可求得为消除 5、7 次谐波所必需满足的开关角 α_1、α_2 及 α_3。不言而喻,如若消除更高次数的谐波,需要用更多幅值方程来求解更多的开关时刻。

值得指出的是,由于变频运行时基波电压幅值 U_{1m} 必须随运行频率按一定规律变化,因此为消除指定谐波设计的特定开关角 α_1、α_2、α_3⋯ 也将是运行频率的函数,这必然会给实施带来困难。另外,还必须注意在消除指定谐波的同时会使某些本来不重要的谐波得到不恰当的提升,带来其他次谐波问题,这是需要认真对待的。

(二) 电流跟踪控制

电流跟踪控制是将电机实际的定子三相电流与综合的三相正弦参考电流相比较,如果实际定子电流大于给定的参考电流,通过控制逆变器的功率开关元件使之减小;如果实际电流小于参考电流,则控制逆变器的功率开关使之增大。通过对电流的这种闭环控制,强迫电机电流的频率、幅值按给定值变化,从而提高电压源型 PWM 逆变器的电流响应速度,使之具有较好的动态性能。

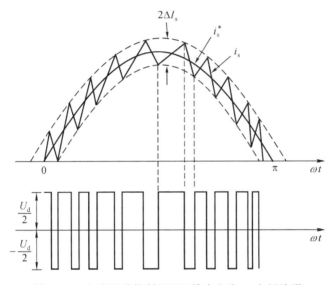

图 2.79　电流跟踪控制 PWM 输出电流 i_s、电压波形

图 2.79 给出了电流跟踪控制 PWM 逆变器输出的一相电流、电压波形,图中 i_s^* 为给定正弦电流参考信号,i_s 为逆变器实际输出电流,ΔI_s 为设定的电流允许偏差。当 $(i_s - i_s^*) > \Delta I_s$ 时,控制逆变器下桥臂功率元件导通,使 i_s 衰减;当 $(i_s - i_s^*) < \Delta I_s$ 时,控制逆变器上桥臂功率元件导通,使 i_s 增大,以此方式将定子电流 i_s 变化限制在允许的 $\pm \Delta I_s$ 范围内。这样,逆变器输出电流呈锯齿波,输出电压为双极性 PWM 波形。逆变器功率半导体元件工作在高频开关状态,允许偏差 ΔI_s 越小,电流跟踪精度越高,但要求器件开关频率也越高,为此必须注意所用功率开关元件的最高开关频率限制。

电流跟踪控制 PWM 逆变器控制框图如图 2.80 所示。由于实际电流波形是围绕给定正弦波作锯齿变化,与负载无关,故常称为电流源型 PWM 逆变器。由于电流被严格控制在参考正弦波周围的允许误差带内,故防止过电流十分有利。

(三) 磁链跟踪控制(电压空间矢量控制)

如前所述,经典的 SPWM 方法是从电源的角度出发,着眼于如何生成一个变频调压的三

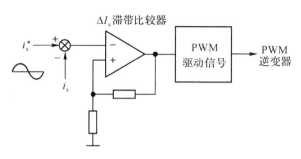

图 2.80　电流跟踪控制 PWM 逆变器框图

相平衡正弦电压源。磁链跟踪控制则是从电机的角度出发,着眼于如何控制逆变器功率开关以改变电机的端电压,使电机内部形成的磁链轨迹去跟踪由理想三相平衡正弦波电压供电时所形成的基准链圆,跟踪过程中逆变器开关模式作适时切换,形成了一种新型 PWM 波形调制规律。由于磁链的轨迹是靠电压空间矢量作用获得,所以这种 PWM 调制方式又称电压空间矢量控制。下面从电压空间矢量概念开始讨论这种调制过程。

1. 电网电压供电下的基准磁链圆

首先来看三相平衡正弦电压供电时的情况。设交流电机定子三相绕组对称,绕组轴线作空间对称分布,如图 2.81 所示。当三相平衡正弦电压

$$\left.\begin{aligned} U_{AO} &= \sqrt{2}U_\varphi \cos \omega_1 t \\ U_{BO} &= \sqrt{2}U_\varphi \cos (\omega_1 t - 120°) \\ U_{CO} &= \sqrt{2}U_\varphi \cos (\omega_1 t + 120°) \end{aligned}\right\} \tag{2.69}$$

施加在三相绕组上时,一方面可以将各相电压定义成单相电压空间矢量 $\vec{u}_{AO}$、$\vec{u}_{BO}$、$\vec{u}_{CO}$,其方向在各相轴线上,大小随时时间正弦交变,时间相位互差 $120°$,即为空间位置固定的脉振矢量;另一方面可将三个单相电压空间矢量相加,形成一个合成电压空间矢量 $\vec{u}_1$

$$\vec{u}_1 = \vec{u}_{AO} + \vec{u}_{BO} + \vec{u}_{CO} \tag{2.70}$$

这是一个旋转空间矢量;幅值为 $U_m = \frac{3}{2}\sqrt{2}U_\varphi$ 恒定,以角频率 ω_1 恒速旋转,转向遵循供电电压相序,即哪相电压瞬时值最大即转至该相轴线上。

根据同样的道理,可以定义出电机中的其他合成空间矢量,如定子电流 $\vec{i}_1$、磁链 $\vec{\Psi}_1$。这样,原由标量形式表示的三相定子电压方程组

$$\left.\begin{aligned} u_{AO} &= R_1 i_{AO} + \frac{d\Psi_{AO}}{dt} \\ u_{BO} &= R_1 i_{BO} + \frac{d\Psi_{BO}}{dt} \\ u_{CO} &= R_1 i_{CO} + \frac{d\Psi_{CO}}{dt} \end{aligned}\right\} \tag{2.71}$$

就可简洁地采用空间矢量方程来表示

$$\vec{u}_1 = R_1\vec{i}_1 + \frac{d\vec{\Psi}_1}{dt} \tag{2.72}$$

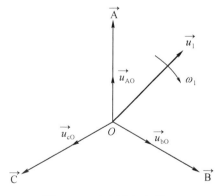

图 2.81　电压空间矢量

当运行频率不太低时,可以忽略定子电阻压降的影响,则有

$$\vec{u}_1 \approx \frac{\mathrm{d}\vec{\Psi}_1}{\mathrm{d}t} \tag{2.73}$$

或

$$\vec{\Psi}_1 \approx \int \vec{u}_1 \mathrm{d}t \tag{2.74}$$

由于平衡的三相正弦电压供电时定子磁链空间矢量幅值恒定、以供电角频率 ω_1 在空间恒速旋转,其矢量顶点运动轨迹构成了一个圆,这就是磁链跟踪控制中用作基准的磁链圆。从基准磁链圆心指向圆周的定子磁链空间矢量 $\vec{\Psi}_1$ 可作如下表示

$$\vec{\Psi}_1 = \Psi_\mathrm{m} e^{\mathrm{j}\omega_1 t} \tag{2.75}$$

式中　　Ψ_m——$\vec{\Psi}_\mathrm{m}$ 的幅值;

　　　　ω_1—— 旋转角速度。

根据式(2.73)可以求得

$$\vec{u}_1 = \frac{\mathrm{d}}{\mathrm{d}t}(\Psi_\mathrm{m} e^{\mathrm{j}\omega_1 t}) = \omega_1 \Psi_\mathrm{m} e^{\mathrm{j}(\omega_1 t + \pi/2)} = U_\mathrm{m} e^{\mathrm{j}(\omega_1 t + \pi/2)} \tag{2.76}$$

$$\Psi_\mathrm{m} = \frac{U_\mathrm{m}}{\omega_1} = \frac{U_\mathrm{m}}{2\pi f_1} \tag{2.77}$$

可以看出,实行恒定的电压频率比 $U_\mathrm{m}/(2\pi f_1) = C$ 控制是获得圆形旋转磁场的必要条件。

当采用三相 PWM 逆变器供电时情况就不会如此理想。由于逆变器功率元件只能工作在开关状态,无法产生出理想、连续变化的正弦电压或电流,因此必须进行逆变器开关模式的有效控制,才能使电机中实际磁链轨迹接近理想圆形。

2. 逆变器供电下的磁链轨迹

在电压源型逆变器供电条件下,功率开关元件一般采用 $180°$ 导通型,这样在任一时刻都会有不同桥臂的三个元件同时导通,向三相定子绕组提供一组三相电压,也就构成了一个电压空间矢量 $\vec{u}_1$。我们可以按 A、B、C 的相序排列使用一组"1"、"0"的逻辑量来标出不同的合成空间矢量,规定逆变器上桥臂元件导通时逻辑量取"1",下桥臂元件导通时逻辑量取"0"。这样,按图 2.70 所示开关元件的编号,逆变器共有 8 种开关状态并形成相应八种电压空间矢量:V_6、V_1、V_2 通[形成 $\vec{u}_1(100)$],V_1、V_2、V_3 通[形成 $\vec{u}_1(110)$],V_2、V_3、V_4 通[形成 $\vec{u}_1(010)$],V_3、V_4、V_5 通[形成 $\vec{u}_1(011)$],V_4、V_5、V_6 通[形成 $\vec{u}_1(001)$],V_5、V_6、V_1 通[形成 $\vec{u}_1(101)$],以及 V_1、V_3、V_5 通[形成 $\vec{u}_1(111)$] 和 V_2、V_4、V_6 通[形成 $\vec{u}_1(000)$]。其中,$\vec{u}_1(100)$、$\vec{u}_1(110)$、$\vec{u}_1(010)$、$\vec{u}_1(011)$、$\vec{u}_1(001)$、$\vec{u}_1(101)$ 六种为有效电压空间矢量,其幅值相等仅相位不同;$\vec{u}_1(111)$ 和 $\vec{u}_1(000)$ 为无效电压空间矢量,均相当于三相绕组接至同一极性直流母线,其矢量幅值为零,也无相位。由于 6 阶梯波逆变器工作时开关元件每隔 $\pi/3$ 换流一次,使一个输出周期内逆变器的 6 个有效开关模式各出现一次,持续 $\pi/3$ 电角度时间,由此可有六种有效电压空间矢量,其幅值相等、互差 $\pi/3$ 电角度。如果按照图 2.81 所示三相绕组轴线 $\vec{A}$、$\vec{B}$、$\vec{C}$ 的空间布置,可以形成如图 2.82 所示的 6 阶梯波逆变器供电时三相电机的电压空间矢量图,它是一个封闭的正六边形。由于无效电压空间矢量 $\vec{u}_1(111)$、$\vec{u}_1(000)$ 幅值为零,称为零矢量,并认为它位于坐标原点处。

设逆变器的工作周期从 V_1、V_6、V_2 导通模式下开始,电机在 $\vec{u}_1(100)$ 作用下建立了相应的定子磁链空间矢量 $\vec{\Psi}_1(100)$。进入下一个 V_1、V_2、V_3 导通模式时,在 $\vec{u}_1(110)$ 电压矢量作用下经历 $\pi/3$ 电角度所对应的 ΔT 时间,产生出磁链矢量增量 $\Delta\vec{\Psi}_1(110) = \Delta\vec{u}_1(110)\Delta T$,从而可

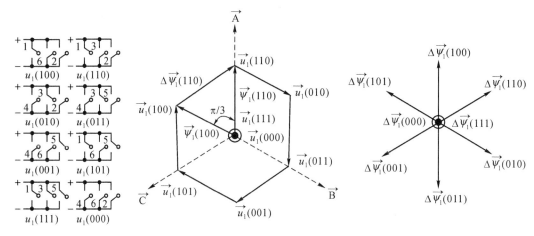

(a) 逆变器的八种开关模式   (a) 电压及磁链空间矢量   (b) 磁链空间矢量增量

图 2.82　6 阶梯波逆变器供电时三相合成电压及磁链空间矢量

形成新的磁链空间矢量 $\vec{\Psi}_1(110) = \vec{\Psi}_1(100) + \Delta\vec{\Psi}_1(110)$，如图 2.82(b) 粗矢量线所示。依此类推，可知六个电压空间矢量对时间 ΔT 积分所形成的六个磁链空间矢量增量 $\Delta\vec{\Psi}_1(100)$、$\Delta\vec{\Psi}_1(110)$、$\Delta\vec{\Psi}_1(010)$、$\Delta\vec{\Psi}_1(011)$、$\Delta\vec{\Psi}_1(001)$、$\Delta\vec{\Psi}_1(101)$ 及相应零矢量 $\Delta\vec{\Psi}_1(111)$ 及 $\Delta\vec{\Psi}_1(000)$ 将如图 2.82(c) 所示。由于定子磁链空间矢量端点的运动轨迹、也就是电压空间矢量运动所形成的轨迹为正六边形，说明 6 阶梯波逆变器供电方式下电机中生成的是步进磁场而非圆形旋转磁转，磁通矢量每隔 60° 跳变一次，使电机气隙磁通在大小、瞬时速度均随时间变化，包含有很多的磁场谐波，转速波动，恶化了运行性能。

3. 磁链跟踪控制

造成步进磁场的原因是因为逆变器采取了一个输出周期只开关 6 次的工作模式，每种开关模式又持续 1/6 周期不变之故。如果想要获得一个近似圆形的旋转磁场，必须使用更多的开关模式，形成更多的电压及磁链空间矢量，为此必须对逆变器工作方式进行改造。虽然逆变器只有 8 种开关模式，只能形成 8 种磁链空间矢量，但可以采用细分矢量作用时间和组合新矢量的方法，形成尽可能逼近圆形的多边磁链轨迹。这样，在一个输出周期内逆变器的开关切换次数显然要超过 6 次，有的开关模式还将多次重复，逆变器输出电压波形不再是 6 阶梯波而是等幅不等宽的脉冲列，这就形成了磁链跟踪控制的 PWM 调制方式。

在使用以上八种电压空间矢量形成尽可能圆形的磁通轨迹控制过程中，常用三段逼近式磁链跟踪控制算法并辅之以零矢量分割技术。图 2.83 为理想磁链圆上两相近时刻的磁链矢量关系。设 t_k 时刻磁链空间矢量为 $\vec{\Psi}_{1(k)} = \Psi_m e^{j\theta_k}$，$t_{(k+1)}$ 时刻磁链空间矢量为 $\vec{\Psi}_{1(k+1)} = \Psi_m e^{j\theta_{(k+1)}}$，它应看作是在 $\vec{\Psi}_{1k}$ 的基础上迭加由相关电压空间矢量在 $\Delta\theta_k = \theta_{(k+1)} - \theta_k$ 时间内所形成的磁链空间矢量增量 $\Delta\vec{\Psi}_{1k}$ 的结果，即

$$\vec{\Psi}_{1(k+1)} = \Psi_m e^{j\theta_k} + \Psi_m e^{j\Delta\theta_k} = \vec{\Psi}_{1k} + \Delta\vec{\Psi}_{1k} \tag{2.78}$$

其中　　　　　　　　　　$\Delta\vec{\Psi}_{1k} = \Psi_m \cdot e^{j\Delta\theta_k}, \quad \Delta\theta_k = \omega_1 \Delta t_k$

由于磁链跟踪控制时采用等区间划分方式，任意时刻的时间间隔均相等，故有

$$\left.\begin{aligned} \Delta t_{k} &= \frac{1}{Nf_{1}} \\ \Delta \theta_{k} &= \omega_{1} \Delta t_{k} = \frac{2\pi}{N} \end{aligned}\right\} \tag{2.79}$$

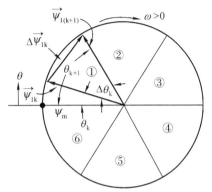

其中,f_{1} 为 PWM 的输出频率,N 为磁链圆的等分数。对于 N 的处理有两种方式:一是如 SPWM 调制中的分段同步调制一样,将整个调速频率范围分为几个区段,每段中各自保持 N 为 6 的某一倍数不变,以使 $\Delta \vec{\Psi}_{1k}$ 终点永远落在区间的终点上,这种称为同步调制。另一种是在整个调速频率范围内维持 Δt_{k} 为常数,N 值随运行频率 f_{1} 变化,且不一定为 6 的倍数,这种称异步调制。

图 2.83　理想磁链圆区间划分及相邻磁链矢量关系

　　由于三相电压型逆变器输出的电压及其磁链空间矢量只有 6 种有效形式,采用单一磁链矢量形成 $\Delta \vec{\Psi}_{1k}$ 时会使实际磁链轨迹偏离理想磁链圆,典型的例子如 6 阶梯波逆变器产生的正六边形磁链矢量轨迹(图 2.82)。为了获得尽可能接近圆形的磁链轨迹,除增大 N 值外,更需要用多段的实际磁链矢量来合成 $\Delta \vec{\Psi}_{1k}$,三段逼近式磁链跟踪 PWM 控制就是用两种实际磁链矢量分三段来合成 $\Delta \vec{\Psi}_{1k}$ 的方法。在 $N = 6$ 时,理想磁链圆被划分为 6 个 $60°$ 电角度区间,每一区间内的矢量增量 $\Delta \vec{\Psi}_{1k}$ 应选用与其夹角最小的两种实际磁链矢量来合成,并根据 $\vec{u}_{1} \Delta t_{k} = \Delta \vec{\Psi}_{1k}$ 关系来确定每个矢量的作用时间。以图 2.84 所示的 $(0 \sim \pi/3)$ 区间为例,当电机顺时针方向正向旋转时,应选用磁链增矢量 $\Delta \vec{\Psi}_{1}(100)$(称 1 矢量,作用时间为 T_{1}) 和 $\Delta \vec{\Psi}_{1}(110)$(称 m 矢量,作用时间为 T_{m})来合成 $\Delta \vec{\Psi}_{1k}$。由于使用两个 1 矢量和两个 m 矢量来合成 $\Delta \vec{\Psi}_{1k}$,矢其大小可求得为

$$\Delta \Psi_{1k} = 2\sqrt{\frac{2}{3}} U_{d} T_{1} + 2\sqrt{\frac{2}{3}} U_{d} T_{m} \tag{2.80}$$

式中　　U_{d} —— 逆变器输入直流电压大小;

　　　$\sqrt{\frac{2}{3}}$ —— 所选用坐标折算中引入的系数。

　　由于 1、m 矢量在 $\Delta \theta_{k} = \omega_{1} \cdot \Delta t_{k}$ 区间内作用的总时间 $2(T_{1} + T_{m})$ 不一定等于 Δt_{k},此时要用零矢量作用时间来调节,以使 1、m 矢量作用产生的磁链角速度正好等于 $\omega_{1} = 2\pi f_{1}$,即使调制生的 PWM 波基波频率正好为所要求的输出频率 f_{1}。

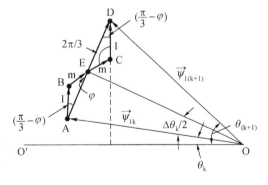

图 2.84　三段逼近式磁链跟踪算法

如果在 1、m 矢量之间各集中加入一个零矢量(幅值为 $U_{0} = 0$,作用时间为 T_{0}),则磁链增矢量幅值的完整表达应为

$$\Delta \Psi_{1k} = 2\sqrt{\frac{2}{3}} U_{d} T_{1} + 2\sqrt{\frac{2}{3}} U_{d} T_{m} + 2U_{0} T_{0} \tag{2.81}$$

为实现三段逼近式磁链跟踪型 PWM 控制,必须计算出区间内 l、m 矢量及零矢量作用时间 T_l、T_m 及 T_0。根据图 2.84 三角形关系按正弦定理可得

$$\frac{\overline{CD}}{\sin \varphi} = \frac{\overline{EC}}{\sin(\pi/3 - \varphi)} = \frac{\overline{ED}}{\sin(2\pi/3)} \tag{2.82}$$

其中

$$\varphi = \frac{\pi}{3} - \left(\theta_k + \frac{1}{2}\Delta\theta_k\right) \tag{2.83}$$

由于

$$\overline{CD} = \sqrt{\frac{2}{3}}U_d T_l, \quad \overline{EC} = \sqrt{\frac{2}{3}}U_d T_m$$

$$\overline{ED} = \Psi_m \sin(\Delta\theta_k/2) \approx \Psi_m \omega_1 \Delta t_k/2$$

可以解出

$$\left.\begin{aligned}
T_l &= \frac{\Psi_m \omega_1 \Delta t_k}{\sqrt{2} U_d} \sin \varphi \\
T_m &= \frac{\Psi_m \omega_1 \Delta t_k}{\sqrt{2} U_d} \sin\left(\frac{\pi}{3} - \varphi\right) \\
T_0 &= \frac{1}{2}(\Delta t_k - 2T_l - 2T_m)
\end{aligned}\right\} \tag{2.84}$$

从以上分析中可以看出,零矢量的加入可以起到调节 PWM 输出基波频率 f_1 的作用。但当运行频率 f_1 降低时,时间间隔 $\Delta t_k = \dfrac{1}{Nf_1}$ 将增大,零矢量作用时间 T_0 也增加。如果仍然采用将零矢量集中施加在两点的方式,输出 PWM 波形将恶化,谐波增加。为解决这个问题,可以采用零矢量分割法,即将计算出的零矢量作用时间 T_0 进行细分,使之不再集中施加在两点上而均匀分散施加在多点处,如图 2.85 所示。这样,三段逼近式的三段矢量将分解为多个 l 矢量、多个 m 矢量和多个零矢量构成,从而实现由多个小步替代集中的几步完成实际磁链矢量对理想磁链圆的追踪,这就有效地改善了低频运行时的 PWM 波形输出特性。

以上讨论的是 $(0 \sim \pi/3)$ 的第 1 个 60° 区间内三段式磁链追踪型 PWM 控制过程。可以把理想磁链圆分成 6 个 60° 区间,在每个区间中选用其平均行进方向与该区间弦线方向一致的两磁链矢量增量为其 l 和 m 矢量,辅之以分割的零矢量,从区间 1 至区间 6 依次完成其三段磁链矢量的逼近,使逆变器输出 PWM 电压波形构成一个完整输出周期,这就是电动机正转 $(\omega_1 > 0)$ 的情况,其各区间电压 m、l 矢量选择如表 2.4 所示,其磁链轨迹如图 2.86 所示。如果从区间 6 至区间 1 依次实现三段磁链逼近过程,则可使电动机反转 $(\omega_1 < 0)$。

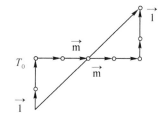

图 2.85　零矢量分割(劈零)

表 2.4　$N = 6$ 时各区间 m、l 电压矢量选择

区间	①	②	③	④	⑤	⑥
$\vec{m}$	100	110	010	011	001	101
$\vec{l}$	110	010	011	001	101	100

如欲使逆变器供电下磁链轨迹更加圆化,可考虑增加磁链圆的区间划分。$N = 12$(即将理想磁链圆划分为 12 个 $\pi/6$ 区间)的三段式磁链跟踪 PWM 控制各区间 l、m 磁链及相应的电压空间矢量的一种形式选择如表 2.5 及图 2.87 所示。可以看出,由于 N 的增大,磁链矢量每次移动 30°,磁链轨迹比六边形更接近圆形,逆变器输出 PWM 电压波形得到进一步优化,如图 2.88 所示。

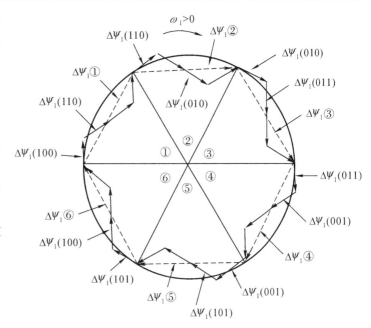

图 2.86 $N = 6$ 时,三段式磁链跟踪 PWM 控制磁链轨迹

表 2.5 $N = 12$ 时,各区间电压 m、l 矢量

区间	①	②	③	④	⑤	⑥	⑦	⑧	⑨	⑩	⑪	⑫
m 矢量	$\vec{u}_1(100)$	$\vec{u}_1(110)$	$\vec{u}_1(110)$	$\vec{u}_1(010)$	$\vec{u}_1(010)$	$\vec{u}_1(011)$	$\vec{u}_1(011)$	$\vec{u}_1(001)$	$\vec{u}_1(001)$	$\vec{u}_1(101)$	$\vec{u}_1(101)$	$\vec{u}_1(100)$
l 矢量	$\vec{u}_1(110)$	$\vec{u}_1(100)$	$\vec{u}_1(010)$	$\vec{u}_1(110)$	$\vec{u}_1(011)$	$\vec{u}_1(010)$	$\vec{u}_1(001)$	$\vec{u}_1(011)$	$\vec{u}_1(101)$	$\vec{u}_1(001)$	$\vec{u}_1(100)$	$\vec{u}_1(101)$

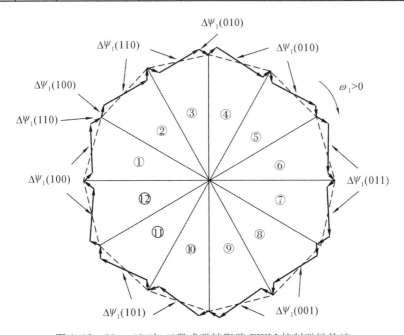

图 2.87 $N = 12$ 时,三段式磁链跟踪 PWM 控制磁链轨迹

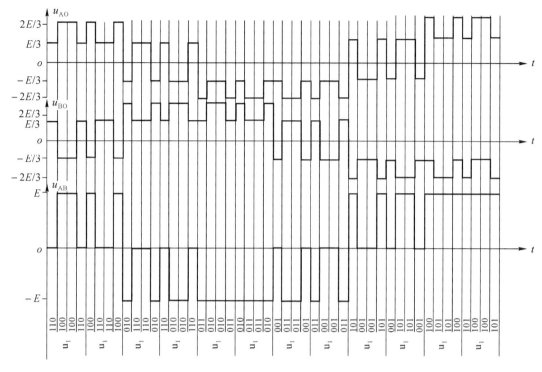

图 2.88　$N = 12$ 时，三段式磁链跟踪 PWM 输出电压波形

四、谐振软性开关技术

在 PWM 电路中，功率半导体元件通常是在高电压下开通、大电流时关断，处于强迫开关过程，称之为硬性开关方式。这种电路结构简单，输出波形好，获得广泛的应用。但它的运行频率在确定的器件条件下难以高频化，进而装置难以小型化。其原因有如下几方面。

（一）器件发热限制

在感性负载关断、容性负载开通时，开关器件上不是承受大电流、就是承受高电压，即承受很大瞬时功率的开关损耗。图 2.89 为某一器件上开关过程中的电压 u_T、电流 i_T 及损耗 p_T 的波形。由于是真实开关器件，开关过程均有开通时间 t_{on}、关断时间 t_{off}。这样在 t_{on} 期间内，i_T 上升但 u_T 暂时维持未导通前的管压降值 E，直至 i_T 上升到规定值 I_0 时 u_T 才下降为零。若开关过程中 u_T、i_T 作线性变化，则将产生出开通损耗 $p_{on} = \frac{1}{2} f_T E I_0 t_{on}$，$f_T$ 为开关频率。同样在 t_{off} 期间，u_T 从零开始上升，而 $i_T = I_0$ 一直维持到 $u_T = E$ 才开始下降为零，则将产生出关断损耗 $p_{off} = \frac{1}{2} f_T E I_0 t_{off}$。这个开关过程由于电压、电流的剧变将会产生很大的开关损耗。例如，若 $I_0 = 50A$，$E = 400V$，$t_{on} = t_{off} = 0.5 \mu s$，$f_T = 20kHz$，则开关过程的瞬时功率可达 20kW，平均损耗为 100W，十分可观。这种硬性开关过程中一个周期内的开关损耗常占总平均损耗的 30% ～ 40%，且随着开关频率的提高而加剧。过大的开关损耗致使结温升高，如 GTR 在工作频率为

3kHz 时就已达额定结温,所以器件开关过程发热限制了工作频率的提高。

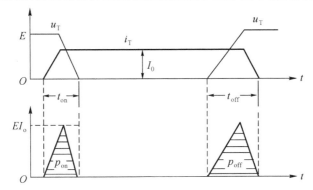

图 2.89　器件开关过程中的电压 u_T、电流 i_T 及损耗 p_T 波形

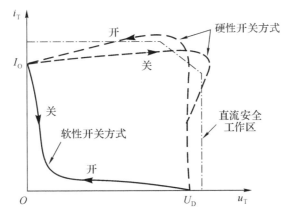

图 2.90　GTR 开关轨迹

(二) 二次击穿限制

GTR 的开关轨迹如图 2.90 所示。在采用硬性开关方式时,会出现同时承受最大值电压和电流时刻,其开关轨迹远远超出 FBSOA、RBSOA 所允许的直流安全工作区,这一状态停留时间稍一长就会引起二次击穿致使 GTR 烧毁。

(三) 吸收电路的局限性

为限制 GTR 等功率半导体器件开通时的 di/dt 和关断时的 du/dt,将动态开关轨迹限制在直流安全工作区内以确保器件的安全运行,在硬性开关电路中常加入开通和关断吸收电路。采用吸收电路只是使器件的开关损耗转移至吸收电路中,并没从根本上消除损耗的产生,整个变流电路总的损耗不会减少,系统效率无法提高。而且随着开关频率的提高,开关损耗增大,系统效率下降,所以吸收电路本身是不能解决硬性开关电路高频下运行的一些固有问题,须开拓出更为优越的开关方式来替代。

根据开关损耗产生的机理,如果开关瞬间能使流过器件的电流为零,或使跨越器件的电压为零,则开关过程中将无瞬时功耗产生。谐振软性开关即是在零电流、零电压条件下实现开关操作、使开关损耗减小为零的开关方式,有时称双零谐振开关,这是近十几年来变流及交流调速传动领域内最新发展的器件技术。

谐振软性开关由功率开关元件 K 及辅助谐振元件 L、C 组成,如图 2.91 所示。其中,图(a)为零电流开关(ZCS-Zero Current Switching),或称电流型开关。为创造零电流的开关条件,电感 L 与开关 K 串联,在 K 接通时构成 L—C 串联谐振电路,激发流过开关的电流振荡过零,为下次开关 K 关断创造零电流条件;图(b)为零电压开关(ZVS-Zero Voltage Switching),也叫电压型开关。为实现零电压的开关条件,电容 C 与开关 K 并联,在 K 断开时构成 L—C 谐振电路,激发电容电压振荡过零,为下次开关 K 开通创造零电压条件。

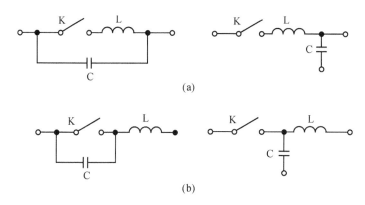

图 2.91   谐振软性开关电路

ZCS 开关因器件极间电容贮能、放能以及与容性开通有关的开关损耗较大,运行频率限制在 MHz 级,而 ZVS 因消除了极间电容放电形成的开关损耗及 du/dt 噪声,可使开关电路工作频率更高。

采用谐振软性开关后,功率半导体器件的动态开关轨迹大为改变,如图 2.90 中所示。它的动态开关轨迹远远小于器件的直流安全工作区,因此开关损耗极小,无二次击穿现象,di/dt 及 du/dt 大为下降,也无需吸收电路,电路系统效率自然较高,在交流传动高频化中将起重要作用。

在各种 AC-DC-AC 变换电路(如交 - 直 - 交变频调速系统)中都存在中间直流环节,DC-AC 逆变电路中的功率器件都将在恒定直流电压下以硬性开关方式工作,如图 2.92(a)所示,导致器件开关损耗大、开关频率提不高,相应输出受到限制。如果在直流环节中引入谐振机制,使直流母线电压高频振荡,出现电压过零时刻,如图 2.92(b)所示,就为逆变电路功率器件提供了实现软性开关过程的条件,这就是直流谐振环节电路的基本思想。

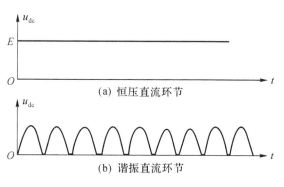

图 2.92   恒压及直流谐振环节直流母线电压

图 2.93 为采用直流谐振环节的三相 PWM 逆变器－异步电机变频调速系统原理性框图。

图中，L_r、C_r 为谐振电感、电容；谐振开关元件 V 用以保证逆变器中所有开关工作在零电压开通方式。实际电路中 V 的开关动作可用逆变器中各桥臂开关元件的开通与关断来代替，无需使用专门开关。由于谐振周期相对逆变器开关周期短得多，故在谐振过程分析中可以认为逆变器的开关状态不变。此外电压源逆变器负载为异步电机，感性的电机电流变化缓慢，分析中可认为负载电流恒定为 I_0，故可导出图 2.93(b) 的等效电路，其中 V 的作用已用开关 S 表示。

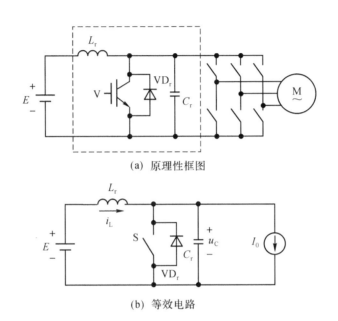

(a) 原理性框图

(b) 等效电路

图 2.93　采用直流谐振环节的三相 PWM 逆变器－异步电机变频调速系统

谐振直流环工作过程可用图 2.94 波形来说明：

(1) 阶段 ①$(t_0 \sim t_1)$

设 t_0 前 S 闭合，谐振电感电流 $i_L > I_0$（负载电流）。t_0 时刻 S 打开，$L_r - C_r$ 串联起谐振，i_L 对 C_r 充电，L_r 中磁场能量转换成 C_r 中电场能量，C_r 上电压 u_C 上升。t_1 时刻 $u_C = E$。

(2) 阶段 ②$(t_1 \sim t_2)$

$u_C = E$，L_r 两端电压为零，谐振电流 i_L 达最大，全部转回为磁场能量。$t > t_1$ 后，C_r 继续充电，随着 u_C 的上升充电电流 i_L 减小。t_2 时刻再次达 $i_L = I_0$，u_C 达谐振峰值，全部转化为电场能量。

(3) 阶段 ③$(t_2 \sim t_3)$

$t > t_2$ 后，由 u_C 提供负载电流 I_0；因 $u_C > E$，同时向 L_r 反向供电，促使 i_L 继续下降并过零反向。t_3 时刻 i_L 反向增长至最大，全部转化为磁场能量，此时 $u_C = E$。

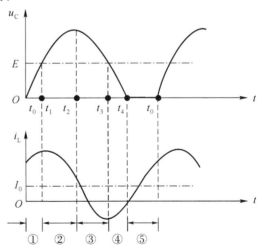

图 2.94　直流谐振环电路波形

（4）阶段④（$t_3 \sim t_4$）

$t > t_3$ 后，$|\, i_L \,|$ 开始减小，u_C 进一步下降。t_4 时刻 $u_C = 0$，使与 C_r 反并联二极 VD$_r$ 导通，S 被钳位于零，为 V 提供了零电压导通（S 闭合）条件。

（5）阶段⑤（$t_4 \sim t_0$）

S 闭合，i_L 线性增长直至 $t = t_0$，$i_L = I_0$，S 再次打开。

采用这样的直流谐振环电路后，PWM 逆变器直流母线电压不再平直，而是如图 2.92 所示 u_C 电压波形。逆变器的功率开关器件应安排在 u_C 过零时刻（$t_4 \sim t_0$）进行开关状态切换，实现零电压软性开关操作。这样，几乎可将器件的开关损耗降低到零，提高了逆变器的运行效率和开关频率，避免了采用硬性关断方式时的高 $\mathrm{d}u/\mathrm{d}t$、$\mathrm{d}i/\mathrm{d}t$，因而无须使用缓冲电路，简化了主电路结构。

采用直流谐振环节的三相 PWM 逆变器输出为整半周合成 PWM 波形，其相、线电压如图 2.95 中 u_A、u_B、u_{AB} 所示。

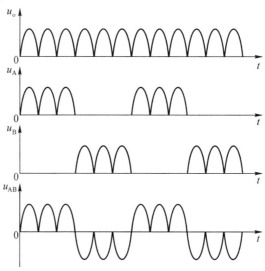

图 2.95　直流谐振环节三相 PWM 逆变器输出电压波形

2.8　异步电动机变频调速系统

异步电机变频调速系统可以分为频率开环和频率闭环两种结构。频率开环系统一旦速度给定后，电机供电频率不再调节，气隙磁场同步速确定，电机转速将在滑差范围内随负载大小变化。频率闭环系统则在速度给定后，由控制系统实现对供电频率和同步速自动调节，确保负载变化时电机转速恒定不变。前者适用于静态调速精度要求不高的场合，后者适用于静态调速精度高、动态调速性能有要求的场合。至于动态调速性能很高的异步电机矢量控制系统和直接转矩控制系统将在下节中介绍。

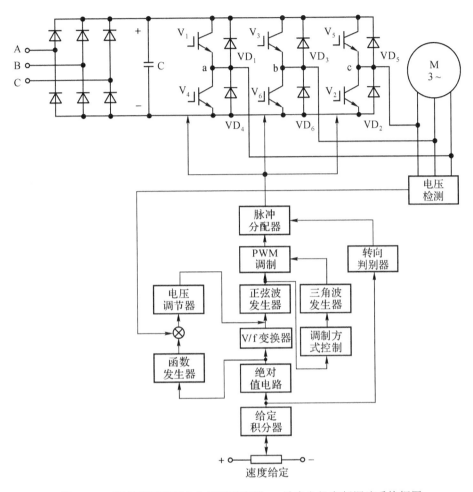

图 2.96　频率开环 PWM 电压源逆变器 — 异步电机变频调速系统框图

一、频率开环、电压源逆变器 — 异步电机变频调速系统

调速系统框图如图 2.96 所示。主电路中,三相不控整流输出经大电容滤波后,形成低阻抗性质的电压源对逆变器激励。PWM 逆变器采用 IGBT 作功率开关元件,180°导通型,即换流是在同相上、下桥臂元件之间进行。为解决异步电机感性无功电流的续流通路,每只 IGBT 旁均反并联一只快速恢复二极管,其工作机理可用图 2.97 来说明。以图 2.96 中逆变器 a 相桥臂为例,其输出感性电流 i_a 落后 a 点电压 u_a 一个 φ_D 角。规定:(1)$u_a > 0$ 时,应使 a 点接至直流母线(+)端的上桥臂元件 V_1 或 VD_1 通;$u_a < 0$ 时,应使 a 点接至直流母线(—)端的下桥臂元件 V_4 或 VD_4 通。(2)$i_a > 0$ 时,应使电流 i_a 流出 a 点的元件 V_1 或 VD_4 通;$i_a < 0$ 时,应使 i_a 流入 a 点的元件 VD_1 或 V_4 通。(3)a 点输出功率 $p_a = u_a \cdot i_a$,当 $p_a > 0$ 时,逆变器向电机提供能量(有功),电机作电动运行;当 $p_a < 0$ 时,电机向逆变器回馈能量(无功),电机作发电(制动)运行。根此原则,可判断出 u_a、i_a 不同极性的四个区间内功率流向(性质)及相应 a 相桥臂的导通元

件,说明主开关器件旁反并联的二极管起了感性无功电流的续流通路作用。

PWM 逆变器一般采用微机数字控制,为表达控制系统信息传递、流动关系,图中用方块来表示系统的功能部件或处理过程。整个系统的控制信号来源于速度给定。为了使速度给定阶跃变化时也不致产生过大的电流、转矩、转速冲击,采用给定积分器将时间阶跃的输入变成斜坡函数的输出。为了控制电机的正、反转,速度给定及给定积分器输出可正可负,但控制逆变器输出频率及幅值只需正值的信号电压,为此设置了绝对值电路,以简化信号处理。

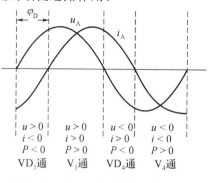

图 2.97　无功二极管导通续流机理

由于正弦脉宽调制 SPWM 逆变器主要是通过正弦调制波与三角载波的控制实现对输出 PWM 电压的频率、幅值及调制方式(同步调制、异步调制、分段同步调制等)的控制,因此代表运行频率的绝对值电路输出电压信号将分别进入频率控制及电压控制通道。进入频率控制通道的电压信号经 V/f 变换器(压控振荡器)后产生了决定正弦调制波频率的脉冲;进入电压控制通道的信号首先经函数发生器产生出与运行频率相适应的基波电压幅值。根据变频调速运行的要求,在额定频率 f_{1N} 以下运行时函数发生器的输出应与频率正比变化,低频时还应加上一定程度的电压补偿以保持电机气隙磁通恒定,实现恒最大转矩运行;当运行频率超过额定频率后函数发生器应作输出限幅,以保证电机电压恒定,实现近似恒功率运行。这样,函数发生器应具有图 2.98 所示特性曲线,也就由它协调了变频调速系统的频率、电压控制。为了使 PWM 逆变器输出基波电压严格按函数发生器的输出关系变化,电压通道采用闭环控制。电压反馈信号来自对逆变器输出的检测,与函数发生器产生的电压给定信号相比较后,差值信号通过电压调节器的 PI 运算后就可获得精确的电压控制信号,实现对正弦调制波的幅值控制。

经过频率与幅值的协调控制后,正弦波发生器产生出频率和幅值都与速度指令相适应的正弦调制波。这个调制波一方面经调制方式控制环节决定出三角载波的频率,另一方面又将与三角波发生器生成的三角载波在 PWM 调制环节合成,产生出驱动逆变器功率开关元件的 SPWM 调制信号。

电机转向控制是通过脉冲分配器来实现的。速度给定信号经极性判别器后获得了速度给定的极性,也即转向信号,用它参与三相逆变器开关元件驱动信号的分配。当速度给定为正时,使逆变器按 A → B → C 的相序

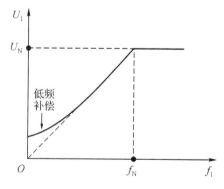

图 2.98　函数发生器特性

依次导通各相开关元件,输出正序的三相 SPWM 电压,驱动电机正转;当速度给定为负时,逆变器按 A → C → B 相序依次导通各相开关元件,输出负序的三相 SPWM 电压,驱动电机反转。

图 2.96 所介绍的是一个频率和速度开环、电压闭环的调速系统,这就是常见的 VVVF(变压变频)控制系统。其中的函数发生器可以有多条不同的电压／频率比值曲线供选用,以适用不同的电机负载运行需要。

二、频率闭环、电流源逆变器 — 异步电机变频调速系统

调速系统框图如图 2.99 所示,这是一个典型的 6 阶梯波交 - 直- 交电流源型变频调速系统。主电路中,三相可控整流输出经大电感滤波后,形成高内阻性质的电流源对逆变器提供激励。这种逆变器的恒流特性是通过滤波大电感的储能维持和可控整流器输出整流电压的调节来实现的,常称电压控制电流源逆变器。逆变器可采用串联二极管电容强迫换流式结构(二极管及换流电容未画出),晶闸管为 120° 导通型,换流是在共阳和共阴组内部三相元件间进行。

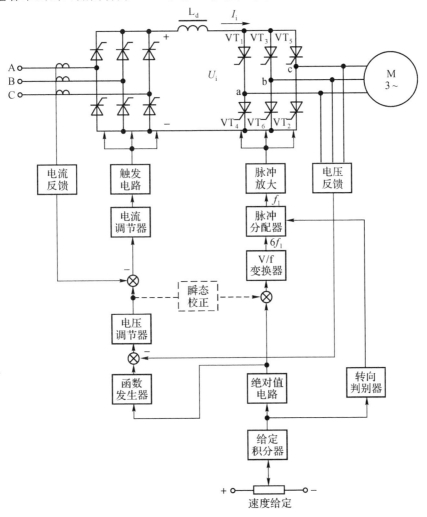

图 2.99　频率开环电流源逆变器 — 异步电机变频调速系统框图

整个系统的控制信号来源于速度给定。同样设置了给定积分器使时间的阶跃函数输入变为斜坡函数输出,以缓解给定突变产生的系统及电机电流、转矩、转速冲击。代表速度大小及转向的给定信号分两路分别控制整流器的输出电压和逆变器的输出频率。

进入逆变器控制部分的给定信号经绝对值电路后,形成代表转速大小的电压信号,再经由

V/f 变换器(压控振荡器)变换成相应的频率信号。由于这是逆变器六个晶闸管元件的驱动脉冲信号总和,其频率应是逆变器输出频率的六倍,即 $6f_1$。六倍频的脉冲首先经过脉冲分配器作六分频,再通过转向判别器输出转向信号的干预,实现对驱动脉冲的分配控制。各脉冲经功率放大后,最终形成触发逆变器各晶闸管元件的一定顺序和时间间隔的触发脉冲,控制电机的转向和转速。以图 2.99 逆变器晶闸管元件序号为例,当速度给定为正时,经转向判别器判断(模／数转换)输出逻辑量"1",由它干预脉冲分配,使触发脉冲依次向晶闸管 $VT_1 \rightarrow VT_2 \rightarrow VT_3 \rightarrow VT_4 \rightarrow VT_5 \rightarrow VT_6 \rightarrow VT_1 \rightarrow \cdots\cdots$ 发送,使电机获得正相序的电源激励,电机正转。当速度给定为负时,经转向判别器判断输出逻辑量"0",由它干预脉冲分配,使触发脉冲依次向晶闸管 $VT_1 \rightarrow VT_6 \rightarrow VT_5 \rightarrow VT_4 \rightarrow VT_3 \rightarrow VT_2 \rightarrow VT_1 \rightarrow \cdots\cdots$ 发送,使电机获得逆相序的电源激励,电机反转。

在电流源逆变器供电调速系统中仍然实行恒电压／频率比控制,为此首先设置了电压闭环。在整流器控制部分中,速度给定信号首先经函数发生器产生出与运行频率相对应的电压给定信号,再经与检测机端电压产生出的电压反馈信号相比较和电压调节器的 PI 调节,就可将定子电压严格控制在函数发生器所要求的电压值上。为了保证逆变器的电流源特性,整流输出电压的调节至关重要,为此又设置了电流闭环,将电压调节器的输出作为电流调节器的输入,通过与电流反馈量的比较和调节器的 PI 运算,调节、控制可控整流器的直流输出电压,维持逆变器输入电流的恒流特性。当电流调节器采用限幅输出时还可以有效地抑制故障电流,减小调速装置过流容量。这种以电压反馈为外环、电流反馈为内环的双闭环结构是电流源逆变器 — 异步电机变频调速系统最简单、最典型的控制方式。

然而采用电压反馈控制后容易引起系统运行不稳定。这是因为电压反馈的目的是企图根据运行频率控制电机的端电压,以满足恒电压／频率比运行要求。但是逆变器的恒流特性同样也是通过调节可控整流器的输出直流电压来维持的。虽然主电路直流环节串有滤波大电感这样一个大滞后环节,但经电流调节器的优化设计获得了良好的补偿,从而使电流环比电压环有更快的动态响应速度。这样,每当电机负载急剧变化时,可控整流器首先按电流环的要求调节输出整流电压,从而使运行频率下的端电压偏离了函数发生器确定的电压给定值。电压检测发现端电压的偏离后,经过电压闭环的控制又试图将整流输出电压调整回来。这就出现了整流输出电压的调节一时不能同时适应两个方面的要求而发生矛盾的局面,往往使电压不能稳定在应有的数值上,出现振荡。随之造成电机磁通发生振荡,导致转矩、转速不断波动,运行失去稳定。为解决这个运行稳定性问题,可增设如图虚线所示的瞬态校正环节,其本质是一个微分环节。这样当电机端电压发生波动时,校正环节感知出电压调节的趋势,以此主动并及时改变逆变器的输出频率,以适应电机端电压的变化,保证过渡过程中也能按函数发生器要求动态地维持恒电压／频率比运行,使得系统运行稳定性大为改善。

三、转差频率控制异步电机变频调速系统

以上讨论的电压源及电流源逆变器 — 异步电机变频调速系统都是频率开环系统。当电机长期作稳定运行或者调速精度要求不高时,由于正常运行的异步电机转差率不大,电机转速与同步速度相差不多,频率开环系统也就能满足一般的运行要求。但是当调速系统要求进行快速

起动、制动、加速、减速时,频率开环系统就不能满足这种动态运行要求了。这是由于电机转子及轴上负载的转动惯量限制了转速的快速响应,一旦电源频率变化过快时,转子速度将大大偏离电源频率变化后的旋转磁场同步速,导致转子转差超过对应于最大转矩的临界转差 s_{max}。在这种大转差下,由于转子电路频率增大,转子内功率因数变差,促使转子电流及损耗增大,电磁转矩反而变小,运行趋于不稳定。因此在有动态运行性能要求的场合下,必须采用频率反馈控制,控制转子的转差频率使之总保持在小转差率下,调速系统就可在高功率因数、小转子电流、低转子损耗下获得最大的电磁转矩。这就是转差频率控制的基本思路。

(一) 控 制 方 法

众所周知,异步电机电磁转矩与气隙磁通和转子有功电流之积成正比,即

$$T = C_t \Phi I'_2 \cos\Psi_2$$

式中　　C_t—— 异步电机转矩常数。

在频率闭环的控制系统中,转子转差角频率总被限制在临界转差率 s_{max} 对应值之下,其运行区被限制在转矩 — 转速特性曲线的稳态运行区内,如图 2.100 的阴影线区域所示。这里用电角频率的形式表示绝对转差 $\omega_s = \omega_1 - \omega = s\omega_1$,即运行频率下基波旋转磁场转速 ω_1 与转子实际速度 ω 之差,而 $s = \omega_s/\omega_1$ 则是相对转差。

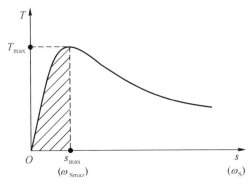

图 2.100　异步电机 $T - s$ 曲线

在小转差运行区域内,转子转差频率很低,转子阻抗呈现电阻性质,内功率因数很高,$\cos\Psi_2 \approx 1$。这样,电机的电磁转矩可近似写成

$$T \approx C_t \Phi I'_2 \tag{2.85}$$

从异步电机的等值电路可以求出转子电流为

$$I'_s = \frac{sE_1}{\sqrt{(R'_2)^2 + (s X'_2)^2}}$$

因为转差被控制得很小,$s X'_2 \ll R'_2$,则

$$I'_s \approx \frac{sE_1}{R_2} = \left(\frac{E_1}{\omega_1}\right)\frac{\omega_s}{R'_2}$$

由于

$$\frac{E_1}{\omega_1} \infty \frac{E_1}{f_1} \infty \Phi$$

则

$$I'_2 \infty \Phi\omega_s \tag{2.86}$$

即转子电流与气隙磁通 Φ 和绝对转差 ω_s 之积成正比。这样

$$T = C'_t \Phi^2 \omega_s$$

此式告诉我们,如果设法维持气隙磁通 Φ 不变,则电磁转矩直接与绝对转差 ω_s 成正比。只要控制绝对转差,就能达到控制转矩的目的。为了维持电机中气隙磁通恒定,需要控制电机的激磁电流 I_m,但它是定子、转子电流合成磁势的等值激磁电流,即

$$\dot{I}_m = \dot{I}_1 + \dot{I}'_2 \tag{2.87}$$

在广泛应用的笼型异步电机中,定子电流 I_1 可测可控,但转子电流无法直接测量和控制。这样一来,必须找出激励电流 I_m 与定子电流 I_1 的关系,通过控制定子电流间接地控制激磁电流,从而维持气隙磁通不变。因为

$$\dot{I}'_2 = \frac{\dot{E}_1}{\frac{R'_2}{s} + j X'_2} = \frac{-j \dot{I}_m X_m s}{R'_2 + js X'_2} = \frac{-j \dot{I}_m X_m \left(\frac{\omega_s}{\omega_1}\right)}{R'_2 + j\left(\frac{\omega_s}{\omega_1}\right) X'_2} = \frac{-j \dot{I}_m L_m \omega_s}{R'_2 + j\omega_s L'_2}$$

则式(2.87)变为

$$\dot{I}_1 = \dot{I}_m \left(1 + \frac{j\omega_s L_m}{R'_2 + j\omega_s L'_2}\right) = I_m \frac{R'_2 + j\omega_s (L_m + L'_2)}{R'_2 + j\omega_2 L'_2}$$

写成标量式

$$I_1 = I_m \sqrt{\frac{(R'_2)^2 + [\omega_s (L_m + L'_2)]^2}{(R'_2)^2 + (\omega_s L'_2)^2}} \qquad (2.88)$$

这样,当维持 I_m 不变以达到维持气隙磁通 Φ 不变的条件时,定子电流应随转子绝对转差 ω_s 作如图 2.101 所示规律的变化,图中绝对转差为零时的定子电流即为激磁电流 I_m。

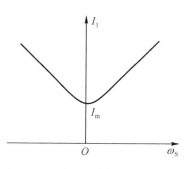

图 2.101　恒磁通下定子电流随绝对转差变化规律

(二)转差频率控制变频调速系统

转差频率控制变频调速系统结构框图如图 2.102 所示。可以看出,这是一个具有电流内环及频率外环的双闭环系统。控制信号来自于速度给定 ω^*,与测速发电机 TG 反馈的实际转速信号 ω 相比较,其差值信号($\omega^* - \omega$)通过转差调节器产生出绝对转差信号 ω_s,如图 2.103 所示。即根据输入信号($\omega^* - \omega$)的极性不同,转差调节器将输出不同极性的转差信号;在 $|\omega^* - \omega|$ 达到一定值后,则以 $|\omega_{smax}|$ 为其饱和输出。这样,在动态过程中就能控制调速系统运行在绝对转差 $\leqslant |\omega_{smax}|$ 的很小范围内。

输出的转差信号 ω_s 被分作两路,一路通过函数发生器进入整流器控制回路。函数发生器的输出作为定子电流给定值 I_1^*,其变化规律可模拟图 2.101 曲线。采用电流闭环后能保证定子电流完全按照这个规律变化,这样就能做到整个调速过程中维持气隙磁通 Φ 恒定不变,为实现转差频率控制创造条件。

为了控制逆变器的输出频率,将转差调节器的输出绝对转差 ω_s 与转子实际速度 ω 相加,得到逆变器输出频率设置值

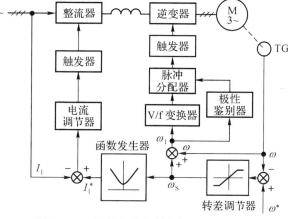

图 2.102　转差频率控制变频调速系统

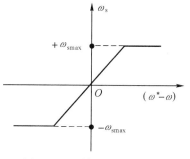

图 2.103　转差调节器特性

$$\omega_1 = \omega + \omega_s \tag{2.89}$$

再通过脉冲分配器、脉冲放大器形成逆变器的触发信号。极性鉴别器根据算出的 ω_1 的正、负极性，决定触发脉冲的相序，从而控制电机的正、反转向。

（三）转差频率控制调速过程

在维持磁通恒定的条件下电机空载起动时，由于起动的初始瞬间转速 $\omega = 0$，速度给定 ω^* 与实际转速之差（$\omega^* - \omega$）很大，转差调节器以 ω_{smax} 之值饱和输出，根据式（2.89）可以决定此时逆变器的输出频率。由于几乎在整个起动过程中（$\omega^* - \omega$）总是很大，可以维持 $\omega_s = \omega_{smax}$ 不变，这样就使得 ω_1 自动地跟随转速 ω 的上升而增加，电机以最大转矩进行加速，直到 ω 接近 ω^*，转差调节器输出 ω_s 退出饱和区为止，最后稳定于 $\omega = \omega^*$，整个起动过程如图 2.104 中 A 到 B 的一段所示。稳定到 B 点后，$\omega_s = 0$，$\omega_1 = \omega^*$，故 B 点为电机理想空载运行点，此时相应的逆变器输出频率或定子频率为 ω_1（或 f_1）。

如果这时电机轴上突加负载 T_L，根据转矩平衡关系，加载的初始瞬间电机工作点将退至 C 点。转速 ω 的下降将使转差调节器输出一个正值绝对转差 ω_s，根据 $\omega_1 = \omega + \omega_s$ 的关系，定子频率 ω_1 将增加到新值 $\omega_1' > \omega$，促使转速 ω 相应提高。由于是无差调节系统，转速最终将与给定值相符，即 $\omega = \omega^*$，电机将稳定运行于 D 点。

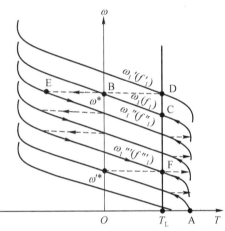

图 2.104　转差频率控制的调速过程

如果减小转速的给定值至 $\omega_1'^*$（$\omega'^* < \omega^*$），这时将出现一个再生制动的动态过程。在改变转速给定值的初始瞬间，转子的惯性限制了转速 ω 不能突变，转差调节器将饱和输出 $-\omega_{smax}$，使逆变器输出频率变为 $\omega_1'' = \omega - \omega_{smax}$。显然 $\omega_1'' < \omega_1$，电机进入发电制动状态，工作点应由 D 点移到 E 点。

在整个的制动过程中，一般 $|\omega^* - \omega|$ 都比较大，转差调节器维持饱和输出，使电机能以接近最大转矩，即 $T \approx T_{max}$ 进行制动。随着转速 ω 的降低，逆变器或定子频率逐渐减小直到进入新的平衡点 F，此时 $\omega = \omega'^*$，新的定子频率为 $\omega_1''' = \omega'^* + \omega_s$。由于是恒转矩调速，F 点的绝对转差 ω_s 将和 D 点的 ω_s 数值相同。

根据以上叙述的工作情况来看，转差频率控制变频调速系统在稳态时可以实现无差调节，有着优良的静态特性；急剧的动态变化过程中可以最大转矩作为动态转矩自动实现四象限运行，电机转差被严格控制在临界转差以内，也就有着良好的动态性能，故是一种有较高性能的调速方案。

2.9 异步电动机的高性能控制

众所周知,交流电机(包括异步电机、同步电机)是一个多变量、强耦合、非线性、时变的复杂系统,一般的调速方法难以实现高性能的转矩动态控制,原因是产生转矩的电机磁场与电流间存在强烈耦合,无法单一地对应控制,解耦成为交流电机实现转矩动态控制的关键。

要实现转矩的动态控制有二种策略,一是将交流电机通过坐标变换变换成一台等效的直流电机,将矢量形式的电机电流分解成磁通电流及转矩电流两分量,像直流电机那样通过对两解耦分量电流的间接调节实现转矩的动态控制,这就是矢量变换控制技术。二是将变频器与电机作为一个整体来考虑,采用电压空间矢量的方法、通过磁链跟踪型 SVPWM 的开关切换方式,避开电流直接用三相电压来控制电机的磁链、进而动态地控制转矩,实现交流电机的高性能控制,这就是直接转矩控制策略。

本节将对异步电机的矢量变换控制和直接转矩控制进行介绍。

一、矢量变换控制

交流电机调速系统的矢量变换控制技术是 20 世纪 70 年代开始迅速发展起来的一种新型控制思想。由于通过矢量的坐标变换能使交流电机获得如同直流电机一样良好的动态调速特性,使得这种控制方法成为交流电机获得理想调速性能的重要途径。

(一) 矢量变换控制的基本概念

任何一个电气传动系统在运行中都要服从基本的机电运动规律 —— 转矩平衡方程式

$$T - T_{\text{L}} = J \frac{\text{d}\omega}{\text{d}t}$$

可以看出,整个系统动态性能的控制反映在转子角加速度 $\text{d}\omega/\text{d}t$ 的控制上,实质上是对系统动态转矩($T - T_{\text{L}}$)的控制。在负载转矩 T_{L} 的变化规律已知条件下,也就是对电机电磁转矩 T 的瞬时控制。

前面所讨论的一些控制方式中,恒电压/频率比运行虽在低频时采用电压补偿的方法可使气隙磁通基本恒定,电机能作恒转矩运行,但由于频率开环,无法动态地控制电磁转矩。转差频率控制既可以控制磁通又可以控制转矩,但由于两者都与转差频率有关,无法实现磁通和转矩的单独(解耦)控制。此外,这些控制方式所控制的变量,如电压有效值、定子频率及转差频率等都是一些平均值,故是在平均值意义上进行的控制,而不是瞬时值控制,也就得不到快速的系统响应及良好的动态性能。

直流电机是一种控制性能优越的调速电机,这与它的被控制变量形式有密切关系。当不考虑磁路的饱和效应和电枢反应(电枢反应可以通过补偿办法来消除)、电刷置于磁极的几何中性线上时,通过换向器的机械整流作用,可使励磁磁通 Φ 与电枢电流 i_{a} 所产生的电枢磁势 F_{a}

在空间总是保持互相垂直关系,如图 2.105 所示。此时,直流电机产生的电磁转矩最大,可以表示成

$$T = C'_t \Phi i_a \tag{2.90}$$

由于励磁磁通与电枢磁势方向相互垂直,两者互不影响,励磁绕组与电枢绕组又相互独立,故有可能分别调节励磁电流与电枢电流,实现对电磁转矩 T 的解耦控制。特别是当保持磁通恒定时,转矩与电枢电流成一单值对应关系,从而可以通过对电枢电流的闭环控制实现对转矩的独立控制。此外,直流电机被控制变量是励磁电流 i_f 及电枢电流 i_a,它们都是只有大小及正负极性变化的标量。标量控制系统比较简单,实现方便,典型的就是双闭环控制系统。

对于变频调速的异步电机来讲情况就复杂得多。异步电机的电磁转矩可表达为

$$T = C_t \Phi I'_2 \cos\Psi_2 \tag{2.91}$$

由于气隙磁通 Φ 由激磁电流 $\dot{I}_m = \dot{I}_1 + \dot{I}'_2$ 产生,使它不仅决定于电子电流 $\dot{I}_1$,而且与转子电流 $\dot{I}'_2$ 有关。而 $\dot{I}'_2 = \dfrac{\dot{E}'_2}{\left(\dfrac{R'_2}{s} + jX'_2\right)}$ 是 s 的函数,转子的内功率因数 $\cos$

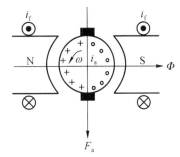

图 2.105　直流电动机励磁磁通 Φ 与电枢磁势 F_a 的空间关系

$\Psi_2 = \dfrac{s\omega_1 L'_2}{R'_2}$ 也是 s 的函数,致使产生电磁转矩的两个分量 Φ 及 $I'_2\cos\Psi_2$ 都是转差率 s 的函数,无法直接分开进行单独控制。另外,气隙磁通 Φ 及转子有功电流 $I'_2\cos\Psi_2$ 实际上都是通过定子绕组提供的,相当于两个量处于同一控制回路之中,因而在控制过程中激磁磁通和转子有功电流间的变化会相互影响,容易造成动态响应时间加长或系统振荡,因而在动态过程中要准确地控制转矩就显得比较困难。再从被控制量的特征来看,定子电流是周期性变化的时间矢量,气隙磁通是旋转的空间矢量,矢量有大小及相位问题,要比标量难于控制。这也表明,如果要提高异步电机的控制性能,必须实现被控制变量从矢量向标量的转化。矢量变换控制就是将受控交流矢量通过变换成为直流标量而进行有效控制的一种控制方法,这种变换是在确保空间产生同样大小、同样转速、同样转向的旋转磁场条件下,通过绕组等效变换(坐标变换)实现的。

为了将交流矢量变换成两个独立的直流标量来分别进行调节,以及将被调节后的直流量还原成交流量最后控制交流电机的运行状态,必须采用矢量的坐标交换及其逆变换,故这种控制系统称为矢量变换控制系统。后面还将知道,为了获得如同并激直流电动机那样无最大转矩 T_m 限制的直线型机械特性,须实现异步电机的恒转子电势／频率比($E_r/f_1 = C$)控制,以动态地保持转子全磁通 Φ'_2 恒定,故坐标变换是以转子全磁通 Φ'_2 的方向作为同步速 M-T 坐标系中 M 轴的方向,使等效电流可以沿磁通方向分解成等效激磁电流 i_{M1}、沿垂直方向分解成等效转矩电流 i_{T1},所以也称为磁场定向控制,M-T 坐标系也就可以称为磁场定向坐标系。

(二) 矢量变换控制的理论基础

上述矢量变换控制的基本过程可能用图 2.106 来说明。对称的三相定子电流 i_{a1}、i_{b1}、i_{c1} 在

电机气隙空间中建立起一个以电源角频率 ω_1 速度旋转的磁势矢量 $\vec{F}_1$。由于磁势 $\vec{F}_1$ 在数值上与定子电流有效值 I_1 成正比,因此为了叙述方便常用电流矢量 $\vec{i}_1$ 来替代,此时 $\vec{i}_1$ 应看作与 $\vec{F}_1$ 等效的空间矢量,$\vec{\Phi}$ 则是将被选作旋转坐标轴线的电机某旋转磁通矢量。为了使交流的旋转矢量变换成直流的标量,应当引入与 $\vec{i}_1$ 同步旋转的同步速 M-T 坐标系,使交流电流矢量 $\vec{i}_1$ 沿坐标系的 M-T 轴分解成等效的激磁电流 i_{M1} 及转矩电流 i_{T1}。在同步速坐标系中它们具有直流量的特征,这样就可通过对等效激磁电流和转矩电流的分别控制实现对电机转矩的瞬时控制。因此,从电机分析理论角度来看,矢量变换控制所涉及到的理论基础有两方面:一是坐标变换理论,二是不同坐标系中异步电机的数学模型。

1. 坐标变换理论

矢量变换控制中涉及到的坐标变换有静止三相与静止二相,以及静止二相与旋转二相间的变换及其逆变换。抽象成坐标系间的关系就是变量从静止 as-bs-cs 坐标系向静止 α-β 坐标系的变换,以及变量从静止 α-β 坐标系向同步速旋转 M-T 坐标系的变换。此外直角坐标与极坐标的变换也是必须采用的一种变换。

(1)as-bs-cs 坐标系至 α-β 坐标系间的变换(3Φ/2Φ 变换)

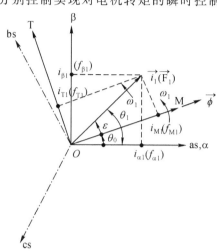

图 2.106　静止 as-bs-cs、静止 α-β 及旋转 M−T 坐标系

根据附录 I,如设任意速 d-q 坐标系的旋转速度 $\Omega = 0$,则可以得到 as-bs-cs 坐标系与静止 α-β 坐标系间的坐标变换与逆变换关系。即

$$f_{\alpha\beta n1} = \mathbf{T}(0) \cdot f_{abc1} \tag{2.92}$$

以及

$$f_{abc1} = \mathbf{T}(0)^{-1} \cdot f_{\alpha\beta n1} \tag{2.93}$$

式中

$$\mathbf{T}(0) = \frac{2}{3} \begin{bmatrix} 1 & -\dfrac{1}{2} & -\dfrac{1}{2} \\ 0 & \dfrac{\sqrt{3}}{2} & -\dfrac{\sqrt{3}}{2} \\ \dfrac{1}{\sqrt{2}} & \dfrac{1}{\sqrt{2}} & \dfrac{1}{\sqrt{2}} \end{bmatrix} \tag{2.94}$$

$$\mathbf{T}(0)^{-1} = \begin{bmatrix} 1 & 0 & \dfrac{1}{\sqrt{2}} \\ -\dfrac{1}{2} & \dfrac{\sqrt{3}}{2} & \dfrac{1}{\sqrt{2}} \\ -\dfrac{1}{2} & -\dfrac{\sqrt{3}}{2} & \dfrac{1}{\sqrt{2}} \end{bmatrix} \tag{2.95}$$

这里采用了变量符号 "f" 广义代表 "u"、"i"、"Ψ" 等变量。

在实际应用中考虑到：

① 交流调速系统多为三线制对称接法（即不带中线 Y 接），不存在零序性质的 n 轴分量，故可以从坐标变换矩阵中消去它。

② 由于电机及其系统为三线对称接法，三相变量之间彼此有着确定的关系。即

$$f_{c1} = -(f_{a1} + f_{b1})$$

这样，实用的三相与静止二相变换关系为

$$\boldsymbol{f}_{\alpha\beta1} = \mathbf{T}'(0) \cdot \boldsymbol{f}_{ab1} \tag{2.96}$$

或者

$$\boldsymbol{f}_{ab1} = \mathbf{T}'(0)^{-1} \cdot \boldsymbol{f}_{\alpha\beta1} \tag{2.97}$$

其中

$$\boldsymbol{f}_{ab1} = [f_{a1}, f_{b1}]^{\mathrm{T}}$$

$$\boldsymbol{f}_{\alpha\beta1} = [f_{\alpha1}, f_{\beta1}]^{\mathrm{T}}$$

$$\mathbf{T}'(0) = \begin{bmatrix} 1 & 0 \\ \dfrac{1}{\sqrt{3}} & \dfrac{2}{\sqrt{3}} \end{bmatrix} \tag{2.98}$$

$$\mathbf{T}'(0)^{-1} = \begin{bmatrix} 1 & 0 \\ -\dfrac{1}{2} & \dfrac{\sqrt{3}}{2} \end{bmatrix} \tag{2.99}$$

三相与静止二相的坐标变换运算框图将如图 2.107 所示。

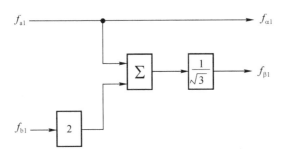

图 2.107　实用 3Φ/2Φ 变换运算框图

(2)α-β 坐标系至 M-T 坐标系的变换（旋转变换，VR 变换）

图 2.106 画出了静止 α-β 坐标系与以角速度 ω_1 旋转的 M-T 坐标系轴线间的相互位置关系，两者空间位置可以用 θ_0 角来度量

$$\theta_0 = \omega_1 t + \theta_0(0)$$

为了简单起见，常设初始位置角 $\theta_0(0) = 0$，即 $t = 0$ 时刻，M、α 轴线重合。

假设 $\vec{F}_1$ 为以 ω_1 角速度旋转的某空间矢量，它可以由静止 α-β 坐标系中正交分量 $f_{\alpha1}$、$f_{\beta1}$ 合成，亦可由旋转的 M-T 坐标系中的正交分量 f_{M1}，f_{T1} 合成。合成同一空间矢量 $\vec{F}_1$ 的各坐标系分量之间有着一定关系，根据图 2.106 所示，这个关系可以写成

$$\left. \begin{array}{l} f_{M1} = f_{\alpha1} \cos\theta_0 + f_{\beta1} \sin\theta_0 \\ f_{T1} = -f_{\alpha1} \sin\theta_0 + f_{\beta1} \sin\theta_0 \end{array} \right\} \tag{2.100}$$

写成矩阵形式

$$\begin{bmatrix} f_{M1} \\ f_{T1} \end{bmatrix} = \begin{bmatrix} \cos\theta_0 & \sin\theta_0 \\ -\sin\theta_0 & \cos\theta_0 \end{bmatrix} \cdot \begin{bmatrix} f_{\alpha1} \\ f_{\beta_1} \end{bmatrix}$$

若令

$$\boldsymbol{f}_{\mathrm{MT1}} = \left[\,f_{\mathrm{M1}}\,,f_{\mathrm{T1}}\,\right]^{\mathrm{T}}$$
$$\boldsymbol{f}_{\alpha\beta1} = \left[\,f_{\alpha1}\,,f_{\beta1}\,\right]^{\mathrm{T}}$$

则上式可紧凑地写成

$$\boldsymbol{f}_{\mathrm{MT1}} = \mathbf{R}(\theta_0) \cdot \boldsymbol{f}_{\alpha\beta1} \tag{2.101}$$

式中
$$\mathbf{R}(\theta_0) = \begin{bmatrix} \cos\theta_0 & \sin\theta_0 \\ -\sin\theta_0 & \cos\theta_0 \end{bmatrix} \tag{2.102}$$

称为静止二相与旋转二相的旋转变换矩阵。

如果将式(2.102)求逆,得

$$\mathbf{R}(\theta_0)^{-1} = \begin{bmatrix} \cos\theta_0 & -\sin\theta_0 \\ \sin\theta_0 & \cos\theta_0 \end{bmatrix} \tag{2.103}$$

由它可求得旋转二相与静止二相的坐标逆变换关系

$$\boldsymbol{f}_{\alpha\beta1} = \mathbf{R}(\theta_0)^{-1} \cdot \boldsymbol{f}_{\mathrm{MT1}} \tag{2.104}$$

以上关系可适应于电压、电流、磁通等的旋转坐标变换,实现该类坐标变换的运算电路框图如图2.108所示。

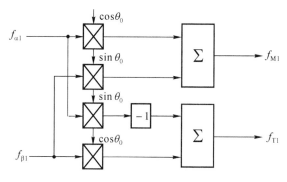

图 2.108　旋转变换运算框图

（3）直角坐标与极坐标变换（K/P）

从某矢量的已知两个正交分量求取模及幅角的运算属于直角坐标与极坐标变换,例如图2.106中从分量 f_{M1}、f_{T1} 求空间矢量 $\vec{F}_1$ 的大小 F 及相对于 M 轴的幅角 ε 的运算。可以看出,它们之间的变换关系是

$$F = \sqrt{(f_{\mathrm{M1}})^2 + (f_{\mathrm{T1}})^2} \tag{2.105}$$

$$\left.\begin{array}{l} \sin\varepsilon = \dfrac{f_{\mathrm{T1}}}{F} \\ \cos\varepsilon = \dfrac{f_{\mathrm{M1}}}{F} \end{array}\right\} \tag{2.106}$$

实现这种坐标变换的电路称为矢量分析器（VA）,其运算框图如图2.109所示。

2. 异步电机矢量变换控制用基本方程式

矢量变换控制的基本思路是将一台三绕组异步电机经过坐标变换变成一台二绕组的等效直流电机。为了使等效直流电机产生同样的旋转磁场效果,它的两个绕组必须以电源角频率

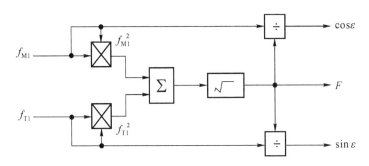

图 2.109　K/P 变换运算框图

ω_1 在空间旋转。从坐标系的观点来看,这个等效直流电机就是从同步速坐标系中观察的异步电机,其基本方程应是同步速坐标系中用 d-q 变量表示的异步电机方程式。

根据附录 Ⅱ 的式(Ⅱ－19),如果设定坐标系的速度为电源角频率 $\Omega = \omega_1$,则可以直接得到同步速坐标系中异步电机方程式。由于调速系统中的异步电机一般为三线制对称联接,变量中的 n 轴分量为零,6 个状态变量的方程组可简化为 4 个状态变量的方程组。此外对笼型电机还有 $u'_{d2} = 0, u'_{q2} = 0$。在矢量变换控制中常采用 M、T 表示同步速坐标系的 d、q 轴,这样便有

$$\begin{bmatrix} u_{M1} \\ u_{T1} \\ 0 \\ 0 \end{bmatrix} = \begin{bmatrix} R_1 + L_{11}p & -\omega_1 L_{11} & L_m p & -\omega_1 L_m \\ \omega_1 L_{11} & R_1 + L_{11}p & \omega_1 L_m & L_m p \\ L_m p & -(\omega_1 - \omega)L_m & R'_2 + L'_{22}p & -(\omega_1 - \omega)L'_{22} \\ (\omega_1 - \omega)L_m & L_m p & (\omega_1 - \omega)L'_{22} & R'_2 + L'_{22}p \end{bmatrix} \cdot \begin{bmatrix} i_{M1} \\ i_{T1} \\ i'_{M2} \\ i'_{T2} \end{bmatrix}$$

$$(2.107)$$

可以看出,每项电压均包括三部分构成:Ri 形式的电阻压降,$Lp = L d/dt$ 形式的自感电势,以及坐标旋转引起的 $\omega_1 L$ 或 $(\omega_1 - \omega)L$ 形式的旋转电势,其中只有旋转电势才与电机电磁功率或电磁转矩有关。

为使控制方式简单应简化方程式,常将图 2.106 中的磁通 $\vec{\Phi}$ 取为转子全磁通 $\vec{\Phi}'_2$(空间矢量,对应于时间矢量的转子磁链 Ψ'_2)。当同步速坐标系的 M 轴与 $\vec{\Phi}'_2$ 重合时,有

$$\Psi'_{M2} = \Psi'_2$$

$$\Psi'_{T2} = 0$$

根据转子磁链方程式[参见附录 Ⅱ 中式(Ⅱ－17)],以上两式可写为

$$\Psi'_{M2} = L'_{22} i'_{M2} + L_m i_{M1} \tag{2.108}$$

$$0 = L'_{22} i'_{T2} + L_m i_{T1} \tag{2.109}$$

将式(2.109)的关系代入式(2.107)第三、四行方程式,则电机的基本方程式可简化为

$$\begin{bmatrix} u_{M1} \\ u_{T1} \\ 0 \\ 0 \end{bmatrix} = \begin{bmatrix} R_1 + L_{11}p & -\omega_1 L_{11} & L_m p & -\omega_1 L_m \\ \omega_1 L_{11} & R_1 + L_{11}p & \omega_1 L_m & L_m p \\ L_m p & 0 & R'_2 + L'_{22}p & 0 \\ (\omega_1 - \omega)L_m & 0 & (\omega_1 - \omega)L'_{22} & R'_2 \end{bmatrix} \cdot \begin{bmatrix} i_{M1} \\ i_{T1} \\ i'_{M2} \\ i'_{T2} \end{bmatrix} \tag{2.110}$$

这就是矢量变换控制所依据的异步电机数学模型。

从上式第三行及第四行有

$$0 = \mathrm{p}(L_{\mathrm{m}} i_{\mathrm{M1}} + L'_{22} i'_{\mathrm{M2}}) + R'_2 i'_{\mathrm{M2}}$$

$$= \mathrm{p}\Psi'_{\mathrm{M2}} + R'_2 i'_{\mathrm{M2}} \tag{2.111}$$

$$0 = (\omega_1 - \omega)(L_{\mathrm{m}} i_{\mathrm{M1}} + L'_{22} i'_{\mathrm{M2}}) + R'_2 i'_{\mathrm{T2}}$$

$$= (\omega_1 - \omega)\Psi'_{\mathrm{M2}} + R'_2 i'_{\mathrm{T2}} \tag{2.112}$$

由于只有旋转电势与相应电流的乘积等于与电磁转矩相应的电功率 P_{e}，如设转子磁链 Ψ'_{M2} 不变，式(2.110)前两行可求得

$$P_{\mathrm{e}} = \frac{3}{2}(u_{\mathrm{M1}} i_{\mathrm{M1}} + u_{\mathrm{T1}} i_{\mathrm{T1}})$$

$$= \frac{3}{2}\left[(-\omega_1 L_{11} i_{\mathrm{T1}} - \omega_1 L_{\mathrm{m}} i'_{\mathrm{T2}}) i_{\mathrm{M1}} + (\omega_1 L_{11} i_{\mathrm{M1}} + \omega_1 L_{\mathrm{m}} i'_{\mathrm{M2}}) i_{\mathrm{T1}}\right]$$

$$= \frac{3}{2}\omega_1 L_{\mathrm{m}}(i_{\mathrm{T1}} i'_{\mathrm{M2}} - i_{\mathrm{M1}} i'_{\mathrm{T2}})$$

根据式(2.110)，当保持转子磁链不变化时，因 $\mathrm{p}\Psi'_{\mathrm{M2}} = 0$，可以导出

$$i'_{\mathrm{M2}} = 0$$

所以

$$P_{\mathrm{e}} = -\frac{3}{2}\omega_1 L_{\mathrm{m}} i_{\mathrm{M1}} i'_{\mathrm{T2}}$$

根据式(2.109)

$$i'_{\mathrm{T2}} = -\frac{L_{\mathrm{m}}}{L'_{22}} i_{\mathrm{T1}} \tag{2.113}$$

这样

$$P_{\mathrm{e}} = \frac{3}{2}\omega_1 \frac{L_{\mathrm{m}}^2}{L'_{22}} i_{\mathrm{M1}} i_{\mathrm{T1}} \tag{2.114}$$

又由于 $i'_{\mathrm{M2}} = 0$，从式(2.108)可以导出

$$i_{\mathrm{M1}} = \frac{\Psi'_{\mathrm{M2}}}{L_{\mathrm{m}}} \tag{2.115}$$

代入式(2.114)得

$$P_{\mathrm{e}} = \frac{3}{2}\omega_1 \frac{L_{\mathrm{m}}}{L'_{22}} \Psi'_{\mathrm{M2}} i_{\mathrm{T1}}$$

从而异步电机的电磁转矩可表示成

$$T = \frac{P_{\mathrm{e}}}{\left(\dfrac{\omega_1}{P}\right)} = \frac{3}{2} P \frac{L_{\mathrm{m}}}{L'_{22}} \Psi'_{\mathrm{M2}} i_{\mathrm{T1}} \tag{2.116}$$

式中　　P——电机极对数。

从式(2.112)还可得到

$$(\omega_1 - \omega) = -\frac{R'_2 i'_{\mathrm{T2}}}{\Psi'_{\mathrm{M2}}}$$

考虑到式(2.113)，则转子相对旋转磁场的转速之差为

$$\omega_{\mathrm{s}} = (\omega_1 - \omega) = \frac{L_{\mathrm{m}}}{T_2 \Psi'_{\mathrm{M2}}} i_{\mathrm{T1}} \tag{2.117}$$

式中　　$T_2 = \dfrac{L'_{22}}{R'_2}$——转子时间常数。

此外根据式(2.111)有

$$i'_{\mathrm{M2}} = -\frac{\mathrm{p}\Psi'_{\mathrm{M2}}}{R'_2}$$

代入式(2.108)可得

$$\varPsi'_{M2} = \frac{L_m}{1 + T_2 p} i_{M1} \qquad (2.118)$$

将上式代入式(2.117),可进一步求得转差表达式为

$$\omega_2 = \frac{1 + T_2 p}{T_2} \cdot \frac{i_{T1}}{i_{M1}} \qquad (2.119)$$

从转矩表达式[式(2.116)]及转子磁链表达式[式(2.118)]可以看出,转子磁链只与 M 轴定子电流激磁分量 i_{M1} 有关,电磁转矩则与转子磁链及 T 轴定子电流转矩分量 i_{T1} 有关。由于 M、T 轴定子电流之间已解除了耦合关系而相互独立,转矩的控制就可以通过分别对 M、T 轴定子电流 i_{M1}、i_{T1} 的独立控制来实现,相互间没有牵制。虽然转子时间常数 T_2 较大,控制定子激磁电流 i_{M1} 来改变转子磁链 $\varPsi'_{M2}$ 会有时延,但若先控制 i_{M1} 使磁通恒定,通过瞬时地控制 i_{T1} 就可实现对转矩的瞬时控制,获得如同直流电机那样的控制特性。

3. 转子磁通空间位置的量测(磁通观测器)

为了有效地进行矢量坐标变换,必须设法确定同步速坐标系 M-T 轴线的空间位置,这是进行矢量变换的前提。为此可以量测转子全磁通矢量 $\overrightarrow{\varPhi}_2$ 相对于静止 α-β 坐标系 α 轴线的角度 θ_0 来实现。

检测转子磁通常有两种方法。

(1) 直接检测法

利用诸如霍尔元件之类的磁传感器直接测量电机的气隙磁通。这种方法需要对电机进行改造,在低速时还存在气隙齿谐波磁场脉动引起的量测误差,较少实用。

(2) 间接检测法

利用直接测得的电压、电流或转速信号,根据导出的电机数学模型进行计算,间接构成磁通信号。当然这种方法受数学模型准确性及电机参数稳定性的影响,但由于比较方便,因而实用。

为了从电机外部量"观测"到内部的磁通,必须建立静止 α-β 坐标系中异步电机的数学模型,这可将附录 Ⅱ 中异步电机方程式中的坐标速度设定为 $\varOmega = 0$ 得到。略去 n 轴分量,再设定 $u'_{a2} = 0, u'_{\beta2} = 0$(笼型),有

$$\begin{bmatrix} u_{a1} \\ u_{\beta1} \\ 0 \\ 0 \end{bmatrix} = \begin{bmatrix} R_1 + L_{11} p & 0 & L_m p & 0 \\ 0 & R_1 + L_{11} p & 0 & L_m p \\ L_m p & \omega L_m & R'_2 + L'_{22} p & \omega L'_{22} \\ -\omega L_m & L_m p & -\omega L'_{22} & R'_2 + L'_{22} p \end{bmatrix} \cdot \begin{bmatrix} i_{a1} \\ i_{\beta1} \\ i'_{a2} \\ i'_{\beta2} \end{bmatrix} \qquad (2.120)$$

根据此式,可以导出利用电机电压、电流间接量测气隙(互感)磁链的数学表达式,以及由求得的气隙(互感)磁链及定子其他变量间接测量转子磁链矢量的数学表达式。这些是构成"磁通观测器"的理论根据。

从式(2.120)中的 α-β 轴定子电压方程式并考虑附录 Ⅱ 中的式(Ⅱ-18),有

$$u_{a1} = (R_1 + L_1 p) i_{a1} + p \varPsi_{ma}$$
$$u_{\beta1} = (R_1 + L_1 p) i_{\beta1} + p \varPsi_{m\beta}$$

式中
$$\left. \begin{array}{l} \varPsi_{ma} = L_m (i_{a1} + i'_{a2}) \\ \varPsi_{m\beta} = L_m (i_{\beta1} + i'_{\beta2}) \end{array} \right\} \qquad (2.121)$$

这样,电机 $\alpha\text{-}\beta$ 轴气隙(互感)磁链可表示为

$$\left.\begin{aligned}\Psi_{m\alpha} &= \frac{1}{p}\left[u_{\alpha1} - (R_1 + L_1 p)i_{\alpha1}\right]\\ \Psi_{m\beta} &= \frac{1}{p}\left[u_{\beta1} - (R_1 + L_1 p)i_{\beta1}\right]\end{aligned}\right\} \tag{2.122}$$

根据式(2.121)可以求得

$$\left.\begin{aligned}i'_{\alpha2} &= \frac{\Psi_{m\alpha}}{L_m} - i_{\alpha1}\\ i'_{\beta2} &= \frac{\Psi_{m\beta}}{L_m} - i_{\beta1}\end{aligned}\right\}$$

代入转子磁链方程式[附录 Ⅱ 中式(Ⅱ.17)],得

$$\left.\begin{aligned}\Psi'_{\alpha2} &= L'_{22}i'_{\alpha2} + L_m i_{\alpha1}\\ &= L'_{22}\left(\frac{\Psi_{m\alpha}}{L_m} - i_{\alpha1}\right) + L_m i_{\alpha1}\\ &= \frac{L'_{22}}{L_m}\Psi_{m\alpha} - L'_2 i_{\alpha1}\\ \Psi'_{\beta2} &= L'_{22}i'_{\beta2} + L_m i_{\beta1}\\ &= L'_{22}\left(\frac{\Psi_{m\beta}}{L_m} - i_{\beta1}\right) + L_m i_{\beta1}\\ &= \frac{L'_{22}}{L_m}\Psi_{m\beta} - L'_2 i_{\beta1}\end{aligned}\right\} \tag{2.123}$$

根据式(2.122)、(2.123),加上一些必要的坐标变换关系,可以构成如图 2.110 所示的磁通观测器方框图,其中电压检测环节检测的是线电压 u_{ab}、u_{bc},它们与 a、b 相电压的关系为

$$\left.\begin{aligned}u_{a1} &= \frac{1}{3}(u_{bc} + 2u_{ab})\\ u_{b1} &= \frac{1}{3}(u_{bc} - u_{ab})\end{aligned}\right\}$$

代入三相与二相坐标变换方程式(2.96),则有

$$\begin{bmatrix}u_{\alpha1}\\ u_{\beta1}\end{bmatrix} = \begin{bmatrix}1 & 0\\ \dfrac{1}{\sqrt{3}} & \dfrac{2}{\sqrt{3}}\end{bmatrix}\begin{bmatrix}\dfrac{1}{3}(u_{bc} + 2u_{ab})\\ \dfrac{1}{3}(u_{bc} - u_{ab})\end{bmatrix} = \begin{bmatrix}\dfrac{1}{3}(u_{bc} + 2u_{ab})\\ \dfrac{1}{\sqrt{3}}u_{bc}\end{bmatrix} \tag{2.124}$$

(三) 异步电机矢量变换控制系统

根据获得作为 M 轴线的转子磁通矢量 $\overrightarrow{\Phi}'_2$ 位置角 θ_0(图 2.106) 的方法不同,矢量变换控制系统可以分成磁通检测式(包括直接磁通检测和磁通观测器)和转差频率控制式两种。磁通检测式通过直接或间接的手段检测出磁通瞬时值后,直接求得磁通矢量 $\overrightarrow{\Phi}'_2$ 的位置角 θ_0,这种方式中调速系统的性能取决于磁通检测精度,其准确性与电机参数,特别是转子回路时间常数 $T_2 = L'_{22}/R'_2$ 有关。这个 T_2 是一个很不稳定的因素,随转子绕组温度变化,尤其随转子频率变化的集肤效应影响,电感 L'_{22} 与电阻 R'_2 朝不同方向变化。如频率增高时,电阻增大,电感却

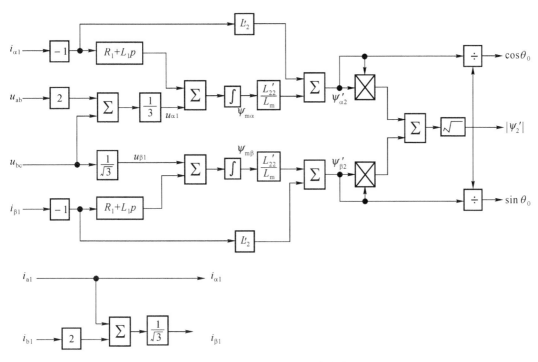

图 2.110　一种磁通观测器的方框图

减少，T_2 变化剧烈，影响磁通观测的准确性，甚至影响整个矢量控制系统性能。转差频率控制式是在原来异步电机转差频率控制方法基础上发展起来的，它是由实测的转子位置角与计算求得的转差角相加来获得转子磁通位置角 θ_0，这种方法的优点是可以在包括零速在内的全速度范围内使系统获得高性能。

下面就两种控制方式举例说明。

1. 磁通检测式

(1)PWM 电压源逆变器 — 异步电机矢量控制系统

系统框图如图 2.111 所示，这是一种应用磁通观测器的磁通检测式矢量变换控制系统，磁通观测完全采用图 2.110 所示的运算原理。系统主电路为采用 IGBT 元件的电压型 PWM 变频器，实现速度及电流双闭环控制。速度给定信号 ω^* 与实测电机速度 ω 相比较后，差值信号送速度调节器 ST，ST 的输出为转矩给定值 T^*。T^* 除以从磁通观测器检测出的实际转子磁链 Ψ_2' 后，获得了等效转矩电流给定值 i_{T1}^*。为严格控制转矩电流分量，设置了电流调节器 LT2，以实现对 i_{T1}^* 的闭环控制。其中等效转矩电流反馈值 i_{T1}、等效激磁电流反馈值 i_{M1} 均系通过电流检测和 $3\Phi/2\Phi$ 变换、VR1 旋转变换后获得。与此同时，根据测速机构 TG 实测转速 ω，按基频以下恒磁通(恒转矩)、基频以上弱磁通(恒功率)的控制规律，由磁通发生器 ΦF 给出转子磁链给定信号 $\Psi_2'^*$。$\Psi_2'^*$ 与从磁通观测器检测出的电机实际转子磁链 Ψ_2' 相比较，差值信号经磁通调节器 ΦT 调节，产生出等效激磁电流给定值 $i_{M1}'^*$。同样为严格控制激磁电流分量，也设置了电流调节器 LT1，实现对 i_{M1}^* 的闭环控制。

为控制 PWM 逆变器的输出三相电压，需将两电流调节器 LT1、LT2 输出的等效转矩及激磁电流给定信号 i_{M1}^*、i_{T1}^* 转换为相应的电压给定信号 $u_{\alpha1}^*$、$u_{\beta1}^*$，这是由电流 — 电压变换器完成

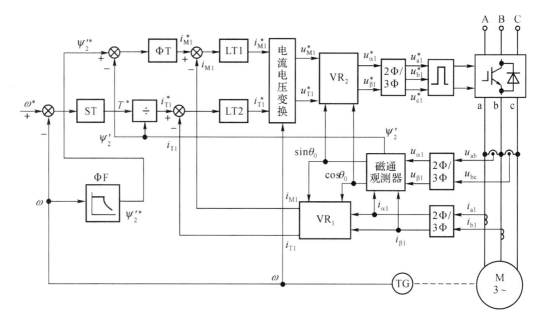

图 2.111　磁通检测式 PWM 电压源逆变器 — 异步电机矢量控制系统

的,其变换关系可从矢量控制适用的异步电机数学模型式(2.110)导出。从式(2.110)的第一、二行方程,有

$$
\left.\begin{aligned}
u_{M1} &= (R_1 + L_{11}\mathrm{p})i_{M1} - \omega_1 L_{11}i_{T1} + L_m \mathrm{p} i'_{M2} - \omega_1 L_m i'_{T2}\\
u_{T1} &= \omega_1 L_{11}i_{M1} + (R_1 + L_{11}\mathrm{p})i_{T1} + \omega_1 L_m i'_{M2} + L_m \mathrm{p} i'_{T2}
\end{aligned}\right\}
\tag{2.125}
$$

综合式(2.108)和式(2.118)

$$
\Psi'_2 = L'_{22} i'_{M2} + L_m i_{M1} = \frac{L_m}{1 + T_2 \mathrm{p}} i_{M1}
$$

可得

$$
i'_{M2} = \frac{L_m}{L'_{22}}\left(\frac{1}{1 + T_2 \mathrm{p}} - 1\right)i_{M1}
\tag{2.126}
$$

再根据式(2.113)

$$
i'_{T2} = -\frac{L_m}{L'_{22}} i_{T1}
\tag{2.127}
$$

及式(2.119),有

$$
\omega_1 = \omega + \omega_s = \omega + \frac{1 + T_2 \mathrm{p}}{T_2} \cdot \frac{i_{T1}}{i_{M1}}
\tag{2.128}
$$

将式(2.126)~(2.128)代入式(2.125),经整理可得

$$
\left.\begin{aligned}
u_{M1} &= R_1\left(1 + T_1\mathrm{p}\,\frac{1 + \sigma T_2 \mathrm{p}}{1 + T_2 \mathrm{p}}\right)i_{M1} - \sigma L_{11}i_{T1}\left(\omega + \frac{1 + \mathrm{p}T_2}{T_2}\cdot\frac{i_{T1}}{i_{M1}}\right)\\
u_{T1} &= \left[R_1(1 + \sigma T_1\mathrm{p}) + \frac{L_{11}}{T_2}(1 + \sigma T_2 \mathrm{p})\right]i_{T1} + L_{11}\frac{1 + \sigma T_2 \mathrm{p}}{1 + T_2 \mathrm{p}}i_{M1}\omega
\end{aligned}\right\}
\tag{2.129}
$$

式中　$\sigma = 1 - \dfrac{L_m^2}{L_{11}L'_{22}}$,　$T_1 = \dfrac{L_{11}}{R_1}$,　$T_2 = \dfrac{L'_{22}}{R'_2}$。

以上就是电流 - 电压变换器的运算依据。

最后,电流 — 电压变换器输出的 M—T 坐标系内电压给定信号 u^*_{M1}、u^*_{T1} 经 VR2 旋转逆变换后,形成静止 α-β 坐标系中的电压给定信号 $u_{\alpha 1}^*$、$u_{\beta 1}^*$,再经 $2\Phi/3\Phi$ 变换,得到静止三相的给定电压信号 u_{a1}^*、u_{b1}^*、u_{c1}^*,以此作 PWM 的调制信号去控制逆变器,生成 PWM 电压波形,驱动异步电机实现变频调速运行。

(2) 电流源逆变器 —— 异步电机矢量控制系统

图 2.112 是一种应用磁通观测器的磁通检测式电流源型逆变器 —— 异步电机矢量变换控制系统框图。

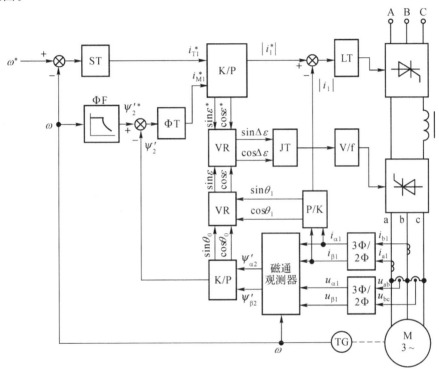

图 2.112　磁通检测式电流源逆变器 —— 异步电机矢量控制系统

可以看出,系统主回路采用电流源型逆变器,具有速度及电流双重闭环。速度给定信号 ω^* 与实际电机速度 ω 相比较,其误差信号送速度调节器 ST,ST 输出为等效转矩电流给定值 i_{T1}^*。同样,根据实际转速 ω,按照基频以下恒磁通(恒转矩)、基频以上弱磁通(恒功率)的调节规律,由磁通发生器 ΦF 给出磁链给定信号 $\Psi_2'^*$。$\Psi_2'^*$ 与从磁通观测器测得的电机实际转子磁链 Ψ_2' 相比较,差值信号经磁通调节器 ΦT 作用,给出等效激磁电流给定值 i_{M1}^*,从而控制定子电流激磁分量。i_{T1}^* 与 i_{M1}^* 经直角坐标与极坐标变换(K/P),一方面给出定子电流大小的给定值 $|i_1^*|$,同时也给出定子电流矢量 $\vec{i_1}$ 相对于同步速旋转坐标系 M 轴的空间位置角给定值 ε^*(以 $\sin\varepsilon^*$,$\cos\varepsilon^*$ 形式给出)。定子电流给定幅值 $|i_1^*|$ 与定子电流实测幅值 $|i_1|$ 相比较,其误差信号控制电流调节器 LT,从而控制可控整流器的输出电压,调节定子电流大小,构成了整流部分的控制回路。

逆变器部分的控制是这样实现的:通过磁通观测器和 K/P 变换,得到了电机内部转子实际磁通矢量 $\vec{\Phi_2'}$ 相对于静止 α 轴线的空间位置角 θ_0。通过定子电流检测、$3\Phi/2\Phi$ 变换及 K/P 变换,除了得到实际定子电流幅值 $|i_1|$ 外,还得到定子电流矢量 $\vec{i_1}$ 相对于静止 α 轴线的空间位置

角 θ_1。由于实际的定子电流矢量 $\vec{i_1}$ 相对于同步速坐标系 M 轴的空间位置角 $\varepsilon = \theta_1 - \theta_0$(图 2.106),则有

$$\left.\begin{aligned}\sin \varepsilon &= \sin \theta_1 \cos \theta_0 - \cos \theta_1 \sin \theta_0\\\cos \varepsilon &= \cos \theta_1 \cos \theta_0 + \sin \theta_1 \sin \theta_0\end{aligned}\right\} \tag{2.130}$$

上式的关系可以通过矢量旋转变换(VR)来实现,从而求得 ε 角。实测 ε 角与给定 ε^* 相比较,通过另一个 VR 变换可以求得两者的差值 $\Delta\varepsilon$。为了得到更好的动态性能,将 $\Delta\varepsilon$ 经过角度调节器 JT 去控制电压频率变换器 V/f,改变逆变器的输出频率,使定子电流矢量 $\vec{i_1}$ 到达预期空间位置,实现了定子电流相位的控制。

2. 转差频率控制式

图 2.113 为一种转差频率控制式电流源型逆变器 — 异步电机矢量变换控制系统框图。这里转子磁链给定值 $\Psi_2'^*$ 是根据转速给定 ω^* 由磁通发生器 ΦF 给出。等效转矩电流给定值 i_{T1}^* 及等效激磁电流给定值 i_{M1}^* 以及电机的转差频率 ω_s 是根据式(2.116)、式(2.117)、式(2.118) 计算求得,即

$$i_{T1}^* = \frac{2}{3P} \cdot \frac{L_{22}'}{L_m} \frac{T^*}{\Psi_{M2}'^*}$$

$$i_{M1}^* = \frac{1 + T_2 p}{L_m} \Psi_{M2}'^*$$

$$\omega_s = \frac{L_m}{T_2 \Psi_{M2}'^*} i_{T1}^*$$

其中,T^* 为速度调节器 ST 输出的转矩给定值。

和磁通检测式一样,i_{T1}^*、i_{M1}^* 经 K/P 变换后给出定子电流幅值的给定值 $|i_1^*|$,同时也给出了定子电流矢量 $\vec{i_1}$ 相对于转子磁通矢量的位置角给定值 ε^*。$|i_1^*|$ 与实际定子电流幅值 $|i_1|$ 相

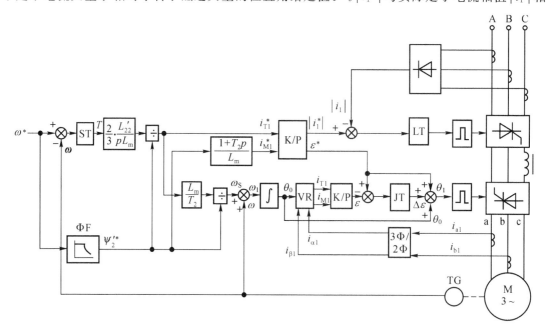

图 2.113 转差频率控制式电流源逆变器 — 异步电机矢量控制系统

比较,经电流调节器 LT 作用控制整流桥的输出。和磁通检测式不同的是,转子磁通矢量的空间位置角 θ_0(也就是同步速坐标系 M 轴的位置)是通过转差角频率 ω_s 与转子实际旋转角频率 ω 相加,得到转子磁通旋转角频率 ω_1 后经积分求得。为了实现对逆变器部分的频率控制,定子电流经 3Φ/2Φ 变换和 VR 变换后,得到同步速坐标系中等效转矩电流 i_{T1} 及等效激磁电流 i_{M1} 的实际值,再经 K/P 变换后得到实际定子电流矢量 $\vec{i_1}$ 相对于转子磁通矢量的空间位置角 ε。ε 与 ε^* 的差值信号经过角度调节器 JT 的作用产生修正信号 $\Delta\varepsilon$,对给定值 ε^* 进行修正。经过修正的 ε 角再加上转子磁通矢量的位置角 θ_0,也就获得了实际定子电流矢量的真正空间位置 θ_1,以此控制触发频率达到调频目的。

可以看出,转差频率控制式矢量变换控制方法无需进行磁通观测,只需进行坐标变换。利用角度调节器瞬时改变定子电流输入频率,调节输入电流的相位,使它与根据转矩和磁链给定值所决定的定子给定电流的相位一致。这样,通过两个控制回路完成了定子电流矢量 i_1 的幅值及相位的综合控制。

这个转差频率控制式矢量变换控制系统与一般转差频率控制不同之处是增加了引入定子电流对转子磁通相位角 ε 的修正。在一般的转差频率控制中,以实测的转子转速与绝对转差相加后获得的旋转磁场同步速 ω_1 来控制逆变器的输出频率。实际上相当于以磁通矢量的位置信号 θ_0 而不是定子电流的位置信号 θ_1 来控制逆变器的频率,这在稳定的情况下是可以获得与绝对转差成正比的转矩。但在瞬态过程中由于没有对定子电流的初始相位进行修正,所产生的转矩在时间上将滞后一个转子回路的时间常数 T_2,影响了系统响应的快速性。在转差频率矢量控制中采取了这种修正措施后,就能及时而准确地控制定子电流的切换,获得更好的动态性能。

二、直接转矩控制

矢量变换控制通过坐标变换,将一台实际的的异步电机变换成虚拟的等效直流电机,实现了磁场与转矩的动态解耦,获得了优良的转矩动态控制性能,开创了交流电机高性能控制的先河。

经过一段时间的应用,发现矢量变换控制策略原理上虽具有十分优良的运行性能,特别是出色的稳态调速特性,但也暴露了一些需要改进的缺陷。

① 矢量变换控制计算复杂,必须实施变量从静止到旋转的坐标变换及其逆变换,这都是采用数字控制方式来实现的。离散的数字控制,受计算的复杂性、计算器的运算速度和字长严重影响,因而矢量变换控制的实际效果难以达到理论预期的水平。

② 为获得如同并激直流电动机那样直线型、无最大转矩 T_m 限制的机械特性,异步电机矢量变换控制须采用转子磁链矢量定向。为获得理想的解耦控制效果,必须精确确定转子磁链(磁通)矢量的空间位置,以此作为磁场定向控制用 M-T 坐标系的 M 轴。然而转子磁场的空间位置与异步电机转子回路时间常数 $T_2 = \dfrac{L_2'}{R_2'}$ 有关,在负载变化时会因运行滑差 s 的变化而剧烈变化,致使观测得到的转子磁场空间位置随运行状态变化,偏离了理论值,引起 M 轴定向不准确,影响了磁场与转矩间的解耦性,进而影响矢量变换控制的实际运行效果。

③ 矢量变换控制中采用定子电流的磁场与转矩分量经 PI 调节后去控制电磁转矩,需经历

电压产生电流、电流又经比例－积分式的连续调节过程来实现转矩的最终调节,影响控制的快速性。

为解决异步电机矢量变换控制实施中的这些不尽人意的缺陷,1985 年德国学者又提出了直接转矩控制(Direct Torque Control—DTC),它将电机与逆变器作为一个整体来考虑,采用电压空间矢量对定子三相电压作综合描述,统一处理,在定子坐标系内对定子磁链、电磁转矩采用电压空间矢量实现磁链自控制、转矩自控制,无需进行定子电流解耦所需的复杂坐标变换和分量电流的 PI 调节,控制过程更简练、直接。由于直接转矩控制的思想新颖,系统结构简单,动态性能优良,已在异步电机、永磁同步电机调速系统中得到了应用,如车辆电驱动、舰船主轴驱动等领域。

直接转矩控制中的核心是定子磁链及电磁转矩的自控制,它们都是通过三相电压空间矢量来实现的,因此应从定子电压矢量与定子磁链矢量的关系开始来讨论直接转矩控制的基本原理。

(一) 定子电压空间矢量的定义

定子电压(空间) 矢量是三相定子电压的综合描述,不同版本的文献中可以有不同的定义或约定。

图 2.114 为一电压源型逆变器示意图。由于采用 $180°$ 导通型,同相桥臂上、下元件互补地通、断,故只需采用一个开关量或函数 $Sx(x = a,b,c)$ 即可完全定义一相桥臂上、下元件开关状态。

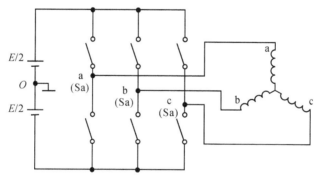

图 2.114   电压源型逆变器示意图

约定当某相上桥臂元件通时 $Sx = 1$,下桥臂元件通时 $Sx = 0$,此时各向对直流电源中点 0 的输出电压分别为

$$v_{a0} = \begin{cases} + E/2 \ (S_a = 1) \\ - E/2 \ (S_a = 0) \end{cases}$$

$$v_{b0} = \begin{cases} + E/2 \ (S_b = 1) \\ - E/2 \ (S_b = 0) \end{cases} \quad (2.131)$$

$$v_{c0} = \begin{cases} + E/2 \ (S_c = 1) \\ - E/2 \ (S_c = 0) \end{cases}$$

一台三相逆变器 6 个开关的状态可由组合开关量 $(S_a S_b S_c)$ 来完全确定,应有 $2^3 = 8$ 种组

合开关量,即

$$(S_a S_b S_c) = (100),(110),(010),(011),(001),(101),(000),(111)$$

它们对应于 8 种不同的逆变器输出三相电压组合。除其中对应于$(S_a S_b S_c) = (000)$(所有桥臂下元件通)和(111)(所有桥臂上元件通)开关状态均使输出三相电压全为零外,其他 6 种开关组合状态下的三相电压波形如图 2.115 所示。其中 v_{a0}、v_{b0}、v_{c0} 为各相对电容中点的电压,v_{ab}、v_{bc}、v_{ca} 为输出端 a、b、c 间线电压。

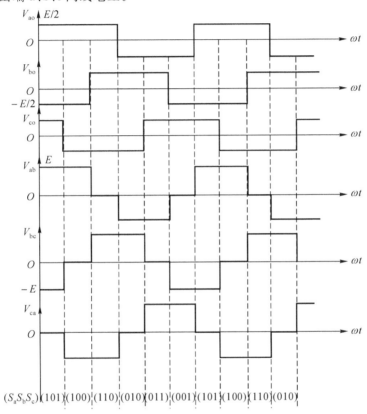

图 2.115 6 种有效开关状态对应的三相电压波形

三相逆变器所有的 8 种输出电压可采用空间矢量来作统一表述,即将同一开关状态$(S_a S_b S_c)$ 下的三相线电压 v_{ab}、v_{bc}、v_{ca} 组合成一电压空间矢量 $\boldsymbol{V}_s$ 来描述,它在三相相变量的 a、b、c 坐标系内有确定的大小,确定的空间位置。不同作者采用不同的系统或方式描述电压矢量,本书采用图 2.116 的约定,即取线电压 v_{ab} 与 a 相轴线重合,a-b-c 坐标系的 a 相轴线与静止两相 α-β 坐标系的 α 轴线重合。

这样,逆变器输出线电压 v_{ab}、v_{bc}、v_{ca} 至 α－β 坐标系的变 Park 换关系为

$$\boldsymbol{V}_s = v_\alpha + \mathrm{j}v_\beta = \frac{2}{3}(v_{ab} + v_{bc}e^{\mathrm{j}\frac{2\pi}{3}} + v_{ca}e^{\mathrm{j}\frac{4\pi}{3}}) \tag{2.132}$$

由此,可定义出逆变器 8 种三相开关状态下输出的 8 种电压矢量的空间位置、大小及相互关系。

以图 2.115 中$(S_a S_b S_c) = 100$ 区间为例,此时 $v_{ab} = +E, v_{bc} = 0, v_{ca} = -E$。代入 Park 变

换式(2.132),有

$$\boldsymbol{V}_s = \frac{2}{3}(E + 0 - E\mathrm{e}^{\mathrm{j}4\pi/3}) = \frac{2\sqrt{3}}{3}E\mathrm{e}^{\mathrm{j}\pi/6} \stackrel{\text{定义}}{=} \boldsymbol{V}_1$$

说明由$(S_a S_b S_c) = (100)$开关状态定义的电压矢量$\boldsymbol{V}_1$幅值为逆变器直流母线电压的$2\sqrt{3}/3 = 1.15$倍,位于距 a 相轴线顺相序 30° 处,如图 2.117 所示。

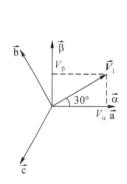

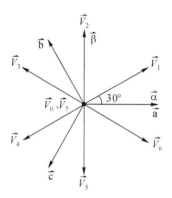

图 2.116　电压空间矢量定义用坐标系　　　图 2.117　三相电压源型逆变器产生的电压矢量图

按照相同原理,可求得 6 个有效电压空间矢量 $\boldsymbol{V}_1(100)$,$\boldsymbol{V}_2(110)$,$\boldsymbol{V}_3(010)$,$\boldsymbol{V}_4(011)$,$\boldsymbol{V}_5(001)$,$\boldsymbol{V}_6(101)$;它们幅值相等,相位上互差 60°。还可求得 2 个零电压空间矢量 $\boldsymbol{V}_0(0,0,0)$,$\boldsymbol{V}_7(1,1,1)$,它们幅值为零,位于空间矢量平面的原点处。

同样,可以通过对三相电流、磁链的综合描述,定义出电流、磁链空间矢量,确定出电压与磁链矢量间的特定关系。

（二）定子磁链矢量与定子电压矢量关系

标量形式的异步电机电压方程式为

$$\left.\begin{aligned} v_a &= R_s i_a + \frac{\mathrm{d}\boldsymbol{\Psi}_a}{\mathrm{d}t} \\ v_b &= R_s i_b + \frac{\mathrm{d}\boldsymbol{\Psi}_b}{\mathrm{d}t} \\ v_c &= R_s i_c + \frac{\mathrm{d}\boldsymbol{\Psi}_c}{\mathrm{d}t} \end{aligned}\right\} \tag{2.133}$$

式中　v、R_s、i、$\boldsymbol{\Psi}$——各相的定子电压、定子电阻、定子电流及定子磁链。

定义定子电压、电流、磁链空间矢量为

$$\left.\begin{aligned} \boldsymbol{V}_s &= [v_a, v_b, v_c]^\mathrm{T} \\ \boldsymbol{I}_s &= [i_a, i_b, i_c]^\mathrm{T} \\ \boldsymbol{\Psi}_s &= [\boldsymbol{\Psi}_a, \boldsymbol{\Psi}_b, \boldsymbol{\Psi}_c]^\mathrm{T} \end{aligned}\right\} \tag{2.134}$$

则矢量形式的异步电机电压方程式可写为

$$\boldsymbol{V}_s = R_s \boldsymbol{I}_s + \frac{\mathrm{d}\boldsymbol{\Psi}_s}{\mathrm{d}t} \tag{2.135}$$

当运行频率较高时,可略去定子电阻压降,有

$$V_s \approx \frac{\mathrm{d}\boldsymbol{\Psi}_s}{\mathrm{d}t}$$

则定子磁链矢量与定子电压矢量关系为

$$\boldsymbol{\Psi}_s \approx \int \boldsymbol{V}_s \mathrm{d}t + \boldsymbol{\Psi}_s(0) \tag{2.136}$$

以上两式说明磁链与电压空间矢量间为微、积分关系,方向上相互垂直。

对式(2.136)作离散化处理,写成增量形式有

$$\boldsymbol{\Psi}_s - \boldsymbol{\Psi}_s(0) = \Delta\boldsymbol{\Psi}_s = \boldsymbol{V}_s \Delta T \tag{2.137}$$

此式说明:

① 磁链增矢量 $\Delta\boldsymbol{\Psi}_s$ 与电压矢量 $\boldsymbol{V}_s$ 同方向,但大小正比于作用时间 ΔT;

② 磁链矢量 $\boldsymbol{\Psi}_s$ 矢端的运动方向同电压矢量 $\boldsymbol{V}_s$ 方向(即 $\boldsymbol{\Psi}_s$ 与 $\boldsymbol{V}_s$ 相互垂直)

③ 当 $\boldsymbol{V}_s$ 为有效电压矢量时,$\Delta\boldsymbol{\Psi}_s \neq 0$,可使磁链矢量 $\boldsymbol{\Psi}_s$ 从初始位置 $\boldsymbol{\Psi}_s(0)$ 运动到新位置 $\boldsymbol{\Psi}_s = \boldsymbol{\Psi}_s(0) + \Delta\boldsymbol{\Psi}_s$,如图 2.118 所示。

而当 $\boldsymbol{V}_s$ 为零电压矢量,$\Delta\boldsymbol{\Psi}_s = \Delta\boldsymbol{V}_s\Delta T = 0$,$\boldsymbol{\Psi}_s$ 停止运动,可见零电压矢量有控制磁链矢量运动速度的功能。

三相电压源型逆变器 6 个有效电压矢量 $\boldsymbol{V}_1 \sim \boldsymbol{V}_6$ 顺序作用、作用时间相等均为 $\Delta T = \dfrac{2\pi}{6\omega} = \dfrac{\pi}{3\omega}$ 时,定子

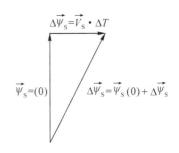

图 2.118　$\vec{\boldsymbol{\Psi}}_s$、$\Delta\vec{\boldsymbol{\Psi}}$、$\vec{\boldsymbol{V}}_s$ 空间矢量关系

磁链矢量矢端的运动轨迹将为一正六边形,每边即相应电压矢量作用时的磁链增矢量,如图 2.119 所示。

从图 2.119 预示,如能控制所施加的三相电压矢量及其作用时间,就可控制电机内部的磁链矢量大小、旋转速度及其转向,就可跳过电流作用实现电磁转矩的直接控制。

利用三相定子磁链轨迹和磁链矢量与电压矢量间的关系,可以分析出三相定子磁链随时间的变化规律(波形),为采用电压矢量控制磁链矢量、继而直接控制电磁转矩奠定基础。

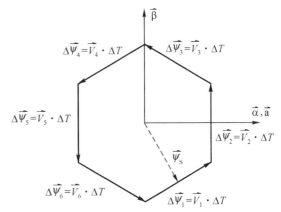

图 2.119　电压源型逆变器方波供电异步电机定子磁链轨迹

图 2.120 为重画的定子磁链轨迹图,为方便以 a 相磁链 Ψ_a 为例说明其随时间变化规律,标出了 Ψ_a 增大、减小的正方向。

当 $\boldsymbol{V}_1$ 作用时,Ψ_a 正向增大;当 $\boldsymbol{V}_2$ 作用时,Ψ_a 保持大小不变;当 $\boldsymbol{V}_3$ 作用时,Ψ_a 正向减小;当 $\boldsymbol{V}_4$ 作用时,Ψ_a 负方向增大;当 $\boldsymbol{V}_5$ 作用时,Ψ_a 负方向保持大小不变;当 $\boldsymbol{V}_6$ 作用时,Ψ_a 负方向减小。

将 Ψ_a 随 $\boldsymbol{V}_1 \sim \boldsymbol{V}_6$ 作用的变化曲线画在图 2.121 上,可得 a 相磁链随时间变化的波形。b、c

相磁链 Ψ_b、Ψ_c 波形则按三相变量互差 120° 相位关系推得。

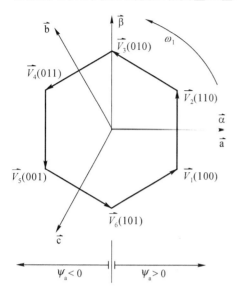

图 2.120　定子磁链轨迹图

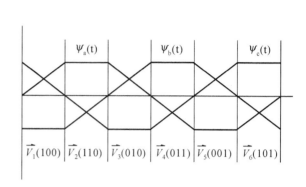

图 2.121　三相定子磁链波形

（三）直接转矩控制原理

异步电机直接转矩控制原理可通过图 2.122 的系统构成框图来说明。该系统由二个自控制子系统组成：

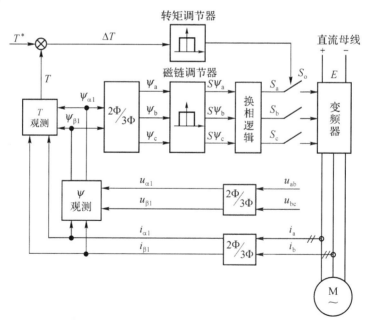

图 2.122　异步电机直接转矩控制系统

一是磁链自控制,由磁链观测器,2Φ/3Φ 变换、磁链调节器及换向逻辑等环节构成;二是转矩自控制,由转矩观测器、转矩调节器等环节构成。

1. 磁链自控制

(1) 定子磁链 $\boldsymbol{\Psi}_s$ 观测器

输入量为定子三相电压、电流,经 2Φ/3Φ 变换,得静止 α-β 坐标系中的分量电压、电流

$$\begin{bmatrix} v_{\alpha s} \\ v_{\beta s} \end{bmatrix} = \begin{bmatrix} 1 & -\dfrac{1}{2} & -\dfrac{1}{2} \\ 0 & \dfrac{\sqrt{3}}{2} & -\dfrac{\sqrt{3}}{2} \end{bmatrix} \begin{bmatrix} v_{ab} \\ v_{bc} \\ v_{ca} \end{bmatrix}$$

$$\begin{bmatrix} i_{\alpha s} \\ i_{\beta s} \end{bmatrix} = \begin{bmatrix} 1 & -\dfrac{1}{2} & -\dfrac{1}{2} \\ 0 & \dfrac{\sqrt{3}}{2} & -\dfrac{\sqrt{3}}{2} \end{bmatrix} \begin{bmatrix} i_a \\ i_b \\ i_c \end{bmatrix}$$

输出量为静止 α-β 坐标系中的定子磁链分量 $\Psi_{\alpha s}$、$\Psi_{\beta s}$,通过电压模型磁链观测器计算求得,

矢量式:
$$\boldsymbol{\Psi}_s = \int (\boldsymbol{V}_s - R_s \boldsymbol{I}_s)\,\mathrm{d}t \tag{2.138}$$

标量式:
$$\left. \begin{aligned} \Psi_{\alpha s} &= \int (v_{\alpha s} - R_s i_{\alpha s})\,\mathrm{d}t \\ \Psi_{\beta s} &= \int (v_{\beta s} - R_s i_{\beta s})\,\mathrm{d}t \end{aligned} \right\} \tag{2.139}$$

(2) 磁链调节器

定子磁链调节三相分别进行,故须首先将 α-β 坐标系内的定子磁链分量,经 2Φ/3Φ 变换成三相磁链 Ψ_a,Ψ_b,Ψ_c 送至各相的磁链调节器进行调节。

磁链调节器采用两位滞环控制(Bang-Bang 控制),三相调节器形式相同。以 a 相为例,其输入－输出关系为

$$S\Psi_a = \begin{cases} 1 & (\Psi_a \geqslant + \Psi_a^*) \\ 不变 & (-\Psi_a^* < \Psi_a < +\Psi_a^*) \\ 0 & (\Psi_a \leqslant -\Psi_a^*) \end{cases} \tag{2.140}$$

式中:Ψ_a ——a 相磁链;

　　　$\pm \Psi_a^*$ —— 调节器容差(滞环宽度);

　　　$S\Psi_a$ —— 输出逻辑量。

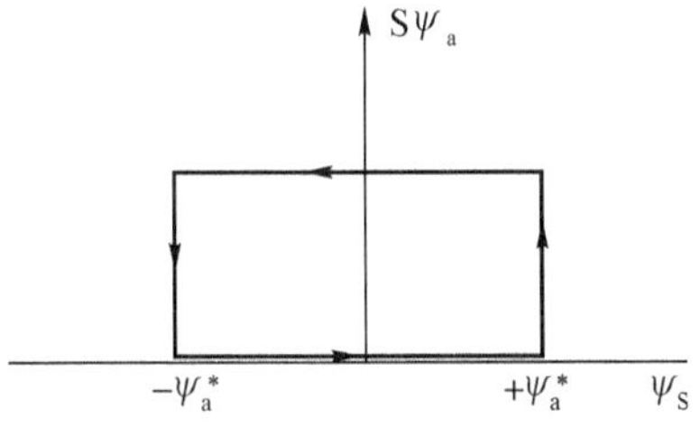

表达式(2.140)关系的磁链调节器特性图像如图 2.123 所示,其中容差 Ψ_a^* 的确定是关键,它应由磁链给定值 Ψ_s^* 来确定,它们之间关系应符合 park 变换,即

图 2.123　磁链调节器输入－输出特性(a 相)

$$\Psi_s^* = \frac{2}{3}(\Psi_a^* + \Psi_b^* \mathrm{e}^{\mathrm{j}\frac{2\pi}{3}} + \Psi_c^* \mathrm{e}^{\mathrm{j}\frac{4\pi}{3}})$$

三相容差设为相等,即 $\Psi_a^* = \Psi_b^* = \Psi_c^*$,则有

$$\Psi_s^* = \frac{2\sqrt{3}}{3} \Psi_a^* \mathrm{e}^{\mathrm{j}\frac{\pi}{6}}$$

故有
$$\Psi_a^* = \Psi_b^* = \Psi_c^* = (\frac{\sqrt{3}}{2})\Psi_s^*$$

或
$$\Psi_s^* = 1.15\Psi_a^*$$

（3）换相逻辑

磁链调节器输出逻辑量 $S\Psi_a$，$S\Psi_b$，$S\Psi_c$ 应用于逆变器开关状态 S_a，S_b，S_c 的控制，以便输出相应的电压空间矢量，这是通过换向逻辑单元来实现的。

首先根据图 2.121 的定子三相磁链时间波形和图 2.123 的磁链调节器特性，可以获得三相磁链调节器输出逻辑量 $S\Psi_a$、$S\Psi_b$、$S\Psi_c$ 随时间的变化规律，如图 2.124 上半部分。其次根据每 $\frac{\pi}{6}$ 区间的时间划分，可得到 $S\Psi_a$、$S\Psi_b$、$S\Psi_c$ 与相应区间电压矢量的对应关系。根据各区间电压矢量 $V_1(S_aS_bS_c)$ 的开关特征，可得到每区间内三相桥臂应有的开关状态 S_a，S_b，S_c。一个周期内 6 个区间的三相开关状态即构成 S_a，S_b，S_c 随时间的变化曲线，如图 2.124 下半部分所示。将它们与三相磁链调节器输出的逻辑量 $S\Psi_a$、$S\Psi_b$、$S\Psi_c$ 相比较，即可得到定子磁链正转时换向逻辑单元的输出 - 输入特性，即

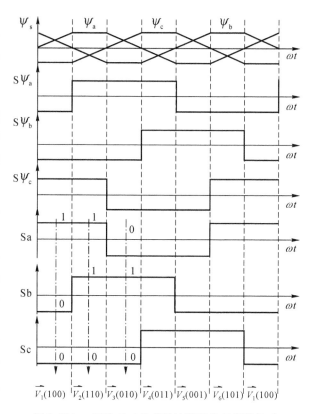

图 2.124　正转时三相磁链波形及换相逻辑关系

$$\left.\begin{aligned} S_a &= S\Psi_c \\ S_b &= S\Psi_a \\ S_c &= S\Psi_b \end{aligned}\right\} \tag{2.141}$$

2. 转矩自控制

（1）转矩观测器

转矩观测器采用磁链观测器输出的定子磁链分量 $\Psi_{\alpha s}$、$\Psi_{\beta s}$，电流检测后经 3Φ/2Φ 变换后的定子电流分量 $i_{\alpha s}$、$i_{\beta s}$，按下式计算求得电磁转矩的观测值

$$T = K_T(\Psi_{\alpha s}i_{\beta s} - \Psi_{\beta s}i_{\alpha s}) \tag{2.142}$$

式中　　K_T—— 转矩系数。

（2）转矩调节器

转矩调节器为一滞环调节器，输入为转矩给定 T^* 与转矩观测值之差 $\Delta T = T^* - T$；输出为逻辑量 S_0，以根据转矩调节的需求，决定采用有效电压空间矢量还是零电压空间矢量。

$$\begin{cases} S_0 = 1, \text{有效电压空间矢量作用,电磁转矩 } T \text{ 增加;} \\ S_0 = 0, \text{零电压空间矢量作用,电磁转矩 } T \text{ 减小}。 \end{cases}$$

其输入－输出关系如图 2.125 所示,即

$$S_0 = \begin{cases} 1 & (\Delta T \geqslant +\varepsilon) \\ \text{不变} & (-\varepsilon < \Delta T < +\varepsilon) \\ 0 & (\Delta T \leqslant -\varepsilon) \end{cases}$$

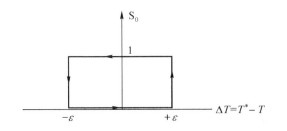

图 2.125　转矩调节器输入 — 输出特性

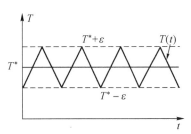

图 2.126　瞬时转矩波形

以上关系说明在电压空间矢量作用下,异步电机的瞬时转矩 T 在$(T^* + \varepsilon) \sim (T^* - \varepsilon)$ 间变化,其平均值等于给定值 $T = T^*$,如图 2.126 所示。

直接转矩控制下电磁转矩的这种变化规律可以从电压空间矢量对电磁转矩的控制机理上清楚说明。任何一台交流电机的电磁转矩可以表达成定子磁链矢量 $\boldsymbol{\Psi}_s$ 与转子磁链矢量 $\boldsymbol{\Psi}_r$ 的叉积形式,即

$$T = \frac{K_T}{K_m} \boldsymbol{\Psi}_s \times \boldsymbol{\Psi}_r = \frac{K_T}{K_m} \Psi_s \Psi_r \sin\theta \tag{2.143}$$

式中　L_m—— 激磁电感;

θ 为 $\boldsymbol{\Psi}_s$ 与 $\boldsymbol{\Psi}_r$ 间夹角,如图 2.127 所示。

根据转矩调节器的滞环特性,当输出逻辑量 $S_0 = 1$ 时,有效电压矢量作用,产生使磁链矢量位置变化的磁链增矢量,使定子磁链矢量 $\boldsymbol{\Psi}_s$ 以固有的最大角速度 ω_{omax} 前进或后退;当 $S_0 = 0$ 时,零电压空间矢量作用,不产生磁链增矢量,定子磁链矢量 $\boldsymbol{\Psi}_s$ 停止运动。而转子磁链矢量 $\boldsymbol{\Psi}_r$ 因与转子空间位置有关,不随电压空间矢量作用而瞬时变化,只能依据转子转动惯量关系以平均角速度 ω_0 旋转。这样,依据定子所施电压矢量性质,$\boldsymbol{\Psi}_s$ 走走停停,$\boldsymbol{\Psi}_r$ 匀速运动,致使两者空间

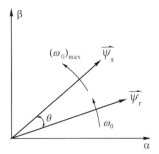

图 2.127　交流电机定、转子磁链矢量关系

位置角 θ 一张一合地不断变化,所产生的电磁转矩为一平均值 T^* 基础上迭加脉动的波形,这正是直接转矩控制下的电磁转矩的固有特征。

值得注意的是转矩调节器的容差 ε 影响稳态转矩的脉动大小及零电压矢量的使用频率:转矩脉动小,电机稳态调速特性好;但 ε 小零电压矢量插入次数多,逆变器元件开关状态变换多,开关频率高,开关损耗大。因此选用合适大小的转矩控制器容差 ε 甚为重要。

（四）变压变频（VVVF）的实现

为了确保变频调速过程中异步电机力能指标（功率因数、效率等）不变化，必须确保电机的磁路工作点不变化或按要求变，即额定频率以下实行恒磁通控制、额定频率以上实行弱磁控制。在直接转矩控制策略下，主要是通过零电压矢量的应用和有效电压矢量施加时间控制来实现的。

1. 恒磁通控制

为实现恒磁通控制，必须确保磁链轨迹（圆）的大小（直径）不变，这是通过维持有效电压矢量作用时间为额定来恒定的；而磁链轨迹（圆）旋转速度则是通过控制零电压矢量的施加时间来调节的。

由于有两种零电压矢量 V_0(000) 及 V_1(111)，为减少开关损耗必须按开关次数最少的原则来选用，其规律是：有效电压矢量为 V_1、V_3、V_5 时，应选 V_0(000)；有效电压矢量为 V_2、V_4、V_6 时，应选 V_1(111)，如图 2.128 所示。采用这种优化"插零"方式一方面可使零矢量加入时开关切换次数减少一半，同时更使零矢量分布于全周期而非单纯插 V_0(000) 或插 V_1(111) 时的半周期，无形中再度降低了开关频率、提高了载波比、减小了电流中的谐波含量。

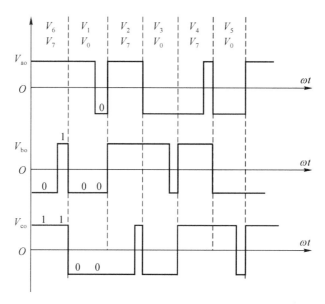

图 2.128   优化插零方法

2. 弱磁控制

基频以上时定子电压被限定为额定值不能变，意味着停止使用零电压矢量。为实现弱磁控制必须使磁链轨迹（图）大小随频率升高而变小，如图 2.129 所示，此时只有减小每个电压空间矢量的作用时间以使磁链轨迹（图）边长（磁链增矢量）变短，然而定子磁链矢量 $\boldsymbol{\Psi}_s$ 的旋转速度保持为 ω_{omax} 恒定不变。

这样，随着电机运行频率升高，磁链幅值减小，电磁转矩减少，但维持输出功率 $P = T\Omega = C$ 恒定，实现恒功率运行。

(五) 正、反转运行控制

1. 正、反转运行机理

磁场转向的控制是通过改变有效电压矢量作用顺序实现的。

(1) 正转

电压空间矢量按 $V_1 \to V_2 \to V_3 \to V_4 \to V_5 \to V_6 \to V_1 \to$ ……顺序施加,如图 1.130(a) 所示。

(2) 反转

电压空间矢量按 $V_1 \to V_6 \to V_5 \to V_4 \to V_3 \to V_2 \to V_1 \to V_6$……顺序施加,如图 1.130(b) 所示。

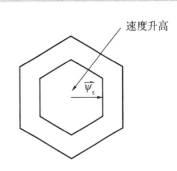

图 2.129　弱磁运行时的磁链轨迹（圆）变化

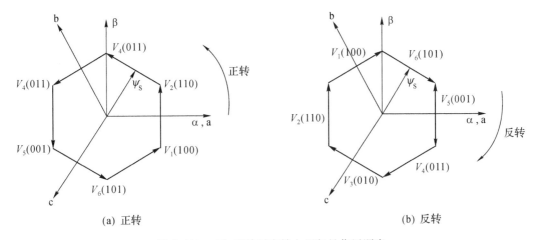

(a) 正转　　　　　　　　　(b) 反转

图 2.130　正、反转时有效电压矢量作用顺序

2. 正、反转控制

(1) 正转

根据正转时三相磁链波形和磁链调节器的特性,可以获得图 2.124 所示的三相磁链调节器输出逻辑量 $S\Psi_a$、$S\Psi_b$、$S\Psi_c$ 随时间变化规律,并进一步分析可得正转时的换相控制逻辑为

$$\left.\begin{array}{l} S_a = S\Psi_c \\ S_b = S\Psi_a \\ S_c = S\Psi_b \end{array}\right\} \tag{2.144}$$

(2) 反转

根据图 2.130(b) 所示反转时电压空间矢量作用顺序和磁链调节器的滞环特性,参照获得正相序旋转时三相磁链波形的做法,可得到反相序旋转时三相磁链 Ψ_a、Ψ_c、Ψ_b 随时间的变化波形,如图 2.131 所示,注意反转时三相相序应为 a－c－b。结合磁链调节器的滞环特性,可获得其输出逻辑量 $S\Psi_a$、$S\Psi_b$、$S\Psi_c$ 随时间的变化规律,亦如图 2.131 上部所示。同样,根据各 $\dfrac{\pi}{6}$ 区间所用电压矢量 $V_1(S_a S_b S_c)$ 的开关特征,可得每区间内三相桥臂应有的开关状态 S_a、S_b、

S_c,构成其随时间变化的曲线,如图 2.131 下部所示。再将 $S\Psi_a$、$S\Psi_b$、$S\Psi_c$ 的变化与 S_a、S_b、S_c 的变化按区间比较,从而获得反转时的换相逻辑单元的输入 — 输出特性,即

$$\left.\begin{array}{l} S_a = S\Psi_a \\ S_b = S\Psi_b \\ S_c = S\Psi_c \end{array}\right\} \tag{2.145}$$

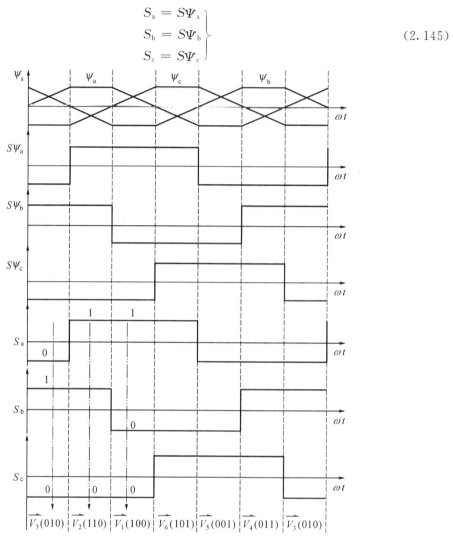

图 2.131　反转时三相磁链波形及换相逻辑关系

为实现正、反转控制,直接转矩控制系统框图图 2.122 的"换相逻辑"中还应引入正 / 反转开关量:$Z = 1$,表正转;$F = 1$ 表反转,则完整的换相逻辑应为

$$\left.\begin{array}{l} S_a = S\Psi_c \cdot Z + S\Psi_a \cdot F \\ S_b = S\Psi_a \cdot Z + S\Psi_b \cdot F \\ S_c = S\Psi_b \cdot Z + S\Psi_c \cdot F \end{array}\right\} \tag{2.146}$$

（六）磁链轨迹的圆化控制

直接转矩控制讲究的是转矩响应的快速性和准确性,并不过于追求磁链轨迹的圆形化和电流波形的正弦化,因此原始的直接转矩控制系统采用的由单一电压空间矢量形成的正六边

形磁链轨迹形式。

　　考虑到六边形磁链轨迹含有 5、7 等次低次谐波,会影响低速时的运行性能,引起静、动态特性矛盾,因此常以 15% 额定速度 n_N 为界,转速 $n \leqslant 15\% n_N$ 时采用圆形磁链轨迹控制,以获得更平稳的转矩输出和更正弦的电机电流;$n > 15\% n_N$ 后采用六边形磁链轨迹以获得快速的转矩响应,转矩的脉动将被高速旋转子的转动惯量所吸收。

　　磁链轨迹圆化可通过合理安排区间主、辅矢量和采用多段(一般为三段)折线逼近法实行磁链闭环控制来实现。

思考题与习题

1. 鼠笼式异步电动机采用调压调速时,适合拖动什么样类型的负载?为什么?

2. 三相 Y 接交流固态调压器给异步电机供电时,"失控现象"及"单向半波整流"现象是如何产生的?有何危害?应如何避免?

3. 采用三对反并联晶闸管构成 Y 型连接的交流调压调速系统,电动机参数为 $P_N = 45\text{kW}, U_N = 380V, I_N = 100A$,起动时定子电流被限制在三倍额定电流,试选用晶闸管元件。

4. 某交流调压调速系统,主电路采用 Y 型连接。设负载阻抗角为 $\varphi = 45°$,晶闸管采用窄脉冲触发,其脉冲宽度为 $10°$,当控制角 $\alpha = 20°$ 时,系统能否正常工作?工作情况如何?为什么?

5. 在电磁滑差离合器系统中,如何使被调速负载机械实现反转?

6. 从物理意义上说明串级调速系统的机械特性要比原电动机固有机械特性软的原因。

7. 某串级调速系统,不经常起、制动,电机铭牌数据如下:$P_N = 125\text{kW}, n_N = 525\text{r/min}$,定子电压 $U_N = 380V$,定子电流 $I_{1N} = 266A$,转子开路线电压为 $145V$,转子电流 $I_{2N} = 180A$,调速范围 $4:1$,要求:

(1) 选用整流二极管、逆变变压器和晶闸管;

(2) 试画出采用双闭环控制时的系统原理图。

8. 为什么亚同步晶闸管串级调速系统总功率因数低下?有哪些改善系统功率因数的措施?

9. 与亚同步串级调速相比,双馈调速系统有哪些优、缺点?适用什么场合?

10. 调速范围不宽的双馈异步电机调速系统应如何起动?为什么?

11. 变极调速时,若定子绕组通电相序不随极对数改变而改变,将发生什么现象?为什么?

12. Y-YY 变换的变极调速为什么能实现恒转矩运行?$\triangle - YY$ 变换的变极调速为什么能实现恒功率运行?

13. 分析、讨论以下几种异步电机变频调速控制方式的特性及优点:

(1) 恒电压 / 频率比($U_1/f_1 = C$)控制;

(2) 恒气隙电势 / 频率比($E_1/f_1 = C$)控制;

(3) 恒转子电势 / 频率比($E_r/f_1 = C$)控制。

14. 恒流源供电及恒压源供电异步电机机械特性有何差异?其原因何在?应如何改造电流源供电异步电机特性以适合工程应用的要求?

15. 变流器非正弦供电对电机运行性能有何影响?在设计及选用电机时应如何考虑对策?

16. 一台按电网供电设计的异步电机,当采用变频器供电时为何转子易发热甚至烧毁?这与调压调速系统电机转子发热甚致烧毁有何本质不同?

17. 一台电网供电下运得很好的异步电机在变频器供电下会发生定子绕组绝缘击穿和轴承烧毁的事故?分析其原因。

18. 真正影响异步电机变频调速系统发生转矩脉动、破坏运行稳定性的谐波转矩是如何产生的?

19. 电压 / 频率比控制的电流源型逆变器变频调速系统运行不稳定的原因是什么?可以采

取什么稳定措施?

20.电压型三相桥式逆变器开关元件为何要采用 180°导通型?输出电压波形有何特点?如何构成感性无功电流流通回路?

21.交 - 交变频器为何不用强迫换流便可拖动异步电机动运行?它是如何进行换流的?

22.交 - 交变频器的输入功率因数与哪些因素有关?提高输入功率因数有些什么途径?

23.脉宽调制(PWM)波生成方法有哪几种?单极性控制与双极性控制区别何在?

24.PWM 型变频器输出电压的幅值和频率是如何调节的?分别就正弦脉宽调制(SPWM)和磁链跟踪控制(SVPWM)两种不同方式作出说明。

25.PWM 逆变器控制方法中,磁链跟踪控制与正弦脉宽调制相比有何优点?

26.什么是谐振式软性开关技术?它比传统硬性开关技术有何突出优点?

27.异步电动机变频调速时,如果只从调速角度出发单纯改变频率 f_1 可否?为什么?还要同时改变什么量?

28.在变频调速系统中,绝对值电路、给定积分器、函数发生器、V/f 变换器、转向判别器、脉冲分配器等各单元的作用和基本原理如何?

29.为什么可以利用转差来控制异步电动机的转矩?它的先决条件是什么?

30.试分别说明频率开环变频调速系统中函数发生器与转差频率控制系统中函数发生器的作用及差异。

31.转差频率控制的基本思想是什么?它与转差频率矢量变换控制相比,两者差异何在?

32.异步电机矢量变换控制中为何常将转子全磁通矢量选作磁场定向坐标系中的 M 轴方向?其优越性如何?

33.什么是矢量变换控制系统中的磁通观测器?影响磁通观测准确程度的因素有哪些?如何提高磁通观测的精度?

34.异步电机矢量变换控制系统中,直角坐标 / 极坐标变换器、矢量旋转器、3Φ/2Φ 变换器的作用是什么?

35.异步电机直接转矩控制的思想是什么?为什么这种控制方式具有更快速的转矩动态响应速度?

36.从控制思想、所采用的控制变量、控制器(调节器)类型等方面,比较矢量变换控制与直接转矩控制的异、同。

第 3 章

同步电动机的变频调速控制

同步电动机变频调速是交流电机调速控制的一个重要方面,它的应用领域十分广泛,其功率覆盖面非常广阔,从数瓦级的永磁无刷直流电动机到万千瓦级的大型轧机、窑炉传动电机、鼓风机电机等。大型同步电动机和超大型抽水蓄能电动／发电机的变频起动亦属于同步电动机变频调速之列。近期来永磁同步电动机的迅速发展,使同步电动机变频调速技术的应用愈来愈多。

在调速系统采用同步电动机有以下优点:

① 同步电动机的转速与电源的基波频率之间保持着严格的同步关系,只要精确地控制变频电源的频率就能准确地控制电机速度,调速系统无需速度反馈控制。这样,可以用同一个变频电源方便地实现对多台同步电动机的集中控制,同步协同调速。

② 与异步电动相相比,同步电动机对转矩扰动具有更强承受能力,能作出较快速的反应。这是因为只要同步电动机的功角作适当变化就能改变负载转矩,而转速始终维持在原同步速不变,因而转动部分的机械惯性不会影响同步电动机转矩的快速响应。相反,异步电机负载转矩变化时,必须要求转差率变化才能改变电磁转矩,电机转速也就要相应地变化,而转动部分的惯性阻碍了响应的快速性。这样,同步电动机比较适合于要求对负载转矩变化作出快速反应的交流调速系统中。

③ 由于同步电机能从转子侧进行励磁,即使极低的频率下也能运行,故它的调速范围比较宽。异步电机转子电流靠电磁感应产生,在频率很低的情况下转子中难以产生必需强度的电流,所以它的工作频率受到限制,调速范围比较窄。

④ 同步电机可以通过调节转子励磁来调节电机的功率因数,故有可能使之运行在 $\cos\varphi = 1$ 的单位功率因数状态下。此时电枢铜耗最小,也可减小变频器容量。

⑤ 异步电机须从电源侧吸收滞后的无功电流,即电机电流在相位上滞后于逆变器的输出电压。此时如采用晶闸管逆变器,必须采用强迫换流措施,要求有复杂的换流回路、昂贵的换流电容器和具有快速关断能力的快速晶闸管,还伴随有不小的换流损耗。而在同步电动机调速系统中,由于同步电动机能运行在超前功率因数下,有可能利用电动机的反电势实现负载自然换流,克服了强迫换流的弊病。

由此可见,同步电机虽本身结构稍微复杂,但采用变频调速技术后具有自己独特之处,在交流传动领域内和异步电机一样有着重要的作用。

本章将首先介绍变频调速系统中应用的同步电机类型、结构、运行特性,然后分别讨论自控式及它控式两类变频调速系统,即无换向器电机和同步电机矢量控制系统。配合永磁同步电

动机技术的飞速发展和广泛应用。本章最后还对永磁同步电动机变频调速中常用的几种电流
矢量控制策略进行了讨论。

3.1　同步电动机的结构形式和运行性能

一、变频调速系统中应用的同步电动机

　　根据调速系统的容量不同,所用同步电动机在结构形式上有所差异。对于大、中容量的调
速系统,一般采用普通的电励磁形式结构,通过电刷和滑环引入直流励磁电流。如果希望做成
无接触式以利维修,则中小容量电机中可采用爪极式转子结构;容量较大的电机采用"无刷励
磁"方式,即励磁电流是利用旋转变压器引入交流电源到转子,然后经过装在电机转子上的旋
转二极管整流器变为直流,供给电动机的励磁绕组。对于小型调速装置,特别是多机传动系统,
多采用结构更为简单的磁阻式或永磁式同步电动机。近年来在永磁材料的生产方面出现了突
破性的进展,永磁同步电动机的变频调速系统有了很大的发展。

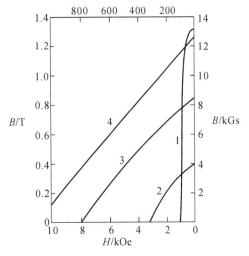

图 3.1　几种永磁材料特性

1.铝镍钴　2.铁氧体　3.钐钴　4.钕铁硼

　　研制高性能永磁同步电动机的关键是永磁
材料的开发,它对永磁电机的性能、体积、重量和
成本影响重大。目前衡量永磁材料磁性能的指标
有剩磁感应强度 B_r,矫顽力 H_c,最大磁能积
$(BH)_{max}$。B_r 表征了材料提供磁通的能力,决定了
电机中所有永磁体的供磁面积;H_c 表征了永磁材
料的抗去磁能力,决定了电机中所用永磁体的厚
度;$(BH)_{max}$ 则在一定的条件下决定了永磁体的
体积。20 世纪 30 年代出现了具有较高剩磁密度
B_r 的铝镍钴永磁和具有较高矫顽力 H_c 的铁氧体
永磁,在微特电机领域内迅速得到了应用。但这
两种永磁材料都有弱点:铝镍钴的矫顽力很低
(图 3.1 中曲线 1),容易去磁;铁氧体的剩磁密度
较低(图 3.1 中曲线 2),磁性能不够理想,都还不
能使生产出来的永磁电机体积与电励磁结构相比拟。经过以后的不断改进后,铁氧体的性能得
到了较大提高,现在商用铁氧体主要有各向同性、各向异性的钡铁氧体、锶铁氧体两大类,其最
大磁能积 $(BH)_{max}$ 可达 $(3.6 \sim 4.0)MGsOe$,矫顽力 H_c 最高达 $3000Oe$(或 $1.5 \sim 2.5kA/m$),
剩磁密度 B_r 达 $4000Gs$。加上价格低廉(只有稀土永磁材料的几十分之一),使铁氧体材料在小
功率永磁同步电动机中获得广泛应用。

　　20 世纪 60 年代后期出现的稀土永磁推动了永磁电机的迅速发展。稀土永磁兼有铝镍钴和
铁氧体两种永磁材料的优点,B_r 和 H_c 值都很高(图 3.1 曲线 3),具有很高的最大磁能积

$(BH)_{max}$。退磁曲线基本上是一条直线,回复线与退磁曲线基本重合,因此不怕去磁,性能稳定,且热稳定性也较好,剩磁温度系数小。例如 20 世纪 60 年代出现的第一代稀土永磁材料钐钴 5(S_mC_{o5})的最大磁能积超过 24MGsOe,70 年代初出现的第二代稀土永磁材料 $S_{m2}C_{o17}$(2:17 型稀土永磁),其最大磁能积已提高至 33MGsOe,B_r 值可达 9000 ~ 10000Gs,H_c 值达 6.5 ~ 7.5kA/m。但钐钴稀土永磁含钴量高,价格昂贵,影响了它在一般电机中的应用。1983 年出现了钕铁硼(Nd — Fe — B)永磁材料(图 3.1 曲线 4),性能十分优越,其最大磁能积高达 38MGsOe,B_r 值可达 11000 ~ 12500Gs,H_c 值达 6.5 ~ 7.5kA/m,成为第三代稀土永磁材料,把稀土永磁的性能提高到了一个崭新的阶段。钕铁硼加工性能好,价格比钐钴材料便宜得多。我国的稀土储量世界第一,钕铁硼材料的研制方面也取得了很大进展,批量生产的钕铁硼的磁能积可达 40MGsOe,温度系数已降低到 $-0.06\% \sim -0.08\%/C$,使用温度可达近 180℃。由于钕铁硼永磁材料的磁性能和热稳定性已满足一般电机的要求,所以钕铁硼永磁同步电动机即将成为变频调速系统中一种重要类型电机。

永磁同步电动机的磁极结构形式随永磁材料性能的不同和应用领域的差异具有多种方案。早期的铝镍钴永磁同步电机转子结构沿用了传统同步电机结构形式,如图 3.2 所示。根据铝镍钴材料矫顽力 H_c 小、剩磁密度 B_r 大的特点,磁极采用截面小、极身长的形状。采用铁氧体材料后,因其矫顽力比较大,剩磁密度比较小,为便于固定永磁体,铁氧体永磁同步电机常用图 3.3(a) 所示结构(内埋式),它具有很强的聚磁能力,有效地增强了气隙磁密。在采用稀土永磁的电

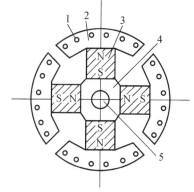

图 3.2　铝镍钴永磁同步电机转子磁极结构
1.起动笼　2.极靴　3.永磁体　4.转子轭　5.转轴

机中,由于稀土材料磁能积很大,矫顽力 H_c 和剩磁密度 B_r 都很高,往往只要薄薄一片永磁体就能满足产生所需气隙磁密的要求,故永磁体常用瓦片状,贴在转子表面(面贴式)或插入在转子铁芯中(插入式),如图 3.3(b)、(c) 所示。

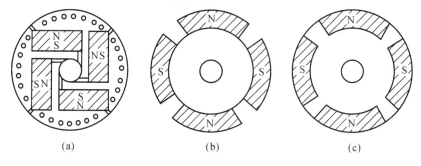

(a)　　　　　　　　　(b)　　　　　　　　　(c)

图 3.3　永磁同步电动机的转子磁极结构

磁阻电机又称反应式同步电机,是一种无励磁的凸极式同步电动机,它利用凸极转子磁路不对称所造成的 d、q 轴电抗差异来产生反应转矩。为了增大 d、q 轴电抗差异以提高反应转矩,可采用两极分段式转子结构,如图 3.4 所示。这种分段式转子有一径向空气隙,它对 d 轴磁阻

影响不大,但大大增加了 q 轴磁阻,从而增大了反应式电机的最大转矩。由于这种电机结构简单,成本低廉,变频电源供电下可在很广泛的范围内实现多机同步协同调速。但磁阻式同步电机需从电网中吸收感性无功电流实现励磁,故有功率因数低的固有弊病。

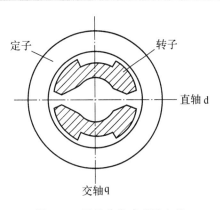

图 3.4　两极分段式磁阻电机

二、同步电动机的转矩特性

普通同步电动机的电磁转矩可根据下式进行计算

$$T = \frac{mP}{2\pi f_1} \cdot \frac{UE}{x_d} \sin\theta + \frac{mP}{2\pi f_1} U^2 \left(\frac{X_d - X_q}{2X_d X_q} \right) \sin 2\theta$$

$$(3.1)$$

式中　U——电枢相电压;

　　　E——励磁产生的相电势;

　　　m——相数;

　　　P——电机极对数;

　　　X_d——d 轴同步电抗;

　　　X_q——q 轴同步电抗;

　　　θ——同步电机功率角。

根据式(3.1)绘出的凸极式同步电动机转矩特性曲线如图 3.5 中实线 1 所示。可以看出,它是由转子励磁产生的同步转矩 2 和凸极效应产生的反应转矩 3 两部分合成,其中同步转矩按功率角 θ 的正弦变化,反应转矩则按功率角 θ 的两倍频正弦变化。对于隐极同步电机来说,由于 d、q 轴同步电抗相等,$X_d = X_q = X_s$,反应转矩消失,电磁转矩公式简化为

$$T = \frac{mP}{2\pi f_1} \cdot \frac{UE}{X_s} \sin\theta \qquad (3.2)$$

相应的转矩特性如图 3.5 中曲线 2 所示。

在永磁同步电动机中,由于永磁体本身的导磁率一般很低,往往使得其交轴同步电抗 X_q 反比直轴同步电抗 X_d 大,致使反应转矩分量变负。这样,永磁同步电机的转矩特性往往具有图 3.6 所示的形式。可见永磁同步电动机产生最大转矩的功角 θ_m 大于电励磁式同步电动机,且 $\theta_m > \pi/2$。

磁阻式同步电动机由于有意增大了 d、q 轴磁阻差异,相应同步电抗 $X_d \neq X_q$,即使电机没有激磁($E = 0$),仅靠电枢电压激励也能产生反应转矩

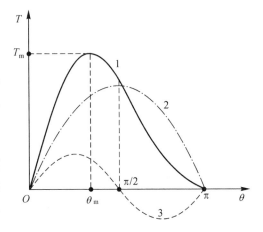

图 3.5　凸极同步电动机转矩特性

$$T = \frac{mP}{2\pi \, f_1} U^2 \left(\frac{X_d - X_q}{2 X_d \, X_q} \right) \sin 2\theta \qquad (3.3)$$

其特性曲线如图 3.5 中曲线 3 所示。

永磁同步电动机的一个重点缺点是它的起动性能不佳,牵入同步困难。这是因为电励磁的同步电机可以先依靠转子上的起动绕组产生异步转矩使电机达到亚同步速,然后再投入励磁使电机牵入同步。对于永磁电机则一开始在其转子上就存在永磁磁场,在未达同步速的起动过程中会产生交变的电磁转矩,对永磁同步电动机起动过程产生不良影响,这是一个值得深入讨论的问题。

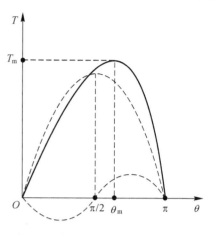

图 3.6　永磁同步电动机的转矩特性

永磁同步电动机的起动加速过程中,作用的转矩情况相当复杂,有异步性质的平均转矩,还有同步性质的脉动转矩。就异步性质的平均转矩而言就有三种,如图 3.7 所示。首先是定子电流产生的电枢磁场,它以同步速 n_s 旋转并切割转子上的起动绕组,在转子绕组中产生出转差频率的多相电流。由于转子绕组一般并不对称,所以转子中的感应电流所产生的旋转磁场除了一个以转差速度在转子上正向旋转的正序磁场外,还有一个以转差速度在相反方向旋转的逆序磁场。前者在空间的转速为 $(1-s)n_s + s n_s = n_s$,与定子磁势同步,产生基本异步起动转矩 T_c;后者在空间的转速为 $(1-s)n_s - s n_s = (1-2s)n_s$,它切割定子绕组,在定子中产生频率为 $(1-2s)f_1$ 的电流,这个电流与上述转子逆序磁场作用而产生出附加的异步起动转矩 T_D。值得注意的是 T_D 在 $s > 0.5$ 的低速段是制动的,在 $s < 0.5$ 的高速段则是助动的。其次是永磁体产生的激磁磁场,它随转子旋转,在定子绕组中感应出转子旋转频率 $(1-s)f_1$ 的电流,与永磁体作用产生出一个相当大的异步制动转矩 T_M,使电机的合成平均异步起动转矩 T_s 在低速段出现明显下凹,而 $T_s = 0$ 的过零点又远离同步速,致使电机的起动和牵入同步发生困难(图 3.7)。

对同步性质的转矩而言,由于电机中存在一个以 n_s 同步速旋转的定子电枢磁势,一个以转子速度 $(1-s)n_s$ 旋转的转子永磁体励磁磁场,以及一个由转子不对称所产生的以 $(1-2s)n_s$ 速度旋转的磁场,在这三个有相对运动的磁场相互作用之下会产生同步脉动转矩。其中,以定子磁场与转子永磁磁场相互作用所产生、以转差频率交变的脉动转矩为最大;其次由于转子不对称所产生的转子逆序磁场对永磁体的相对运动也是转差速度,它们相互作用之下也产生转差频率的脉动转矩,使转矩脉动加剧。

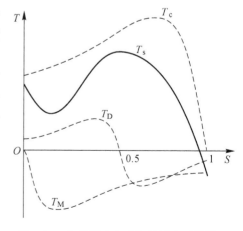

图 3.7　永磁同步电动机的异步平均转矩

这样,永磁同步电机异步起动过程中总的电磁转矩就是异步平均转矩与同步脉动转矩的迭加。起动时,异步平均转矩起驱动作用,加速转子;同步脉动转矩则时而助动时而制动,引起转矩脉动。只是随着转速的升高,转矩脉动频率降低,一旦牵入同步则将转变为恒定的同步转矩,相反异步平均转矩消失,这就是永磁同步电动机起动中几种转矩的相互关系。

在采用新型高磁能积永磁材料(如钐钴、钕铁硼等)制成的永磁同步电机中,由于永磁磁场很强,永磁体在起动过程中所产生的异步制动转矩 T_M 可能很大,会使电机异步起动和牵入同步发生困难。而且由于永磁体本身的导磁性能差,致使电机同步电抗小,可使异步起动时的电流达额定值的十倍以上,大大加重了电源负担。所以永磁同步电动机应避免直接高频起动,最好采用从静止开始作逐渐升频的变频起动。

三、同步电动机变频调速控制方式

同步电动机变频调速系统分为它控式变频器供电和自控式变频器供电两种不同方式。它控式变频器供电的变频调速系统和异步电机变频调速控制方式相似,其运行频率由外界独立调节,利用同步电机转速与气隙旋转磁场严格同步关系,通过改变变频器的输出频率实现对同步电机调速,但受负载影响容易产生失步现象。自控式变频器供电的变频调速系统其输出频率不由外界调节而是直接受同步电动机自身转速的控制。每当电机转过一对磁极,控制变频器的输出电流正好变化一周期,电流周期与转子速度始终保持同步,不会出现失步现象。由于这种自控式同步电机变频调速系统是通过调节电机输入电压进行调速的,其特性类似于直流电动机,但无电刷及换向器,所以习惯上被称为无换向器电动机。如果电机又是由永磁同步电机构成并由直流电源通过由自关断器件构成的功率电子开关(逆变器)供电,则称为永磁无刷直流电动机,我们将在第五章中专门讨论。永磁同步电动机由于采用不可调节的永磁磁场实现励磁,其控制方式有其特殊性,将在本章最后一节中予以专门讨论。

3.2　无换向器电机(自控式同步电动机变频调速系统)

自控式同步电机变频调速系统,或称无换向器电机是一种新型机电一体化无级变速电机,它是由一台带转子磁极位置检测器 PS 的同步电动机 M 和一套功率半导体逆变器 INV 所组成,如图 3.8、图 3.9 所示。

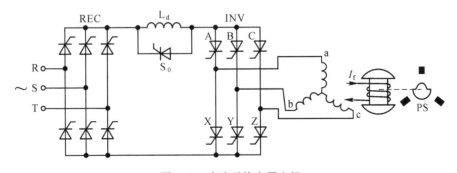

图 3.8　直流无换向器电机

无换向器电机有两种不同的系统结构形式:一种是直流无换向器电机,即自控式同步电机交-直-交变频调速系统(图3.8),它是由电网交流电经可控整流器 REC 变成大小可调直流,然后再由晶闸管逆变器 INV 转换成频率可调的交流,供给同步电动机实现变频调速。另一种是交流无换向器电机,即自控式同步电机交-交变频调速系统(图3.9),它是利用交-交型晶闸管变频器直接把电网 50Hz 交流电转换成可变频率的交流供给同步电动机。直流无换向器电机系统简单,所用晶闸管元件耐压要求低,但因逆变器的晶闸管元件工作在极性不变的直流电源上,故存在晶闸管元件换流问题,交流无换向器电机的变频器晶闸管可依靠电网交流电源自然换流,换流可靠,但所用元件数目多、耐压要求高。本书主要讨论直流无换向器电机。

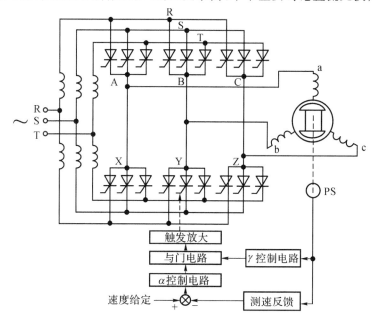

图 3.9   交流无换向器电机系统框图

由于无换向器电机具有直流电机的优良调速特性,又没有换向器,结构简单,无须经常维护和可做成无接触式结构等优点,易于做成高速大容量电机,这是普通直流电动机所无法做到的。因此,无换向器电机常用于纺织、水泥、化工、制糖、矿山和军工等比较恶劣的应用环境,以及要求高速大容量的场合。目前国外已制成轧钢机主传动用的无换向器电机,单机容量超过5000kW。此外无换向器电机的控制系统还可用来解决大型同步电机起动问题,如美国 Racoon 电站 425MVA 扬水发电机配置了 20MVA 无换向器电机起动装置;我国宝钢一号高炉的大型鼓风机驱动用 48MW 同步电动机也是采用无换向器电机方式起动。

一、无换向器电机的基本原理

(一) 等效直流电机原理

从以上结构可以看出,所谓无换向器电机,其实就是一种通过半导体变流器把电网频率电功率转变成可变频率电功率供给同步电动机进行变频调速的系统。它和一般的异步电机变频调速或它控式同步电动机变频调速有所不同,其变流器输出频率不是独立调节而是受与电动机转子同轴安装的位置检测器的控制。每当电动机转过一对磁极时,变流器输出交流电相应地变化一个周期,故是一种所谓的"自控式变频器",其特点是能保证变频器的输出频率和同步电动机转速始终保持同步而不会发生失步。

无换向器电机和一般并激直流电动机具有基本相同的调速特性,即只要改变电机的输入端电压或励磁电流,就能方便地在宽广的范围内实现无级调速。为什么一台同步电机加进一组逆变器和转子位置检测器后就能具有直流电动机那样的调速特性呢?可以从剖析作为直流电机关键部件的电刷、换向器的功能并通过两者对比看出其中的对应关系和联系。

我们知道直流电机电刷以外的电源类型虽然是直流,但电刷以内电枢绕组中感应的电势和通过的电流其实是交变。从电枢绕组和定子磁场之间的相互作用来看,它们实际上就是一台同步电动机,这台同步电动机和直流电源之间通过换向器和电刷联系起来。在电动机的情况下,换向器起逆变器的作用,把电源的直流电逆变成交流电送入电枢绕组;在发电机的情况下,换向器起整流器的作用,把电枢中发出的交流电转变成直流电输送到外部负载上。在直流电动机中,电刷不仅起引导电流的作用,而且由于电枢导体在经过电刷所在位置时从一个极性下的支路进入另一极性的支路,支路中电流改变方向,所以电刷的位置决定了电动机中电流换向的地点,即电刷起着电枢电流换向位置的检测作用。

无换向器电机和直流电动机一样本身都是一台同步电动机,只是直流电动机中用的是一个机械接触式的逆变器 —— 换向器,而无换向器电机中是用晶闸管组成的半导体逆变器来代替。直流电动机中用以控制换向发生地点的是电刷,在无换向器电机中则是无接触式的位置检测器。尽管两者构造不同,但它们的作用却完全相同,所以无换向器电机和一般并激直流电动机具有相同的调速特性。

(二) 电磁转矩的产生

无换向器电机的电枢绕组一般为三相,晶闸管逆变器通常采用三相桥式接法,在小容量机组中也可用三相半波(零式)接法。先讨论三相半波接法时的转矩情况。假设转子励磁所产生的磁场 B 在电机气隙中按正弦分布,如果定子一相绕组中通以持续的直流电流 I,则此电流和转子磁场作用所产生的转矩 T 也将随转子位置的不同按正弦规律变化(图 3.10)。但在无换向器电机中,实际上每相绕组中通过的不是持续的直流而是只有 1/3 周期的方波电流,这样每相电流和转子磁场作用所产生的转矩也只是正弦曲线上相当于 1/3 周期长的一段,当然这段转矩曲线的具体形状与绕组开始通电时刻的转子相对位置有关。图 3.11(a)

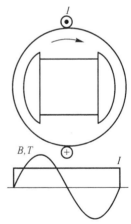

图 3.10　一相通直流电流时的转矩

所示是转子磁极轴线从某相绕组轴线转过 30° 的位置,从产生转矩的角度看在此瞬间触发导通该相晶闸管最为有利。因为在此位置下开始绕组通电的 1/3 周期里,载流导体正好处于比较强的磁场中,所产生的转矩平均值最大,脉动较小。从时间相位上看,晶闸管触发瞬间正好是该相感应电势交变过零之后的 30° 相位处，习惯上将此点选作晶闸管触发相位的基准点，定为 $\gamma_0 = 0°$。γ_0 称为空载换流超前角。

在 $\gamma_0 = 0°$ 的情况下，电枢三相绕组轮流通电所产的总转矩如图 3.11(b) 所示。若晶闸管触发时间提前，将导致平均转矩减小、脉动增加。在三相半波逆变器情况下，$\gamma_0 = 30°$ 时电机瞬时转矩有过零点，如图 3.11(c) 所示。

当采用三相桥式逆变器时，由于任何瞬间在三相绕组中总有一相通过正向电流而另一相通过反向电流，这两个电流分别产生转矩的情况和上述三相半波接法时相同，只不过每一组正、负电流所产生的转矩在时间顺序上要相差 180°，如图 3.12(a) 所示。而电动机的合成转矩是这两个转矩之和，在 $\gamma_0 = 0°$ 时总转矩曲线如图 3.12(b) 所示；在 $\gamma_0 = 60°$ 时的总转矩则如图 3.12(c) 所示，此时转矩曲线有过零点。

综上所述，从电机转矩来看，以采用三相桥式接法、$\gamma_0 = 0°$ 比较有利，此时电机所产生的转矩平均值最大、脉动最小。但无换向器电机的逆变器晶闸管是利用电机反电势自然换流，因此 $\gamma_0 = 0°$ 时不能实现换流，γ_0 角必须要超前一定角度。目前最常用的方式是选定 $\gamma_0 = 60°$ 运行方式，或者 γ_0 按负载自动调节，但此种情况下电机的转矩脉动动程度将增大。

在凸极式无换向器电机中，除上述电枢电流和气隙磁场作用产生的基本转矩外，还有一项反应转矩存在。当 γ_0 超前时，反应转矩为负值，会使无换向器电机输出转矩减小。

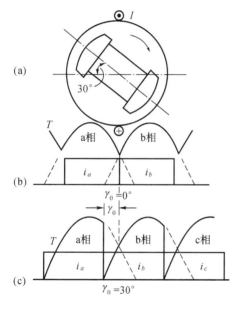

图 3.11　三相半波逆变电路的转矩

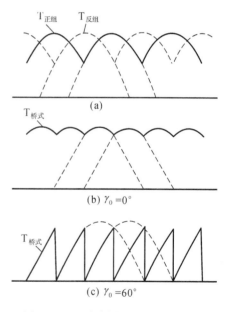

图 3.12　三相桥式逆变电路的转矩

二、逆变器晶闸管的换流问题

直流无换向器电机的晶闸管接在直流电源上，一旦触发导通后无法自行关断，必须采取特殊的换流措施。由于同步电机过激状态下能向逆变器提供超前的无功电流，故可以利用电机的反电势来实现自然换流，这是直流无换向器电机换流上的特殊处。下面以图 3.8 中逆变器晶闸管 A 至 B 的换流为例说明反电势自然换流的机理。

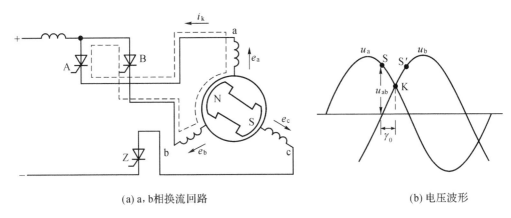

(a) a、b 相换流回路　　　　　　　　　　　(b) 电压波形

图 3.13　电枢反电势换流原理

设换流之前为晶闸管 A、Z 导通,电流经由晶闸管 A → a 相绕组 → c 相绕组 → 晶闸管 Z 流通,如图 3.13(a) 所示。如欲利用电机反电势实现晶闸管 A → B 的电流转移,要求反电势 e_a > e_b,即换流时刻应比 a、b 两相反电势波形交点 K 适当提前一换流超前角 γ_0,如图 3.13(b) 中 S 点。图中,采用 $u_a \approx e_a$,$u_b \approx e_b$ 关系。在此 S 点时刻触发导通晶闸管 B 时,因 u_a > u_b,u_{ab} = ($u_a - u_b$) > 0,会在晶闸管 A、B 和电枢 a、b 二相绕组间产生一个短路电流 i_k,它使 A 管中电流减小,B 管中电流增大。当 i_k 达到原 A 管承担的负载电流 I_d 时,A 管将因实际电流下降至零而关断,负载电流就全部转移到 B 管中,完成了换流过程。相反,如若换流时刻滞后于 K 点(即图3.13(b) 中 S' 点),触发角 γ_0 为负,u_b > u_a,在晶闸管 A、B 和电枢两绕组间作用的电压 u_{ab} 和所产生的短路电流将与图 3.13(a) 中相反,它将阻止 B 管导通、维持 A 管导通,从而不能实现换流。

利用电机反电势换流的逆变器主回路十分简单,无需辅助换流电路,但也存在换流能力与转矩特性的矛盾,特别是有低速无法实现换流的问题。无换向器电机利用电枢反电势换流时,空载下施加在晶闸管上的电压也就是反电势 e,其波形如图 3.14 实线所示。在相当于换流超前角 γ_0 的一段范围内,晶闸管承受反压,能使管子关断。当电动机负载后,一方面由于换流重叠角 μ 的影响使晶闸管导通时间增长,反压时间减少;另一方面出现电枢反应,使同步电机端电压 u 相位将比反电势 e 提前一个功角 θ,也使晶闸管承受反压的时间减少,如图 3.14 中虚线所示。表征晶闸管承受反压时间的角度 $\delta = \gamma_0 - \theta - \mu = \gamma - \mu$ 称为换流剩余角,γ_0 为空载换流超前角,$\gamma = \gamma_0 - \theta$ 为负载换流超前角。为保障可靠换流,要求 $\delta = 10° \sim 15°$。要满足 δ 大小的要求,只能增大 γ_0 或者限制电机最大负荷。增大 γ_0 会使相同负载电流下所产生的转矩减小、脉动增大,实用上限制 $\gamma_0 = 60°$。

无换向器电机在起动和低速运行时反电势很小,甚至为零,无法实现反电势自然换流,此时采用断续电流法换流是解决起动和低速运行时换流问题最简单、经济的办法。所谓电流断续法换流就是每当晶闸管需要换流时刻,控制电源侧整流桥使之进入逆变状态(拉逆变),迫使逆变器输入电流下降为零,逆变器所有晶闸管均先自然关断,然后再给换流后该导通的管子发触发脉冲,使之重新导通,实现可靠换流。然而电流的断续也将带来电磁转矩的严重波动。

在直流无换向器电机中,常在直流环节接入平波电抗器以抑制电流纹波,也构成了电流源

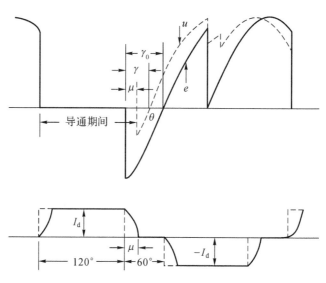

图 3.14　反电势自然换流时晶闸管上电压、电流波形

逆变器的特性,但电抗器工作时的磁场贮能将严重影响断流所需时间。为了加速断流过程,通常在平波电抗器两端按图 3.8 所示极性接入续流晶闸管 S_0。当回路电流衰减时,电抗器 L_d 两端感应电势极性左(—)右(+),S_0 承受正向阳极电压,此时触发 S_0 即可导通,使电抗器中电流转移至 S_0 中,保证逆变器输入电流快速断流。只要电源侧整流桥逆变过程解除,输入电流开始增长,电抗器两端感应电势极性变反,S_0 将承受反压自然关断,不会影响正常工作时的滤波效果。

所以直流无换向器电机低速时(5% ～ 10% 额定转速以下)采用断续电流法换流,且为增大转矩应使换流超前角设定在 $\gamma_0 = 0°$;高速运行时采用电枢反电势换流,为保证换流能力改设定为 $\gamma_0 = 60°$。

三、无换向器电机的工作特性

(一)调速特性

无换向器电机可以看作为一台直流电动机,故可采用分析直流电动机的方法进行研究。

在计及换流重叠角的情况下,三相桥式整流电路输出直流电压 E_D 为

$$E_D = 2.34E_s \cos\left(\alpha + \frac{\mu'}{2}\right)\cos\frac{\mu'}{2} \tag{3.4}$$

式中　　E_s——电源相电压有效值;

　　　　α——整流触发角;

　　　　μ'——整流桥换流重叠角。

同样,对于电动机侧的逆变桥,其直流侧电压 E'_D 与电机相电压 E_M 之间关系为

$$E'_D = 2.34E_M \cos\left(\gamma - \frac{\mu}{2}\right)\cos\frac{\mu}{2} \tag{3.5}$$

式中　γ——逆变超前角；

　　　μ——逆变桥换流重叠角。

设 Φ 为电动机气隙合成磁通，K 为电机结构常数，P 为电机极对数，电动机转速为 $\omega(\text{rad/s})$ 或 $n(\text{r/min})$，则电动机相电压可写成

$$E_{\text{M}} = K\Phi\omega = 2\pi K\Phi\frac{nP}{60} \tag{3.6}$$

整流桥输出电压 E_{D} 与逆变桥输入电压 E'_{D} 之间有下列电压平衡关系

$$E'_{\text{D}} = E_{\text{D}} - I_{\text{d}}\sum R \tag{3.7}$$

式中　$\sum R$——包括平波电抗器电阻和晶闸管通态压降在内的直流回路等效电阻。

将式(3.7)、(3.6)代入式(3.5)，可得无换向器电机的转速公式

$$n = 4.08 \times \frac{E_{\text{D}} - I_{\text{d}}\sum R}{PK\Phi\cos\left(\gamma - \dfrac{\mu}{2}\right)\cos\dfrac{\mu}{2}} \tag{3.8}$$

它和直流电动机转速公式 $n = 4.08 \times \dfrac{E_{\text{D}} - I_{\text{a}}R_{\text{a}}}{K\Phi}$ 十分相似，可见两者具有相似的调速方法。对无换向器电机而言，有以下调速方法：

①改变直流电压 E_{D}，可通过改变可控整流桥触发角 α 来实现；

②改变励磁磁通 Φ 或励磁电流 I_{f}；

③改变换流超前角 γ。

实用上多采用改变直流电压的调速方法。当励磁及换流超前角恒定条件下，改变直流电压 E_{D} 时的机械特性如图 3.15 所示。

（二）过载能力

无换向器电机的过载能力与一般电动机不同，并不受最大电磁转矩的限制，而是受逆变器晶闸管换流能力的限制，故无换向器电机的过载能力比一般直流电动机低，只有 $1.5 \sim 2$ 倍。为实现完全无接触式而采用爪极式结构的无换向器电机因漏磁大，过载能力甚至只有 1.25 倍，这是直流无换向器电机不足之处。

前面已经说明，无换向器电机空载时换流超前角整定为 γ_0，电机负载后由于同步电机功角 θ

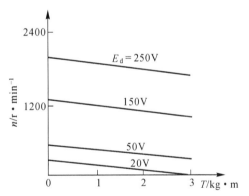

图 3.15　无换向器电机调压调速特性

的影响，电机端电压相位将前移 θ 角，使负载换流超前角减小为 $\gamma = \gamma_0 - \theta$。另一方面随着负载电流的增加，换流重叠角 μ 也将增大。由于 θ 及 μ 角均随负载的增大而增加，在 γ 恒定情况下换流剩余角 $\delta = \gamma_0 - \theta - \mu$ 将随负载增加而减小，如图 3.16 所示。δ 角表示了晶闸管关断后承受反压的时间(角度)，为保证可靠换流，由 δ 折算出的换流剩余时间 $t_\delta = \delta/\omega$ 必须大于晶闸管的关断时间 t_{q}。这样当负载达到一定大小，$t_\delta = \delta/\omega$ 接近 t_{q} 时，无换向器电机即达到换流极限，也就是它的最大负载能力。

要提高无换向器电机过载能力，一方面要尽量减小换流重叠角 μ 的数值，另一方面要减小

功角 θ 的影响。具体措施可以有：

① 转子上装设阻尼绕组或者采用整铸磁极，利用其铁磁阻尼作用减少换流电抗，从而减小换流重叠角。

② 减小交轴同步电抗 X_q。因为出现功角 θ 的主要原因是存在交轴电枢反应，即图 3.17 中 jX_qI_q 所示。在一定电流下，若 X_q 越小，功角 θ 也越小，γ 随负载减小的趋势变弱，电机过载能力就可提高。

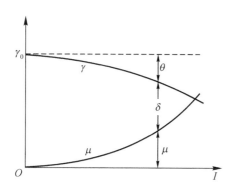

图 3.16　γ、μ、δ 角与负载电流关系　　　图 3.17　无换向器电机基波矢量图

③ 在磁极上装设交轴补偿绕组，使其中通过的电流和 I_q 成正比，由它产生的磁势完全补偿交轴电枢反应，使等效交轴电抗为零，换流超前角 γ 将不随负载变化，从而提高过载能力。

④ 采用励磁电流随负载比例变化的控制方法，此时空载电势 E_{MO} 相应增大，整个矢量图按比例放大，θ 角将保持不变，从而显著提高电机过载能力。

近年来为提高无换向器电机过载能力、性能指标，采用一些新型的控制方法。一种比较常用的控制策略是在励磁电流不变条件下保持换流剩余角 δ 恒定来调节空载换流超前角 γ_0。在此种控制方法下，换流问题不再成为限制电机过载能力的因素，同时也改善了轻载时的功率因数和效率。另一种更有希望的控制方法是所谓恒角／变磁控制方案，此方案以同步电动机端电压检测代替转子位置检测器作为自控式逆变器的触发信号源，形成所谓的无位置检测器的控制系统。用保持负载换流超前角 γ 恒定的策略代替以往保持空载换流超前角 γ_0 恒定的控制方法，再通过适当控制励磁电流，就可获得换流剩余角 δ、换流重叠角 μ 和空载换流超前角 γ_0 几乎不变的良好特性，使无换向器电机的过载能力、效率，功率因数等力能指标均可保持在较好水平。

四、无换向器电机的调速系统

典型的直流无换向器电机控制系统框图如图 3.18 所示，包括电源侧的调速控制和电动机侧的四象限运行控制两部分。调速控制部分和直流电动机调速系统基本相同，是一个由电流环和速度环组成的双闭环系统，其中还包括有逻辑控制和零电流检测单元。逻辑控制单元用来控制电动机侧的触发脉冲分配，实现四象限运行；零电流检测单元用来检测低速电流断续法换流时电流是否为零。电机侧的控制系统包括一个转子位置检测器 PS 和一个 γ 脉冲分配器，它受调速部分逻辑单元控制，根据四象限运行需要，把相应脉冲分配输送到逆变器各晶闸管，下面着重介绍这两个单元的功能。

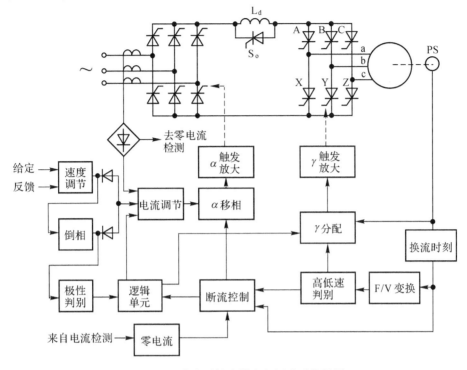

图 3.18 直流无换向器电机调速系统框图

与同步电动机同轴安装的转子位置检测器根据转子位置产生出相应的信号,经逻辑分配器并放大后去触发控制逆变器。位置检测器有多种类型,其中应用较广的有:

① 霍尔元件式;

② 光电式;

③ 接近开关式;

④ 电磁感应式;

⑤ 端电压相位检测式。这是一种无转子位置检测器方式,利用检测到的无换向器电机电枢端电压作为逆变器触发信号源,能避免电枢反应的影响,在整个运行过程中保持 γ 角恒定。当然,电机起动时会因电枢反电势(端电压)太低或根本不存在而需要藉助别的方式来解决起动问题。

霍尔元件式多用于小型晶体管无刷直流电机,容量较大的无换向电机中多用后三种。从国内经验看电磁感应式结构简单,工作较为可靠。

电磁感应式转子位置检测器由一个带缺口的导磁(铁)圆盘(图 3.19(a))和三个小型开口变压器式的检测元件所组成。变压器的山形铁心上,两侧的两条腿上绕上两个原绕组,其绕制方向和联接法如图 3.19 所示,其中通以 $1 \sim 5\text{kHz}$ 的方波交流;副绕组绕在中间一条腿上。当圆盘随转子旋转到盖住变压器三条腿时(图 3.19(b)),由于磁路对称关系,副绕组中无磁通交链而不会感应电势;但当圆盘缺口对准变压器而只盖住两条腿时(图 3.19(c)),则因磁路不对称而将在副绕组中感应出电势,发出转子位置信号。

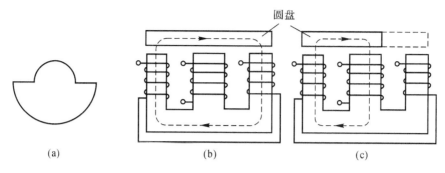

图 3.19　电磁感应式转子位置检测器

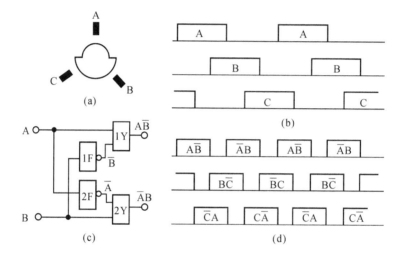

图 3.20　位置检测器及输出信号处理

在实际系统中,一般采用三个相隔 120° 电角度放置的检测元件(开口变压器)A、B、C 和一个带 180° 电角度缺口的铁圆盘组成位置检测器,如图 3.20(a) 所示。由于三个检测元件在空间互差 120° 电角度布置,电机旋转时便可获得三个在时间上互差 120°、宽度为 180° 的电信号 A、B、C(图 3.20(b))。将此三个信号经由图 3.20(c) 所示逻辑线路进行变换(图中 1Y、2Y 为与门,1F、2F 为非门),即可得到六个宽度为 120° 电角度、相隔 60° 电角度的信号,正好满足逆变器 6 个晶闸管的触发需要,如图 3.20(d) 所示。用这种办法获得晶闸管触发信号,不仅所需检测元件少,结构简单,而且不管转子处在什么位置,始终能保证在同一瞬间有两个触发信号存在,确保桥式逆变电路总有两个晶闸管导通,使电机顺利起动。

由转子位置检测系统产生的六个信号 $A\bar{B}$、$\bar{C}A$、$B\bar{C}$、$\bar{A}B$、$C\bar{A}$、$\bar{B}C$ 应根据电机不同运行状态输送到不同的晶闸管上去,这一任务由 γ 分配器来完成。

前面已经说明,无换向器电机在高速时由于逆变器晶闸管利用反电势换流的需要,应取空载换流超前角 $\gamma_0 = 60°$;而起动和低速时为保持较大的起动转矩和消除死点,应取 $\gamma_0 = 0°$。这样当要求电动机作四象限运行时,就有 8 种不同运行方式:低速正向电动,低速反向电动,低速正向制动,低速反向制动;高速正向电动,高速反向电动,高速正向制动,高速反向制动;这 8 种运行状态下各晶闸管触发信号分配如表 3.1 所示。

表 3.1　各晶闸管触发信号分配

	晶闸管 VT	A	Z	B	X	C	Y
正转	$\gamma_0 = 0°$	$A\bar{B}$	$\bar{C}A$	$B\bar{C}$	$\bar{A}B$	$C\bar{A}$	$\bar{B}C$
	$\gamma_0 = 60°$	$\bar{B}C$	$A\bar{B}$	$\bar{C}A$	$B\bar{C}$	$\bar{A}B$	$C\bar{A}$
	$\gamma_0 = 120°$	$C\bar{A}$	$\bar{B}C$	$A\bar{B}$	$\bar{C}A$	$B\bar{C}$	$\bar{A}B$
	$\gamma_0 = 180°$	$\bar{A}B$	$C\bar{A}$	$\bar{B}C$	$A\bar{B}$	$\bar{C}A$	$B\bar{C}$
反转	$\gamma_0 = 0°$	$\bar{A}B$	$C\bar{A}$	$\bar{B}C$	$A\bar{B}$	$\bar{C}A$	$B\bar{C}$
	$\gamma_0 = 60°$	$C\bar{A}$	$\bar{C}B$	$A\bar{B}$	$A\bar{C}$	$\bar{B}C$	$\bar{A}B$
	$\gamma_0 = 120°$	$C\bar{B}$	$A\bar{B}$	$A\bar{C}$	$B\bar{C}$	$\bar{A}B$	$C\bar{A}$
	$\gamma_0 = 180°$	$A\bar{B}$	$\bar{C}A$	$B\bar{C}$	$\bar{A}B$	$C\bar{A}$	$\bar{B}C$

值得指出的是,若把表 3.1 中正转和反转两种情况下各晶闸管的触发信号进行比较可以发现,在如此设置的转子位置检测系统中,在正向电动与反向制动之间,正向制动与反向电动之间,晶闸管的触发信号是相同的。实际加到各晶闸管上的触发信号只有 4 种:

① 低速正向电动($\gamma_0 = 0°$)和低速反向制动($\gamma_0 = 180°$)相同;

② 高速正向电动($\gamma_0 = 60°$)和高速反向制动($\gamma_0 = 120°$)相同;

③ 低速反向电动($\gamma_0 = 0°$)和低速正向制动($\gamma_0 = 180°$)相同;

④ 高速反向电动($\gamma_0 = 60°$)和高速正向制动($\gamma_0 = 120°$)相同。

以上触发信号的切换可以通过一组简单的逻辑线路,即脉冲分配器,再根据高低速鉴别器和转矩极性鉴别器控制的逻辑单元来的指令自动完成。图 3.21 即为一种采用与门(1Y ~ 6Y)和或门(1H ~ 3H)所组成的 γ 分配器逻辑控制线路原理图。图中仅示出了控制晶闸管 A 的线路,控制其余晶闸管的线路可根据表 3.1 用类似逻辑线路构成。

位置检测器除提供各晶闸管的触发信号源外,每当导电的晶闸管需要切换时,还将产生逆变桥晶闸管换流时刻检测信号,作为指令加到断流控制系统,加上高低速信号,控制低速时电机断流。此外,由于位置检测器在单位时间内所产生的脉冲数与电动机转速直接成正比,可以通过频率电压变换器(F/V 变换器)把它变成速度信号,作为电动机转速指示和供高低速检测之用,实现 γ_0 的逻辑控制。即起动和低速(5% ~ 10% 额定转速以下)运行时控制 $\gamma_0 = 0°$,高速运行时控制 $\gamma_0 = 60°$。这个高低速鉴别信号同时也输入到上述断流控制系统,以便在电动机高速运行时封锁断流信号的产生。

由电流型变频器组成的交流无换向器电机控制系统和直流无换向器电机控制系统基本相似,所不同的只是交 - 交系统的主回路中整流桥和逆变桥不是分开独立的,而是相互联系构成一个统一的变频器,如图 3.9 所示。变频器中的每一晶闸管既属于从电源侧看的 R、S、T 三个晶闸管组中的一个,同时又属于从电机侧看的 A、B、C 和 X、Y、Z 六个晶闸管组中的一个。晶闸管组 R、S、T 的触发相位由电流侧的整流触发系统所决定,它们受双闭环调速系统的控制。而晶

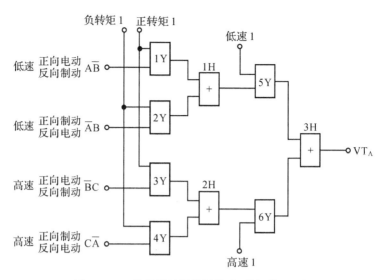

图 3.21　γ分配器逻辑控制线路(晶闸管 A 用)

闸管组 A、B、C 和 X、Y、Z 的触发则是由电动机侧的 γ 分配器所决定的。因此变频器中各晶闸管的触发时刻就不能只是由电源侧的 α 移相控制或电动机侧的 γ 分配器来单独进行控制,而必须把这两者的输出信号经过一个与门电路来加以合成(图 3.9),然后才能把所得的信号输送到相应的触发放大器。交 - 交系统中,由于电动机低速运行时可依靠电源换流,没有必要采用电流断续法换流,所以交 - 交系统中无断流控制及零电流检测单元。

3.3　同步电动机矢量变换控制

一、同步电动机矢量变换控制的基本思想

在异步电机的矢量变换控制中,我们选择转子全磁通矢量作为同步速旋转的磁场定向坐标系(M-T 坐标系)的 M 轴。通过坐标变换,将三相定子电流分解为与转子磁通同方向的等效励磁电流 i_{M1} 及与转子磁通方向垂直的等效转矩电流 i_{T1}。由于 i_{M1}、i_{T1} 相互正交,解除了彼此间的耦合关系;在同步速的 M-T 坐标系中它们是一组直流标量,故完全可以像直流电动机那样实现对磁场和转矩的分别控制,获得良好的调速特性。

这样一种控制思想完全可以应用到同步电动机转矩的瞬时控制中。图 3.22 为转场式隐极同步电动机的空间矢量图,其中电流矢量应看作为与相应磁势等效的空间矢量。图中转子磁场电流矢量 $\vec{i_f}$ 建立了转子磁场磁通矢量 $\vec{\Phi_f}$,电枢电流矢量 $\vec{i_1}$ 建立了电枢反应磁通矢量 $\vec{\Phi_1}$。磁化电流矢量 $\vec{i_M}$ 则为电枢电流矢量 $\vec{i_1}$ 和磁场电流矢量 $\vec{i_f}$ 的合成矢量,而气隙有效磁通矢量 $\vec{\Phi_M}$ 则为电枢反应磁通矢量 $\vec{\Phi_1}$ 与磁场磁通矢量 $\vec{\Phi_f}$ 的合成矢量。$\vec{i_M}$ 与 $\vec{\Phi_M}$ 之间也有着相应的关系。

在同步电机的矢量变换控制中,选择气隙有效磁通矢量 $\vec{\Phi}_M$ 作为磁场定向坐标系 M 轴的方向,逆时针领先 90° 电角度的方向为 T 轴方向,因此电枢电流矢量可以分解出相应的等效励磁电流分量 $\vec{i_{M1}}$ 和等效转矩电流分量 $\vec{i_{T1}}$。如果控制合成的磁化电流 $\vec{i_M}$ 使有效磁通 $\vec{\Phi}_M$ 保持恒定,那么同步电动机所产生的转矩就直接和电枢电流中的等效转矩分量 $\vec{i_{T1}}$ 成正比。由于 $\vec{\Phi}_M$ 与 $\vec{i_{T1}}$ 相互垂直,调节中相互不影响,在同步速旋转的 M-T 坐标系中又都是些直流量,因此可以和直流电机一样灵活地进行转矩的控制和调整,这就是同步电动机矢量变换控制的基本思想。

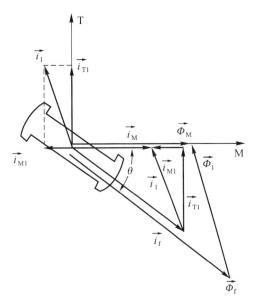

图 3.22　隐极同步电动机矢量图

二、同步电动机矢量变换控制系统

图 3.23 为控制系统的结构框图,其中同步电动机电枢绕组由交–交变频器供电,转子磁场绕组由可控整流器供电。电枢和磁场中均设有电流调节回路,此外还设有有效磁通和速度的调节回路。

整个控制系统的主控制指令来自速度给定信号 ω^*。速度给定值 ω^* 与实测的转子速度 ω 相比较,其误差信号控制速度调节器 ST,使其输出为保持速度给定所需的转矩给定值 T^*。通过除以有效磁通 $|\Phi_M|$ 的运算,得到电枢的等效转矩电流给定值 i_{T1}^*。与此同时,根据实际转速的大小,按基频以下恒磁通(恒转矩)、基频以上弱磁通(恒功率)的调节规律,由函数发生器给出有效磁通给定值 Φ_M^*。磁通调节器根据有效磁通给定值 Φ_M^* 与由磁通运算器算出的实际有效磁通 Φ_M 的误差信号进行调节,输出保持有效磁通给定值 Φ_M^* 所需的磁化电流给定值 i_M^*。

磁极位置运算器根据转子位置检测器检测到的磁极位置,计算并输出转子磁极相对定子绕组的空间位置角度 θ_f(以正弦、余弦函数形式给出),供坐标变换使用。

磁通运算器是一个根据输入的电枢电流、磁通电流及磁极位置角来计算有效磁通的大小、位置及功率角的运算回路。电流给定值运算器则是按电枢的等效磁化电流给定值、等效转矩电流给定值及磁通运算器的输出信号计算所需三相电枢电流及磁场电流给定值的运算回路。它们都是同步电动机矢量变换控制系统中的核心运算部分,须作重点介绍。

(一) 磁通运算器

为了进行有效磁通的运算,必须进行有关矢量的坐标变换,图 3.24 给出了同步电动机矢量变换控制系统中所采用的几个坐标系间的空间关系,其中 α-β 坐标系为定子坐标系,M-T 坐标系为同步速旋转的磁场定向坐标系。由于同步电机中转子磁极的位置容易检测,往往再引入同步速旋转的 d-q 转子坐标系,并取转子磁场磁通矢量 $\vec{\Phi}_f$ 的方向为 d 轴方向,垂直并领先 d 轴 90° 电角度的方向为 q 轴方向。d 轴相对于 a 轴的位置用 θ_f 角来度量,M 轴相对于 a 轴的位置用 θ_0 角来度量。由于 d-q 坐标系、M-T 坐标系以及电枢电流矢量 $\vec{i_1}$ 都是以同步速 ω_1 相对 α-β 坐标

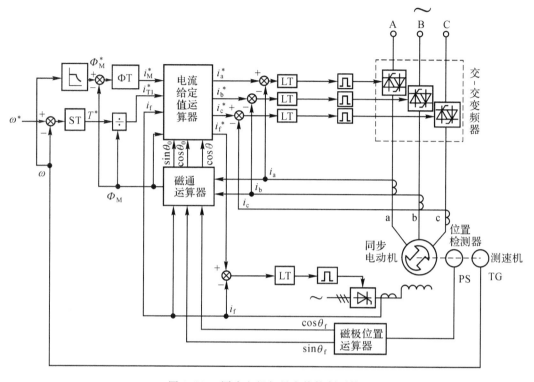

图 3.23   同步电机矢量变换控制系统

系旋转,它们彼此间相对静止,因此尽管 θ_f、θ_0 是时间的线性函数,但 M 轴与 d 轴的夹角,也就是有效磁通矢量 $\vec{\Phi}_M$ 与磁场磁通矢量 $\vec{\Phi}_f$ 之间的夹角 —— 同步电机功率角 $\theta = \theta_0 - \theta_f$ 却是一个不变的常量。

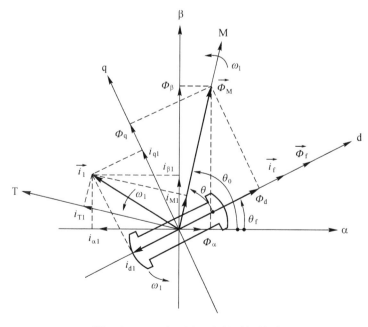

图 3.24   α-β,d-q,M-T 坐标系间关系

图 3.25 给出了磁通运算器的运算框图。图中,实测的电枢电流 i_{a1}、i_{b1} 经过式(2.92)表达的 3Φ/2Φ 变换,变换成 α-β 坐标系中的二相分量 i_{a1}、$i_{\beta1}$。即

$$\left. \begin{aligned} i_{a1} &= i_{a1} \\ i_{\beta1} &= \frac{1}{\sqrt{3}}(i_{a1} + 2i_{b1}) \end{aligned} \right\} \tag{3.9}$$

i_{a1}、$i_{\beta1}$ 再经过矢量旋转变换 VR_1,变换成转子 d-q 坐标系中的分量 i_{d1}、i_{q1}。

$$\left. \begin{aligned} i_{d1} &= i_{a1}\cos\theta_f + i_{\beta1}\sin\theta_f \\ i_{q1} &= -i_{a1}\sin\theta_f + i_{\beta1}\cos\theta_f \end{aligned} \right\} \tag{3.10}$$

式中　$\cos\theta_f$、$\sin\theta_f$——来自磁极位置运算器的输出。

从 d-q 坐标系中的电枢电流分量 i_{d1}、i_{q1} 以及磁场电流 i_f,可以计算出 d-q 轴的有效磁通分量 Φ_d、Φ_q。如果不考虑磁路的非线性,则 Φ_d 与 $(i_{d1}+i_f)$ 成正比,Φ_q 与 i_{q1} 成正比,即有

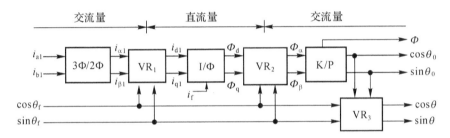

图 3.25　有效磁通运算框图

$$\left. \begin{aligned} \Phi_d &= G_d(\mu) \cdot (i_{d1} + i_f) \\ \Phi_q &= G_q(\mu) \cdot i_{q1} \end{aligned} \right\} \tag{3.11}$$

式中　$G_d(\mu)$、$G_q(\mu)$——与磁路工作点有关的 d、q 轴比例系数。

式(3.11)所表达的关系就是图 3.25 中 I/Φ 变换器的运算功能。

计算出的 Φ_d、Φ_q 经过坐标旋转变换,可以得到静止 α-β 坐标系中的有效磁通分量 Φ_a、Φ_β,故 VR_2 的运算功能为

$$\left. \begin{aligned} \Phi_a &= \Phi_d\cos\theta_f - \Phi_q\sin\theta_f \\ \Phi_\beta &= \Phi_d\sin\theta_f + \Phi_q\sin\theta_f \end{aligned} \right\} \tag{3.12}$$

为了求得有效磁通的大小 $|\Phi_M|$ 及相对于 α 轴的空间位置角 θ_0,可采用 K/P 变换,即

$$\left. \begin{aligned} |\Phi_M| &= \sqrt{\Phi_a^2 + \Phi_\beta^2} \\ \cos\theta_0 &= \frac{\Phi_a}{|\Phi_M|} \\ \sin\theta_0 &= \frac{\Phi_\beta}{|\Phi_M|} \end{aligned} \right\} \tag{3.13}$$

为了计算出电枢电流中的等效励磁电流分量 i_{M1},还需要求出功率角 θ,这可以通过矢量旋转变换 VR_3 来实现。因为 $\theta = \theta_0 - \theta_f$,则

$$\left. \begin{aligned} \cos\theta &= \cos\theta_0 \cdot \cos\theta_f + \sin\theta_0 \cdot \sin\theta_f \\ \sin\theta &= \sin\theta_0 \cdot \cos\theta_f - \cos\theta_0 \cdot \sin\theta_f \end{aligned} \right\} \tag{3.14}$$

（二）电流给定值运算器

电流给定值运算器框图如图 3.26 所示。

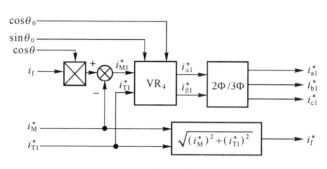

图 3.26　电流给定值运算框图

根据图 3.22,产生有效磁通 Φ_M 的合成磁化电流 i_M、磁场电流 i_f 以及电枢电流的等效励磁电流分量 i_{M1} 之间的关系为

$$i_M = i_f \cos \theta - i_{M1} \tag{3.15}$$

因而为维持有效磁通恒定,电枢电流的等效励磁电流分量给定值应为

$$i_{M1}^* = i_f \cos \theta - i_M^* \tag{3.16}$$

此外,速度给定通过速度调节器 ST 以及除以有效磁通 $|\Phi_M|$ 的运算,可以得到电枢电流的等效转矩电流分量给定值 i_{T1}^*。这样,通过矢量的旋转变换 VR_4 以及 $2\Phi/3\Phi$ 变换,就可以获得三相电枢电流的给定值 i_{a1}^*、i_{b1}^*、i_{c1}^*,其运算过程为

$$\left. \begin{array}{l} i_{a1}^* = i_{M1}^* \cos \theta_0 - i_{T1}^* \sin \theta_0 \\ i_{\beta1}^* = i_{M1}^* \sin \theta_0 + i_{T1}^* \cos \theta_0 \end{array} \right\} \tag{3.17}$$

以及

$$\left. \begin{array}{l} i_{a1}^* = i_{a1}^* \\ i_{b1}^* = -\dfrac{1}{2} i_{a1}^* + \dfrac{\sqrt{3}}{2} i_{\beta1}^* \\ i_{c1}^* = -\dfrac{1}{2} i_{a1}^* - \dfrac{\sqrt{3}}{2} i_{\beta1}^* \end{array} \right\} \tag{3.18}$$

而供给磁场绕组的电流 i_f,按图 3.22 的矢量关系可以写为

$$i_f = \sqrt{(i_M + i_{M1})^2 + i_{T1}^2} \tag{3.19}$$

由于 i_{M1} 为电枢电流中产生有效磁通 Φ_M 的等效励磁电流分量,故是一个无功电流。如果需要保持同步电动机的功率因数为 1,则应使该项电流为零,此时磁场绕组电流的给定值应为

$$i_f^* = \sqrt{(i_M^*)^2 + (i_{T1}^*)^2} \tag{3.20}$$

3.4　永磁同步电动机矢量控制策略

电动机的各种控制策略都是基于对定子电流的幅值和相位的控制,即实施的都是电流矢量控制。根据用途的不同,永磁同步电动机电流矢量控制的方法主要有:$i_d = 0$ 控制、$\cos \varphi = 1$ 控制、恒磁链控制、最大转矩 / 电流比控制、弱磁控制、最大输出功率控制等。

一、$i_d = 0$ 控制

图 3.27 为永磁同步电动机空间矢量图,其中 θ 为转子磁极 d 轴的空间位置角,β 为定子电流矢量 i_s 与转子永磁磁链矢量 $\boldsymbol{\Psi}_f$ 间的夹角。定子电流 d、q 轴分量可写为

$$\left.\begin{array}{l} i_d = i_s \cos \beta \\ i_q = i_s \sin \beta \end{array}\right\} \tag{3.21}$$

定子磁链 d、q 轴分量可表示为

$$\left.\begin{array}{l} \boldsymbol{\Psi}_d = L_d i_d + L_{md} i_f \\ \boldsymbol{\Psi}_q = L_q i_q \end{array}\right\} \tag{3.22}$$

式中　　L_d、L_q—— 定子 d、q 轴漏感;

　　　　L_{md}　—— 定、转子 d 轴互感。

这样,凸极永磁电机电磁转矩可求得为

$$T = P(\boldsymbol{\Psi}_d i_q - \boldsymbol{\Psi}_q i_d) = P \left[L_{md} i_f i_s \sin \beta + \frac{1}{2}(L_d - L_q) i_s^2 \sin 2\beta \right]$$

$$= P[\boldsymbol{\Psi}_f i_q + (L_d - L_q) i_d i_q] \tag{3.23}$$

式中　　$\boldsymbol{\Psi}_f = L_{md} i_f$ 为永磁体产生的磁通;

　　　　i_f—— 对应的等效永磁励磁电流;

　　　　P—— 极对数。

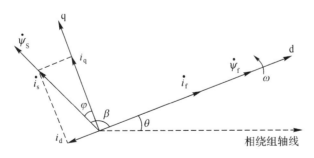

图 3.27　永磁同步电动机空间矢量图

从式(3.23) 可见,永磁同步电动机输出转矩包含有二个分量,一是永磁体产生的永磁转矩 $T_m = P\boldsymbol{\Psi}_f i_q$,二是 d、q 轴磁阻不对称产生的磁阻转矩 $T_r = (L_d - L_q) i_d i_q$。

当采用 $i_d = 0$ 控制时,定子电流只有交轴分量,定子磁势空间矢量 $\boldsymbol{\Psi}_s$ 与永磁体磁场空间矢量 $\boldsymbol{\Psi}_f$ 正交,$\beta = 90°$,时间矢量图如图 3.28 所示;电磁转矩 $T = T_m = P\Psi_f i_s$,即只有永磁转矩分量。这种控制方式下单位定子电流可以获最大转矩,或是在产生所要求的转矩条件下所需定子电流最小,定子铜耗也最小,效率高,因而是面贴式永磁同步电动机常用 $i_d = 0$ 控制的原因。

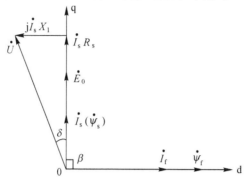

图 3.28 $i_d = 0$ 控制时永磁同步电动机时间矢量图

但这种控制方式下电枢反应只存在于 q 轴,电机的功角和电枢端电压均随负载增加而增大,致使这种控制方案要求变频器输出电压高、容量扩大。

图 3.29 为永磁同步电机 $i_d = 0$ 控制系统框图。图中采用了电动机的位置、速度和转矩三闭环结构。转子位置给定与反馈相差后作为位置控制器的输入,经 PI 运算后其输出作为速度给定。速度给定与反馈相比较,其差值作为速度控制器的输入,经 PI 调节后其输出作为转矩给定值。转矩反馈值是根据给定的励磁磁链 Ψ_f 和经 $e^{-j\theta}$ 坐标旋转变换后的 d、q 定子电流、按 $T_m = P\Psi_f i_q$ 计算求得。转矩给定与反馈的差值经转矩控制器调节和 $e^{j\theta}$ 坐标逆变换后,得三相定子电流 i_u^*、i_v^*、i_w^* 指令,控制电流型 PWM 逆变器实现永磁同步电机的 $i_d = 0$ 控制。

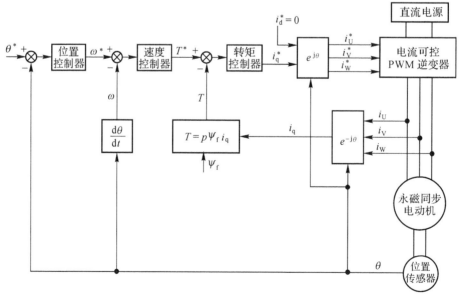

图 3.29   永磁同步电动机 $i_d = 0$ 控制系统框图

二、$\cos\varphi = 1$ 控制

这种控制方式下,要求电机端电压矢量 U_s 与电枢电流矢量 I_s 同相位,如图 3.30 所示。这是通过控制电流矢量 I_s 相对永磁磁链矢量 Ψ_f 的位置角 β(决定于逆变器的导通相位),使之与同步电机反电势矢量 E_0 与端电压矢量 U_s 间功率角 δ 间达到 $\beta = \delta + 90°$ 关系实现的。在这种控制方式下,电动机相对电网作单位功率因数运行,功率因数及效率等运行指标最好,变频器容量也省。

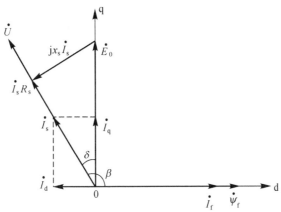

图 3.30　$\cos\varphi = 1$ 控制时永磁同步电机矢量图

三、最大转矩 / 电流比控制

也称单位电流输出转矩最大控制,是凸极永磁同步电动机用得较多的一种电流控制策略。对于隐极永磁同步电动机而言,实际也就是 $i_d = 0$ 控制。

采用最大转矩 / 电流比控制时,根据极值原理,电机电流矢量应满足

$$\left.\begin{array}{c} \dfrac{\partial (T/i_s)}{\partial i_d} = 0 \\[2mm] \dfrac{\partial (T/i_s)}{\partial i_q} = 0 \end{array}\right\} \qquad (3.24)$$

代入转矩表达式(3.23)和 $i_s = \sqrt{i_d^2 + i_d^2}$ 关系,可求得

$$i_d = \frac{-\Psi_f + \sqrt{\Psi_f^2 + 4(L_d - L_q)^2 i_q^2}}{2(L_d - L_q)} \qquad (3.25)$$

将上式表示成标么值单位制形式,并代入标么值单位形式的转矩表达式

$$T^* = i_q^*(1 - i_d^*) \qquad (3.26)$$

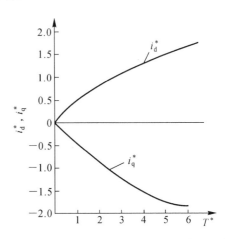

图 3.31　实现最大转矩 / 电流比的分量电流给定

其中:电流基值取 $i_b = \dfrac{\Psi_f}{(L_q - L_d)}$,转矩基值取 $T_b = P\Psi_f i_b$,可求得电磁转矩与交、直轴分量电流标么值间关系

$$T^* = \sqrt{i_d^*(1 - i_d^*)^3}$$
$$= \frac{i_d^*}{2}\left[1 + \sqrt{1 + 4(i_q^*)^2}\right] \tag{3.27}$$

或此时定子分量电流标么值 i_d^* 、 i_q^* 与转矩标么值 T^* 间函数关系为

$$\left. \begin{array}{l} i_d^* = f_1(T^*) \\ i_q^* = f_2(T^*) \end{array} \right\} \tag{3.28}$$

其图像如图 3.31 所示,这样,对于任一给定电磁转矩 T^* ,按式(3.28)或图 3.31 即可求出实现永磁同步电动机最大转矩/电流比控制的定子分量电流给定值,再采用如图 3.32 所示控制框图即可实现最大转矩/电流比控制。

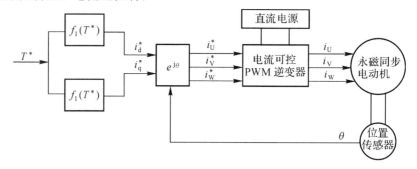

图 3.32   最大转矩/电流比控制系统框图

四、弱磁控制

对于一般并激直流电动机,可以通过减小励磁电流来实现弱磁扩速。但永磁同步电动机的励磁由大小恒定的永磁体产生,只有增大定子电流直轴去磁分量来削弱气隙磁场,才能达到等效弱磁的目的。

永磁同步电动机弱磁控制的本质和规律可从电机定子电压平衡方程式来说明

$$u = \omega \sqrt{(\rho L_d i_q)^2 + (L_d i_d + \Psi_f)^2} \tag{3.29}$$

式中 $\rho = \dfrac{L_q}{L_d}$ ——电机的凸极率。

变频调速过程中,当逆变器输出电压达到极限值 $u_{lim} = u_N$ 后,如欲继续使 ω 升速只有调节 i_d 或 i_q 才能满足上式。由于电机电流有一定极限值限制,增加直轴去磁电流 i_d 时交轴电流 i_q 必须作相应减小,才能保证电流矢量幅值或电流极限圆大小不变。一般永磁同步电机多是通过增大直轴去磁电流 i_d 来实现弱磁扩速控制。

永磁同步电动机弱磁过程可用图 3.33 中的电流矢量轨迹来说明。图中值得注意的是电压极限椭圆、电流极限圆和最大转矩/电流比轨迹。电压极限椭圆是某一运行转速 ω 下定子电流矢量不能超过的电压极限范围,它是如此划定的:电动机稳态运行时其电压矢量的幅值为

$$u = \sqrt{u_d^2 + u_q^2} \tag{3.30}$$

$$\left.\begin{array}{l} u_d = -\omega L_q i_q + R_s i_d \\ u_q = \omega L_d i_d + \omega \Psi_f + R_s i_q \end{array}\right\} \tag{3.31}$$

高速运行时可忽略定子电阻压降,则有

$$u = \sqrt{(-\omega L_q i_q)^2 + (\omega L_d i_d + \omega \Psi_f)^2} \tag{3.32}$$

考虑转速 ω 下的电压极限 $u_{\lim}$,则有

$$(u_{\lim}/\omega)^2 = (L_q i_q)^2 + (L_d i_d + \Psi_f)^2 \tag{3.33}$$

因此对于 $L_d \neq L_q$ 的凸极永磁同步电机而言,其电压极限轨迹将是一个椭圆,表示了转速 ω 下稳态运行时定子电流矢量不应超越的极限。

另外电流轨迹可用电流极限方程来描述

$$\left.\begin{array}{l} i_d^2 + i_q^2 = i_{\lim}^2 \\ i_{\lim} = \sqrt{3} \, I_{\lim} \end{array}\right\} \tag{3.34}$$

其中:$I_{\lim}$ 为电动机允许的最大相电流基波有效值。

式(3.34)表明:电流矢量轨迹为 $i_d - i_q$ 平面上以坐标原点为圆心的圆(电流极限圆)

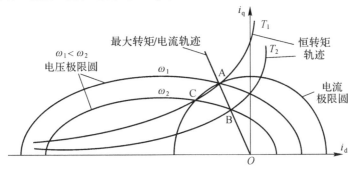

图 3.33 弱磁运行时定子电流矢量轨迹

电流矢量轨迹图中还标出了最大转矩/电流比的轨迹、恒转矩轨迹等,其中 A 点对应着转速 ω_1 下电动机可以输出的最大转矩 T_1。由于 A 点对应的电压、电流均达极限值,则 ω_1 称电动机最大恒转矩运行时的转折速度。转速进一步升高至 $\omega_2 > \omega_1$ 时,最大转矩/电流比轨迹与电压极限圆将相交于 B 点,对应转矩 $T_2 < T_1$。若使定子电流矢量轨迹偏离最大转矩/电流比曲线移至 C 点时,则电机可恢复更大转矩 T_1 输出,从而提高了电动机超过转折速度 ω_1 后运行时的输出功率。由于定子电流矢量从 B 点移至 C 点时的直轴去磁电流分量 i_d 增大,削弱了永磁体产生的气隙磁场,达到了弱磁矿速的目的。

实现弱磁控制的方法很多,常用直轴电流 i_d 负反馈补偿控制,其控制简图如图 3.34 所示。

当电压达极限值时,电动机转速高达转折速度 ω,电机反电势 e 增大,迫使定子电流跟踪给定值所需的电压差 $(u - e)$ 减小至零,定子电流直轴分量 i_d 与其给定值 i_d^* 的偏差 $\Delta i_d = i_d^* - i_d$ 大为增大,比例积分电流控制器输出 i_{df} 饱和,逐使交轴电流 i_q 限幅器的限幅值 $i_{ql} = i_{qmax} - i_{df}$ 减小。电流控制器越饱和,Δi_d 越大,i_{ql} 越小,限制的交轴电流给定 i_q^* 也越小,使电流矢量幅值降低,Δi_d 趋向减小,直至逆变器的电流控制器退出饱和、恢复正常调节。这就是直轴电流负反馈补偿弱磁控制机理。

图 3.35 表示了同一永磁同步电动机采用 i_d 负反馈弱磁控制后,要比无弱磁控制时能在高于转折速度以上较宽的转速范围内保持恒功率运行的事实。

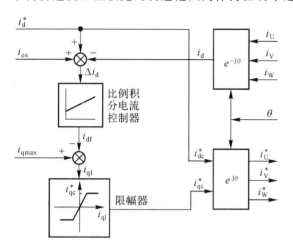

图 3.34　采用 i_d 负反馈的弱磁控制框图

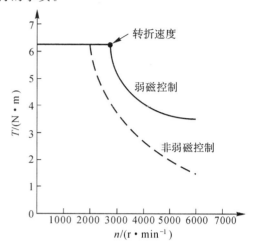

图 3.35　采用弱磁扩速控制的转矩 — 转速特性

思考题与习题

1. 同步电机变频调速与异步电机变频调速相比,有何优越之处?

2. 永磁同步电动机结构与所用永磁材料有何关系?永磁同步电动机的性能如何?

3. 直流无换向器电动机低速、高速换流方式为何会不相同?高、低速下换流超前角设置应考虑什么因素?

4. 什么叫断续电流法换流?平波电抗器对断续电流法换流有何影响?

5. 试比较反电势换流和断续电流法换流的优缺点,分析它们各自的适用条件。

6. 直流无换向器电机如何实现速度调节,正、反转控制和电动、制动运行?

7. 无换向器电机的过载能力受哪些因素限制?要提高它的过载能力可采取哪些措施?

8. 说明直流无换向器电机在以下各运行状态变换过程中换流超前角 γ_0 的变化:

　　(1) 正向低速电动 → 正向高速电动;

　　(2) 正向高速电动 → 正向高速制动 → 正向高速电动;

　　(3) 正向高速电动 → 正向高速制动 → 反向低速电动 → 反向高速电动;

　　(4) 反向高速电动 → 反向高速制动 → 反向低速电动。

9. 某直流无换向器电机由电网直接供电,电动机额定数据为:$P_N = 60kW, U_N = 380V,$ $I_N = 140A, n_N = 1000r/min$,电流过载倍数 $\lambda = 1.3$。试选用电源侧及电机侧变流器晶闸管元件的电压、电流额定值。

10. 阻尼绕组对它控式同步电机变频调速系统和对无换向器电机是否均有作用?如有,起什么作用?

11. 同步电动机矢量变换控制与异步电动机矢量变换控制有何异同?

12. 永磁同步电机有哪几种控制方式?各有什么优、缺点?

第 4 章

交流发电机的励磁控制

　　交流发电机的励磁调节也是交流电机控制中的一个重要方面。以往交流发电机多采用同步电机,实行直流励磁;在当今新能源开发,如风力、水力、舰船主轴驱动的变速恒频发电方式中,采用交流励磁的双馈异步发电机已显示出越来越广泛和重要的应用前景,因此同步发电机的直流励磁控制和双馈异步发电机的交流励磁控制都是本章要学习的内容。发电机励磁系统性能好坏直接影响发电系统的供电质量和发电机运行的稳定性,特别是采用功率半导体器件后,励磁系统变得性能优化、结构灵活、控制多样化,因而也会有更多的电机控制问题值得探讨。本章首先提出对同步发电机励磁的基本要求,根据它励与自励的不同分别对励磁系统进行讨论,分析其工作原理,给出励磁系统具体结构及线路。随后对于最近出现的双馈异步发电机及其交流励磁控制技术也将分别以水力和风力发电应用方式为例,从原理到实现多方向作出详细介绍。

4.1　对同步发电机励磁的基本要求

　　同步发电机的励磁是电机控制的重要方面,它对同步发电机的技术性能和运行的可靠性、电网的稳定性均有重要的影响。现代同步发电机励磁系统所起的作用和要求体现在以下几个方向:

　　1. 稳定电压、保证供电质量

　　在电力系统正常运行情况下,供给同步发电机所需的直流励磁电流应根据发电机负载的大小和功率因数的不同作相应的调整,以维持发电机端电压或电网某一点电压的稳定,保证供电质量。

　　由于同步发电机电枢电流相对端电压的相位直接影响电枢反应的性质,对发电机端电压的影响很大,所以励磁装置应能准确判别负载电流的功率因数状况,作出相应的调节。

　　2. 使并联运行的各发电机之间无功功率合理分配

　　现代同步发电机多数要求并联运行,如果并联运行发电机的外特性不匹配,则各发电机之间的负载电流,特别是无功电流的分配就会不合理,这就要求励磁系统能保证发电机具有适当的外特性和静差率 $k = \dfrac{U_0 - U_N}{U_N}$,并且有调节的可能性。

3. 励磁装置应动作快速,调节过程稳定,没有失灵区,以利提高系统的静态稳定性

同步发电机经供电线路接到电压为 U_s 的电网时,其输出功率为

$$P = \frac{E_0 U_s}{X_c + X_L} \sin \theta \tag{4.1}$$

式中　X_c——同步发电机的同步电抗;

　　　X_L——线路电抗;

　　　E_0——由励磁电流所产生的发电机电枢内电势;

　　　θ——功率角。

电压相量关系如图 4.1 所示。如若发电机的励磁电流不加调节保持为常数,则 $E_0 = $ 常数,同步发电机的功率特性为一正弦曲线,如图 4.2 中曲线族 1 所示,其静态稳定功率极限为

$$P_M = \frac{E_0 U_s}{X_c + X_L} \tag{4.2}$$

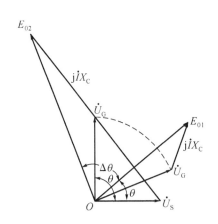

图 4.1　同步发电机电压矢量图

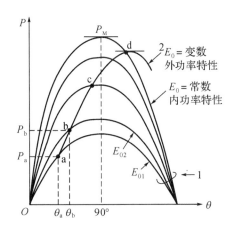

图 4.2　励磁自动调节时发电机的功率特性

如若励磁能自动调节而无失灵区,则随着负载的变化 E_0 可以变化,这时的功率特性就不再是原来的那条正弦曲线,而是由一系列不同值 E_0 的正弦曲线族上相应工作点联结而成的曲线,如图 4.2 中粗线 2 所示,这样可以显著提高发电机输出的功率极限。为区别 $E_0 = $ 常数时的内功率特性曲线,一般将新的特性曲线叫做外功率特性曲线。例如发电机起初工作在功率特性曲线 a 点,功角为 θ_a,输出功率 P_a;当输入功率由 P_a 增加到 P_b 时,通过自动调节励磁使发电机端电压 U_G 保持恒定,内电势由 E_{01} 增加到 E_{02},相应的工作点就由内功率特性上 a 点移到外功率特性上 b 点,功角变为 θ_b。当功率依次变化时工作点将沿外功率特性曲线 a、b、c、d 而移动,其最大功率值就不再出现在 E_{01} 与 U_s 相量间的 $\theta = 90°$ 处,而在保持恒定的 U_G 与 U_s 相量的角度 $\theta' = 90°$ 时(图 4.1),其值为 $P = \dfrac{U_G U_s}{X_L}$,这时实际的 $\theta > 90°$,所以发电机的稳定运行区域扩大了。这个利用励磁调节而扩大的稳定工作区就称为人工稳定区。

4. 当发生故障时,可快速强行励磁,保证系统的暂态稳定性

当电力系统发生短路或其他故障使系统电压严重下降时,应能对发电机进行快速强行励磁,以提高电力系统的暂态稳定性。

电力系统的稳定性可精确地分为静态稳定、动态稳定和暂态稳定三种类型。

① 静态稳定是指在受到微小扰动时,电力系统本身保持稳定送电的能力;

② 动态稳定是指系统遭受大的扰动以后,同步发电机保持和恢复到稳定运行状态的能力。失去动态稳定的主要表现是发电机功角及其它量产生长时间的振荡;

③ 暂态稳定则是系统受到大的扰动时保持稳定的能力,主要指在发生扰动时发电机转子第一次摇摆周期内的稳定性,其持续时间比较短,此时发电机的快速励磁将对暂态稳定具有重要作用。

现以图 4.3 所示同步发电机经变压器和双回路向系统送电时,当其中一条线路发生短路事故,引起扰动后故障线路自动切除的过程为例来说明快速励磁对暂态稳定的作用。

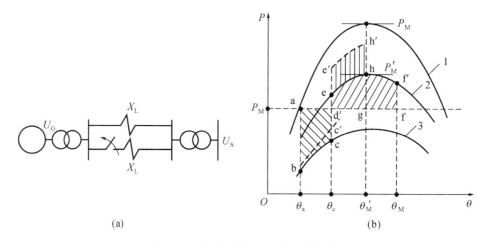

图 4.3   励磁调节对暂态稳定的影响

在图 4.3(b)中曲线 1 表示双回路供电时发电机的功率特性,其幅值 $P_M = \dfrac{E_0 U_s}{X_\Sigma}$,式中 $X_\Sigma = X_c + X_T + \dfrac{X_L}{2}$ 为电机、变压器和供电线路的总阻抗。曲线 2 表示故障线路切除后励磁不作调节时的功率特性,由于线路阻抗由 $X_L/2$ 增加到 X_L,功角特性曲线的幅值减小到 $P'_M = \dfrac{E_0 U_s}{X'_\Sigma}$,其中 $X'_\Sigma = X_c + X_T + X_L$。而曲线 3 表示故障发生时的功率特性,这时因故障引起了系统电压降低,曲线 3 的幅值比较小。

假定发电机起初工作在功率特性曲线 1 的 a 点上,其功角为 θ_a;当故障发生时,工作点将由 a 点移到功率特性曲线 3 的 b 点,此后如输入功率不变而电机输出功率减小,则转子开始加速,功率角逐渐增大,由工作点将沿曲线 3 移动。当达到 c 点时故障切除,电机的功率特性变为曲线 2,工作点就由 c 移到 e 点。这时虽电机的电磁制动转矩已经大于原动机的输入转矩,但由于前一段时间的加速使转子的瞬时速度已高于同步速度,在惯性的作用下 θ 角继续增大,工作点将沿着曲线 2 移动,可能移到 f' 点上,对应的转子功率角为 θ_M。此时系统的暂态稳定性如何,主要决定于加速面积 $S(abcd)$ 是小于还是大于减速面积 $S(ef'fd)$。如减速面积小于加速面积,那么系统将失去暂态稳定性。

为了提高暂态稳定性,应采取措施减小加速面积而增大减速面积,最在效的办法是加快故障切除和采用快速强行励磁。如在图 4.3 所示短路故障时,功率特性曲线变为曲线 3,如此时增强励磁提高发电机的内电势 E_0,使功率特性曲线由 bc 段提高到 bc′ 段,可使故障切除前的加速面积由 abcd 减小到 abc′d。而在 $\theta = \theta_e$ 时切除故障后,因 E_0 已提高,减速面积大大增加,可使故障发生后转子第一次摇摆最大角度 θ'_M 就出现在减速面积 de′h′g 等于加速面积 abc′d 处,它将显著小于稳定极限 θ_M,明显提高了暂态稳定性。显然,励磁顶值电压越高,电压响应越快,励磁调节对改善暂态稳定的效果越明显。但是考虑到发电机绝缘强度,强励顶值电压不宜太高,通常以 $5 \sim 9$ 倍空载励磁电压为限。

5. 应能引入按发电机转速偏差对励磁进行校正,以改善系统的动态稳定性

这里需要指出的是仅仅采用高顶值电压的快速强行励磁虽对改善系统暂态稳定有明显效果,但它却容易使发电机进入强烈振荡,造成系统的动态不稳定。为了提高系统的动态稳定性,近年国际上已采用一种称为"电力系统稳定器"(P.S.S.)的装置,它按照发电机转速偏差对励磁作超前补偿校正以抑制振荡,有效改善系统的动态稳定性能,其原理如下。

图 4.4 重绘了图 4.3 中发电机转子第一次摇摆过程工作点的移动轨迹 abc′d′ 和电机强励后的功率特性(曲线 4)。当转子摇摆到 h′ 点 $\theta = \theta'_M$ 时,转子速度已恢复到同步速度,但因此时电机电磁制动转矩大于机械驱动转矩,转子开始减速,于是功率角 θ 又由 θ_M 逐渐往回减小,工作点将沿着强励后的功率特性曲线 4 按照减速面积 Nh′g 与加速面积 Nk′L 相等的原则,由 h′ 点一直移到 k′ 点,此时 $\theta = \theta_L$。如果系统的阻尼作用不是很强,那么功率角就会在 θ_L 与 θ'_M 之间往复振荡,破坏系统的动态稳定。如果考虑到工作点移动轨迹的两端 h′ 点和 k′ 点处转子的瞬时速度均等于同步速度,而当工作点由 k′ 点向 h′ 点移动、功率角 θ 增大时转速高于同步速度,由工作点 h′ 向 k′ 移动、θ 减小时转速低于同步速度,那么可以根据转速的偏差 $\Delta\omega = \omega_1 - \omega$ 来控制励磁,抑制振荡,图 4.5 表示了这个过程。图中,曲线 1 代表电机强励以后励磁电流保持不变的功率特性,当工作点沿着这条特性移动时,功率角将在 θ'_M 与 θ_L 之间往复振荡。现若在工作点由 h′ 向 k′ 移动、转速偏差 $\Delta\omega < 0$ 时减小励磁,功率特性曲线变为曲线 2,工作点将由 h′ 变到 h″,然后沿曲线 2 由 h″ 点移到 k″ 点。由于功率特性曲线 2 与曲线 1 相比减速区域减小了,则相应地加速区也可减小,于是在 k″ 点处转子就达到了同步速度,以后功率角就不再减小。而当转子由 k″ 再往回摆时,转速偏差 $\Delta\omega > 0$ 变正,此时采用增加励磁使功率特性变为曲线 3,相应地使加速区变小,可进一步减小转子的摆幅,使振荡很快衰减,动态稳定性因此得到明显提高。

6. 当发电机突然甩负荷时,能实现强行减磁,以限制发电机端电压的迅速升高

7. 当发电机内部出现短路故障时,能快速灭磁,以减小故障的破坏程度

以上几点是对同步发电机励磁系统的一般要求,对于具体发电机还得根据它的实际运行条件适当掌握。一般对大型发电机,特别是和远距离输电线相联的机组,应采用比较完善的励磁系统以确保发电机运行的稳定性;而对中小型电机,尤其是一些应急供电、独立运行的发电机,它们的励磁系统可以采用比较简单的形式。

现代同步发电机的励磁方式很多,总的来讲分为它励与自励两大类:采用它励时,励磁系统由独立电源供电;当系统发生故障时,电网电压下降不会影响励磁系统供电,易于实行高顶值快速励磁。在自励系统中,则是以发电机本身机端电压作为励磁电源,设备简单;但当系统故障时,电源电压降低会影响励磁系统强行励磁的能力。为了补救这一缺点,现在自励系统多采用复励的办法,即励磁电流除一部分正比于发电机电压外,还有一部分正比于发电机的电流,

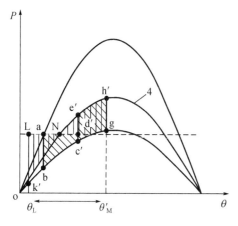

图 4.4　强励对动态稳定的影响

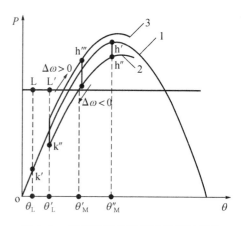

图 4.5　按转速偏差较正励磁抑制振荡

以提高自励系统的强励能力。

在控制方法上,大型发电机一般利用励磁调节器,它是根据给定量与实测量之间的偏差进行闭环调节控制,其系统比较复杂。在中小型同步发电机中现在较多采用按扰动(如负载等)控制的办法,利用相复励等技术以自动补偿电枢反应的影响,实现自励调压。由于采用开环控制,系统比较简单。

4.2　它励式励磁系统

同步发电机采用直流励磁时,当电机极对数确定的条件下只有恒速运行才能恒频发电,励磁电流改变也只能调节无功功率,这对某些需要实现变速恒频发电以及希望能从电机侧同时调节有功和无功功率的发电运行要求显然无法满足。20世纪90年代以后随着电力电子技术的发展,一种采用变频器供电的交流励磁技术得到了迅速的发展和应用,它是由交﹣交或交﹣直﹣交变频器向线绕转子的三相异步发电机(双馈异步电机)进行交流电流的励磁,改变励磁电流的频率、幅值、相位、相序来实现变速(亚同步、超同步)运行下的恒频发电和有功、无功功率的独立调节。这是一种不同于传统励磁方法、具有广泛应用前景的新型励磁发电技术。这种它励式励磁系统将在4.5中作专门讨论。

一、直流机励磁方式

用直流机励磁是同步发电机的传统励磁方式,最简单是用直流并励发电机作为励磁机,利用手动或自动电压调节器通过调节励磁机励磁回路中等效电阻 R_f 来实现调压,如图4.6所示。当电网电压 U 因外界故障突然下降时,通过继电器将 R_f 短接,于是励磁电压 U_f 上升,发电机 F 的励磁电流 I_f 增大。这种励磁方式在强励过程中由于受到励磁机时间常数的限制,电压上升速度不快,特别对于低速大容量水轮发电机难以满足技术要求。为此,常考虑采用副励磁机方式,如图 4.7 所示。由图可见,由于副励磁机 FL 电压恒定,短接电阻 R_f 可使电流迅速增大,从而主励磁机 L 的端电压可得到较快上升速度。采用这种励磁方式的缺点是需两台励磁机,增加了结构复杂性。

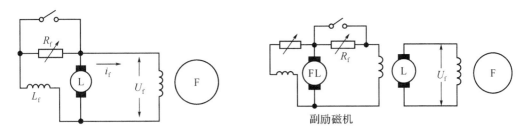

图 4.6　直流并励发电机方式　　　　　　　　图 4.7　带副励磁机的它励励磁方式

直流励磁机结构复杂,维护困难,反应速度较慢,且因机械换向易产生火花。特别是作为汽轮发电机同轴励磁机时极限容量较小,最大只能做到 $500 \sim 600\text{kW}$,满足不了大型汽轮发电机的需要。

二、交流励磁机方式

对于电机容量较大、采用直流机励磁有困难或要求励磁快速性较高的场合,可以采用交流励磁机再经半导体整流后作为主发电机的直流励磁电源。根据半导体整流器配置方式的不同可分为两类:

(一)设置静止半导体整流器的交流励磁机方式

图 4-8 为原理性电路图,它包括一台交流励磁机 L,一台交流副励磁机 FL 和三套整流装置。为了提高可靠性,两台交流励磁机都是同轴安装。为了减小励磁电流的纹波及励磁时间常数,励磁机一般输出 100Hz 以上频率交流,经整流后由滑环送入主发电机励磁绕组。为减少时间常数以加快励磁系统反应速度,励磁机定子铁心选用 0.35mm 厚冷轧硅钢片,转子也用 1mm 厚钢板迭压而成,以减少涡流对电机内激磁磁场建立速度的影响。交流副励磁机一般多用永磁式电机,也可以采用电励磁电机自励方式,但在开始起励时还得依靠蓄电池或厂用直流电源先对副励磁机进行它励,待建立电压以后再切换到自励。输出多为 500Hz 中频交流电压。

晶闸管自动励磁调节器是交流机励磁系统的关键,它一般由测量比较、综合放大、移相控制和功率输出(可控整流桥)等几个主要部分组成。当由于某种原因使发电机电压偏离给定值时,经测量比较环节测出相对给定值的偏差,再经综合放大后得到控制电压 U_K 去调节可控整流桥的触发相位,改变整流输出电压和电流,故工作原理与直流电机调速系统完全相似。其中,测量调差部分由电流调差环节、电压测量环节所组成,其原理可用图 4.9 说明。

(1)电流调差环节

并联运行的同步发电机之间,无功电流的分配主要决定于发电机的调差系数(静差度)K_{dc},根据图 4.10

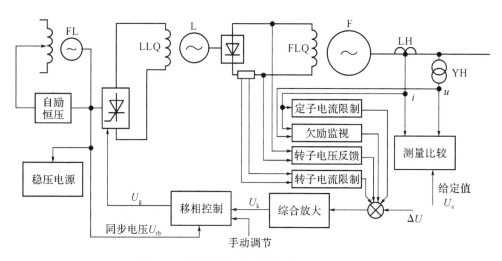

图 4.8   晶闸管自动调节励磁装置原理框图

$$K_{dc} = (U_0 - U_N)/U_N \tag{4.3}$$

式中 U_0—— 发电机的空载电压;

U_N—— 额定无功电流下发电机的端电压。

而带有励磁调节器的发电机的静差度受励磁调节器的控制,所以为了保证并联运行发电机之间无功电流的合理分配,必须对发电机的静差进行调节,为此设置了电流调差环节,它由中间电流互感器 ZLH_a、ZLH_c、电阻 $R_1 \sim R_3$ 所组成。在电流互感器二次侧并联的电容用来补偿互感器原边和副边电流之间的相差。

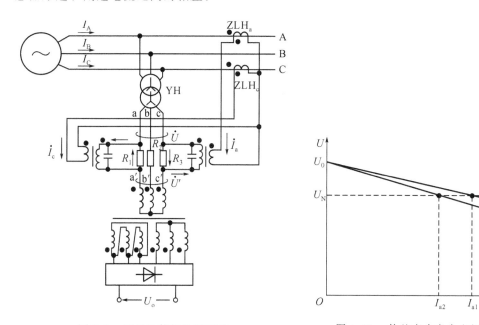

图 4.9   测量比较部分原理图   图 4.10   静差度决定发电机无功分配

电流调差环节的输入电压为 U_a、U_b、U_c,输出电压为 U'_a、U'_b、U'_c,其中 a、c 相电阻 R_1、R_3

上交叉引入对应相的电流压降。为分析方便起见,忽略电压互感器 YH 的负载电流在电阻 R_1 $\sim R_3$ 上造成的压降,则在图示接法、极性和电流正方向的标定下,有

$$\left.\begin{array}{l} \dot{U}'_a = \dot{U}_b + \dot{I}_c R \\ \dot{U}'_b = \dot{U}_b \\ \dot{U}'_c = \dot{U}_c - \dot{I}_a R \end{array}\right\} \tag{4.4}$$

式中　　阻值 $R_1 = R_2 = R_3 = R_0$。

在图 4.11(a) 中示出功率因数 $\cos\varphi = 1$ 时的电流调差环节矢量图。由矢量图可见,输出电压 $\dot{U}'_a$、$\dot{U}'_b$、$\dot{U}'_c$ 所组成的线电压三角形为一等边三角形,与输入电压 $\dot{U}_a$、$\dot{U}_b$、$\dot{U}_c$ 所组成的线电压三角形的大小之间有如下关系

$$U'_{ab} = U'_{bc} = U'_{ca} = \sqrt{U_{ab}^2 + (I_c R)^2} \tag{4.5}$$

若 $U_{ab} = 100V$,$I_c R = 5\% \times 100V$,则 $U'_{ab} = U'_{bc} = U'_{ca} = 100.1V$,可见当电流全为有功电流时,输出线电压三角形和输入线电压三角形之间大小基本无变化,只是转动了一个小角度而已,故调节器对有功电流的变化是不敏感的。

当 $\cos\varphi = 0$ 时,电流调差环节的矢量关系如图 4.11(b) 所示。由图可见,输出线电压三角形与输入线电压三角形的大小间有如下关系

$$U'_{ab} = U'_{bc} = U_{ab} + I_c R \tag{4.6}$$

若 $U_{ab} = 100V$,$I_c R = 5\% \times 100V$,则 $U'_{ab} = U'_{bc} = U'_{ca} = 105V$,可见当电流是无功电流时,输出电压变化比较大,相应地调节器就对无功电流比较敏感。所以当发电机的无功电流增加时,利用图 4.9 的电流调差电路可使调节器感受到的电压 $\dot{U}'_a$、$\dot{U}'_b$、$\dot{U}'_c$ 有所升高。这一虚假的电机电压升高通过调节器的作用,可使发电机励磁减小,发电机电压下降,发电机所承担的无功电流得到控制,系统具有正的调差系数。反之,若要得到负的调差系数,可在承担的无功电流大时加强励磁,使电压升高,此时只需将中间电流互感器 ZLH_a、ZLH_c 的二次绕组反接即可。

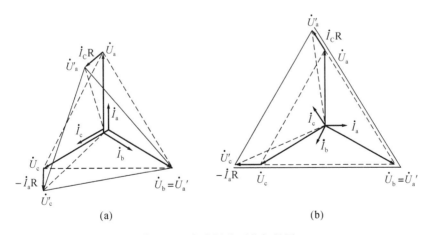

(a)　　　　　　　　　　　　　(b)

图 4.11　电流调差环节矢量图

(2) 电压测量环节

电压测量环节由电压互感器 YH 和六相整流电路所组成,如图 4.9 所示。其主要作用是迅

速、准确、可靠地将电流调差环节的三相输出电压变换成合适的直流信号电压,以便与给定值相比较。采用六相整流的目的在于提高整流输出电压,减低脉动成分,避免采用滤波电路或增大滤波电容而增加时间常数,影响调节器的快速性。有的调节器为进一步提高响应速度而采用十二相整流电路。

由电压测量环节测得计及调差系数的电压反馈信号与给定信号相比较后,经综合放大器(PI调节器)去控制可控整流桥以调节励磁电流。综合放大器除了作为电压调节器以外,它同时还接受其他的保护信号,如定子限流保护,转子限流保护,也可以接受电力系统稳定器的控制。

由于采用晶闸管作为功率输出元件,调节器所需的控制功率和控制电压很小,可以获得足够大的放大倍数。所以晶闸管自动调节励磁装置具有调节范围广,调节速度快,强励顶值电压高的特点,已比较广泛地应用于大型汽轮和水轮发电机的励磁。

(二)设置旋转半导体的交流励磁机无刷励磁方式

采用二极管整流的旋转半导体无刷励磁的原理性电路图如图4.12所示。这时交流励磁机为转枢式,其电枢绕组2与整流器4都装在主发电机1的轴上并与主发电机转子6同轴旋转,故整流器的直流输出是直接接到发电机励磁绕组而省去碳刷和滑环,形成无刷、无接触式结构。交流励磁机的励磁绕组9则由一台与主发电机同轴的永磁中频发电机3供电。发电机的励磁调节靠自动励磁调节器7控制可控整流器5的输出来实现。

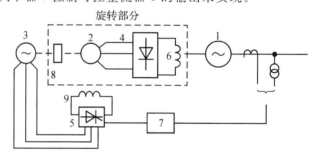

图 4.12　无刷励磁系统原理图

无刷励磁方式与静止半导体交流励磁机方式的电气性能相近,主要优点是取消了碳刷和滑环,减少了维修工作量,但却增加了结构的复杂性。首先,由于整流元件及其保护元件(如快速熔断器、电阻、电容器等)都随发电机高速旋转,所以它们一定要牢固地装设在一个旋转整流环体上,每个元件都得承受相当大的离心力,并须有效而均匀的冷却。其次,励磁系统转动部分的运行参数,如转子电压、电流、温度、绝缘电阻等的测量和监视都变得复杂,需要通过无线电发送、电磁感应、光电效应或用辅助滑环引出等措施才能实现。所以无刷励磁系统多用于大容量汽轮发电机。

4.3　自励式半导体励磁系统

自励式半导体励磁与交流励磁机励磁的差别虽主要在于励磁功率不是来自专门的励磁机

构,而是直接取自主发电机发出的功率。采用自励方式可以省去励磁机,简化设备,但一般不能做到自动恒压,当负载变动时为保持恒压需采用励磁调节器进行调节。

一、自并励方式

自并励方式原理性电路如图 4.13 所示。主发电机 1 的励磁功率由发电机端的励磁变压器 2 经可控整流器 3 整流后获得,发电机的励磁调节由自动励磁调节器 4 通过改变可控整流桥的触发相位来实现。发电机刚开始运行时,由起励装置 5 建立起始电压。

这种简单的自励系统造价较低,但由于发电机励磁仅由机端电压供给,当电网发生短路故障时,励磁系统供电电压将严重下降,不再能保持自励能力。此时不但不能实现必须的强励反而趋向于失磁,不能满足运行要求。考虑到有些大中型电机转子绕组时间常数很大,在电网发生短路后转子电流中的瞬变分量衰减较慢,快速动作的开关设备又能迅速地将故障切除,这种场合下这种简单的自励系统还是可以应用。为使机端电压严重下

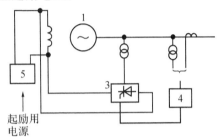

图 4.13　自并励系统原理电路图

降时励磁系统仍能工作,调节器应具有低压触发单元,即当机端电压降至 65% ～ 70% 额定电压时还能给整流桥晶闸管以持续的脉冲使其处于全导通状态。

二、自复励方式

为了克服自并励系统的缺点,一般中小容量发电机中常采用图 4.14 所示的自复励系统。

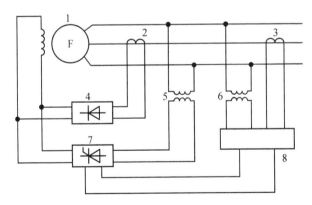

图 4.14　自复励式半导体励磁方式原理电路图
1.发电机　2.复励变流器　3.电流互感器　4.不控整流器
5.励磁变压器　6.电压互感器　7.可控整流器　8.自动电压调整器

这种系统中有两套并联工作的整流装置,一套利用发电机的机端电压经励磁变压器向可控整流装置供电,另一套是利用发电机的输出电流经复励变压器(实为有一定功率输出的电流互感器)通过二极管整流装置供电。两套整流桥的直流侧并接在励磁绕组的两端,联合供给励

磁电流。在发电机空载输出电流为零时复励部分不工作,励磁电流由励磁变压器单独供给;当发电机负载运行时,由励磁变压器和复励变流器共同供给励磁电流。由于复励部分供给的励磁电流与负载电流的大小成正比,所以复励部分可以在一定程度上起到补偿电枢反应、维持电压恒定的作用。但是因为这种复励没有反映电枢电流相位的因素,所以调压还主要依靠励磁调节器来完成。在电网发生短路故障而使机端电压降低时,可控整流器被封锁,并励部分不起作用,由复励变流器提供全部强励电流。

当电网发生故障时,发电机定子绕组出现瞬变电流,转子绕组为维持其磁链不变也会感生瞬变电流,使短路最初瞬间转子非周期分量突增为 I'_f。I'_f 在励磁绕组电阻上产生的压降为

$$U'_f = I'_f R_f \qquad (4.7)$$

与此同时,由于定子瞬变电流比原来的稳态电流增大许多,因此经过复励变流器整流后提供出一强励电压 U_{fh} 也加在励磁绕组上,则这时励磁绕组的电压平衡关系应为

$$U_{fh} = U'_f + L_f \frac{di_f}{dt} \qquad (4.8)$$

如果 $U_{fh} < U'_f$,则励磁电流 i_f 将不能维持原值而逐渐减少,最后定、转子电流均衰减到零,则电机失磁;如果 $U_{fh} = U'_f$,则整个短路过程中 i_f 的非周期分量将维持不变;如果 $U_{fh} > U'_f$,则 i_f 的非周期分量将趋于增大。

由此可见,自复励系统在电网发生故障时能维持自励的条件应是

$$U_{fh} \geqslant U'_f \qquad (4.9)$$

三、三次谐波励磁方式

这是利用同步电机气隙磁场内固有的三次及三的奇倍数次谐波磁场在定子辅助绕组(谐波绕组)中感生的谐波电势,经整流后作为励磁电源的一种自励方式,无论是凸极式或隐极式同步电机均可采用,下面以凸极式同步发电机为例加以说明。

凸极式同步发电机中,气隙磁场是由转子励磁电流所产生的磁极磁势 $F_0(x)$、直轴电枢反应磁势 $F_{ad}(x)$ 和交轴电枢反应磁势 $F_{aq}(x)$ 三者联合产生的。如不考虑磁路饱和的影响,在通常感性电枢电流(相位滞后)的情况下这三种磁势所产生的磁场波形如图 4.15 所示,它们可分别表示为

$$\left.\begin{array}{l} B_0(x) = B_{01}\sin x + B_{03}\sin 3x + \cdots \\ B_{ad}(x) = -B_{ad1}\sin x + B_{ad3}\sin 3x + \cdots \\ B_{aq}(x) = -B_{aq1}\cos x + B_{aq3}\cos 3x + \cdots \end{array}\right\} \qquad (4.10)$$

式中,x 均以基波电角度来度量。

从图 4.15 和以上表达式可见,滞后电枢电流所产生的基波磁场是去磁的,它会使发电机的端电压下降;三次谐波磁场却是助磁的,它能使气隙中的三次谐波磁场加强。所以如果同步发电机的定子槽中单独嵌放一套三次谐波绕组,其节距取为 $y_3 = \tau/3$,并且通过适当的线圈联接使其总电势只有三次及三的奇倍数次的谐波电势,那么可以利用这个谐波绕组中感应的电势作为发电机的励磁电源,经整流后供给励磁绕组,从而使发电机的励磁能随感性电枢电流的增加而增强,以补偿电枢反应的去磁作用。只要磁极形状和谐波绕组设计得当,有可能使发电

机的端电压基本保持恒定。但是实践运行表明,如若三次谐波励磁的发电机中不另加专门的励磁调节器,则在感性负载下轻载时会出现谐波磁场增强过度而使发电机电压上升,重载时又嫌谐波磁场增强不足以至电机端电压下降的状况,其外特性往往呈图 4.16 所示的拱背形状,这种外特性通常会使谐波励磁发电机的并联运行发生困难。

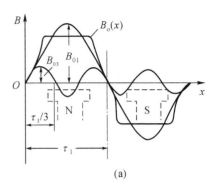

(a)

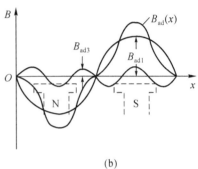

(b)

4.4　相复励励磁系统

相复励是现代中小型同步发电机中广泛采用的一种自动恒压半导体励磁方式,这类系统造价比直流励磁低,运行可靠,并且本身具有自动调节励磁的能力,能基本保持发电的端电压稳定不变而无须另加专门的励磁调节器。

一、相复励的原理

相复励的原理可以用如图 4.17 所示的同步发电机电势、磁势矢量图加以说明。图中,E_δ 为气隙合成磁场所产生的内电势,$\dot U$ 为电机端电压,$\dot I$ 为电枢电流。$\dot I$ 与 $\dot U$ 之间的相位差为 φ,而与 $\dot E_\delta$ 之间的相位差为 φ_i。在一般情况下由于电机定子漏抗压降不是很大,故可认为 $\dot E_\delta \approx \dot U$,$\varphi_i \approx \varphi$。

在发电机带负载的情况下,励磁磁势 $\vec F_f$ 中包含有两个分量:一个是用以产生气隙合成磁场的磁势 $\vec F$ 和一个用以抵偿电枢反应磁势的 $-\vec F_a$,这两个分量之间的夹角为 $(\pi/2 - \varphi_i)$。如果我们设法能找到一种交流的励磁电源,满足:

① 提供两个电流分量,其中一个分量 I_{fu} 比例于端电压 U 或内电势 E_δ,另一个分量 I_{fi} 比例于电枢电流 I_a。

② 使 $\dot I_{fu}$ 与 $\dot I_{fi}$ 之间的夹角也是 $(\pi/2 - \varphi_i)$,则 $\dot I_{fu}$ 与 $\dot I_{fi}$ 的合成值经整流后输入励磁绕组,即为此工况下所需要的励磁电流。通常将励磁电流中具有一个分量与电压成比例、一个分量和电枢电流成比例的励磁方式统称复式励磁,而本方法中与电枢电流成比例的分量还要计及它的相位补偿,所以称之为带相位补偿的复式励磁,简称相复励。

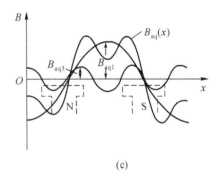

(c)

图 4.15　三种磁势的磁场波形

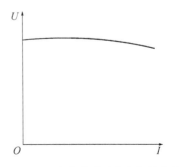

图 4.16　三次谐波励磁发电机外特性

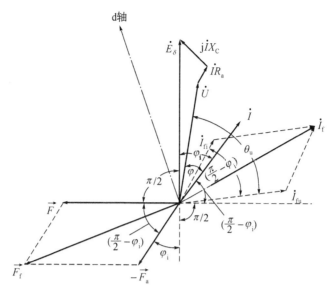

图 4.17　同步电机电势、磁势矢量图

相复励的典型接线方式如图 4.18(a) 所示,图 4.18(b) 为忽略互感器励磁支路和内阻抗后的等值电路。图中发电机接线端接有变比为 K_i 的电流互感器和变比为 K_a 的电压互感器。电压互感器的副边线圈与一个电抗器 X_L 串联,然后与电流互感器的副边并联接到桥式整流电路的交流输入端,而整流器的直流输出直接供电给励磁绕组。当忽略电流互感器的激磁电流时,其副边电流 $\dot{I}'$ 与负载电流 $\dot{I}$ 的关系为 $\dot{I}' = K_i \cdot \dot{I} = \dot{I}_{fi}$;电压互感器的副边电压 $\dot{U}'$ 与发电机的端电压 $\dot{U}$ 的关系为 $\dot{U}' = K_u \dot{U}$。两互感器的副边电流迭加后形成励磁系统交流侧的总电流

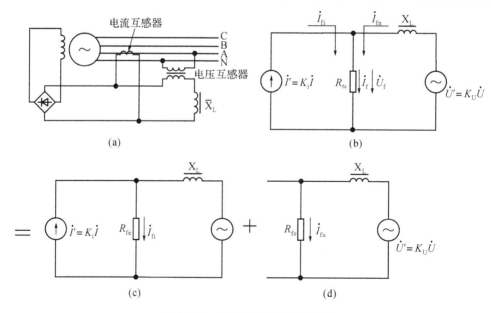

图 4.18　相复励的典型接线方法

$\dot{I}_{\text{f}} = \dot{I}_{\text{fu}} + \dot{I}_{\text{fi}}$，这相当于在等值电路中有由电流源供电的电流 $\dot{I}_{\text{fi}}$ 和由电压源经电抗 X_{L} 供给的电流 $\dot{I}_{\text{fu}}$。从整流桥的交流侧测得发电机励磁绕组与整流器的等效电阻为 R_{fe}，$\dot{I}_{\text{f}}$ 流经 R_{fe} 产生的压降为 $\dot{U}_{\text{f}}$，它经过整流后可得到直流励磁电压为 $\beta_{\text{u}}U_{\text{f}}$，其中 β_{u} 为电压整流系数。

根据图 4.18(b) 的等值电路可计算 $\dot{I}_{\text{f}}$ 和 $\dot{U}$ 及 $\dot{I}$ 之间的关系。此时可忽略互感器的励磁支路，认为电流源的内阻抗为无穷大，电压源的内阻抗为零。运用选加原理，励磁电流 $\dot{I}_{\text{f}}$ 应为图 4.18(c) 中两种情况下的电流之和，即

$$\dot{I}_{\text{f}} = \dot{I}_{\text{fi}} + \dot{I}_{\text{fu}} \tag{4.11}$$

$$\dot{I}_{\text{fi}} = \frac{jX_{\text{L}}}{R_{\text{fe}} + jX_{\text{L}}} K_{\text{i}} \dot{I} = \frac{X_{\text{L}}}{\sqrt{R_{\text{fe}}^2 + X_{\text{L}}^2}} K_{\text{i}} \dot{I} e^{j\left(\frac{\pi}{2} - \theta_{\text{u}}\right)}$$

$$= A_{\text{i}} K_{\text{i}} \dot{I} e^{j\left(\frac{\pi}{2} - \theta_{\text{u}}\right)} \tag{4.12}$$

$$\dot{I}_{\text{fu}} = \frac{1}{R_{\text{fe}} + jX_{\text{L}}} K_{\text{u}} \dot{U} = \frac{1}{\sqrt{R_{\text{fe}}^2 + X_{\text{L}}^2}} K_{\text{u}} \dot{U} e^{-j\theta_{\text{u}}}$$

$$= A_{\text{u}} K_{\text{u}} \dot{U} e^{-j\theta_{\text{u}}} \tag{4.13}$$

式中　$A_{\text{u}} = \dfrac{1}{\sqrt{R_{\text{fe}}^2 + X_{\text{L}}^2}}$，　$A_{\text{i}} = \dfrac{X_{\text{L}}}{\sqrt{R_{\text{fe}}^2 + X_{\text{L}}^2}}$

$$\theta_{\text{u}} = \text{tg}^{-1} \frac{X_{\text{L}}}{R_{\text{fe}}}$$

如果以 $\dot{U}$ 为时间参考轴，取 $\dot{U} = U\angle 0°$，

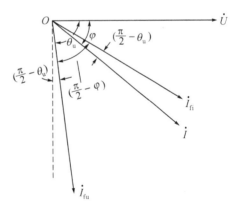

则　　　　$\dot{I}_{\text{fu}} = A_{\text{u}} K_{\text{u}} U e^{-j\theta_{\text{u}}}$ 　(4.14)

$$\dot{I}_{\text{fi}} = A_{\text{i}} K_{\text{i}} I e^{j\left(\frac{\pi}{2} - \varphi - \theta_{\text{u}}\right)} \quad (4.15)$$

且有　　$\dot{I}_{\text{fi}} = \dfrac{K_{\text{i}} I}{K_{\text{u}} U} X_{\text{L}} \dot{I}_{\text{fu}} e^{-j\left(\frac{\pi}{2} - \varphi\right)}$ 　(4.16)

由式 (4.16) 可见，$\dot{I}_{\text{fi}}$ 超前于 $\dot{I}_{\text{fu}}$ 的相位角为 $\left(\dfrac{\pi}{2} - \varphi\right)$，很接近于图 4.17 中的 $\left(\dfrac{\pi}{2} - \varphi_{\text{i}}\right)$，因此按图 4.18(a) 的接线方式可得到符合于相位补偿关系的复式励磁作用，如图 4.19 所示。

图 4.19　$\dot{I}_{\text{fu}}$ 与 $\dot{I}_{\text{fi}}$ 的相位关系

二、相复励实现恒压的条件

以上的分析说明，按图 4.18 的典型接线，由电压源和电流源两者提供的励磁电流在相位上能满足相复励的要求，但欲使发电机端电压维持恒定，在各参数之间还要满足一定的条件。

若不计饱和与剩磁的影响，可以认为发电机的空载电势与励磁电流成正比，即

$$E_0 = K_m f i_f \tag{4.17}$$

式中　　K_m ——比例系数；

　　　　f ——运行频率。

若略去凸极效应和电枢绕组电阻，从简化矢量图上可得

$$E_0 = \sqrt{U^2 + 2X_c UI \sin\varphi + (IX_d)^2} \tag{4.18}$$

如以 $\dot{I}_{fu}$ 为参考轴，即 $\theta_u = 0°$，$I_{fu} = A_u K_u U$，则从式(4.15)得

$$\dot{I}_{fi} = A_i K_i I e^{j(\frac{\pi}{2} - \varphi)}$$
$$= A_i K_i I \sin\varphi + j A_i K_i I \cos\varphi$$

于是　　　　　$\dot{I}_f = \dot{I}_{fu} + \dot{I}_{fi} = A_u K_u U + A_i K_i I \sin\varphi + j A_i K_i I \cos\varphi$

$$\dot{I}_f = \beta_i |I_f| = \beta_i \sqrt{(A_u K_u U + A_i K_i I \sin\varphi)^2 + (A_i K_i I \cos\varphi)^2}$$
$$= \beta_i \sqrt{(A_u K_u U)^2 + 2K_u K_i A_u A_i UI \sin\varphi + (A_i K_i I)^2} \tag{4.19}$$

式中　　β_i ——电流的整流系数。

把式(4.18)和(4.19)分别代入式(4.17)中，得

$$\sqrt{U^2 + 2X_c UI \sin\varphi + (IX_c)^2}$$
$$= K_m f \beta_i \sqrt{(A_u K_u U)^2 + 2K_u K_i A_u A_i UI \sin\varphi + (A_i K_i I)^2}$$

将上式两边平方，并经整理以后得

$$[1 - K_m^2 f^2 \beta_i^2 (A_u K_u)^2] U^2 + [2X_c - 2K_u K_i A_u A_i (K_m f \beta_i)^2] UI \sin\varphi$$
$$+ [X_c^2 - (K_m f \beta_i K_i A_i)^2] I^2 = 0 \tag{4.20}$$

若要求不论发电机负载电流情况如何上式均能成立，则只有满足

$$\left. \begin{array}{l} 1 - (K_m f \beta_i A_u K_u)^2 = 0 \\ X_c - K_u K_i A_u A_i (K_m f \beta_i)^2 = 0 \\ X_c^2 - (K_m f \beta_i K_i A_i)^2 = 0 \end{array} \right\} \tag{4.21}$$

由此可得相复励的恒压条件为

$$K_u = \frac{1}{K_m f \beta_i A_u} \tag{4.22}$$

$$K_i = \frac{X_c}{K_m f \beta_i A_i} \tag{4.23}$$

三、相复励的接线型式

相复励必须引入一个电压源信号和一个电流源信号，两者在交流侧先进复合，然后才经过整流成直流输送到发电机的励磁绕组上。电压信号和电流信号的复合可有三种方式，即电压复合、电流复合和电磁复合，它们的接线方式如图 4.20 所示。

电压复合(图 4.20(a))是把电压信号和电流信号均变换成电压后串联迭加；电流复合(图 4.20(b))则是把两个信号变换成电流后再并联迭加；而电磁复合(图 4.20(c))则是将两个信号均变成磁势以后再叠加。上述三种线路中电压、电流信号的转换都用了移相电抗器，但在电

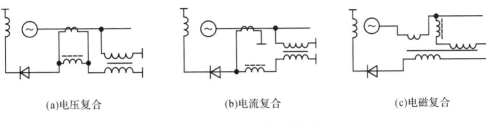

(a)电压复合　　　　　　　(b)电流复合　　　　　　　(c)电磁复合

图 4.20　相复励的接线方式

压复合中电抗器并联在电流互感器次级绕组的两端,而在电流复合中电抗器是串联在电压互感器次级绕组电路中。

图 4.18 所分析的电路是典型的电流合成系统,习惯上称为电抗移相式相复励系统,最为常见。另一种比较常用的形式是谐振式相复励(图 4.21),它是电磁合成的典型例子。这个系统中用了一个三绕组复励变压器,变压器一个绕组流过电机的负载电流,反映电流信号;另一个绕组经串接电抗器接至发电机输出端,其电流反映发电机

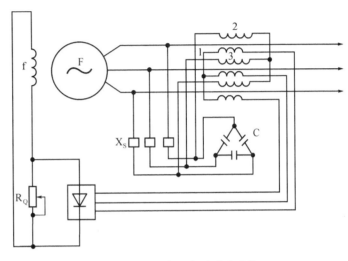

图 4.21　谐振式相复励励磁系统

的电压;这两个绕组中信号电流产生的磁势合成以后输出的就是发电机的励磁电流了。在复励变压器的电压绕组旁并接一组三相电容 C 的目的是改善发电机的起励条件。

图 4.22 所示为双绕电抗分流式相复励系统,它是电压复合的例子。这种系统中的同步发电机定子槽内嵌有两套三相绕组,一套是主绕组 DQ,另一套是辅助绕组,也称附加绕组 FQ,它起着电压互感器的作用,为相复励提供发电机电压信号。主绕组 DQ 的一端直接引出,另一端分别接到一组 Y 接法的三相电抗器 DK 的中间抽头上,使电抗器的一部分线圈直接串接在发电机的电枢绕组中,产生与电枢电流成正比的电压信号,以便与辅助绕组中反映发电机端电压的电压信号复合。三相电抗器 DK 分别与对应的辅助绕组相串联后接到整流桥上,使复合电压通过整流加到发电机的励

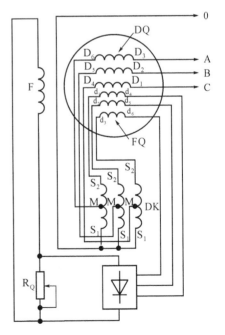

图 4.22　双绕组电抗分流式相复励励磁系统

磁绕组 F 上。这种系统的特点是可以通过改变电抗器的中间抽头位置来改变电抗值,从而调整励磁电流 $\dot{I}_f$ 的大小,以便于调节发电机的外特性。

相复励励磁系统结构简单,运行可靠,在不加专门电压调整装置的情况下能自动适应负载的变化,保持发电机的端电压基本恒定,在中小型同步发电机中得到了广泛的应用。但是采用这种励磁方式的发电机的外特性固定不变,在不同发电机并联运行时会遇到困难。为了解决它们的并联运行问题,有时需要对相复励系统中的移相电抗器进行适当的调节。

4.5　双馈异步发电机的交流励磁控制

一般同步发电机采用直流励磁,通过调节励磁可以调节发电机的无功电流,满足电网的需要;而发电机的有功功率则只能通过原动机(汽轮机、水轮机)来调节,满足负载用电要求。由于采用直流励磁的同步发电机磁场和转子之间没有相对运动,转子的转速受电网频率的严格限制,任何条件下发电机都必须稳定在同步速上作恒速运行。当发电机负载或原动机输入突变引起转子速度波动时,不可避免地会引起发电机功率角 θ 的摆动,造成发电机输出电流、功率振荡,甚至引起运行不稳定。此外,从原动机的角度来看,特别是水轮机,在不同的水位下要求运行在不同的理想转速下,以保证水流的顺畅,水轮机运行的高效率,最小的振动、汽蚀和磨损等。然而在拖动同步发电机的情况下,水轮机的转速不能改变,因此在水位变化时水轮机的运行转速往往偏离了它的优化值,造成机组效率低,振动、汽蚀增大,特别是水中泥沙对叶轮的磨损将与速度偏差的 5 次方成正比,损失更大。此外,在抽水蓄能电站、潮汐电站的水轮发电机组还要求作电动机运行,但同一套水力机械作水轮机运行和作水泵运行时的转速一般是不相同的,这就要求与之配套的电机的转速能够变化,采用交流励磁技术则是解决上述问题的理想途径。

随着能源危机和环境保护的日显重要,可再生能源的开发利用已成为当今国民经济中可持续发展的重要内容和实用技术,其中风力发电是最具现实意义的新能源开发方式。根据空气动力学知识,对于一台确定的风力机,一种风速 v 下只有一个确定转速 ω_r 才能获得最大风能,不同风速下产生最大风能点的转速亦不同,其最大风能点连线如图 4.23 中 P_{opt} 所示。由于 ω_r 是风力发电机的转轴角速度,说明为捕获各种风速下的最大风能以提高发电效率,风力发电机必须根据实际风速沿 P_{opt} 曲线作变速运行;且必须实现变速下的恒频运行才能生产出并网所需的恒定频率电能。

变速恒频风力发电方式中可以采用同步发电机经交-直-交交换器变换的恒频方式,更多的是采用交流励磁技术的双馈异步风力发电机方式。

采用交流励磁技术实现双馈异步发电机变速恒频的机理可用图 4.24 说明。图中,f_1、f_2 为定、转子电流频率,n_1 为定子旋转磁场同步速,n_2 为转子磁场相对于转子的转速,n_r 为转子本体的电气转速。当双馈电机稳定运行时,定、转子旋转磁场必须相对静止以产生恒定电磁转矩,即

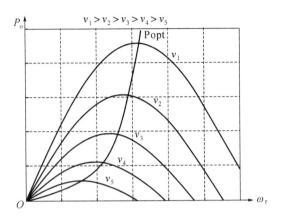

图 4.23 定桨距风力机功率 — 转速关系

$$n_1 = n_2 + n_r \tag{2.24}$$

因 $f_1 = \dfrac{n_1}{60}$, $f_2 = \dfrac{n_2}{60}$,故有

$$\frac{n_r}{60} + f_2 = f_1 \tag{2.25}$$

由此可知,当发电机转速 n_2 变化时,只有及时调节转子励磁电流频率 f_2,才能保持定子输出电能频率 f_1 恒定,这就是双馈异步发电机采用交流励磁控制实现变速恒频发电运行的原理。

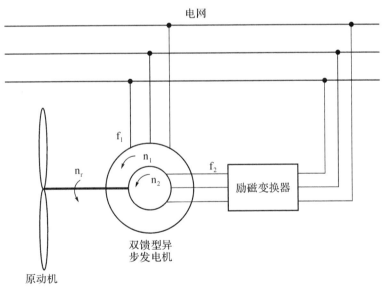

图 4.24 双馈异步风力发电机变速恒频原理

一、双馈异步水力发电机的交流励磁控制

交流励磁双馈异步发电机的结构类似于绕线式异步电机,但转子上通常需要有 4 个或 6 个滑环,以便把转子相绕组的中点引出。馈电方式则和异步电动机超同步串级调速系统相似,即定子绕组接电网,转子绕组由一套三相交 - 交或交 - 直 - 交变频电源供电。变频器控制方式上可以采取它控,也就是其输出频率由外部人为设定,但多数还是采用自控式,此时变频器的输出频率受与电机转子同轴安装的转子位置检测器控制,始终等于转差频率,从而保证励磁电流所产生的旋转磁场能始终和定子电流所产生的电枢磁场保持同步。

它控式交流励磁发电机实质上就是一般的双馈电机,既具有同步电机的特点,又可通过改变转子输入电流的频率来变化电机的运行速度,是一种异步化同步发电机。

设定子电压为 $u_1 = \sqrt{2} U_1 \cos(\omega_1 t + \varphi_1)$,其中 ω_1 为定子供电角频率,φ_1 为初相角。当转差率为 s 时,转子以角速度 $(1-s)\omega_1$ 旋转,转子轴线的空间位置可表示为 $\theta_f = (1-s)\omega_1 t + \theta_f(0)$,其中 $\theta_f(0)$ 为 $t = 0$ 时刻转子相对于定子参考轴线的初始位置角。转子绕组中由变频器供给的转差频率电压为 $u'_2 = \sqrt{2} U'_2 \cos(s\omega_1 t + \varphi_2)$,其中 φ_2 为初相角,则交流励磁发电机的电磁转矩可表达为:

$$T = T_1 + T_2 + T_3 \tag{4.26}$$

其中

$$T_1 = \frac{-3P}{\omega_1} \cdot \frac{(\omega_1 L_m)^2}{A^2} s R'_2 U_1^2 \tag{4.27}$$

$$T_2 = \frac{3P}{\omega_1} \cdot \frac{(\omega_1 L_m)^2}{A^2} R_1 U'^2_2 \tag{4.28}$$

$$T_3 = \frac{3P}{\omega_1} \cdot \frac{\omega_1 L_m}{A^2} U_1 U'^2_2 \left[(R_1 R'_2 + s\omega_1^2 L_m^2)\sin\theta \right.$$
$$\left. + (\omega_1 L_{11} R'_2 - s\omega_1 L'_{22} R_1)\cos\theta \right] \tag{4.29}$$

式中 P ——电机极对数;

$$A^2 = (R_1 R'_2 - s\omega_1^2 L_m^2)^2 + (s\omega_1 L'_{22} R_1 + \omega_1 L_{11} R'_2)^2; \tag{4.30}$$

L_{11} ——定子全自感,$L_{11} = L_1 + L_m$;

L'_{22} ——转子全自感,$L'_{22} = L'_2 + L_m$;

θ ——电机的功率角,$\theta = \varphi_2 + \theta_f(0) - \varphi_1$。 \hfill (4.31)

由以上诸式可以看出,在交流励磁条件下,双馈异步发电机的转矩将大体由三部分构成:

①T_1 为由定子电压所决定的磁场以 $s\omega_1$ 的速度切割转子绕组时,感应的转子电流所产生的转矩,它与转差率 s 有关;

②T_2 为由转子电压所决定的磁场以 ω_1 速度切割定子绕组时,感生的定子电流所生转矩,与转差率无关;

③T_3 为由定子磁场和转子磁场相互作用所产生的同步转矩,它随功率角 θ 而变化。

由于考虑了定、转子绕组电阻的影响,以上各式比较复杂。如果忽略定、转子电阻 R_1、R'_2 的影响,则 $T_1 = 0$,$T_2 = 0$,T_3 可简化为

$$T_3 = \frac{3P}{\omega_1} \cdot \frac{U_1 U'_2}{s\omega_1 L_m} \sin\theta \tag{4.32}$$

它与我们熟悉的同步电机转矩公式

$$T = \frac{3P}{\omega_1} \cdot \frac{U_1 E}{X_d}\sin\theta \tag{4.33}$$

相比，$\omega_1 L_m$ 就是 X_d，而 U'_2/s 与 E 相当，代表了由转子励磁所产生的磁场在定子绕组中感应的电势，其主要的不同之处在于功率角 θ。在同步电机中，E 的相位直接和转子轴线相联系，当转子转速发生波动时就直接造成 θ 角的变化，从而不可避免地造成电机电磁功率的波动。而在交流励磁的情况下，功率角 $\theta = \varphi_2 + \theta_f(0) - \varphi_1$，它既决定于转子轴线的位置，又与转子电压的相位有关。这样，当运行条件变化引起转速波动时，就可以通过及时地调节转子输入电压的相位来补偿转子速度波动的影响，以抑制电机功率的波动，从而提高发电机并网运行的稳定性。当然，转子电压相位的控制作用还是有一定限度的。

　　由于自控式交流励磁双馈异步发电机中转子电流频率能自动跟踪转速的变化，从而转子电流产生的磁场在空间能始终和定子磁场保持同步，这就避免了同步稳定性问题，具有了异步电机的特性，从而也就能通过转子励磁电流的大小和相位的控制来实现电机有功和无功电流或功率的独立调节，这是通过交流励磁发电机的矢量控制方式来实现的。

　　图 4.25 为以定子磁链定向的矢量控制交流励磁双馈异步发电机系统框图。发电机定子输出接电网，并采用电压互感器 PT、电流互感器 CT 分别对定子电压 u_{a1}、u_{b1}、u_{c1}，定子电流 i_{a1}、i_{b1}、i_{c1} 采样，以实现输出有功功率 P、无功功率 Q 的计算。发电机转子侧由交－交变频器供电作交流励磁，也采用 CT 对转子电流 i_{a2}、i_{b2}、i_{c2} 采样，以实现电流反馈控制。

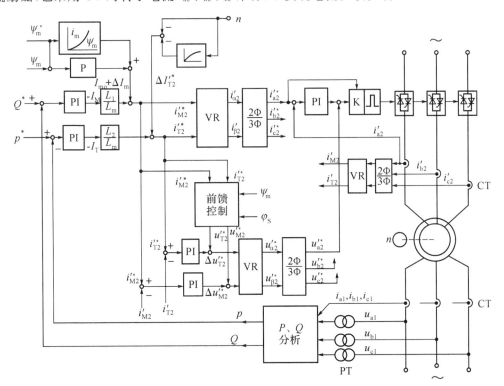

图 4.25　定子磁链定向矢量控制交流励磁系统框图

采用定子磁链定向是为了实现有功、无功功率的解耦控制。由于电机定子侧始终运行在 50Hz 工频，此时定子绕组电阻与电抗相比总是可以忽略，这样代表定子总磁链 Ψ_1 的磁通矢量 $\vec{\Phi}_1$ 与定子电压矢量 $\vec{U}_1$ 之间互差 $90°$，如图 4.26 所示。按照矢量控制的原则将 M-T 坐标系的 M 轴与定子磁链矢量 $\vec{\Phi}_1$ 重合时，电机端电压矢量 $\vec{U}_1$ 将在负 T 轴方向，此时

$$\left.\begin{aligned} u_{M1} &= 0 \\ u_{T1} &= -U_1 \end{aligned}\right\} \tag{4.34}$$

电机输入有功功率 P 和无功功率 Q 可表示为

$$\left.\begin{aligned} P &= \frac{3}{2}(u_{M1} i_{M1} + u_{T1} i_{T1}) = -\frac{3}{2} U_1 i_{T1} \\ Q &= \frac{3}{2}(u_{T1} i_{M1} - u_{M1} i_{T1}) = -\frac{3}{2} U_1 i_{M1} \end{aligned}\right\} \tag{4.35}$$

可见电机端有功功率 P 与 $-i_{T1}$ 成正比，无功功率 Q 与 $-i_{M1}$ 成正比，所以在定子磁链定向控制下，电机有功、无功的调节也就简单地成了定子电流分量 i_{T1} 和 i_{M1} 的调节。在交流励磁方式下，这又是通过相应转子电流分量 i'_{T2}、i'_{M2} 的控制实现的。

根据 M-T 坐标系异步电机基本方程

$$\left.\begin{aligned} u_{M1} &= R_1 i_{M1} + p\Psi_{M1} - \omega_1 \Psi_{T1} \\ u_{T1} &= R_1 i_{T1} + p\Psi_{T1} + \omega_1 \Psi_{M1} \\ u'_{M2} &= R'_2 i'_{M2} + p\Psi'_{M2} - \omega_s \Psi'_{T2} \\ u'_{T2} &= R'_2 i'_{T2} + p\Psi'_{T2} + \omega_s \Psi'_{M2} \end{aligned}\right\}$$

$$(4.36)$$

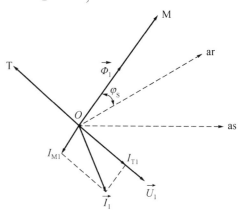

图 4.26　定子磁链定向矢量图

式中：定、转子磁链为

$$\left.\begin{aligned} \Psi_{M1} &= L_{11} i_{M1} + L_m i'_{M2} \\ \Psi_{T1} &= L_{11} i_{T1} + L_m i'_{T2} \\ \Psi'_{M2} &= L'_{22} i'_{M2} + L_m i_{M1} \\ \Psi'_{T2} &= L'_{22} i'_{T2} + L_m i_{T1} \end{aligned}\right\} \tag{4.37}$$

由于采用了定子磁链定向

$$\left.\begin{aligned} \Psi_{M1} &= \Psi_M \\ \Psi_{T1} &= 0 \end{aligned}\right\} \tag{4.38}$$

故有

$$\left.\begin{aligned} \Psi_M &= L_{11} i_{M1} + L_m i'_{M2} \\ 0 &= L_{11} i_{T1} + L_m i'_{T2} \end{aligned}\right\} \tag{4.39}$$

在忽略定子电阻的前提下，定子电压方程变为

$$\left.\begin{aligned} u_{M1} &= p\Psi_M \\ u_{T1} &= \omega_1 \Psi_M \end{aligned}\right\} \tag{4.40}$$

若定子电压 U_1 恒定，则 $\Psi_M = -U_1/\omega_1$，$p\Psi_M = 0$，于是从式（4.39）可得

$$
\left.\begin{array}{l}
i'_{\text{M2}} = \left(\dfrac{U_1}{\omega_1 L_{\text{m}}} - \dfrac{L_{11}}{L_{\text{m}}} i_{\text{M1}} \right) = I_{m0} - \dfrac{L_{11}}{L_{\text{m}}} i_{\text{M1}} \\[4mm]
i'_{\text{T2}} = - \dfrac{L_{11}}{L_{\text{m}}} i_{\text{T1}}
\end{array}\right\}
\tag{4.41}
$$

求得 M-T 坐标系中的转子分量电流 i'_{M2}、i'_{T2} 后,经过旋转坐标变换 VR 和 2Φ/3Φ 变换后,就可求出所需控制的三相转子电流 i'_{a2}、i'_{b2}、i'_{c2}。坐标变换中所需的 M 轴与转子 a 相轴线 ar 间位置角 φ_s(图 4.26),可从定子 a 相电压推算出的定子磁链 $\varPsi_1$ 空间相位和转子同轴光码盘测得的 ar 轴空间角之差求出。这样,如图 4.25 所示,当发电机有功和无功功率指令 P^*、Q^* 给定后,经过与实测功率 P、Q 相比较和调节,产生了定子有、无功电流 i_{T1}、i_{M1} 及转子有、无功电流指令 $i^{*'}_{\text{T2}}$、$i^{*'}_{\text{M2}}$,以及相应的三相转差频率电流 $i^{*'}_{\text{a2}}$、$i^{*'}_{\text{b2}}$、$i^{*'}_{\text{c2}}$,以它们作给定值分别通过相应电流调节器控制各相交 - 交变频器,使其输出至转子的励磁电流 i'_{a2}、i'_{b2}、i'_{c2} 符合给定值要求,从而实现对电机有功、无功功率的独立调节。

电流调节环节通常采用比例积分(PI)调节器,但是本系统中由于电流给定信号是三个由坐标变换而得的随时间变化的低频交流信号,这一方面会使比例积分调节器产生跟随误差,另一方面三个由演算得来的给定信号之和不一定正好等于零,而转子绕组 Y 接,如无中点引出,三相电流之和必须为零。这样三个调节器中很可能会有一二个调节器的给定信号和反馈信号之间不能平衡,其差值经调节器的积分作用最后将导致输出饱和,造成系统失控。为解决这个问题,转轴上须增加滑环将转子绕组中点引出。为了解决跟随误差问题可采用电压前馈控制,即根据求得的转子有、无功电流指令 $i^{*'}_{\text{T2}}$、$i^{*'}_{\text{M2}}$ 及相应的空间位置 φ_s 等信息,计算出所需的转子电压 $u^{*'}_{\text{a2}}$、$u^{*'}_{\text{b2}}$、$u^{*'}_{\text{c2}}$,以此作为前馈控制信号输入交 - 交变频器控制器,用以确定各相最基本的移相控制信号。而交流电流 $i^{*'}_{\text{a2}}$、$i^{*'}_{\text{b2}}$、$i^{*'}_{\text{c2}}$ 调节器则只起动态补偿作用,稳态时输出为零,从而可使跟随误差降低到最低限度。

在负载突变或电网发生故障时,原动机的输出转矩与发电机制动转矩之间会出现不平衡,导致机组转速发生较大的波动。为了抑制这种可能出现的转速波动,控制系统中还加了转速校正环节,当机组转速上升时它将输出一个转矩电流信号 $\Delta i^{*'}_{\text{T2}}$,增加发电机制动转矩,抑制机组转速上升。

此外还应指出,在以定子磁链定向的自控式交流励磁发电机中,励磁电流的频率和相位能自动跟踪转子转速的变化,这样不但转子转速变化时不会失步,而且定子三相感应电势的相位也能自动跟踪电网电压相位,并网非常方便,无需整步过程。

二、双馈异步风力发电机的交流励磁控制

在追踪最大风能捕获运行中风力机采取定桨距运行,风电机组转速的改变是通过对发电机输出电能有功功率的控制实现的,此时双馈发电机必须具备有功、无功功率独立(解耦)调节的能力,这又是通过发电机的矢量控制技术实现的。

双馈异步风力发电机采用 PWM 整流-PWM 逆变的交 - 直- 交变换器实现交流励磁,如图 2.23 所示。由于双馈发电机定子绕组直接挂网,可以认为发电机定子电压幅值、频率恒定,矢量控制中一般可选择定子电压定向或定子磁场定向方式。图 4.27 为双馈异步发电机定向用

的坐标系统,其中 $\alpha_1 - \beta_1$ 为定子两相静止坐标系,其 α_1 轴取在定子 a_1 相绕组轴线正方向。$\alpha_2 - \beta_2$ 为转子两相旋转坐标系,α_2 轴取在转子 a_2 相绕组轴线正方向;$\alpha_2 - \beta_2$ 坐标系相对转子静止,而相对定子以转子速 ω_r 旋转。M-T 为磁场定向坐标系,其转速为同步速 ω_1。注意 α_2 轴与 α_1 轴间夹角为 θ_r,M 轴与 α_1 轴间夹角为 θ_s。

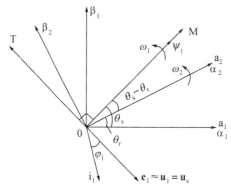

图 4.27   双馈异步发电机坐标系统

当采用定子磁链定向时,同步速旋转的 M 轴与定子磁链矢量 $\boldsymbol{\Psi}_1$ 重合,可得 M-T 坐标系中双馈异步发电机的电磁方程式,其中:

定子电压方程(采用发电机惯例)

$$\left.\begin{aligned} u_{M1} &= -R_1 i_{M1} - p\Psi_{M1} + \omega_1 \Psi_{T1} \\ u_{T1} &= -R_1 i_{T1} - p\Psi_{T1} - \omega_1 \Psi_{M1} \end{aligned}\right\} \qquad (4.42)$$

转子电压方程(采用电动机惯例)

$$\left.\begin{aligned} u_{M2} &= R_2 i_{M2} + p\Psi_{M2} - \omega_s \Psi_{T2} \\ u_{T2} &= R_2 i_{T2} + p\Psi_{T2} + \omega_s \Psi_{M2} \end{aligned}\right\} \qquad (4.43)$$

式中 $u_{M1}, u_{T1}, u_{M2}, u_{T2}$ —— 定、转子电压的 M、T 分量;

$i_{M1}, i_{T1}, i_{M2}, i_{T2}$ —— 定、转子电流的 M、T 分量;

$\omega_s = \omega_1 - \omega_r$ —— M-T 坐标系相对于转子的角速度;

$p = \dfrac{d}{dt}$ —— 微分算子。

定子磁链方程

$$\left.\begin{aligned} \Psi_{M1} &= L_1 i_{M1} - L_m i_{M2} \\ \Psi_{T1} &= L_1 i_{T1} - L_m i_{T2} \end{aligned}\right\} \qquad (4.44)$$

转子磁链方程

$$\left.\begin{aligned} \Psi_{M2} &= -L_m i_{M1} + L_2 i_{M2} \\ \Psi_{T2} &= -L_m i_{T1} + L_2 i_{T2} \end{aligned}\right\} \qquad (4.45)$$

式中 $\Psi_{M1}, \Psi_{T1}, \Psi_{M2}, \Psi_{T2}$ —— 定、转子磁链 M、T 分量;

L_1, L_2, L_m —— 定、转子绕组漏感及互感。

定子输出功率方程

$$\left.\begin{aligned} \text{有功功率 } P_1 &= u_{M1} i_{M1} + u_{T1} i_{T1} \\ \text{无功功率 } Q_1 &= u_{T1} i_{M1} - u_{M1} i_{T1} \end{aligned}\right\} \qquad (4.46)$$

采用定子磁链定向后,定子磁链矢量 $\boldsymbol{\Psi}_1$ 与 M 轴方向一致,因此有

$$
\left.\begin{array}{l}
\boldsymbol{\Psi}_{M1} = \boldsymbol{\Psi}_1 \\
\boldsymbol{\Psi}_{T1} = 0
\end{array}\right\} \tag{4.47}
$$

在忽略定子电阻压降后,反电势矢量 $\boldsymbol{e}_1 \approx \boldsymbol{u}_1$,相位上落后定子磁链矢量 $\boldsymbol{\Psi}_1 90°$,即 $\boldsymbol{e}_1$、$\boldsymbol{u}_1$ 矢量位于负 T 轴,故定子磁链定向后有

$$
\left.\begin{array}{l}
u_{M1} = 0 \\
u_{T1} = -u_1
\end{array}\right\} \tag{4.48}
$$

因此可得

$$
\left.\begin{array}{l}
P_1 = -u_1 i_{T1} \\
Q_1 = -u_1 i_{M1}
\end{array}\right\} \tag{4.49}
$$

可见,在采用定子磁链定向后,双馈异步发电机可通过调节定子电流的 T 轴分量 i_{T1} 独立地控制有功功率 P_1,调节定子电流 M 轴分量 i_{M1} 独立地控制无功功率 Q_1。

双馈异步发电机的运行主要是通过转子励磁变频器控制实现的,因此须导出转子电流、电压与 i_{T1}、i_{M1} 间关系。

将式(4.47)、式(4.48)代入定子电压方程式(4.42)、定子磁链方程(4.44),得

$$
\left.\begin{array}{l}
\boldsymbol{\Psi}_1 = \dfrac{u_1}{\omega_1} \\
\mathrm{p}\boldsymbol{\Psi}_1 = 0
\end{array}\right\} \tag{4.50}
$$

$$
\left.\begin{array}{l}
i_{M2} = \dfrac{1}{L_m}(L_1 i_{M1} - \boldsymbol{\Psi}_1) \\
i_{T2} = \dfrac{L_1}{L_m} i_{T1}
\end{array}\right\} \tag{4.51}
$$

将式(4.51)代入转子磁链方程(4.45),可得

$$
\left.\begin{array}{l}
\boldsymbol{\Psi}_{M2} = a_1 \boldsymbol{\Psi}_1 + a_2 i_{M2} \\
\boldsymbol{\Psi}_{T2} = a_2 i_{T2}
\end{array}\right\} \tag{4.52}
$$

式中　$a_1 = \dfrac{-L_m}{L_1}, a_2 = L_2 - \dfrac{L_m^2}{L_1}$

再将式(4.52)代入转子电压方程式(4.43),得

$$
\left.\begin{array}{l}
u_{M2} = u'_{M2} + \Delta u_{M2} \\
u_{T2} = u'_{T2} + \Delta u_{T2}
\end{array}\right\} \tag{4.53}
$$

其中　u'_{M2}, u'_{T2} 是分别与 i_{M2}, i_{T2} 具有一阶微分关系的电压分量,Δu_{M2}、Δu_{T2} 为电压补偿分量。即

$$
\left.\begin{array}{l}
u'_{M2} = (R_2 + a_2 \mathrm{p}) i_{M2} \\
u'_{T2} = (R_2 + a_2 \mathrm{p}) i_{T2}
\end{array}\right\} \tag{4.54}
$$

$$
\left.\begin{array}{l}
\Delta u_{M2} = -a_2 \omega_s i_{T2} \\
\Delta u_{T2} = a_1 \omega_s \boldsymbol{\Psi}_1 + a_2 \omega_s i_{M2}
\end{array}\right\} \tag{4.55}
$$

这里 u'_{M2}, u'_{T2} 为实现转子电压、电流解耦控制的解耦项,Δu_{M2}、Δu_{T2} 为消除转子电压、电流交叉耦合的前馈补偿项。将转子电压分解成解耦项和补偿项后,既简化了控制,又能保证控制的

精度和动态响速度。

　　定子磁链定向控制双馈异步风力发电机系统框图如图 4.28 所示。整个控制系统采用双闭环结构，外环为功率控制环，内环为电流控制环。功率环中，有功、无功功率指令 P_1^* 和 Q_1^* 分别由参考有功、无功功率计算模型算出，与有功、无功功率反馈值 P_1、Q_1 相比较后，差值经 PI 型功率调节器运算，产生出定子电流有功及无功分量指令 i_{T1}^*、i_{M1}^*。根据获得的 i_{T1}^*、i_{M1}^* 可计算出转子电流的无功和有功分量指令值 i_{M2}^*、i_{T2}^*，他们再和转子电流反馈量 i_{M2}、i_{T2} 分别比较，其差值送 PI 型电流调节器调节后，输出转子电压分量 u_{M2}'，u_{T2}'，再加上转子电压补偿分量 Δu_{M2}、Δu_{T2}，就可获得转子电压指令 u_{M2}^* 和 u_{T2}^*。u_{M2}^*、u_{T2}^* 经坐标变换后得到两相静止 α_2-β_2 坐标系中的转子电压指令 $u_{\alpha2}^*$、$u_{\beta2}^*$，用以进行转子侧交流励磁变频器的电压空间矢量调制（SVPWM），产生出变频器功率开关驱动信号，实现对双馈异步风力发电机的励磁控制。

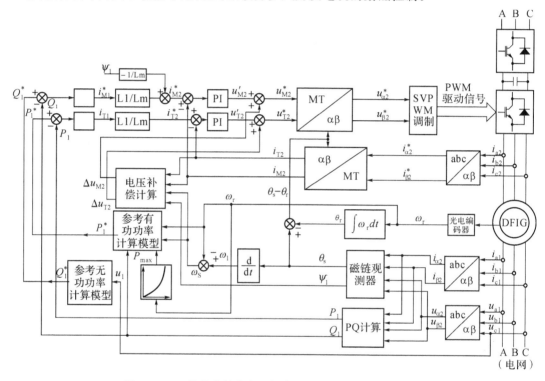

图 4.28　双馈异步风力发电机定子磁链定向控制系统框图

思考题与习题

1. 同步发电机励磁系统的任务是什么?

2. 励磁调节对同步发电机运行稳定性有何影响?能起什么作用?

3. 并联运行的发电机为使无功负荷按机组容量分配,对发电机的外特性有何要求?在励磁系统中如何实现调差?

4. 当电力系统发生短路或电压严重下降时,为何发电机要采取快速强励措施?

5. 什么是三次谐波励磁方式?怎样实现发电机的三次谐波自励恒压?

6. 什么是交流励磁发电?交流励磁条件下如何实现发电机变速恒频发电?

7. 交流励磁发电下,如何实现发电机有功功率、无功功率的独立调节?

第 5 章

位置检测式调速电动机及其控制

一般的调速系统大多由标准的交流或直流电机配置所需的变流装置即可正常运行,如可控整流器供电的直流调速系统,变频器供电的交流电机等。但是有一类调速电机其电机本体须通过某一特殊装置或功能部件才能与调速装置紧密结合,缺少其中任一部分均不能单独运行,这是一种典型的机电一体化调速电机,往往以配置转子(磁极)位置检测机构为其特征。本章将要对其中的永磁无刷直流电动机和开关磁阻电动机进行讨论,这是近 30 多年来迅速发展起来的两种新型电机。

5.1 永磁无刷直流电动机原理

在 3.2 中我们讨论了晶闸管无换向器电机,这是一种由带转子磁极位置检测器的电励磁同步电动机和一套由晶闸管构成的电流型逆变器所组成的自控式同步电机变频调速系统。如果将电励磁同步电动机换成永磁同步电动机,晶闸管换成自关断功率开关器件(如 GTR、MOSFET、IGBT),也就构成了永磁无刷直流电动机。其简单的结构、优良的性能、可靠的运行和维护的方便使它在自动化伺服与驱动、家用电器、计算机外设、汽车电器及电动车辆驱动中获得了越来越广泛的应用。

一、基本组成

永磁无刷直流电机主要由永磁电机本体、转子位置检测器和功率电子开关(逆变器)三部分构成,如图 5.1 所示。

永磁无刷直流电机采用这种组成结构完全是模仿了有刷直流电机。众所周知,直流电动机从电刷向外看虽然是直流的,但从电刷向内看,电枢绕组中的感应电势和流过的电流完全是交变的。从电枢绕组和定子磁场之间的相互作用看实际上是一台电励磁的同步电动机,这台同步电动机和直流电源之间是通过换向器和电刷联系起来的。在电动机运行方式下,换向器起逆变器作用,把电源直流逆变成交流送入电枢绕组;在发电机运行方式下,换向器起整流器的作用,把电枢中发出的交流电整流成直流供给外部负载。电刷则不仅引导了电流,更重要的是它的位置决定了电枢绕组中电流换向的地点,从而决定了电枢磁势的空间位置,即起了电枢电流换向

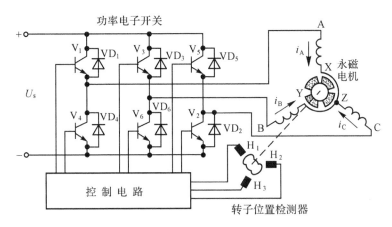

图 5.1　永磁无刷直流电机的组成

位置和电枢磁场空间位置的检测作用。由于换向器和电刷的有效配合,使得励磁磁通和电枢磁势能在空间始终保持垂直关系,以利最大限度地产生有效转矩,如图 2.105 所示。永磁无刷直流电动机也是一台永磁式同步电机,但用功率电子开关(逆变器)代替了直流电机中的机械接触式逆变器(换向器),用无接触式的转子位置检测器代替了基于接触导电的电刷。尽管两者结构不同,但其作用完全相同。

　　一般情况下永磁无刷直流电机本体定子多为三相结构,绕组为分布或集中式,Y 接。永磁转子多用钕铁硼等稀土永磁材料,瓦片型永磁体直接粘贴在转子铁心上(面贴式),故其气隙磁场在空间呈矩形分布。图 5.2 为四极永磁无刷直流电机本体剖面图。

　　功率电子开关(逆变器)用于给电机定子各相绕组在一定的时刻通以一定时间长短的恒定直流电流,以便与转子永磁磁场相互作用产生持续不断的恒定转矩。功率开关器件一般采用 GTR、MOSFET,较大容量电机采用 IGBT 或 IPM 模块。功率电子开关可以是半桥式,但多为三相桥式结构,与三相直 - 交逆变器结构十分相似,但各桥臂元件一般只在一个输出频率周期内开、关一次,惟有三相下桥臂元件(V_4、V_6、V_2)在开通时间内还要进行 PWM 调制,以实现电机的调压调速。

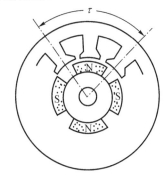

图 5.2　四极永磁无刷直流电机本体

　　各相绕组通电顺序、通电时刻和通电时间长短取决于转子磁极和定子绕组空间的相对位置,这是由转子位置检测器来感知、产生出三相位置信号,并经逻辑处理、功率放大后形成功率开关元件的驱动信号,再去控制定子绕组的通、断(换向)。在永磁无刷直流电机中常用的位置检测装置有以下几种形式:

(一) 电磁式位置传感器

　　这是一种利用电磁效应来实现位置测量的传感元件,有开口变压器、铁磁谐振电路、接近开关等多种形式,其中开口变压器使用较多,其原理已在 3.2 中作过介绍。

（二）磁敏式位置传感器

磁敏传感器利用电流的磁效应进行工作，所组成的位置检测器由与电机同轴安装、具有与电机转子同极数的永磁检测转子和多只空间均布的磁敏元件构成。目前常用的磁敏元件为霍尔元件或霍尔集成电路，它们在磁场作用下会产生霍尔电势，经整形、放大后即可输出所需电平信号，构成了原始的位置信号。图 5.3 为霍尔集成电路及其开关型输出特性。

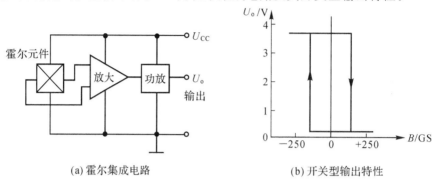

(a) 霍尔集成电路   (b) 开关型输出特性

图 5.3   霍尔传感器

为了获得三组互差 $120°$ 电角度、宽 $180°$ 电角度的方波原始位置信号，需要三只在空间互差 $2\pi/(3P)$ 机械角度分布的霍尔元件，其中 P 为电机极对数。图 5.4 给出了一台四极电机的霍尔位置检测器完整结构，三个霍尔元件 H_1、H_2、H_3 在空间作互差 $60°$ 机械角度分布。当永磁检测转子依次经霍尔元件 H_1、H_2、H_3 时，根据 N、S 极性的不同产生出三相互差 $120°$ 电角度、宽 $180°$ 电角度的方波位置信号，正好反映了同轴安装的电机转子磁极的空间位置信息。经整形电路 IC1 和逻辑电路 IC2 后，输出六路功率电子开关的触发信号。

霍尔位置检测器是永磁无刷直流电机中采用较多的一种，所以永磁无刷直流电机有时也称霍尔电机。

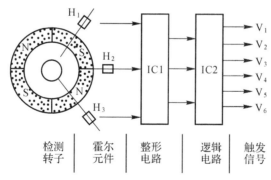

检测   霍尔   整形   逻辑   触发
转子   元件   电路   电路   信号

图 5.4   四极电机用霍尔位置检测器

（三）光电式位置传感器

这是一种利用与电机转子同轴安装、带缺口旋转园盘对光电元件进行通、断控制，以产生一系列反映转子空间位置脉冲信号的检测方式。由于三相永磁无刷直流电机一般每 1/6 周期换相一次,因此只要采用与电磁式或霍尔式位置检测相似的简单检测方法即可,不必采用光电编码盘的复杂方式。简单光电元件的结构如图 5.5 所示,由红外发光二极管和光敏三极管构成。当元件凹槽内光线被圆盘挡住时,光敏三极管不导通;当凹槽内光线由圆盘缺口放过时,光敏三极管导通;以此输出开关型的位置信号。圆盘缺口弧度及光电元件空间布置规律和开口变压器式位置检测器相同。

除了以上三种位置传感器外,还有正、余弦旋转变压器和光电编码器等其他位置传感元件,但成本高、体积大、线路复杂,较少采用。

由于位置检测器有机械安装、维护及运行可靠性等

图 5.5　光电式位置传感元件结构

问题,近期来出现了无位置检测器的运行控制方式。它利用电机定子绕组反电势作为转子磁极的位置信号。但是在电机静止和极低速时反电势不存在或极微弱,此时电机不能根据转子磁极的空间位置来控制定子绕组的正确换向,只得藉助外部振荡电路采用逐步升频的方式实现它控式变频起动,一旦获得所需反电势即切换至自控式方式运行。目前已有无位置检测器无刷直流电机专用集成控制芯片供选用。

二、运行原理

在实际应用中,永磁无刷直流电机多采用三相桥式功率主电路形式,但为方便说明,先从三相半桥式主电路开始分析其运行原理。

(一) 三相半桥主电路

图 5.6 为三相半桥式单元($P=1$)永磁无刷直流电机系统结构,三只光电式位置传感元件 H_1、H_2、H_3 空间互差120°均布,180°宽缺口遮光圆盘与电机转子同轴安装,调整圆盘缺口与转子磁极的相对位置使缺口边沿能准确反映转子磁极的空间位置。

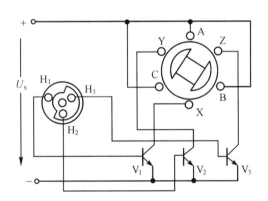

图 5.6　三相半桥式永磁无刷直流电动机系统结构

设缺口位置使光电元件 H_1 受光而输出高电平,触发导通功率开关 V_1 使直流电流流入 A 相绕组 A—X,形成位于 A 相绕组轴线上的电枢磁势 F_a。此时圆盘缺口与转子磁极的相对位置被调整得使转子永磁磁势 F_f 位于 B 相绕组 B—Y 平面上,如图 5.7(a) 所示。由于 F_a 在顺时针

方向领先 F_f 150°,两者相互作用产生驱动转矩,驱使转子顺时针旋转。当转子磁极转至图 5.7(b) 所示位置时如仍保持 A 相绕组通电,则电枢磁势 F_a 领先永磁磁势 F_f 的空间角度将减为 30°并继续减小,最终造成驱动转矩消失。然而由于同轴安装的旋转圆盘同步旋转,此时正好使光电元件 H_2 受光、H_1 遮光,从而功率开关 V_2 导通,电流从 A 相绕组断开转而流入 B 相绕组 B-Y,实现电流换相。电枢磁势变为 F_b,它又在旋转方向上重新领先永磁磁势 F_f 150°,两者相互作用产生驱动转矩,驱使转子顺时针继续旋转。当转子磁极旋转到图 5.7(c) 所示位置时,同理又发生电枢电流从 B 相向 C 相的换流,保证了电磁转矩的持续产生和电机的继续旋转,直至重新回到图 5.7(d) 或(a) 的起始位置。

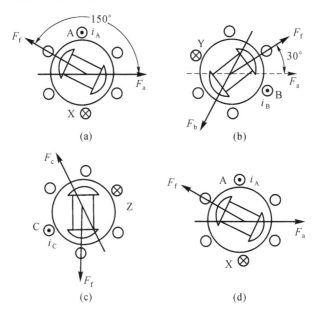

图 5.7   各相绕组通电顺序及电枢磁势位置

可以看出,由于同轴安装转子位置检测圆盘的作用,定子各相绕组在位置检测器的控制下依次馈电,其相电流为 120°宽的矩形波,如图 5.8 所示。这样的三相电流使得定子绕组产生的电枢磁场和转动中的转子永磁磁场在空间始终能保持将近垂直(30°～150°电角度,平均 90°电角度) 的关系,为最大限度的产生转矩创造条件。同时也可以看出,经历换相过程的定子绕组电枢磁场不是匀速旋转磁场而是跳跃式的步进磁场,转子旋转一周的范围内有三种磁状态,每种磁状态持续 1/3 周期(120°电角度),如图 5.7 中的 F_a、F_b、F_c 所示。可以想像,由此产生的电磁转矩存在很大的脉动,尤其低速运行时会造成转速波动。为解决这个问题只有增加转子一周内的磁状态数,此时应采用三相桥式的主电路结构。

(二) 三相桥式主电路

三相桥式主电路如图 5.1 所示,功率电子开关为标准三相桥式结构,上桥臂元件 V_1、V_3、V_5 给各相绕组提供正向电流,产生正向电磁转矩;下桥臂元件 V_4、V_6、V_2 给各相绕组提供反向电流,在相同极性转子永磁磁场作用下将产生反向电磁转矩。功率开关元件的通电方式有两两通电(120°导通型) 和三三通电(180°导通型),其输出转矩大小不同。

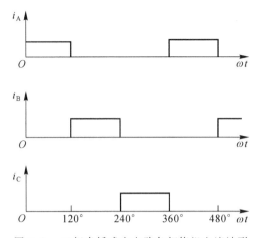

图 5.8   三相半桥式主电路各相绕组电流波形

(1) 两两通电方式

每一瞬间各有不同相的上、下桥臂元件导通,每个功率开关元件导通 1/3 周期(120° 电角度),每隔 1/6 周期(60° 电角度)换流一次,各功率开关元件的导通顺序为 V_1、V_2;V_2、V_3;V_3、V_4;V_4、V_5;V_5、V_6;V_6、V_1;……。由于每个开关元件各导通 120° 电角度,每个相绕组又与两个开关元件相连,因此各相绕组会在正、反两个方向均流过 120° 宽的方波电流,三相绕组中电流波形如图 5.9 所示。

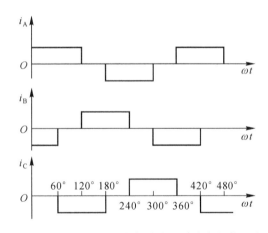

图 5.9   两相通电方式下,三相桥式主电路中各相绕组电流波形

由于任一时刻均有一上桥臂元件导通使某相绕组获得正向电流产生正转矩,又有一下桥臂元件导通使另一相绕组获得反向电流产生负转矩,此时刻的合成转矩应是相关相绕组通电产生的正、负转矩的矢量和,如图 5.10 所示。可以看出,合成转矩是一相通电时所生转矩的 $\sqrt{3}$ 倍,每经过一次换相合成转矩方向转过 60° 电角度,一个输出周期内转矩要经历六次方向变换,从而使转矩脉动比三相半桥主电路时要平缓许多。

(2) 三三通电方式

每一瞬间均有不同相的三只功率开关元件导通,每个元件导通 1/2 周期(180° 电角度),每

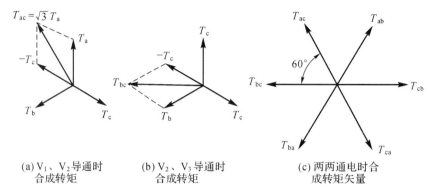

(a) V_1、V_2导通时   (b) V_2、V_3导通时   (c) 两两通电时合
　　合成转矩　　　　　　　合成转矩　　　　　　　成转矩矢量

图 5.10　Y 接绕组两两通电时的合成转矩

隔 1/6 周期（60°电角度）换流一次。各功率开关元件的导通顺序为：

　　V_1、V_2、V_3；V_2、V_3、V_4；V_3、V_4、V_5；V_4、V_5、V_6；V_5、V_6、V_1；V_6、V_1、V_2；……。

　　三三通电方式下的转矩是三个相绕组所产生转矩的合成。例如 V_6、V_1、V_2 导通时，直流电流从 V_1 引入 A 相绕组，经 B、C 相绕组并联路径从 V_6、V_2 流出，使 B、C 相电流为 A 相电流之半。考虑到各相电流的大小及流向，可获得此时的合成转矩 T_{01}，方向同 A 相单独所生转矩 T_a，大小为 $1.5T_a$，如图 5.11(a) 所示。经过 60°电角度后，发生 V_6 至 V_3 的换流。为防止同相上、下桥臂元件的直通短路，换流时必须确保先关断 V_6 再导通 V_3。V_1、V_2、V_3 导通后，电流经 V_1、V_3 流入并联的 A、B 相绕组，再反向流入 C 相绕组，经 V_2 流出。此时合成转矩 T_{02} 转过 60°，方向与 C 相单独所生转矩 T_c 相反，大小仍为 $1.5T_a$，如图 5.11(b) 所示。以后的换流过程依此类推，合成转矩矢量如图 5.11(c) 所示。除合成转矩大小有差异外，转矩性质与两两通电方式相同。

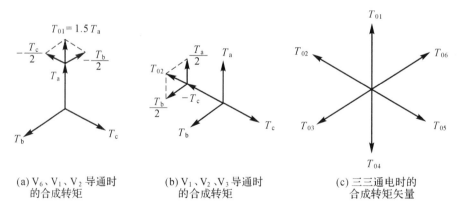

(a) V_6、V_1、V_2导通时   (b) V_1、V_2、V_3导通时   (c) 三三通电时的
　　的合成转矩　　　　　　　　的合成转矩　　　　　　　合成转矩矢量

图 5.11　Y 接绕组三三通电时的合成转矩

　　对于三相绕组为 △ 接的永磁无刷直流电机，三相桥式主电路也可分为两两通电和三三通电两种控制方式，同样可以通过分析获得相应的结论。

　　虽然三相永磁无刷直流电机是应用最广泛的一种，但人们从减少转矩的脉动、扩大单机容量等目的出发开发出了多相电机、如四相、五相，甚至十相、十二相。常用的一些多相永磁无刷直流电机主电路形式如图 5.12 所示。为了提高电机绕组的利用率，应采用几相同时通电的运行方式。

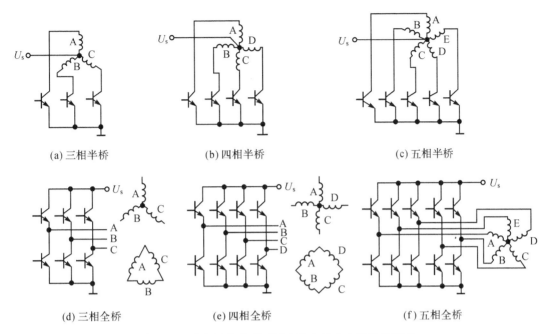

(a) 三相半桥　　　　(b) 四相半桥　　　　(c) 五相半桥

(d) 三相全桥　　　　(e) 四相全桥　　　　(f) 五相全桥

图 5.12　常用多相永磁无刷直流电机主电路结构型式

三、运行特性

由于永磁无刷直流电机气隙磁场多呈矩形分布,定子绕组相电流多为 $120°$ 方波,对它的运行特性作出十分精确的解析分析较为困难,但可通过适当简化获得定量结论。

假设:

① 忽略气隙磁场谐波,认为气隙磁密沿气隙圆周作正弦分布,即

$$B = B_{\mathrm{M}} \sin \theta \tag{5.1}$$

式中　　B_{M} —— 气隙磁密基波幅值

　　　　θ —— 沿气隙圆周度量的空间角度

② 忽略电枢反应对气隙磁场的影响,由于永磁体导磁率低,这对面贴式转子结构特别合适;

③ 各相绕组结构对称,主电路各单元完全一致。

永磁无刷直流电机的运行特性主要是转矩特性、反电势特性和机械特性,可以从三相半桥式主电路的简单情况着手分析。

由于气隙磁密呈正弦分布,根据电磁力公式 $f = Bli$ 可见,当定子绕组通以持续直流时电磁转矩将随转子位置不同作正弦变化,平均转矩将为零,如图 3.10 所示。三相半桥主电路供电时相电流为 $120°$ 方波,所产生的转矩仅为正弦转矩曲线上相当于 1/3 周期的一段,这一段的取值与绕组开始通电时转子磁极空间位置有关。分析表明,当转子磁极轴线从某相电枢绕组轴线转过 $30°$ 的位置时导通该相绕组,由于自此位置开始的 1/3 周期内气隙磁密最大,所产生的平均转矩将最大,转矩脉动会最小,如图 3.11 所示。习惯上将此时刻选作该相功率开关开始导通

的基准时刻,定义为换流超前角 $\gamma_0 = 0°$。

在 $\gamma_0 = 0°$ 条件下导通时,三相半桥式永磁无刷直流电机的电磁转矩波形如图 5.13 所示,转矩在 T_M 到 $T_M/2$ 之间波动,其平均转矩为

$$T_a = \frac{3T_M}{2\pi}\int_{\pi/6}^{5\pi/6} \sin\theta d\theta = 0.827 T_M \tag{5.2}$$

$$T_M = NLB_M R_\delta I \tag{5.3}$$

式中　N —— 各相绕组有效导体数;

　　　L —— 绕组导体总有效长度;

　　　R_δ —— 电机气隙平均半径;

　　　I —— 绕组电流幅值。

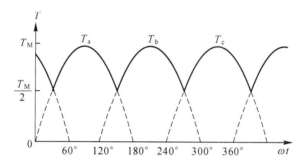

图 5.13　三相半桥式永磁无刷直流电机转矩曲线

在电磁转矩作用下电机旋转,转子永磁磁场切割定子绕组感生反电势。当电机转速 n 恒定时,反电势波形正弦,与转矩波形同相位,如图 5.14 所示。同理可求得反电势平均值

$$E_a = \frac{3E_M}{2\pi}\int_{\pi/6}^{5\pi/6} \sin\theta d\theta = 0.827 E_M \tag{5.4}$$

$$E_M = NLB_M R_\delta n(\frac{2\pi}{60}) \tag{5.5}$$

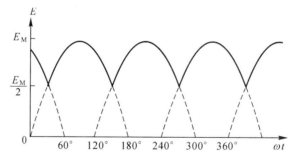

图 5.14　三相半桥式永磁无刷直流电机各相反电势波形

由式(5.2)~(5.5)可以定义出转矩系数 K_T 和反电势系数 K_e

$$K_T = \frac{T_a}{I} = 0.827 NLB_M R_\delta \tag{5.6}$$

$$K_e = \frac{E_a}{n} = 0.827 NLB_M R_\delta(\frac{2\pi}{60}) \tag{5.7}$$

它们分别表示单位电流产生的转矩大小和单位转速产生的反电势大小,其值与功率电子开关主电路形式和功率开关元件的导通方式有关。例如对于同一台电机,三相桥式主电路两两通电方式下的 K_T、K_e 就是式(5.6)、式(5.7)的 $\sqrt{3}$ 倍;三相桥式主电路三三通电试下的 K_T、K_e 值则是式(5.6)、式(5.7)中 K_T、K_e 值的 1.5 倍。

这样,根据电动机的电压平衡方程

$$U_s - \Delta U_T = E_a + IR \qquad (5.8)$$

式中　　U_s —— 直流电源电压;

　　　　ΔU_T —— 导通功率开关管压降之和;

　　　　R —— 导通相绕组电阻之和;

　　　　I —— 绕组电流幅值。

将 $E_a = K_e n$、$T_a = K_T I$ 代入上式,经整理即可求得永磁无刷直流电机的机械特性方程

$$n = \frac{(U_s - \Delta U_T)}{K_e} - \frac{R}{K_e K_T} T_a \qquad (5.9)$$

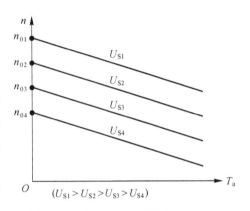

图 5.15　永磁无刷直流电机机械特性

由此绘制的机械特性曲线如图 5.15 所示。可以看出,在一定的直流供电电压 U_s 下,随着负载转矩的增加转速自然下降,呈现并激直流电机特性。如果要提高机械特性的硬度,除减小 ΔU_T、R 和增大 K_T 外,必须实行转速闭环控制,补偿负载扰动引起的速度降落 $-RT_a/(K_e K_T)$。改变直流供电电压的大小可以改变机械特性上的理想空载点 n_0,因此调压调速是永磁无刷直流电机主要的速度调节方式,可以通过对恒定电源电压 U_s 实行 PWM(脉宽调制)来实现。

5.2　永磁无刷直流电动机的控制

永磁无刷直流电动机具有有刷直流电动机那样优良的调速性能,却没有电刷和换向器,这主要是它用转子位置检测器替代了电刷,用电子换向电路(逆变器)替代了机械式换向器之故。因此永磁无刷直流电机的电子控制系统是这种电机不可缺少的必要组成部分,否则不能运行,这种机电一体化的结构和运行机理是有别于其他调速电机之处。这样,无论是开环运行还是闭环控制,永磁无刷直流电机都有相应的控制方法和控制系统问题。

一、开环控制系统

永磁无刷直流电机开环控制系统框图如图 5.16 所示,这实际上就是该电机本身的组成框图。可以看出永磁电机本体、转子位置检测器和电子换向电路(功率电子开关)是最基本的组

成部分。转子位置检测器产生的转子位置信号被检出后,送至转子位置译码电路,经放大和逻辑变换形成正确的换相顺序信号,去触发、导通相应功率电子开关元件,使之按一定顺序接通或关断相绕组,确保电枢产生的步进磁场能和转子永磁磁场保持平均的垂直关系,以利产生最大的转矩。换向信号逻辑变换电路则可在控制指令的干预下,针对现行运行状态和对正转、反转,电动、制动,高速、低速等要求实现换相(触发)信号合理分配,以导通相应的功率电子开关元件,产生出相应大小、方向和性质的转矩,实现电机的四象限运行控制。保护电路用以实现电流控制、过流保护。

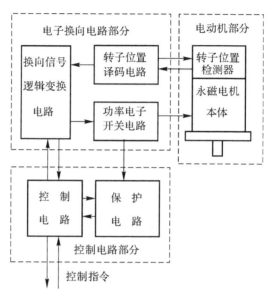

图 5.16   永磁无刷直流电机开环控制系统框图

控制系统可用模拟电子线路或专用集成电路实现模拟控制,也可以用微机实现全数字控制。由于转子位置信号、脉冲测速信号、逻辑运算及 PWM 控制更适合于微机数字控制,以下就以 8031 单片机控制电路为例讨论一些具体控制方法。

微机控制系统如图 5.17 所示,电机三相定子绕组 Y 接,桥式主电路采用两两通电方式。功率开关元件采用 MOSFET,其中上半桥臂采用 P 沟道器件,栅极低电平导通;下半桥臂采用 N 沟道器件,栅极高电平导通;这样的桥路结构可使栅极驱动电源减少为两组。8031 单片机 P2 口置成输入口,位置检测信号 H_1、H_2、H_3 由此送入;P1 口置成输出口,其中 P1.0、P1.1、P1.2 口线经反向驱动门 74LS06 送 V_1、V_3、V_5 栅极;P1.3、P1.4、P1.5 经或非门 74LS33 与 P0.1 线相或后送 V_4、V_6、V_2,以便对下桥臂元件实施 PWM 控制。此外 P0.0 线输出发电制动高电平信号,导通 V_0 后可使转子动能变换成的电能消耗在制动电阻 R_T 上。电流采样电阻 R_f 用于电流检测,其上电压信号 U_f 送至电压比较器 LM 与设定值 U_0 相比较,控制下桥臂元件的通、断,实现恒流控制或过电流保护。

(一) 正、反转控制

根据永磁无刷直流电机的原理,两两通电方式下相电流为 120° 宽矩形波。为获得最大的平均转矩和最小的转矩脉动,常选择 $\gamma_0 = 0°$ 的导通条件,此条件意味当某相反电势相位为 30°

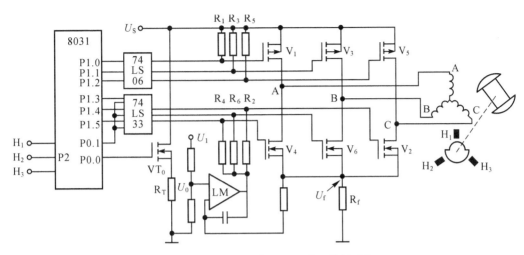

图 5.17 永磁无刷直流电机微机控制系统

时导通该相的功率开关,使相电流开始流通。此时转子磁极的轴线 $\vec{\mathrm{d}}$(N 极)应和该相绕组轴线沿转子旋转方向转过 30°电角度(图 3.11)。

当电机顺时针方向正转时,图 5.18a 给出了 A 相上桥臂元件 V_1 开始导通时的转子位置。假设采用光电式位置传感器,这时与转子同轴检测圆盘的缺口边缘 1 恰好对准传感元件 H_1 使之受光,在永磁磁场($\vec{d}$轴代表 N 极)作用下根据切割关系可以确定出 A 相绕组元件边 A、X 的感应电势 e 方向如图中所示。由于作电动机运行,此时流入 A 相绕组的电流 i 方向与反电势 e 方向相反,这就决定了 A 相电流应从元件边 A 进、X 出(正向电流),故此时应导通功率开关 V_1。图中同时给出了正转时的位置信号 H_1、H_2、H_3 以及由它们根据逻辑合成的 120°宽、互差 60°的触发信号。可以看出,此时应将首先出现的触发信号 $H_1 \overline{H_2}$ 送 V_1,与它滞后 60°的触发信号 $H_1 \overline{H_3}$ 送 V_2,…… 依此类推,可得正转时的各功率开关元件的触发信号规律,如表 5.1 所示。

当电机逆时针方向反转时,开始瞬间磁极轴线 $\vec{d}$ 与 C 相反向轴线沿转向相差 30°(图 5.18(b)),在 $\gamma_0 = 0°$ 导通条件下应由 C 相开始通电。由于此时 C 相绕组感应电势方向是从元件边 C 进、Z 出,则电动机运行状态下 C 相电流应从 Z 进、C 出,从而确定出此时应导通 C 相下桥臂元件 V_2。

由于电机反转,各位置检测信号顺序变反;同时位置检测圆盘的工作边沿 1 变为 2,即位置传感元件遇到边缘 2 时产生信号,从而获得反转时的位置信号如图 5.18(b) 所示。经过逻辑合成,同样可形成 120°宽、互差 60°的功率开关元件触发信号。图示瞬间首先出现的触发信号 $\overline{H_1} H_3$ 应送功率开关 V_2,以后根据反转时的通流顺序依次导通 V_2、V_1、V_6、V_5、V_4、V_3,其触发信号分配关系如表 5.1 所示。可以看出,正、反转时同相上、下桥臂元件的触发信号正好互换。

表 5.1 正、反转时触发信号分配表

	功率开关	V_1	V_2	V_3	V_4	V_5	V_6
正转	触发信号	$H_1 \overline{H_2}$	$H_1 \overline{H_3}$	$H_2 \overline{H_3}$	$\overline{H_1} H_2$	$\overline{H_1} H_3$	$\overline{H_2} H_3$
反转	触发信号	$\overline{H_1} H_2$	$\overline{H_1} H_3$	$\overline{H_2} H_3$	$H_1 \overline{H_2}$	$H_1 \overline{H_3}$	$H_2 \overline{H_3}$

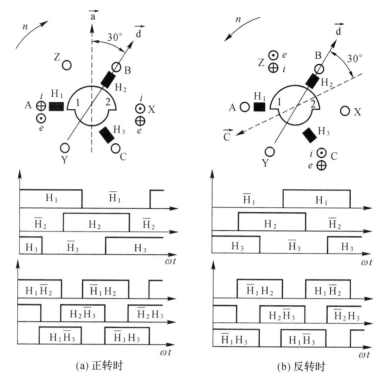

图 5.18　正、反转时位置检测信号

　　根据这些触发信号所送功率开关元件的对应关系,P1 口各线与功率开关的连接次序,以及 P、N 沟道元件导通时对不同的触发电平要求,就可编写出控制永磁无刷电机正、反转时 P1 口所需输出的控制字,制成表格,供运行调用。

(二) 再生(发电) 制动

　　要进入再生(发电)制动状态,首先应改变电磁转矩的方向。此时只需将同相上、下桥臂元件的触发信号互换,在保持通电相序不变条件下使电流在绕组中反向,电机就从电动进入发电运行状态。此外为消耗旋转部分机械能转化而来的电能,直流环节设置了耗能电阻 R_T,系统在制动指令控制下将导通功率开关 V_0,接入 R_T。

(三) 速度调节

　　永磁无刷直流电机通过改变电源电压 U_s 实现速度调节。在 U_s 大小固定的条件下则是通过对 U_s 实行脉宽调制(PWM)控制来调压调速,对于三相桥式主电路通常采取对三相下桥臂元件实行统一 PWM 控制。图 5.17 中,各下桥臂元件除接受 P1 口的触发信号外,还通过 74LS33 或非门引入 P0.1 的 PWM 控制:当 P0.1 输出高电平时,主电路因 V4、V6、V2 被封死而断电;当 P0.1 输出低电平时,主电路六只功率开关受 P1 口控制正常通、断。这样,只要对 P0.1 实行 PWM 控制就能调节向电枢绕组供电电压的大小,实现速度的调节。

　　在有的控制电路中 PWM 信号还可由直流电平信号(调制波)与高频三角载波相交的模拟电路方法或直流 PWM 专用芯片获得,此时微机只需输出与速度相应的直流电平调制信号即可。

（四）电流控制

为了对电机电流实现闭环控制,必须对电流采样,为此图 5.17 中引入了采样电阻 R_f,其上电压 U_f 正比于电机电流大小。电流给定值 U_0 由分压关系设定,两者一并送至电压比较器 LM 两输入端相比较。当电机电流大于设定值时,$U_f > U_0$,比较器输出低电平,通过电阻 R_4、R_6、R_2 将功率开关 V_4、V_6、V_2 关断,迫使电机电流下降。一旦电流下降至 $U_f < U_0$ 时,比较器输出高电平,V_4、V_6、V_2 恢复导通,于是达到限制电流、实现过流保护的目的。如果 U_0 由 P_0 口经 D/A 变换来设定,则可根据不同的运行阶段设定不同的限流值,实现各类电流保护与控制。

二、闭环控制系统

典型的速度、电流双闭环系统框图如图 5.19 所示,其中速度反馈采用脉冲测速以适应微机的数字控制,速度调节器的输出作为电流给定,电流检测经 A/D 变换后进入微机以构成电流反馈。由于永磁无刷直流电机相电流为矩形方波,波形确定,所需控制的只是电流幅值,故可采用 PWM 控制来实现。即用电流调节器输出的电压信号 u_k 与三角载波电压信号 u_c 相比较,产生等幅、等脉宽、定周期的脉宽调制信号,控制功率电子开关的通、断。当 u_c 值大时,PWM 波形占空比大,电枢电压高,绕组电流大;反之则小。电磁转矩大小正比电流,由此实现了对转矩、进而对速度的闭环控制。

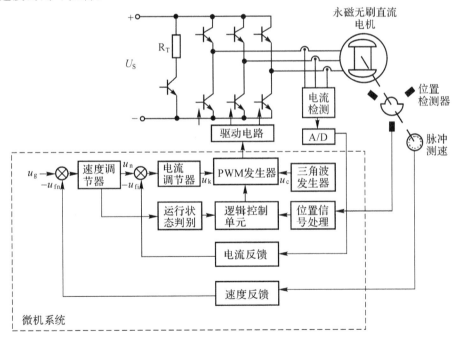

图 5.19　永磁无刷直流电机速度、电流双闭环系统框图

实际应用中除采用微机构成数字控制系统外,还多采用专用集成芯片构成模拟—数字混合式控制系统。这些功能齐全、性能优异、价格低廉的永磁无刷直流电机控制与驱动集成芯片

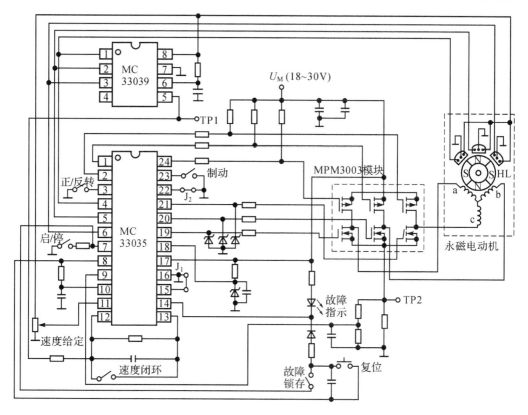

图 5.20　采用专用集成芯片的三相桥式主电路闭环控制系统

有效地解决了良好控制性能与昂贵硬件成本的矛盾,大大简化了控制电路结构,提高了运行的可靠性,推动了永磁无刷直流电机的广泛应用。永磁无刷直流电机控制与驱动集成芯片类型很多,图 5.20 为采用 MOTOROLA 公司第二代无刷直流电动机专用集成电路系列 MC33035、MC33039 构成的三相桥式主电路的闭环控制系统电路图。MC33035 是一种单片无刷直流电动机控制器,片内包含有转子位置信号译码器电路、带温度补偿的内部基准电源、频率可设定的锯齿波振荡器、用于构成闭环调节的误差放大器、脉宽调制(PWM)用电压比较器、功率电子开关驱动电路、欠电压封锁保护、芯片过热保护等故障保护输出、限流电路等。采用该单片控制器可以实现 PWM 开环速度调节,起、停控制,正、反转控制和能耗制动,适当增设一些外围元件更可实现恒流软起动。

MC33039 为单片电子测速器,它直接利用三相转子位置信号经 F/V 变换成正比于电机转速的电压,从而无需专门设置电磁式或光电式脉冲测速机构就可实现较精确的速度闭环控制。这样,使用两片专用芯片、配合功率集成模块、配置少量外围元件和必要开关,就能构成完整的永磁无刷直流电动机双闭环控制系统。

永磁无刷直流电机的无位置传感器控制目前已成为一种实用化技术,已有这类专用集成芯片可供用户选用。它们或是利用电机三相定子绕组中某相不通电期间反电势过零点作为转子磁极位置检测的依据(如 TDA5140/TDA5141/TDA5142T),或是利用电机的反电势信号实现可靠起动和正常运转(如 A8902)或是采用锁相环(PLL)技术确定合适的换流时刻(如

ML4411)。有关具体细节可参考相关技术资料。

5.3　开关磁阻电动机原理

一、开关磁阻电动机的工作原理

开关磁阻电动机传动系统(简称 SRD 系统)是最近 30 年来开发成功的一种新型电气传动系统,它由开关磁阻电动机(简称 SR 电机或 SRM)、功率变换器、转子位置检测器和控制器所组成,如图 5.21 所示。这是一个典型的机电一体化电机调速系统,由于其结构和控制简单,效率高,运行可靠,在性能和成本等各方面都具有一定的优势,因而受到重视。

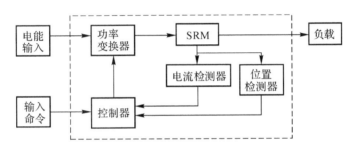

图 5.21　开关磁阻电动机传动系统结构

典型的开关磁阻电动机结构如图 5.22 所示,其定子和转子均为凸极结构。定子和转子的齿数不等,转子齿数一般比定子少两个。定子齿上套有集中线圈,两个空间位置相对的定子齿线圈相串联,形成一相绕组。转子由铁心叠片而成,其上无绕组。开关磁阻电机的工作机理与磁阻(反应)式步进电动机一样,基于磁通总是沿磁导最大的路径闭合的原理。当定、转子齿中心线不重合、磁导不为最大时,磁场就会产生磁拉力,形成磁阻转矩,使转子转到磁导最大的位置。以图 5.22 为例,当定子 A 相绕组流过电流时,若转子上某个齿和定子通电相齿的中心线不重合,则通电相电流所产生磁场将产生电磁力,使转子沿着使定、转子齿中心线对齐的方向旋转一个角度,最后使转子齿对准定子 A 相齿。由于转子齿数比定子少,转子齿距比定子齿距大,在转子某个齿对齐定子 A 相齿时,转子另一个齿就与定子 B 相的齿中心线间又会出现偏移,若接着 B 相通电,那么转子又将继续转过一个角度,如此类推。当向定子各相绕组中依次通入电流时,电机转子将一步一步地沿着通电相序相反的方向转动。如果改变定子各相的通电次序,电机将改变转向。但相电流通流方向的改变是不会影响转子的转向的。

开关磁阻电机的转速可以这样计算:设定子绕组为 m 相,定子齿数为 $N_s = 2m$,转子齿数为 N_r,则每当定子绕组换流通电一次时,转子转过一个转子齿距。这样定子需切换通电 N_r 次转子才转过一周,故电机转速 n(r/min)与相绕组电压的开关频率 f 之间的关系为

$$n = 60\frac{f}{N_r} \tag{5.10}$$

或
$$f = \frac{N_r n}{60} \qquad (5.11)$$

给定子相绕组供电的功率变换器输出电流脉动频率 f_D 则为

$$f_D = \frac{m N_r n}{60} \qquad (5.12)$$

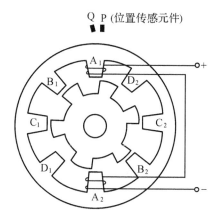

图 5.22　开关磁阻电动机的基本结构

　　开关磁阻电机由于转子上没有绕组,定子线圈的端部又很短,不但制造方便,而且线圈的发热量小且容易散热,从而电磁负荷可以提高,电机利用系数可达异步电机利用系数的 1.2 ~ 1.4 倍,电机制造成本大为降低。更由于转子上无线圈,转动惯量小,具有较高的转矩 / 惯量比,所以特别适合于高速运行。

　　由于开关磁阻电机的转矩是靠定、转子的凸极效应产生,与绕组中所通电流极性无关,因此每相绕组中通入的可以是单方向的电流(脉冲),无须交变。这样不但可使控制每相电流的功率开关元件数量减少一半,而且可以避免一般电压型逆变器中最危险的上、下桥臂元件直通的故障,不但显著降低控制装置的成本,而且大大提高了系统的安全可靠性。

　　开关磁阻电机的主要问题是它产生的电磁转矩脉动较大,振动与噪声较严重,此外功率开关元件关断时还会在电机定子绕组端部及开关器件上产生较高的电压尖峰。为了解决这些问题已设计出不同的控制方案,图 5.23 为一种较为常用的四相开关磁阻电机功率电路形式。图中直流电源被两组电容器一分为二,其中一半用来对电机相绕组供电,另一半通过反馈二极管回收在功率开关关断时从电机相绕组中释放出来的能量,以防止过电压的发生。

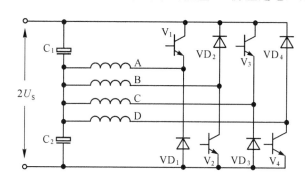

图 5.23　四相开关磁阻电动机原理接线图

二、开关磁阻电动机的运行分析

　　开关磁阻电动机依靠定转子的凸极效应产生电磁转矩,其机理可以用相绕组电感 L 随转子位置变化的关系来说明。如果忽略电机磁路饱和的影响,则相绕组电感与电流大小无关;如不计磁场边缘扩散效应,则相绕组电感随转子位置 θ 的变化规律 $L(\theta)$ 将如图 5.24 所示,近似为一梯形波。由于开关磁阻电机转子齿数比定子齿数少,转子齿距比定子齿距大,所以通常定

子齿弧宽 b_s 小于转子齿弧宽 b_r,也小于转子槽宽。这样,当定子齿和转子齿相对时,有一区间定子齿和转子齿之间的磁导相对稳定,不随转子位置变化(图 5.24(b)),$L(\theta)$ 曲线中出现了一个 $L(\theta) = L_{max}$ 的平台。同样,当定子齿与转子槽相对时(图 5.24(a)、(c)),也有一段范围定子齿和转子槽之间的磁导不随转子位置变化,在电感最小的 $L(\theta) = L_{min}$ 处也出现了一个平台。

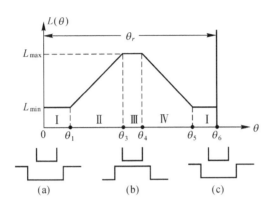

图 5.24　相绕组电感变化规律

当开关磁阻电机由图 5.23 所示的电源供电时,在这个电感随转子位置而变的相绕组上所施加的电压为 $\pm U_s$,其电压平衡方程式为

$$\pm U_s = \frac{\mathrm{d}\Psi}{\mathrm{d}t} + iR \tag{5.13}$$

式中　　$+U_s$——相绕组供电阶段的外施电压;

　　　　$-U_s$——开关关断后续流阶段为进行电磁能量回馈所加的电压,可使绕组中电流迅速衰减。

由于开关磁阻电机的电感和转子位置有关,所以相绕组的磁链 $\Psi = Li$ 也是转子位置的函数,即

$$\frac{\mathrm{d}\Psi}{\mathrm{d}t} = \frac{\mathrm{d}Li}{\mathrm{d}t} = L\frac{\mathrm{d}i}{\mathrm{d}t} + i\frac{\mathrm{d}L}{\mathrm{d}t} = L\frac{\mathrm{d}i}{\mathrm{d}t} + i\frac{\partial L}{\partial \theta} \cdot \frac{\mathrm{d}\theta}{\mathrm{d}t} \tag{5.14}$$

如果电动机匀速旋转,角速度 $\omega_r = \mathrm{d}\theta/\mathrm{d}t$,将式(5.14)代入式(5.13)可得

$$\pm U_s = L\frac{\mathrm{d}i}{\mathrm{d}t} + iR + i\omega_r\frac{\partial L}{\partial \theta} \tag{5.15}$$

式中:等号右边第一项为平衡绕组中变压器电势的压降;第二项为电阻压降;第三项为旋转电势所引起的压降,它只有在电感随转子位置而变时才存在,其方向与电感随转子位置 θ 的变化率有关:当电感随 θ 角的增大而增大时为正,当电感随 θ 角的增大而减小时为负。

由于旋转电势是直接和机电能量转换相联系,旋转电势引起的压降为正表示吸收电功率,产生驱动转矩,输出机械功;当旋转电势引起的压降为负则表示是发出电功率,产生制动转矩。

所以,在开关磁阻电机中,为获得较大的有效转矩应避免产生制动转矩,在绕组电感开始随转子位置角 θ 的增大而减少时应尽快使绕组中电流衰减到零,这点十分重要。

在开关磁阻电机中,电磁转矩的调节主要是通过控制功率开关的开、关时刻,即开关元件的导通角 α_1 和截止角 α_2 来实现的。一般来说,开关元件的导通和关断时刻可能分别出现在图 5.24 中所示 Ⅰ、Ⅱ、Ⅲ、Ⅳ 四个不同的区间。根据开关元件导通和关断时刻的不同,开关磁阻电

机可以有不同的工作模式。下面以最常用的电动机工作状态来讨论。

设在图5.24中的Ⅰ区内触发导通功率开关($\alpha_1 < \theta_1$),在Ⅱ区内关断功率开关($\theta_1 < \alpha_2 < \theta_3$)。在这种情况下,相电流的波形将如图5.25所示,它可以分为5段:

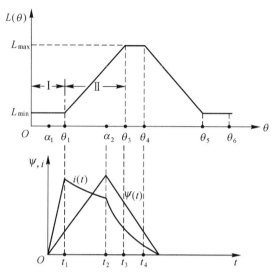

图5.25   电动机工作时的相电流波形

(1)第一段 $0 < t < t_1(\alpha_1 < \theta < \theta_1)$

在 $t = 0(\theta = \alpha_1)$ 时,功率开关导通,相绕组开始通电。但在这段区间由于电感小($L = L_{\min}$)且 $\partial L/\partial\theta = 0$,故无旋转电势,所以在这阶段中相电流作线性增长,上升速率较快。如不计电阻影响,由式(5.15)可得

$$i = \frac{U_s}{L_{\min}}t \tag{5.16}$$

通过合理选择导通角 α_1 使相电流在进入有效工作段($\partial L/\partial\theta > 0$)时就达到足够大的数值,这是开关磁阻电机控制电磁转矩的主要办法。

(2)第二段 $t_1 < t < t_2(\theta_1 < \theta < \alpha_2)$

这段期间 L 在不断增大($\partial L/\partial\theta > 0$),因而相绕组中出现了旋转电势压降,绕组中电流不能继续直线上升,甚至可能出现下降。但是绕组磁链始终是增长的,相应的相绕组电流和磁链的表达式可作如下推导。

忽略式(5.15)中电阻的影响,得

$$
\begin{aligned}
U_s = \frac{\mathrm{d}\Psi}{\mathrm{d}t} &= L\frac{\mathrm{d}i}{\mathrm{d}t} + \omega_r\frac{\partial L}{\partial\theta}i \\
&= \left[L_{\min} + (\theta - \theta_1)\frac{\partial L}{\partial\theta}\right]\frac{\mathrm{d}i}{\mathrm{d}t} + \omega_r\frac{\partial L}{\partial\theta}i \\
&= \left[L_{\min} - (\theta - \alpha_1)\frac{\partial L}{\partial\theta}\right]\frac{\mathrm{d}i}{\mathrm{d}t} + (\theta - \alpha_1)\frac{\partial L}{\partial\theta}\cdot\frac{\mathrm{d}i}{\mathrm{d}t} + \omega_r\frac{\partial L}{\partial\theta}i \\
&= L_K\frac{\mathrm{d}i}{\mathrm{d}t} + \omega_r t\frac{\partial L}{\partial\theta}\cdot\frac{\mathrm{d}i}{\mathrm{d}t} + \omega_r\frac{\partial L}{\partial\theta}i
\end{aligned}
$$

$$= L_{\text{K}} \frac{\mathrm{d}i}{\mathrm{d}t} + \omega_{\text{r}} \frac{\partial L}{\partial \theta} \cdot \frac{\mathrm{d}i}{\mathrm{d}t} (it) \qquad (5.17)$$

由式(5.17)可得相绕组的磁链关系式

$$U_{\text{s}} = \frac{\mathrm{d}\Psi}{\mathrm{d}t} = \frac{\mathrm{d}\Psi}{\mathrm{d}\theta} \cdot \frac{\mathrm{d}\theta}{\mathrm{d}t} = \frac{d\Psi}{d\theta} \cdot \omega_{\text{r}}$$

$$\mathrm{d}\Psi = \frac{U_{\text{s}}}{\omega_{\text{r}}} \mathrm{d}\theta$$

$$\Psi = \int_{\alpha_1}^{\theta} \frac{U_{\text{s}}}{\omega_{\text{r}}} d\theta = \frac{U_{\text{s}}}{\omega_{\text{r}}} (\theta - \alpha_1) \qquad (5.18)$$

电流关系式可由式(5.17)两边对 t 积分后求得

$$U_{\text{s}}t = L_{\text{k}}i + \omega_{\text{r}} \frac{\partial L}{\partial \theta} it$$

$$i = \frac{U_{\text{s}}t}{L_{\text{K}} + \omega_{\text{r}} \frac{\partial L}{\partial \theta} t} \qquad (i > 0) \qquad (5.19)$$

式中

$$L_{\text{K}} = L_{\min} - \frac{\partial L}{\partial \theta} (\theta_1 - \alpha_1) \qquad (5.20)$$

这时的电流主要用于产生电磁转矩,因此这一段电流的大小直接影响电动机的出力。从式(5.19)可以看出,开关磁阻电机的负载电流与许多参数有关,其中属于可控的因素是导通角 α_1。不同的 α_1 可能形成不同的电流波形,如图 5.26 所示。如果适当控制 α_1 角使电机的旋转电势正好和电源电压相平衡,则在此阶段的电流将保持恒定,其波形如图中粗线所示。此时需满足的条件是

$$\alpha'_1 = \theta_1 - \frac{L_{\min}}{\frac{\partial L}{\partial \theta}} \qquad (5.21)$$

满足此条件的电流峰值小,有效值也小,这对功率电子器件、电机都是有利的。但是 α_1 是开关磁阻电动机的主要控制量,在电机调速运行中要始终满足式(5.21)的条件是不易做到的,因此通常是通过 PWM 斩波来近似控制相电流保持一定。

(3)第三段　$t_2 < t < t_3 (\alpha_2 < \theta < \theta_3)$

在 $t_2 = \alpha_2 / \omega_{\text{r}}$ 瞬间关断功率开关,相绕组中的电流将循续流电路流通。在反向电压 $-U_{\text{s}}$ 的作用下绕组磁链开始线性下降,电流也逐渐减小。由于在这一区间仍是 $\partial L / \partial \theta > 0$,续流电流仍产生电动转矩,说明在这一阶段

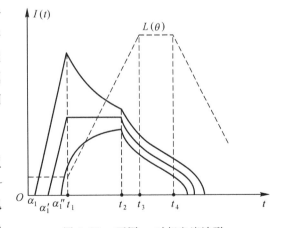

图 5.26　不同 α_1 时相电流波形

电机中的磁场储能有一部分转化为有用的机械能从电机轴上输出,而另一部分转化为电能回馈给了电容器。由于通常都是在 θ_3 之前(即在进入 $\partial L / \partial \theta = 0$ 之前)关断功率开关,所以这一阶

段是实际存在的。这时在反压及旋转电势的作用下相电流以较快的速率下降,其规律可表达为

$$i = \frac{2\Psi_{\max} - U_s t}{L_K + \dfrac{\partial L}{\partial \theta}\omega_r t} \qquad (5.22)$$

式中,$\Psi_{\max}$ 为功率开关关断时相绕组的最大磁链

$$\Psi_{\max} = U_s \frac{\alpha_2 - \alpha_1}{\omega_r} \qquad (5.23)$$

功率开关关断以后,在反压 $-U_s$ 的作用下相绕组的磁链按 $\mathrm{d}\Psi = (-U_s/\omega_r)\mathrm{d}\theta$ 的关系直线下降。从理论上讲,在不计电阻损耗的情况下相绕组中的电流和磁链要到 $t = 2t_2$(即 $\theta = 2\alpha_2 - \alpha_1$)时才衰减到零,所以当功率开关的关断角为 $\alpha_2 < (\theta_3 + \alpha_1)/2$ 时,续流过程就在第三阶段内结束。若 $\alpha_2 > (\theta_3 + \alpha_1)/2$,则相电流将延续到进入第四段、甚至第五段。

(4)第四段 $t_3 < t < t_4 (\theta_3 < \theta < \theta_4)$

在这个区段由于 $\partial L/\partial \theta = 0$ 而没有旋转电势存在,相电流不产生电磁转矩,只在外界反向电压 $-U_s$ 作用下继续衰减,其规律为

$$i = \frac{2\Psi_{\max} - U_s t}{L_{\max}} \qquad (i > 0) \qquad (5.24)$$

在这段区间电机中的磁场储能进一步转换成电能回馈给电容器,轴上无机械功能输出。

(5)第五段 $t > t_4 (\theta > \theta_4)$

如相电流在这一区段中还没有衰减到零,则由于 $\partial L/\partial \theta < 0$ 使相绕组中电流所产生的将是制动转矩,电机进入再生制动状态,旋转电势将起与外加反向电压相抵消的作用,使电流的下降速度变慢。这时电流的表达式为

$$i = \frac{2\Psi_{\max} - U_s t}{L_B - \dfrac{\partial L}{\partial \theta}\omega_r t} \qquad (i > 0) \qquad (5.25)$$

式中

$$L_B = L_{\max} + \frac{\partial L}{\partial \theta}(\theta_4 - \alpha_1) \qquad (5.26)$$

若开关磁阻电机的相电流衰减过程延续到第五区段,从表面上看电流要产生制动转矩,不利于电动机工作状态,但在实际中延续到第五区段的电流一般不大,所产生的制动转矩有限。相反适当允许电流延续到这一区段反倒可以相应提高第二区段和第三区段中的电流值,使电机总转矩有所增加。但通常以 α_2 不超过 θ_3 为限。

以上分析的是电动机运行方式。开关磁阻电机要实现再生制动非常方便,只要加大 α_1 使相电流主要出现在 $\partial L/\partial \theta < 0$ 的区段即可,其电流、磁链、电感、转矩和转子位置角 θ 的关系如图 5.27 所示。由于其分析方法与电动机运行时相类似,不再重复。

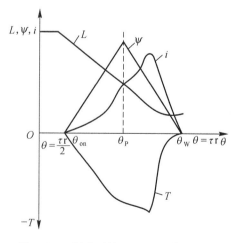

图 5.27　制动时的 L、Ψ、i、T 与 θ 关系

5.4　开关磁阻电动机的控制

一、开关磁阻电动机运行特性和控制方式

由于开关磁阻电机是一个复杂的非线性系统,它的电流和转矩受许多因素的制约,性能计算颇为繁杂。

(一)电流控制

开关磁阻电机的相电流波形比较复杂,瞬时值受到电机一系列参数的影响,特别是开关角 α_1 和 α_2,图 5.28 给出了某电机在不同 α_1、α_2 时的定子相电流数据。图中各量均为标么值,角度的基值为转子齿距角 $\theta_r = 2\pi / N_r$,电流的基值为 $I_K = U_s T_c / L_{min}$,其中 T_c 为电机相绕组的通电周期。

从图 5.28 可见,功率开关的导通角对电机电流的影响很大,它是控制开关磁阻电机电流和转矩的主要手段。随着 α_1 的减小,电流直线上升阶段的时间 $t_1 = (\theta_1 - \alpha_1)/\omega_r$ 增加,电流就显著增大,电机转矩相应增加。功率开关的关断角 α_2 则影响电源对电机相绕组的供电时间的长短和续流的过程,它对电机的转矩有直接的影响。实用中多采用保持 α_2 恒定而改变 α_1 角的办法来控制开关磁阻电机的电流和转矩。

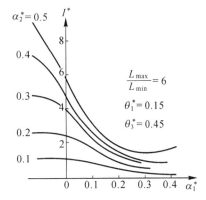

图 5.28　定子相电流有效值与 α_1、α_2 关系

在开关角 α_1、α_2 一定条件下电源电压 U_s 一定时,电流的标么值与电机转速无关,但实际相电流和电流基值均正比于工作周期,反比于电机的转速,因此电机低速运行时电流的峰值将显著增大。为了限制低速运行时的过大电流,通常需采用斩波(PWM)方式实现恒流控制,图 5.29 示出了斩波控制下的相电流波形。这是每当电流达到设定电流上限值 i_{max} 时将功率开关关断,相流下降;经过一定时间或当电流下降到规定的下限值时再使功率开关重新导通,电流得以回升,以此维持电流在某个平均值上、下波动。此时电

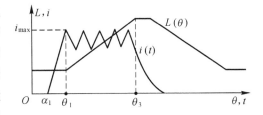

图 5.29　斩波控制下的相电流波形

机相电流波形为接近宽度为($\theta_3 - \theta_1$)的平顶波,从而使相电流的有效工作段得到了充分的利用。

（二）转矩控制

开关磁阻电机的电磁转矩一般通过其磁场储能 W_m 或磁共能 W'_m 对转子位置角的偏导数求得

$$T = \left. \frac{\partial W'_m}{\partial \theta} \right|_{i=常数}$$

在电机磁路线性的情况下

$$W_m = W'_m = \frac{1}{2} i \Psi = \frac{1}{2} i^2 L$$

从而

$$T = \frac{\partial W'_m}{\partial \theta} = \frac{1}{2} i^2 \frac{\partial L}{\partial \theta} \tag{5.27}$$

但在实际电机中,当定、转子齿相互对齐气隙比较小时磁路会较饱和,此时需要将电机饱和磁化特性曲线作分段线性化,用所谓准线性化模型来计算电感,据此可较准确地求得开关磁阻电机的平均转矩 T_{av}。

$$T_{av} = m \frac{U_s^2}{\omega_r^2} \cdot \frac{(\alpha_2 - \theta_1)}{\theta_r} \left[\frac{\theta_1 - \alpha_1}{L_{min}} - \frac{1}{2} \frac{(\alpha_2 - \theta_1)}{(L_{max} - L_{min})} \right] \tag{5.28}$$

及电机输出功率 P_2

$$P_2 = m \frac{U_s^2}{\omega_r} \cdot \frac{(\alpha_2 - \theta_1)}{\theta_r} \left[\frac{\theta_1 - \alpha_1}{L_{min}} - \frac{1}{2} \frac{(\alpha_2 - \theta_1)}{(L_{max} - L_{min})} \right] \tag{5.29}$$

式(5.28)说明:

① 在开关角 α_1、α_2 不变的情况下,开关磁阻电机的转矩和输入电压 U_s 的平方成正比,和转速的平方成反比,具有与串激直流电动机相仿的机械特性;

② 在一定转速下提前导通功率开关,即减小 α_1 角,可增加相电流直线上升时间 $(\theta_1 - \alpha_1)$,增大了电机的转矩;

③ 在 α_1 一定的情况下,增加 α_2 使产生电磁转矩的区间 $(\alpha_2 - \theta_1)$ 增加,也可以使平均转矩增大。但是 α_2 过大时续流阶段可能产生制动转矩,这是不利的一面。

（三）转矩脉动和噪声控制

振动和噪声是开关磁阻电机一个比较突出的问题,直接影响到它的推广应用,因而如何减少开关磁阻电机的振动和噪声仍是当前重要的研究课题。

根据式(5.27),开关磁阻电机 A、B、C、D 各相绕组通电时所产生的电磁转矩 T_A、T_B、T_C、T_D 如图 5.30 所示,其波形因电机结构、磁路饱和程度、特别是通电时间长短不同而异。一般来说,当定子各相绕组依序轮流通电时电机产生的合成转矩具有明显的脉动,这是引起开关磁阻电机振动与噪声的一个原因。由于电机转子和负载转动惯量的

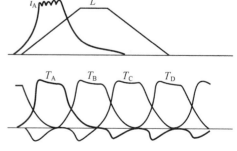

图 5.30　各相电流产生的转矩

存在,虽然这种转矩脉动对传动系统高速运行不会造成什么明显的影响,但它往往限制了电机的速度下限和在电气伺服系统中的应用。

开关磁阻电机产生噪声的更重要原因是齿极所受径向磁拉力的变化,引起了定子铁心的变形和振动。因为当相绕组通电并在齿上产生磁场时,除了产生切向磁拉力构成电磁转矩外,在定、转子齿间还产生一个大小与气隙中径向磁场强度平方成正比的径向磁拉力,使定子产生一定的变形。当定子相绕组功率开关关断致使电流迅速下降到零时,这个径向磁拉力突然消失,定子就会以它的固有频率发生振动,产生噪声。在电动机运行情况下,功率开关的关断角 α_2 正好出现在气隙磁场最强的时候,这更使电机噪声的问题变得十分突出。为了抑制噪声,一般采用适当增加气隙长度,适当减小 α_2 角以减小相绕组断电时的齿极磁场强度。近年又提出了采用所谓二步关断的办法来有效抑制电磁噪声。所谓二步关断就是在切断相绕组电流时不是简单地在相绕组回路中直接引入 $-U_s$ 使电流很快下降到零,而是在 α_2 时先把功率开关关断,让相绕组从电源脱开而经续流回路续流。在相隔相当于半个定子振动周期的时候再在定子相绕组中引入反向电压 $-U_s$,使相绕组中电流迅速下降到零。由于二次开关过程引起的机座振动力在相位上相差 $180°$ 而相互抵消,所以二步关断法能较明显地减小电机的振动和噪声。

（四）开关磁阻电机的控制方式和机械特性

开关磁阻电机从原理上讲类似于大步距角的步进电动机,如常用的 8/6 极(齿)开关磁阻电机就相当于一台四相步进电动机,它的通电方式也和步进电动机一样,可以是每相通电 1/4 周期(图 5.31(a)),这相当于步进电动机单四拍运行;也可以是每相导通 1/2 周期(图 5.31(b)),这相当于步进电动机的双四拍运行。由于开关磁阻电动机产生电动转矩的条件是通电相绕组的电感 L 必须满足 $\partial L/\partial\theta>0$,而 $\partial L/\partial\theta>0$ 的范围又总是小于 $\theta_r/2$,所以从电流产生转矩的有效性看来以单四拍方式为好。在这种运行方式中,电源向绕组供电的时间在 1/4 周期左右,再加上续流时间,整个通电过程中相绕组有可能均处在电感随转角而增长的环境中,电流能有效地产生电磁转矩。而在双四拍运行情况下,绕组馈电的时间已接近 1/2 周期,再加上续流时间,各相绕组的通电时间大于 1/2 周期。在这期间内只有一部分时间绕组的电感处在随转角而增长、电流能产生有效电动转矩的条件下,而在另一部分时间内电流并不产生转矩,甚至产生反方向的制动转矩。这样,电流产生转矩的有效性将降低,而电流在绕组中的损耗却随着通流时间的增长而增加。此外,在双四拍工作方式下由于有两相同时通电,电机磁路饱和加剧,会进一步降低电机的输出转矩,影响运行的效果及性能。

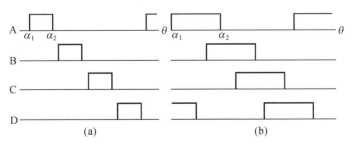

图 5.31　开关磁阻电机的通电方式

采用双四拍运行的好处是可以减小转矩的脉动。图 5.32(a) 所示为单四拍运行时电机的转矩曲线,图 5.32(b) 则为双四拍运行时的转矩曲线。显然双四拍运行时电机转矩脉动比较小,尤其是起动时。此外,双四拍运行时由于有两相绕组同时通电,起动转矩 T_{smin} 值要比单四拍运行方式高得多。

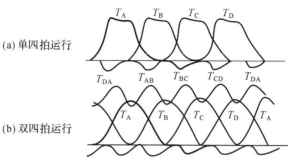

图 5.32   开关磁阻电动机的转矩脉动

当开关磁阻电机由图 5.23 所示的电容分压双极性电源供电时,采用双四拍运行还具有减小电容电压波动的作用。例如当某相上桥臂开关元件导通时,电容 C_1 经相绕组放电,U_{C1} 下降;同时相电流也对电容 C_2 充电,U_{C2} 上升。相反若下桥臂开关元件导通,则电容 C_2 经相绕组放电使 U_{C2} 下降,而电容 C_1 经相绕组充电使 U_{C1} 上升。因此在单四拍运行时,上、下桥臂元件轮流通电,导致电容上电压明显波动,特别是在电机低速运行时,一相单独导通持续时间越长,电容电压波动就越大。例如供电电压 U_s 为 250V,在电动机转速为 50r/min 时,电容电压波动往往可达100V 以上。如采用双四拍运行,由于有二相绕组同时通电,上、下桥臂元件导通情况对称,不会引起电容电压波动。所以实用中电机高速运行时都采用单四拍方式,低速运行时常采用双四拍方式。

开关磁阻电机低速运行时通电周期比较长,通常采用斩波(PWM)控制,通过改变设定电流的大小来控制输出转矩,实现恒转矩运行。当电机进入较高速度后,功率开关导通时间缩短,电流达不到限流值,此时主要靠控制 α_1 角实现恒功率特性。当电机转速进一步升高后,α_1 和 α_2 已达到极限值,电机就进入恒定 α_1 和 α_2 的运行方式,电动机的转矩与转速平方成反比,呈现出串励电动机的机械特性。开关磁阻电动机完整的机械特性如图 5.33 所示。

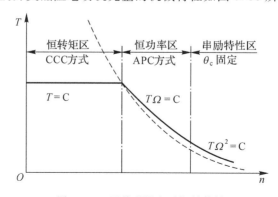

图 5.33   开关磁阻电动机械特性

二、开关磁阻电动机的控制系统

开关磁阻电动机由于运行模式比较复杂,一般多采用微机数字控制,其结构框图如图 5.34 所示,其中较为特殊的部分是它的位置检测系统和功率变换器。

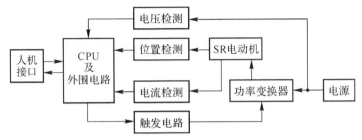

图 5.34　开关磁阻电机控制系统结构框图

(一) 位置检测系统

开关磁阻电动机中为准确地控制定子绕组通电时刻(相位),需要在电机轴端安装一个转子位置检测器,作为相位控制的定位基准信号。开关磁阻电机中的位置检测器通常采用两个空间静止的位置传感元件,其中元件 P 安放在定子 A 相绕组轴线上,另一个元件 Q 放置在沿电机正转的通电相序方向上距元件 P 的 $\theta_r/4$ 处,如图 5.22 所示。同时在电机的转轴上安装一个与转子极(齿)数相同、齿槽宽各占 $\theta_r/2$ 的齿盘,它的齿槽轴线应与转子齿槽轴线相重合。

当 A、B、C、D 四相绕组的功率开关顺序通电时,转子顺时针方向转动,此时 P、Q 两个转子位置传感元件的输出信号波形分别如图 5.35(a) 所示。通过逻辑组合,可获得如图 5.35(b) 所示的四相正序位置检测信号,它们的前沿可以分别用来作为四相功率开关相位控制的基准,加上根据运行条件确定的移相角,即可定出各相开关元件该进行切换的时刻。如要求反转,以 D、C、B、A 的顺序通电各相绕组,则电机转子将逆时针方向旋转,此时获得的 P、Q 信号将与转子顺时针方向旋转时有所不同,如图 5.35(c) 所示。通过同样的组合,可以获得图 5.35(d) 所示的一组逆序位置检测信号,它们的前沿同样可以作为电机反转时四相绕组功率开关相位控制的基准。

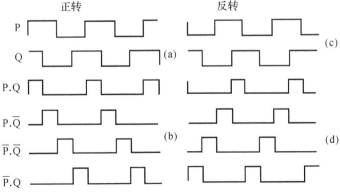

图 5.35　位置检测信号及组合逻辑

（二）功率变换器

开关磁阻电机传动系统中功率变换器的作用有三方面：

① 起开关作用使相绕组及时通、断，保证电机产生预期的转矩；

② 为电机系统提供能源；

③ 为绕组储能提供回馈路径。

根据以上要求，常用的主电路形式应如图 5.23 所示。这个电路结构简单，每相绕组只用一个功率开关和一个续流二极管，但它的电源电压为电机相电压的二倍，致使开关元件的电压定额成倍提高。近来又提出了一种提高能量利用率的新方案，如图 5.36 所示。它先把绕组中释放出来的能量贮存在一个公共的电容里，然后通过一个升压斩波器把电容中贮能回馈到电源中去。这个线路只增加了一个斩波器用功率开关元件 V_0，比较简单。由于经斩波器处理的功率一般只占电动机功率的 $20\% \sim 30\%$，所以电容器和斩波器的容量都不大。

图 5.37 为另一种较为常用的功率变换器电路形式。这里电机的相绕组与两个功率开关元件相串联，当两个开关元件 V_1、V_2 同时导通时，电源电压 U_s 加在相绕组的两端，电源向绕组输入电能；而当其中一个功率开关（例如 V_1）断开时，绕组经另一开关元件（V_2）和二极管（VD_2）闭合，维持续流。当另一个开关元件再断开时，相绕组电流经两个二极管（VD_1、VD_2）反接在电源上，将绕组中贮存的电能回馈至电源。这个电路的优点是功率开关和二极管承受的反压均为电机相电压 U_s，耐压要求比较低，而且由于能实现分步关断，有利于电机噪声的控制。缺点是开关元件数目多。

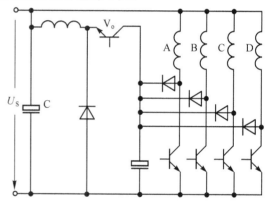

图 5.36　带公共贮能电容的变换器电路

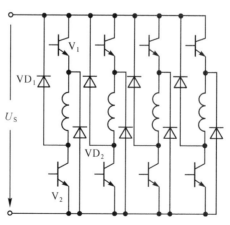

图 5.37　两个开关串联的变换器电路

思考题与习题

1. 永磁无刷直流电机与直流无换向器电机相比有哪些异、同之处?其中哪一点是最实质性的差异?

2. 采用三相桥式主电路的永磁无刷直流电机,两两通电方式与三三通电方式相比各有何优缺点?

3. 如何实现永磁无刷直流电动机的正、反转控制和再生制动?又如何进行速度的调节?请以三相桥式主电路电机为例予以说明。

4. 开关磁阻电机与步进电机相比有何异同?

5. 画出开关磁阻电动机理想相电流波形,从有效产生电磁转矩的角度说明这种电流波形的必要性。实际电机中如何实现电流的波形控制?

6. 开关磁阻电机产生噪声与振动的主要原因是什么?应从什么途径去削弱电机的噪声与振动?

7. 开关磁阻电机与永磁无刷直流电机中均有转子位置检测器,它们的作用是否完全相同?

第 6 章

电机的微机控制

电机控制技术是一项以电机作为机械本体,融入了电力电子技术、微电子技术、微机控制技术和传感器技术的多学科交叉机电一体化技术。微型计算机在电机控制中的应用使调速系统具有了数值运算、逻辑判断及信息处理的功能,使变流装置新的变换方法、调速系统采用新的控制策略、高精度的静态特性及高速度的动态响应等得以实现。可以说,新型自关断器件和微机数字控制技术的应用使得现代电机控制技术步入了高性能、智能化的新阶段。

鉴于篇幅的限制和具体微机类型快速的更新换代,本章将仅从电机控制的角度,对调速系统实现微机数字控制的优越性以及电机微机控制中最基本的硬件设备和软件技术予以阐述,并以直流电机可逆调速系统的微机控制、交流电机 PWM 变频调速系统的微机控制为例进行简要介绍。至于较系统、完整的微机原理和微机控制方面的知识,可以从专门的课程中或参考书中获得。

6.1   电机的微机控制概述

一、电机采用微机控制的意义和作用

电机控制系统一般由电机本体、电力电子变流装置、传感元件和控制单元所构成。控制单元实施的控制方式有模拟(量)控制和数字(量)控制两类。

在 20 世纪 80 年代之前,电机控制都是由模拟电路来实现,控制信号均为模拟量,使得控制系统结构复杂,控制精度不高。随着集成电路技术的发展,电机控制系统中逐渐应用了一些数字电路,实现了数模混合控制,简化了系统结构。

从 20 世纪 80 年代起,微处理器、单片微机得到飞速发展,其运行速度加快、运算精度提高、处理能力增强、功能更加丰富、结构更为简单、可靠性越来越高,已有足够能力满足实时性很强的电机控制要求。80 年代中、后期,已有全数字控制的交流调速系统在工业中应用。到了 90 年代,微机技术进一步发展,出现 32 位的微型计算机和数字信号处理器(DSP)以及精简指令集计算机(R1SC),其强大的功能已使微机全数字控制的交流调速系统性能和精度优于模拟控制,功能更完善,具有很强的通讯联网功能,使电机传动系统成为工厂自动化系统中的一级

执行机构。目前,工业先进国家应用的交流电机调速系统已基本实现全部微机数字化控制。

采用微机的电机控制系统框图如图 6.1 所示。

系统中,电机是被控制对象,微机起控制器的作用,对给定、反馈等输入进行加工,按照选定的控制规律形成控制指令,输出数字控制信号。输出的数字量信号有的经放大后可直接驱动诸如变流装置的数字脉冲触发部件,有的则要经 D/A 转换变成模拟量,再经放大后对电机有关量进行调节控制。系统采用闭环控制时,反馈量由传感器检测。若传感器输出的是模拟量,则需经采样、保持处理后再经 A/D 变换成数字量送入微机;若传感器输出的是数字量,则可经整形、光耦隔离处理后直接送入微机。电机运行的给定控制参数和运行指令可以通过键盘、拨盘、按钮等输入设备送入,电机运行的数据、状态可通过显示、打印等输出设备得到及时反映。

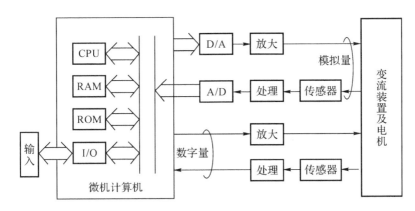

图 6.1　微机控制的电机控制系统框图

在微机控制的电机系统中,输入计算机的信号一般有:用于频率或转速设定的运行指令,用于闭环控制和过流、过压保护的电机系统电流、电压反馈量,用作转速,位置闭环控制的电机转速、转角信号,用于缺相或瞬时停电保护的交流电源电压采样信号等。由计算机输出的信号主要有:变流装置功率半导体元件的触发信号,用于控制输出电压、电流的频率、幅值和相位信号,电机系统的运行和故障状态指示信号,以及上位机或系统的通讯信号等。

(一) 微机在电机控制系统中实现的主要功能

1. 逻辑控制功能

可以代替模拟、数字电子线路和继电控制电路实现逻辑控制,且其逻辑判断、记忆功能很强,控制灵活迅速,工作准确可靠。

2. 运算、调节和控制功能

可以利用软件实现各种控制规律,特别是较复杂的控制规律,如矢量变换控制,直接转矩控制,各种智能控制(如模糊控制、神经元网络控制),以及 PWM 变频器的优化控制(如电压空间矢量调制 SVPWM)等。这些高性能控制离开微机的实时在线运算和控制是无法实现的。

3. 自动保护功能

可以对电源的瞬时停电、失压、过载,电机系统的过流、过压、过载,功率半导体器件的过热和工作状态进行保护或干预,使之安全运行。

4. 故障监测和实时诊断功能

可以实现开机自诊断、在线诊断和离线诊断。开机自诊断是在开机运行前由微机执行一段诊断程序，检查主电路是否缺相、短路，熔断器是否完好，微机自身各部份是否正常等，确认无误后才允许继续运行。在线诊断是在系统运行中周期性地扫描检查和诊断各规定的监测点，发现异常情况发出警报并分别处理，甚至做到自恢复。同时以代码或文字形式给出故障类型，并有可能根据故障前后数据的分析、比较，判断故障原因。离线诊断是在故障定位困难的情况下，首先封锁驱动信号，冻结故障发展，同时进行测试推理，操作人员可以有选择地输出有关信息进行详细分析和诊断。控制系统采用微机故障诊断技术后有效地提高了整个系统的运行可靠性。

（二）电机系统采用微机控制具有的优越性

1. 容易获得高精度的稳态调速性能

由于电机系统的控制精度可以通过选择微机字长来提高，适当增加字长就能方便地获得高精度的稳态调速特性。此外，数字控制避免了模拟电子器件易受温度、电源电压、时间等因素影响的固有缺陷，使控制系统有稳定的控制性能。

2. 可获得优化的控制质量

由于微机具有极强的数值运算能力，丰富的逻辑判断功能，拥有大容量的存储单元，可以用于实现复杂的控制策略，从而获得优化的控制质量。

3. 能方便灵活地实现多种控制策略

微机控制系统的控制功能是由软件来实现的。若要改变控制规律，一般不必改变系统的硬件结构，只要改变软件的编制就能方便、灵活地实现或切换多种控制策略。控制系统通用性强、灵活性大、功能易于扩展和修改，控制上呈现出了很大的柔性。

4. 提高系统工作的可靠性

电机系统采用微机控制后，可由软件替代硬件实现功率开关器件的触发控制、反馈信号的检测和调节、非线性的闭环调节功能、故障的诊断和保护等，这样通过以软代硬，减少了元器件的数目，简化了系统的硬件结构，也就提高了系统工作的可靠性。

当然，由于数字控制一般是由一个 CPU 来实现的，具有串行工作的特点，相比模拟控制中的多个模拟器件并行工作方式，数字控制的确存在一个运算速度的问题，这需要通过选用高速运算微机或采用多微机并行处理工作方式来解决。

二、电机控制中应用的微机

电机控制中应用的微机实际上应包括微处理器和微型计算机，目前使用中多为微型计算机，特别是单片微型计算机。

微处理器中常见的有 8 位机，如 Intel8080、Intel8085、Z80、MC6800 等，可用于动态响应及调节精度要求不很高、控制功能较为简单的调速系统。对于动态、静态性能要求较高的控制系统，需要选用 16 位机，如 Intel8086、Z8000、MC6800 等，它们有很强的寻址能力、较高的运算速度，较短的指令执行时间。使用中常将微处理器和程序存储器（EPROM）、随机数据存储器

(RAM)、定时 / 计数器、并行及串行 I/O 口等电路组合在一起,做成通用微型计算机或工控(微型计算)机来使用。为了提高通用性,便于组装和维修,常将各功能部件做成插件板,如存储器板、A/D 转换板、D/A 转换板、I/O 扩展板、键盘接口板、显示器接口板等,而且各类板插口引脚用法规定符合一定的总线标准,如 STD 总线、工业 PC 总线等,提高了插件板的通用性。

单片微型计算机(单片机)是将一台微型计算机所应具有的功能电路(如中央处理器 CPU,程序存储器 ROM 或 EPROM,随机数据存储器 RAM,定时 / 计数器,输入 / 输出接口等)集成在单一芯片上做成的计算机。为了应用于控制领域,在设计上有意削减其计算功能,加强了控制功能,减少了存储容量,调整了接口配置,打破了按逻辑功能划分的传统概念。不求规模,力争小而全,因而它体积小、功能强、价格便宜、通用性强,特别适合于简单的电机控制系统,或者在复杂电机控制系统中作为前级信息处理电路或局部功能控制器,故又称微控制器。

目前,8 位单片机有美国 Intel 公司的 MCS－51 系列,Motorola 公司的 6801、MC68HC11,Zilog 公司的 Z8,Philip 公司的 80C51 系列,日本 NEC 公司的 μpD7800 系列等。国内流行、周围支持芯片较多、易于购买的是 MCS－51 系列,它包括 8051、8751、8031 三个基本产品和 8052、8032 等改进型产品。16 位单片机则有美国 Intel 公司的 MCS－96 系列(包括内部数据总线为十六位、外部数据总线仍为八位的准十六位单片机 8098),Mostek 公司的 MK68200 系列,国家半导体公司(NS)的 HPC1604 系列和日本 NEC 公司的 μpD78300 系列等。其中 MCS-96 系列是在我国较流行的十六位单片机,它们的最大特点是 232 个字节构成的寄存器阵列中每一个单元均可当作累加器使用,使 MCS-96 系列单片机如同有 232 个累加器,从而大大加快了 CPU 的数据处理能力和速度。另一个结构特点是有高速输入 / 输出单元 HSI 及 HSO,它们无须 CPU 的干预就能自动依靠定时器等硬件电路支持高速地完成输入、输出操作,也就加快了微机的信息处理速度。所以 MCS－96 系列 16 位微机在 SPWM 变频器的实时控制、异步电机矢量变换控制、乃至电压空间矢量调制变频器的实时控制中都得到了广泛的应用。为了实现变频调速控制,Intel 公司特别推出了 8XCl96MC－16 位单片机,后缀 MC(Motor Controller)表明了该芯片是电机控制专用芯片。8XCl96MC 由一个 C196 核心,一个三相波形发生器 WFG,一个 13 路的 A/D 转换器,一个事件处理阵列 EPA,两个定时器和一个脉宽调制单元 PWM(两路 PWM 输出)等构成,其中片内波形发生器 WFG 最具变频控制特点。WFG 可以产生具有相同载波频率、死区时间和操作方式的三对独立的 PWM 波形,其中死区时间可以编程设置,有效防止了逆变器同相桥臂元件的直通短路。这样,PWM 波形的发生只需通过设定 WFG 的专用寄存器即可完成,无需 CPU 干预。这既简化了电路结构,又节约了 CPU 时间,利于实现复杂的变频调速控制策略。但是如欲实现电机控制系统的高动态性能控制(如直接转矩控制,全数字交流伺服控制等),一般的微处理器和相应的微机系统已无法满足要求,此时可考虑采用 32 位的数字信号处理器(DSP)或并行微处理器(TRANSPUTER)。

DSP(Digital Signal Processor)原是一种设计用来专门处理数字信号的 32 位微处理器,适合于高速重复运算,如作数字滤波或快速付里叶分析,数据、图像处理等。DSP 内部设有硬件乘法器,可高速(< 200ns/ 次)执行乘法运算. 而且乘法器与算术逻辑单元 ALU 是并行工作的,再加上所谓的"流水线"控制技术,其运算速度极快。又由于具有灵活的位操作指令、数据块传送能力、大型程序和数据的存储器地址空间以及灵活的存储器地址布局变换等,使 DSP 具备更为通用的功能,被应用于高性能交流调速、交流伺服系统的全数字控制。

从 1998 年以来美国 TI 公司推出了专为电机控制设计的 DSP 产品 TMS320C24X 系列芯片,包括 TMS320C240/241/242,TMS320F240/241/242/243。TMS320C24X 系列芯片由低价格、高性能的 16 位 T320C2XLP 为内核 CPU,集成了为电机控制而优选的片内外设,从而可将 DSP 优异的特性完美地应用于电机控制。以 TMS320F241 为例,其主要特征有:

① 指令周期 50ns,包括乘法指令;

② 具有 PLL 锁相环时钟模块;

③544 字 × 16 位的片内 RAM,8K 字 × 16 位的闪存;

④8 路 10 位 A/D 转换通道,最快转换速度 1.7μs;

⑤ 多达 12 路 PWM 输出,死区时间可编程;片内还专门设计了生成电压空间矢量调制 SVPWM 的硬件电路;

⑥4 个接收单元,其中两个可用于光电解码正交脉冲的直接输入;

⑦2 个 16 位定时器;26 个 I/O 口,6 个外部中断及定时监控器(看门狗),此外还有串行通讯模块、串行外设接口模块等。

可以看出,由于 TMS320C24X-DSP 控制器芯片具有高速的实时算术运算能力,又集成了电机控制所需的外围部件,其性能价格比较高。使用者只需外加较少硬件就能构成高性能的交、直流电机调速控制系统。

随着 TMS320C24X-DSP 芯片应用的不断普及和研究工作的深入,新的应用场合对器性能提出了更高的要求。于是,TI 公司推出了新一代的 DSP 芯片 ——TMS320X281x,它是到目前为止 C2000 系列中性能最强大的一代产品。它的出现,为高性能、高精度和高集成度控制器的实现提供了优越的解决方案。

TMS320X281x 的主要特征为:

① 高性能静态 CMOS 技术

150MHz 时钟频率(6.67ns 时钟周期);

低功耗设计(核心电压为 1.8V@135MHz,1.9V@150MHz,I/O 端口为 3.3V);

Flash 编程电压 3.3V;

② 高性能 CPU

16 位 × 16 位和 32 位 × 32 位的乘和累加操作;

双 16 位 × 16 位的乘加单元(MAC);

哈佛总线结构;

强大的操作能力;

迅速的中断响应和处理;

统一的存储器编程模式;

可达 4M 字的线性程序 / 数据地址;

代码效率高(兼容 C/C ++ 或者汇编语言),与 TMS320F24X/LF240X 处理器的源代码兼容;

③ 片上存储器

多达 128K × 16 位 Flash 存储器(4 个 8K × 16 位和 6 个 16K × 16 位的扇区);

1K × 16 位的 OPT 型只读存储器;

两个 4K×16 位的单口随机存储器(SARAM)L0 和 L1；

一块 8K×16 位 SARAM H0；

两块 1K×16 位 SARAM M0 和 M1；

④ 引导 ROM(4K×16 位)

带有软件的引导模式；

标准的数学表；

⑤ 电动机控制外设

两个时间管理器(EVA,EVB)；

与 240xA 器件兼容的性能。

此外,TMS320X281x 处理器采用 C/C++ 编写的软件效率非常高,用户可以应用高级语言编写系统程序,也能够采用 C/C++ 开发高效的数学算法。TMS320X281x 系列数字信号处理器在完成数学算法和系统控制等任务时都具有相当高的性能,其内核的独特设计支持 IQMath 库调用,设计人员可以轻松地在定点处理器上开发浮点算法。

TMS320X281x 与 TMS320F24X/LF240X 的源代码和部分功能相兼容,一方面保护了 TMS320F24X/LF240X 升级时对软件的投资；另一方面扩大了 TMS320C2000 的应用范围,从原先的普通电机数字控制扩展到高端多轴电机控制、可调谐激光控制、光学网络、电力系统监控和汽车控制等领域。

为了提高电机控制系统的运算速度,另一种解决方案是采用多个微处理器并行工作的方式,为此开发了并行微处理器 TRANSPUTER,有 16 位及 32 位字长两种。进行并行处理时首要问题是要解决各微处理器之间的通讯,TRANSPUTER 采用四种双向串行链路与其他 TRANSPUTER 或外围接口电路相连,形成一个网络模块结构。并行处理时,采用专门的高级程序语言(OCCAM),按设定的通信周期自动相互通信一次,以此实现各 TRANSPUTER 之间的同步协调工作。由于通信时间占据太多,运算处理时间就少,并行处理的快速性这一优点往往被利用率低的缺点部分抵消,使 TRANSPUTER 在电机控制中的应用不如 DSP 广泛。

三、电机微机控制系统的开发

研制、开发一种电机的微机控制系统,其过程包括任务确定、总体设计、硬件设计、软件设计、系统调试、工业试验、系统性能评估及文件编制等步骤,现对其主要几步作一说明。

(一) 任务确定

首先应对电机控制系统的运行特点进行深入分析,论证引入微机控制的必要性,估算引入后带来的经济、技术综合效益,力争要有较高的性能 / 价格比。然后再确定电机控制系统中哪些功能采用微机来实现,或是采用微机全数字控制方案。

(二) 总体方案

主要是选择适当的微机类型,决定总体布局和选择合适的控制方法。

(1) 合理选择微机机型及 I/O 接口电路是整个电机微机控制系统总体设计的核心

选择机型时应考虑：

① 字长。目前常用有 8 位及 16 位两种。由于 8 位微机的应用软件和外围接口芯片配套齐全、价格低廉，再加上多机分散控制技术日益成熟，可以较好地解决控制速度问题，使用较为普遍。16 位机一般用于控制过程复杂或控制精度要求较高的电机控制系统中，如电压空间矢量调制 SVPWM 生成、交流电机矢量变换控制、直接转矩控制等。

② 内存容量。8 位机的地址总线为 16 位，最大可能配置的内存容量为 $2^{16} = 64K$。16 位机地址总线一般在 20 位以上，最大可能配置内存容量为 $2^{20} = 1M$ 以上。

③ 外设和 I/O 接口扩充能力。用于工业运行的电机控制系统一般需要并行及串行的 I/O接口、A/D 及 D/A 转换接口等与外部环境打交道，因此应注意 I/O 接口的扩充能力及可选用的 I/O 接口插件板资源情况。

④ 运算速度。微机的运算速度决定了微机控制的动态响应指标，指令执行时间是关键，特别是乘法运算指令的执行时间，它在电机的实时在线控制中占有举足轻重的作用。

⑤ 微机型式。设计、开发一个大型、通用的电机微机控制系统时，应着重考虑通用性和可扩充性，可采用标准总线的机架及多类插件板（如 CPU 板、RAM 板、A/D 转换板、D/A 转换板、I/O 扩充板、显示器接口板、键盘接口板、硬盘、软盘接口板等），加上功放驱动电路、整流器、逆变器等部件，组装成一个专用微机控制系统（柜）。如果电机控制系统不很复杂，则可以工业控制微机（工控机）作基础，在其主板上的扩充槽内插上必要的插件板（如 RAM 板、A/D 转换板、D/A 转换板、I/O 扩充板等），即可形成所需的微机控制部分。如果设计的是较简单的微机控制系统，则应尽可能选用单片机，因为单片机已在一个芯片上集成了 CPU、RAM、定时器、I/O 口线等功能部件，其体积小、功能强、抗干扰能力强且价格低，应用范围已越来越广泛。此外，在较复杂的电机控制中也可采用多片单片机实现分工控制的总体布局形式。

（2）根据系统的功能和技术指标，选择合适的控制方法，合理划分硬件、软件的分工

首先，要充分发挥微机的记忆、运算、判断，控制能力，在保证快速性的前提下更多地实现硬件的软件化，特别要避免采用复杂的、稳定性较差的模拟电子线路。在分配硬、软件功能时，要考虑到产品的批量。批量越大，分摊到的软件成本越低，硬件软件化更有价值；而在批量小时，则应尽可能降低软件研制成本。

（三）硬件设计

硬件设计中，首先要在器件选用上尽可能地采用高集成度、能完成专门功能的数字器件（如单片微机，可编程逻辑门阵列 GAL、FPGA、CPLD 等），避免采用复杂、稳定性差的模拟电路，以此提高系统硬件工作的可靠性。其次要切实注意系统的电磁兼容性（EMC），要使所研制的微机系统既有抗外界电磁干扰的能力，本身又不要成为一个对外的电磁干扰源。设计的系统不仅原理上可行，更应具有在复杂、恶劣工业现场可靠运行的能力。

值得指出的是电机控制系统运行的可靠性与控制系统抗干扰的能力有很大关系。电机控制系统是一个交流与直流共存、强电与弱电共存、模拟量与数字量共存、变流过程中有用的基波与有害的谐波共存的复杂电磁、电子系统，这会使得微机数字控制的正常工作受到很大干扰和威胁。例如各种电磁开关分合时产生的火花、电网负载切换引起的暂态电流和暂态电压、功率半导元件开关过程形成的电磁干扰、变流装置运行时对电网的谐波干扰、数字电路工作时的

电平状态转换、电机电刷的火花放电、电子设备(多类振荡电路)引起的无线电幅射等,均易引起数字逻辑误动作、微机复位、程序飞逸等,造成运行中断。因此,微机系统的抗干扰是系统硬件设计中必须认真对待的一个重要问题。一般可以通过滤波、屏蔽、吸收、解耦、隔离、良好接地等硬件措施和软件抗干扰技术(如软件滤波、冗余技术、监视定时器(看门狗))来获得良好解决。这些共性技术可以参考有关的微机控制书籍,此处不作赘述。

(四) 软件编程

电机系统的控制软件一般由主程序、若干子程序及中断处理程序构成。为了提高实时性,中断处理程序应当尽量短些,只需完成基本的、必不可少的工作,如同步信号、故障信号的输入,功率半导体器件触发信号的输出,必须立即完成的运算处理等。一些实时性要求不高的命令处理、表格计算、数据显示等,都应由主程序去完成。

程序开发有两种方法:自底向上开发和自顶向下开发。

(1) 自底向上开发

首先对最低层模块(子程序)进行编写,然后编写出一个测试用的主程序来测试、调试每一个子程序。当这些低层模块正常工作后,再利用它们来开发较高层的模块。

(2) 自顶向下开发

首先对最高层模块(主程序)进行编写,测试和调试。此时尚未编写好的低层模块(子程序)可暂用些"程序标志"作功能性替代,即使得这些程序标志的输入和输出满足子程序预定的要求,产生与原定情况相同的结果,只是暂无复杂处理功能。然后,转入对低层模块(子程序)进行编写,即将程序标志改换成实际的子程序,同时进行测试和调试。最后,对正式完成的全部程序进行测试。这种方法一般适合于采用高级语言进行程序设计。

两种方法各具优缺点。自底而上的开发方式优点是由小到大,容易入手;缺点是高层模块(主程序)中的根本性错误要到最后才能发现。自顶向下的开发优点是设计、测试和连接沿一条主线进行,大的问题可以较早发现和解决;缺点是上一级的错误对整个程序影响严重,一处修改牵动全局,程序的规模和性能往往要到开发出关键性的低层模块时才能显示出来。

实际工作中最好将两种方法结合起来:设计出总体框图和划分出功能模块后,先开发高层模块和关键性低层模块,并用程序标志替代不太重要模块,通过后再补全这些程序段。

(五) 系统调试

硬件、软件制作完成后,先分别进行检查和调试,然后作系统调试。大型的电机微机控制系统已全面配备了键盘、显示器、硬盘、软驱等外设,只要设计时对硬件线路作适当安排,配置适当的监控软件就可直接进行软、硬件调试。对于采用单片机的电机控制系统,必须要借助于配置有 PC 机的仿真器之类的开发工具来调试目标程序,排除样机中的硬件和软件故障。样机调试成功后,即可将目标程序固化在单片机内部或外部 EPROM 中,完成整个电机微机控制系统的开发过程。

6.2　电机微机控制中的基础技术

各类电机的微机控制中,在硬件、软件方面均涉及有很多共性的基础技术,如硬件技术中的反馈量的检测、晶闸管的数字触发,软件技术中的调节器 PID 运算、软件数字滤波(抗干扰)等等,需要抽出作一简介。值得指出的是随着电子技术的发展,这些基本方法会有更新的实现手段,这里介绍的仅是最基本的技术内容。

一、反馈量的检测

(一) 电流的检测

电流检测可以是电流控制的需要,也可能是过流保护的要求。可以从电机控制系统中任何一个部位采样取得所需的电流信号,通常有以下几种电流检测方式。

1. 电阻采样

如果电流比较小,可在待测电流的支路上串入小值电阻,通过测量电阻上压降来计算电流大小。若要实现强、弱电隔离,可采用电阻采样光电隔离的电流检测方式,如图 6.2(a)、(b) 所示。图中,I_L 为被测电流,R 为采样电阻,V 为光电耦合器,A 为运算放大器,U_o 为输出电流信号。由于所用光电耦合器具有非线性传输特性,发光二极管具有非线性的管压降,致使图 6.2(a) 电路中 U_o 和 I_L 存在非线性关系,此种电路只能用作过电流信号检测。图 6.2(b) 是一种带非线性补偿的改进电路,它使用运算放大器 A_1 提高电阻压降检测灵敏度,采用运算放大器 A_2 及光电耦合器 V_2 提高电流检测的线性度。

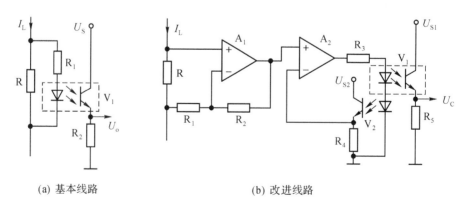

(a) 基本线路　　　　　　　　(b) 改进线路

图 6.2　电阻采样光电隔离式电流检测

近年来已开发出专门用于传输模拟量的线性光电耦合器件,它由两只匹配的光敏三极管同时接收同一发光二极管的光信号,这就保证了两只耦合器件的传输具有高度对称性。

2. 磁场平衡式霍尔电流检测器（电流 LEM 模块）

霍尔电流传感器测量精度高、线性度好、响应快、隔离彻底，是优良的电流传感元件。

霍尔元件 HL 检测电流的原理可用图 6.3 来说明。设磁场强度为 B 的外磁场垂直穿过 HL，1、3 端送入恒定的控制电流 I，则在 HL 的 4、2 端将感应出霍尔效应电压

$$U_H = \pm k_H \cdot (I \cdot B)\sin \varphi_0 + U_0 \qquad (6.1)$$

式中　k_H——霍尔系数；

　　　φ_0——电流流向与磁力线间夹角；

　　　U_0——不等位电动势。

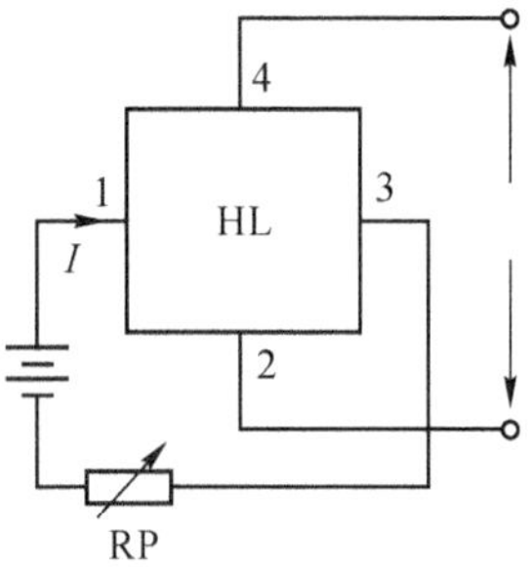

如果磁场强度为 B 的外磁场是由被测电流 I_L 产生，即 $B \infty I_L$，则将有

$$U_H \infty I_L \qquad (6.2)$$

故测得 U_H 即等效测出 I_L。

图 6.3　霍尔元件工作原理图（磁场垂直于 HL 平面）

磁场平衡式霍尔电流检测器（电流 LEM 模块）结构如图 6.4 所示，它是将霍尔元件 HL 放置在一个由软磁材料制成的聚磁环的开口缝隙中，环内穿过流经被测电流 I_L 的导线（一次侧），从而在环内缝隙处建立外磁场，使 HL 感应出霍尔电压 U_H。U_H 经运算放大器放大后，驱动晶体管产生一补偿电流 i_s，流经 N_s 匝的二次侧线圈，产生抵消 I_L 所生磁场，促使 U_H 减小。当 i_s 增大到使聚磁环内磁场为零时，根据安匝平衡关系

$$I_L \times 1 = I_s \times N_s$$

经常取 $N_s = 1000$ 匝，则 $I_s = I_L/1000$。

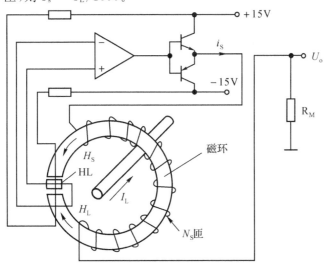

图 6.4　电流 LEM 模块原理图

通常电流反馈信号为取自电阻 R_M 上的压降 U_o。

由于 LEM 采用了磁场补偿方式使聚磁环内磁通为零，因而模块尺寸小、重量轻、使用方便、过载能力强、性能优越，量测误差可小于额定值的 $\pm 1\%$，线性度小于额定值的 $\pm 0.2\%$，响应时间小于 $1\mu s$，被测电流可从直流至 150kHz 高频电流。电流 LEM 模块已经商品化，电流容

量系列覆盖$(3 \sim 10^5)$A。

3. 电流互感器

对于交流电流的检测,可以采用电流互感器获得电流信号,通过整流变为单极性的直流电压后,经 A/D 转换读入微机。由于整流电压 u_i 包含有脉动成分,虽其电流平均值不变,但读入微机时因采样方式不同将有不同结果。

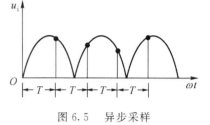

图 6.5　异步采样

① 异步采样。采样周期 T 与整流电压周期间无约制关系。电压周期可能随时间变化但采样周期恒定不变。这种采样方式下每次读入微机中的电流值均不相同,如图 6.5 所示,反映不出被测电流的大小。为此必须对读入的电流采样值进行数字滤波,或者将 u_i 经模拟(量)滤波后再进行 A/D 转换。这样做均将引入时延,有碍系统电流的快速响应。

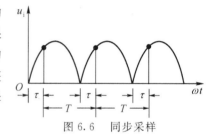

图 6.6　同步采样

② 同步采样。采样周期与整流电压周期保持严格的同步关系,采样周期跟随整流电压周期比例变化,两者保持同步关系,如图 6.6 所示。这样,每次采样都在波形的同一位置,反馈信号中的脉动成分得不到反映,无须对整流电压进行滤波,提高了电流响应快速性。要实现同步采样必须从整流电压上获得同步信号,以此控制采样时刻。

(二) 电压的检测

直流电压的检测通常采用分压的办法,对分压电阻上的部分电压进行采样,读入微机。如若需要与主电路隔离,可采用光电耦合电路,其机理同电流的电阻采样。

交流电压检测时常采用电压互感器降压和隔离。与交流电流检测相同,读入微机的采样过程也有异步采样和同步采样两种方式。

如果被测电压频谱范围广、动态响应要求高,此时可以采用磁场平衡式霍尔电压传感器(电压 LEM)进行电压测量和隔离。

(三) 转子位置与转速的检测

微机控制电机系统中,经常使用两种测速元件:直流测速发电机和旋转式光电编码器(如相对式光电编码器)。与之配合也有两种转子位置检测方法:转子位置检测器和绝对式光电编码器。

1. 转子位置检测器与测速发电机方式

专门的转子位置检测器有很多类型,如霍尔元件式、光电式、接近开关式、电磁感应式等,已在无换向器电机的调速系统中作过专门介绍,不再赘述。此外自整角机、旋转变压器、感应同步器也是专门的模拟式转子位置检测元件,其原理和在微机数字控制系统中的应用可参考专门书籍。

测速发电机测速是采用直流测速电机来产生与电机转速成正比的速度电压,适当滤波后经 A/D 转换成数字量,反馈给微机。当电机作正、反转时,速度电压将有正、负值,故应采用双极性的 A/D 转换电路,如图 6.7 所示。图中,测速发电机输出最高电压为 ± 30V,经电阻 R_8、R_9

分压后,在 R_9 上形成 $\pm 15V$ 分压值送入低通滤波器 F_5(截止频率为 $102Hz$),滤去由电刷、换向器造成的大部分电压纹波和振动造成的多种杂波。

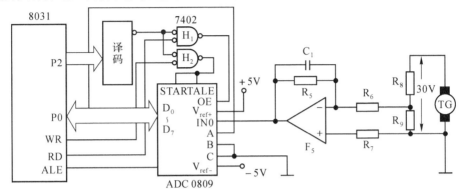

图 6.7　双极性直流测速发电机速度检测电路

F_5 输出电压最大值为 $\pm 5V$,送 A/D 转换芯片 ADC0809,转换成数字量的速度电压 D。设 0809 输入的模拟量速度电压为 V_{IN},0809 的正、负值参考电压为 $V_{ref(+)} = +5V$,$V_{fef(-)} = -5V$,则

$$D = \frac{V_{IN} - V_{ref(-)}}{V_{vef(+)} - V_{ref(-)}} \times 256 \tag{6.3}$$

因此,当 $V_{IN} = +5V$ 时,$D = FFH$;$V_{IN} = 0$ 时,$D = 80H$;$V_{IN} = -5V$ 时,$D = 00H$。电机正转时,$D = 81H \sim FFH$;电机静止时,$D = 80H$;电机反转时,$D = 00H \sim 7FH$。

2. 旋转式光电编码器方式

光电编码器由与电动机轴相连的旋转码盘和静止的发光装置及接收装置构成,当电机旋转时便会产生出转角或转速电脉冲信号。光电编码器可分为绝对式和相对式两种。绝对式光电编码器用于检测转角(转子位置),相对式编码器通过获得频率与转速成正比的方波脉冲计算出转速。

① 绝对式编码器。绝对式编码器码盘图案由若干同心圆环码道构成。码道数目与二进制位数相同,有固定的零点,每个位置对应着距零点不同距离的绝对值。绝对码盘一周的总计数为 $N = 2^n$,$n = 4 \sim 12$ 为码盘的位数。

绝对式编码器又分二进制和循环码两种码盘结构,如图 6.8 所示。

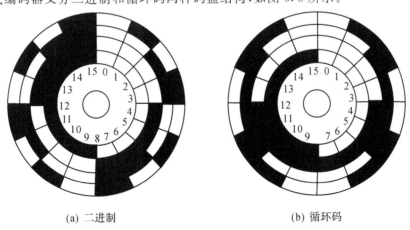

(a) 二进制　　　　　　　　　　　　　　(b) 循环码

图 6.8　绝对式编码器码盘结构

（A）二进制码盘　　码道从外到里刻制有表示角度的二进制码，外层为最低位、里层为最高位，如图 6.8(a) 所示。从接收装置上读得的二进制编码与转轴 16 等分的空间位置如表 6.1 所示。

表 6.1　　绝对式码盘转轴位置与数码对应关系

转轴位置	二进制码	循环码	转轴位置	二进制码	循环码
0	0000	0000	8	1000	1100
1	0001	0001	9	1001	1101
2	0010	0011	10	1010	1111
3	0011	0010	11	1011	1110
4	0100	0110	12	1100	1010
5	0101	0111	13	1101	1011
6	0110	0101	14	1110	1001
7	0111	0100	15	1111	1000

二进制码盘转动时可能会出现两位以上数字同时改变，产生"粗大误差"的问题，影响位置检测的准确性。

（B）循环码码盘

为消除"粗大误差"，可用循环码盘（又称格雷码盘），其特点是相邻两码道只有一个码值发生变化，如图 6.8(b) 所示。转轴的空间位置与循环码编码对应关系如表 6.1 所示。

使用中循环码须先通过逻辑电路换算成二进制码才能参加运算。

② 相对式编码器。又称增量式编码器，是在码盘上均匀地刻制大量（1 ~ 2k 根）光栅线，当码盘随电机转轴旋转时，通过光栅对光源的开放和阻断作用，使接收装置获得频率与转速成正比的脉冲序列信号。微机中的定时 / 计数器对这些脉冲计数，通过一定算法获得电机的转速和转向。

在脉冲测速中，存在三种有效算法：

（A）M 法

设在规定的检测时间 $T_c(s)$ 内测得光电编码器输出脉冲个数为 m_1，则转数为

$$n = \frac{60m_1}{PT_c}(\text{r/min}) \tag{6.4}$$

式中　　P—— 光电编码器转一周产生的脉冲数。

（B）T 法

设光电编码器输出的一个脉冲周期内，对频率为 f_0 的高频时钟脉冲计数值为 m_2，则转数为

$$n = \frac{60f_0}{Pm_2}(\text{r/min}) \tag{6.5}$$

采用 M 法测速时，转速越低计数脉冲数 m_1 越少，测量误差越大，故较适合于测量高转速；T 法测速时，转速越高一个脉冲周期内的高频时钟脉冲数 m_2 越少，测量误差也越大，故较适合于测量低转速。综合这两种测速方法的优点，可以得到一种高、低速均能兼顾的 M/T 测速方法。

（C）M/T 法

M/T 方法中，既要像 M 法那样测量采样周期 T_c 内光电编码器的脉冲数 m_1，又要像 T 法

那样测量 m_1 个脉冲周期(对应于检测周期 T_d)内的高频时钟脉冲个数 m_2,如图6.9所示。

值得指出的是:定时器定时采样周期 T_c、检测周期 T_d 时,开始时刻必须与光电编码器的第一个计数脉冲前沿始终保持同步。但 T_c 结束时并不一定意味 T_d 结束,只有 T_c 结束后光电编码器再次输出首个脉冲的前沿才是 T_d 结束时刻,即 $T_d = T_c + \Delta T$。所以,m_2 应是光电编码器 m_1 个完整脉冲周期(即检测周期 T_d)内高频时钟脉冲的计数值,而非采样周期 T_c 内的计数值。

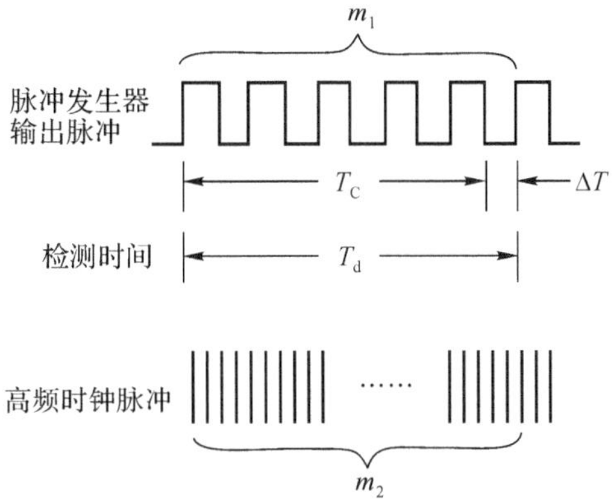

若光电编码器每转输出 P 个脉冲,检测周期 T_d 内共输出 m_1 个脉冲,T_d 时间内转子转过角位移为

$$X = \frac{2\pi m_1}{P}(\text{rad}) \qquad (6.6)$$

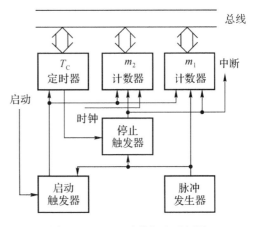

图 6.9　M/T 法测速原理

设高频时钟脉冲频率为 f_0,T_d 时间内的计数值为 m_2,则检测周期为

$$T_d = \frac{m_2}{f_0} \qquad\qquad (6.7)$$

这样,被测转速可表达为

$$n = \frac{60X}{2\pi} \frac{1}{T_d} = \frac{60 f_0 m_1}{P m_2} \qquad (\text{r/min}) \qquad (6.8)$$

图6.10为M/T法测速微机实现框图。微机先把检测启动信号送启动触发器,当光电编码器输出第一个脉冲,定时长度为10ms的 T_c 定时器开始定时。与此同时,m_1 计数器、m_2 计数器开始对光电编码器输出的脉冲和高频时钟脉冲计数。10ms到,T_c 定时器向停止触发器发出停止计数信号,等到光电编码器再输一个脉冲时,由停止触发器发出一个使 m_1 及 m_2 计数器均停止工作的脉冲信号,同时向微机申请中断。CPU 响应中断后,读出计数值 m_1、m_2,按式(6.8)计算出电机转速。

图 6.10　M/T 法微机实现框图

采用测速发电机测速时,可以通过速度电压的正、负极性判断电机的正、反转向;但采用脉冲测速时,计算出的仅是转速的大小,为此需要设置转向判别电路。进行转向差别时,应采用互差 1/4 周期的两个脉冲发生源 A、B,它们发出的脉冲信号分别送至 D 触发器的 D 端和 CP 端,如图6.11(a)所示。

正转时,脉冲 A 超前脉冲 B 90°,CP 正跳时 D = 1,故输出 Q = 1;反转时脉冲 B 超前脉冲 A 90°,CP 正跳变时 D = 0,故输出 Q = 0,因此由 D 触发器输出逻辑值即可判别出转向,如图6.11(b)所示。

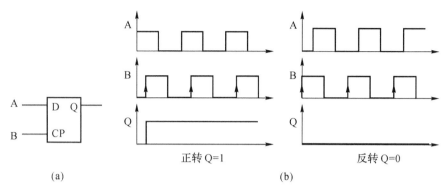

图 6.11　转向判别原理

二、晶闸管的微机数字触发

由晶闸管构成的可控整流器、有源逆变器,在直流电机调速、交‐直‐交变频调速、直流无换向器电机、绕线式异步电机串级调速及双馈电机调速等系统中是主要的变流方式,其晶闸管的数字触发是电机微机控制中的基础技术之一。

采用微机实现移相触发控制可以有多种形式,如有利用 D/A 转换先将调节器输出的数字移相电压转换成模拟移相电压,然后采用模拟触发器实现移相控制,但这并非真正意义上的数字触发。这里将介绍采用定时 / 计数器来实现移相触发控制,即:把计算出的移相角 α 换算成对应的时间,从自然换流点开始用定时器进行计时,延时时间到后即向相应晶闸管发出触发脉冲使其导通。改变定时时间常数即可改变延时时间,从而实现晶闸管的移相控制。

采用定时 / 计数器对移相控制角定时的方法很多,追求的指标是较小的角 / 字当量(即移相控制的数字量改变一位(bit) 时,控制角 α 的变化量)、各相触发脉冲相位对称、占用 CPU 时间短和所用硬件资源少等。本节将介绍采用单一定时 / 计数器实现三相桥式电路可逆运行的数字触发技术。

(一)电源状态与同步脉冲的产生

设三相可控整流电路如图 6.12 所示,晶闸管元件为 $120°$ 导通型,每隔 $60°$ 换流一次,换流顺序为 $VT_1 \to VT_2 \to VT_3 \to VT_4 \to VT_5 \to VT_6$。移相触发范围为 $180°$,其中 $0 \leqslant \alpha < 90°$ 时工作于整流状态;$90° \leqslant \alpha < 180°$ 时工作于有源逆变状态。

为了达到触发脉冲与主电路晶闸管的准确同步和移相,必须获得 $\alpha = 0°$ 的元件自然换流点位置,以此作为定时器延时的起点时刻。图 6.13 可以用来说明同步脉冲的产生过程。这里采用 Y/Y－12 联接的同步变压器,其副边三相线电压 u_{ab}、u_{bc}、u_{ca} 的过零点正好是主回路三相电压的交点,即自然换流点。这样,可以通过三个电压过零比较器变成方波电平信

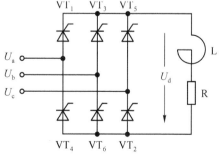

图 6.12　三相桥式整流电路

号 S_1、S_2、S_3（高电平"1"，低电平"0"）。综合每个 $60°$ 区间的 S_1、S_2、S_3 信号，则可获得每个区间的三相电源状态信号 S_1、S_2、S_3，共有 100、110、010、011、001、101 六种状态，分别对应于线电压 u_{ab}、u_{ac}、u_{bc}、u_{ba}、u_{ca}、u_{cb} 最高的 $60°$ 区间。因此，若知各区间的电源状态，便可推知当前回路应触发的一对晶闸管，这就是认相过程。电源状态信号 S_1、S_2、S_3 除送微机作为认相依据外，还经异或门电路处理产生出边沿与三相自然过零时刻一致的 $S_1 \oplus S_2 \oplus S_3$ 信号，检测其上跳沿并经单稳整形，可获得 $1Q$ 信号。将 $S_1 \oplus S_2 \oplus S_3$ 取反，再检测其上跳沿并经单稳整形，又可获得 $2Q$ 信号。$1Q$、$2Q$ 通过或门就形成了三相同步信号 $3Q = 1Q + 2Q$，送入微机即可作为向 CPU 申请同步中断的脉冲信号。

（二）脉冲分配规律

三相同步脉冲 $3Q$ 经 I/O 口线送入微机后，每隔 $60°$ 在中断服务程序中启动定时器对移相角 α 进行控制。如果仿照模拟触发器工作方式，则需六个定时／计数器，每个工作在 $\alpha = 0° \sim 180°$ 的移相范围，最大移相电压需为 U_{gm}，如图 6.14 所示，但这样将占用过多的微机硬件资源和 CPU 时间。可以设想，若将 $180°$ 的移相范围等分为三个触发子区间 $\alpha = 0° \sim 60°$、$\alpha = 60° \sim 120°$、$\alpha = 120° \sim 180°$，区间内最大移相电压为 $\frac{1}{3}U_{gm}$，则可以公用一个定时／计数器来实现触发时刻定时控制。由于仅用一个定时器，其最大定时延迟角被限制为 $\alpha' \leqslant 60°$。但实际给定移相角 α 要求在 $0° \sim 180°$ 范围变化，故必须将 α 角按子区间换算成相应的定时角 α'。表 6.2 给出了给定移相角 α、定时延时角 α'、触发状态 α_s 之间关系，其中 α_s 用二进制数（B）表明给定移相角 α 在哪个触发子区间。

表 6.2　定时延时角折算表

移相角 α	延时角 α'	触发状态 α_s
$0° \leqslant \alpha < 60°$	$\alpha' = \alpha$	00（B）
$60° \leqslant \alpha < 120°$	$\alpha' = \alpha - 60°$	01（B）
$120° \leqslant \alpha < 180°$	$\alpha' = \alpha - 120°$	10（B）

在 $60°$ 触发子区间范围内，定时器计数到零后究竟向哪只晶闸管输出触发脉冲由两个条件决定：移相角 α 的范围和此刻的电源状态。以电源状态信号 $S_1 S_2 S_3 = 100$ 的 $60°$ 区间为例，此范围内线电压 u_{ab} 最大（图 6.14），因此触发脉冲分配规律是：

$$0° \leqslant \alpha < 60°，即 \alpha_s = 00（B）$$

向晶闸管 VT_1 分配触发脉冲，向晶闸管 VT_6 补发触发脉冲

$$60° \leqslant \alpha < 120°，即 \alpha_s = 01（B）$$

向晶闸管 VT_6 分配触发脉冲，向晶闸管 VT_5 补发触发脉冲

$$120° \leqslant \alpha < 180°，即 \alpha_s = 10（B）$$

向晶闸管 VT_5 分配触发脉冲，向晶闸管 VT_4 补发触发脉冲

这样，根据电源状态及移相角，可以获得所有六个子区间内晶闸管的触发脉冲分配规律，如表 6.3 所示。

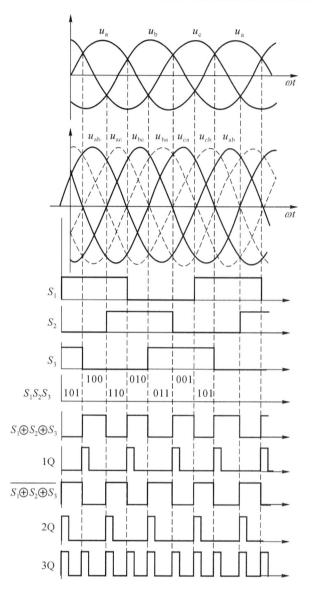

图 6.13   同步脉冲与电源状态信号

表 6.3   脉冲分配规律

$S_1S_2S_3$		101			100			110			010			011			001	
S_s		2			3			4			5			6			7		
最大线电压		u_{cb}			u_{ab}			u_{ac}			u_{bc}			u_{ba}			u_{ca}		
α_s	(B)	00	01	10	00	01	10	00	01	10	00	01	10	00	01	10	00	01	10
	(D)	0	1	2	0	1	2	0	1	2	0	1	2	0	1	2	0	1	2
触发元件 VT		5	4	3	6	5	4	1	6	5	2	1	6	3	2	1	4	3	2
		6	5	4	1	6	5	2	1	6	3	2	1	4	3	2	5	4	3

表 6.4　简明触发元件表

$S_s - \alpha_s$	0	1	2	3	4	5	6	7
触发元件 VT	3	4	5	6	1	2	3	4
	4	5	6	1	2	3	4	5

表中又引入了新的状态量 S_s 对电源状态进行描述,用以简化微机的数字处理。从 α_s 的十进制数(D)表示可以发现,触发脉冲的分配规律仅与数值($S_s - \alpha_s$)有关,因此还可构成一简明触发元件表(表 6.4),以进一步方便微机处理。

(三) 定时时间常数计算

如果移相电压(数字量)$U_K = 0 \sim 255$ 对应于给定移相角 $\alpha = 180° \sim 0°$,则定时角 α' 的数值可通过 U_K 取反($\overline{U}_K$)求得,如表 6.5 所示。根据 α' 的数值即可算出定时时间常数。

表 6.5　定时角 α'

$0° \leqslant \alpha \leqslant 60°$	$0 \leqslant \overline{U}_K < 85$	$\alpha' = \overline{U}_K$
$60° \leqslant \alpha \leqslant 120°$	$85 \leqslant \overline{U}_K < 170$	$\alpha' = \overline{U}_K - 85$
$120° \leqslant \alpha \leqslant 180°$	$170 \leqslant \overline{U}_K < 255$	$\alpha' = \overline{U}_K - 170$

(四) 补发脉冲处理

根据以上脉冲分配规律,可以在触发角给定不变的稳定状态下正确工作,但是在触发角发生跨子区间改变时,有可能导致换流失败,必须采取补发脉冲的防范措施。下面具体分析图 6.14 所示电源条件下的两种移相角变化引起的过程。

① 当 α 由($0° \sim 60°$)范围突变至($60° \sim 120°$)或($120° \sim 180°$)范围时,因原来工作在 $S_1S_2S_3 = 101(S_s = 2)$ 子区间且 $\alpha \leqslant 60°(\alpha_s = 00(B))$,有 $S_s - \alpha_s = 2$,由表 6.3 可见应由晶闸管 VT_5、VT_6 工作。当 α 跨区间切换至 $S_1S_2S_3 = 100(S_s = 3)$ 又 $60° \leqslant \alpha < 120°(\alpha_s = 01(B))$,此时 $S_s - \alpha_s = 2$,仍应 VT_5、VT_6 工作。若 α 切换至 $S_1S_2S_3 = 100(S_s = 3)$ 但 $120° \leqslant \alpha < 180°(\alpha_s = 10(B))$ 时,因 $S_s - \alpha_s = 1$ 应由 VT_4、VT_5 工作。但此区间电源状态为线电压 u_{ab} 最大,a 相桥臂元件 VT_4 承受反向阳极电压而不能导通,使 VT_6 至 VT_4 换流不成功,仍由 VT_5、VT_6 继续工作,但无故障。

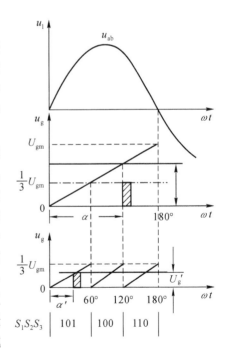

图 6.14　移相触发子区间的划分

可见,当 α_s 由小数值向大数值切换时,整流桥可无故障正常工作。

② 当 α 由($120° \sim 180°$)范围突变至($60° \sim 120°$)或($0° \sim 60°$)范围时,设原工作在

$S_1S_2S_3 = 101(S_s = 2)$ 子区间,而 $120° \leqslant \alpha < 180°(\alpha_s = 10(B))$,其 $S_s - \alpha_s = 0$,由表 6.4 可见为晶闸管 VT$_3$、VT$_4$ 工作。若 α 跨区间切换至 $S_1S_2S_3 = 100(S_s = 3)$ 又 $60° \leqslant \alpha < 120°(\alpha_s = 01(B))$,此时 $S_s - \alpha_s = 2$,应换流至 VT$_5$、VT$_6$ 导通。但在 $S_1S_2S_3 = 100$ 区间内 u_{ab} 最大,此时 VT$_5$、VT$_6$ 均承受正向阳极电压,整流电路又处于 $\alpha > 90°$ 的逆变状态(整流电压 $U_d < 0$),这将构成 VT$_3$、VT$_6$ 的直通短路,导致换流失败,逆变颠覆。

考察以上移相角 α 由大值跨区间向小值改变的过程可发现,造成换流失败的原因主要是丢失了一次顺序的 VT$_4$、VT$_5$ 触发过程,使得 VT$_6$ 触发时 VT$_3$ 因未换流而继续在导通。因此在这类移相角切换时必须要按换流顺序在三相自然换流点($\alpha = 0°$)处补发触发脉冲。这样,完整的微机数字触发软件流程图应如图 6.15 所示。

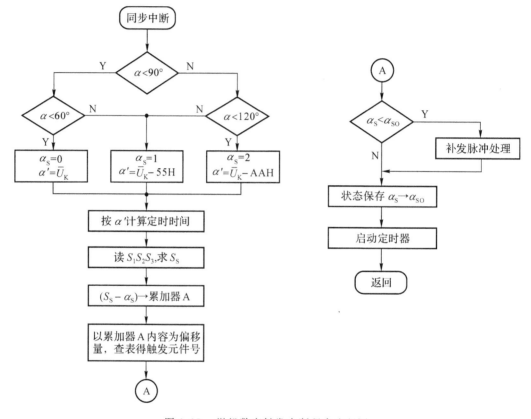

图 6.15　微机数字触发中断程序流程图

三、数字 PID 控制算法

在电机调速系统中常采用闭环控制,如电流闭环、速度闭环、位置闭环等,其中调节器多采用 PID 控制,其调节规律为

$$u = K_P\left[e + \frac{1}{T_I}\int_0^t e\,\mathrm{d}t + T_D\,\frac{\mathrm{d}e}{\mathrm{d}t}\right] \tag{6.9}$$

式中　e ——调节器的输入,即给定量与反馈量之差;

　　u —— 调节器的输出；

　　K_P —— 比例常数；

　　T_I —— 积分常数；

　　T_D —— 微分常数。

　　若采用微机来实现时,须将连续形式的微分方程离散为差分方程。设采用向后差分代替微分的算法,即 $\int_0^t e\mathrm{d}t = \sum_{i=0}^k e_i T,\dfrac{\mathrm{d}e}{\mathrm{d}t} = \dfrac{e_k - e_{(k-1)}}{T}$。其中,$T$ 为采样周期,k 为采样次数,则式(6.9)的差分方程为

$$u_k = K_P\left[e_k + \frac{1}{T_I}\sum_{i=0}^k e_i T + T_D\frac{e_k - e_{(k-1)}}{T}\right] + u_0 \tag{6.10}$$

式中　　u_k —— 第 k 次采样时刻调节器的输出值；

　　　　e_k —— 第 k 次采样时刻调节器的输入值；

　　　　$e_{(k-1)}$ —— 第 $(k-1)$ 次采样时刻调节器的输入值。

　　式(6.10)是一种全量形式的 PID 控制算法。按全量形式计算 u_k 时,调节器的输出和过去所有的状态有关,计算时要占用大量内存,花费机时,这对电机控制这类实时性要求很强的系统无法适用,必须改变算法,加快运算速度。

　　首先是将 PID 的全量算法改为递推算法。根据差分方程式(6.10),第 $(k-1)$ 次采样时刻调节器的输出值为

$$u_{(k-1)} = K_P\left[e_{(k-1)} + \frac{1}{T_I}\sum_{i=0}^{(k-1)} e_i T + T_D\frac{e_{(k-1)} - e_{(k-2)}}{T}\right] + u_0 \tag{6.11}$$

将式(6.10)减去式(6.11),可得

$$u_k = u_{(k-1)} + K_P\left[e_k - e_{(k-1)} + \frac{T}{T_I}e_k\frac{T_D}{T}(e_k - 2e_{(k-1)} + e_{(k-2)})\right] \tag{6.12}$$

这样,式(6.12)只用到 e_k、$e_{(k-1)}$、$e_{(k-2)}$ 及 $u_{(k-1)}$,可大大节约内存和计算时间。

　　其次是减少运算次数以加速计算速度。有两种计算格式可以减少计算次数：

　　① 格式一

$$
\begin{aligned}
u_k &= u_{(k-1)} + K_P\left(1 + \frac{T}{T_I} + \frac{T_D}{T}\right)e_k - K_P\left(1 + \frac{2T_D}{T}\right)e_{(k-1)} + K_P\frac{T_D}{T}e_{(k-2)} \\
&= u_{(k-1)} + a_0 e_k - a_1 e_{(k-1)} + a_2 e_{(k-2)}
\end{aligned} \tag{6.13}
$$

式中：$a_0 = K_P\left(1 + \dfrac{T}{T_I} + \dfrac{T_D}{T}\right)$,$a_1 = K_P\left(1 + \dfrac{2T_D}{T}\right)$,$a_2 = K_P\left(\dfrac{T_D}{T}\right)$,可预先根据调节器参数 K_P、T_I、T_D 及采样周期离线算出,实时控制时每输出一次 u_k 只需做一次加法、一次减法和一次乘法,减少了计算量。

　　② 格式二

$$
\begin{aligned}
u_k &= u_{(k-1)} + K_P\left[\Delta e_k + \frac{T}{T_I}e_k + \frac{T_D}{T}\Delta^2 e_k\right] \\
&= u_{(k-1)} + K_P\Delta e_k + K_I e_k + K_D\Delta^2 e_k
\end{aligned} \tag{6.14}
$$

式中,$\Delta e_k = e_k - e_{(k-1)}$,　　$\Delta^2 e_k = \Delta e_k - \Delta e_{(k-1)}$

　　　　$K_I = K_P\dfrac{T}{T_I}$,　　$K_D = K_P\dfrac{T_D}{T}$

在实际的控制系统中,控制变量实际输出值往往受到调节器性能的约束(如放大器的饱和限幅)而被限制在一定的范围,即 $u_{\min} \leqslant u \leqslant u_{\max}$。

采用微机数字控制时,如果计算机输出 u 也是在上述范围,那么 PID 调节可以达到预期效果;但若超出上述范围,则实际执行的控制量 u 被限幅,不再是计算值,这会使得被控制量的跟踪过程比不受限幅的理论值长。由于时间的延长,PID 算法中的积分项会有较大的积累值,引起控制量 u 迟迟不能退出饱和,于是系统产生相当大的超调。这种饱和是由于积分项引起,称为积分饱和。为了克服计算中的积分饱和现象,须对以上 PID 算法加以改进。

① 遇限削弱积分法。此法的基本思想是一旦控制量 u 进入饱和区,立即停止进行增大积分项的运算(积分不积累),如图 6.16 所示。其算法框图如图 6.17 所示,即在计算第 k 次调节器输出变量 u_k 时,先判断上一时刻的输出量 $u_{(k-1)}$ 是否已超出限制范围。如果已超出,则根据偏差的符号判断系统输出是否在超调区域,由此决定是否将相应偏差计入积分项。

② 积分分离法。在计算开始时不作积分,直到偏差达到某一设定值 ε 后才进行积分积累,以这样的办法不使积分项累积过大而出现积分饱和现象,如图 6.18 所示。这样做的好处是一方面防止了一开始就有过大的控制量,另一方面是即使进入饱和后也会因积分的累积小而容易退出饱和,减少控制量的超调。

积分分离法的算法框图如图 6.19 所示。当偏差在给定范围 ε 以外时,仅相当于比例微分(PD)算法,只有在 ε 范围以内时才让积分起作用,相当于完整的 PID 算法,以做到系统无静差。

数字 PID 控制中,采样周期相当于系统时间常数,一般均很短,故可像模拟 PID 调节器一样来选择、调试 PID 参数。

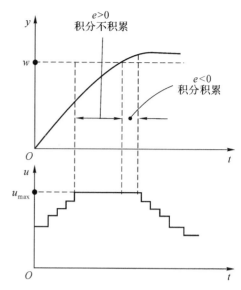

图 6.16 遇限削弱积分法克服积分饱和

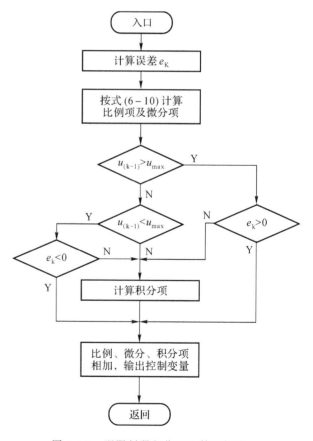

图 6.17 遇限削弱积分 PID 算法框图

四、数字滤波技术

电机的微机控制系统中,输入信号和反馈信号往往含有各种噪声和干扰,如速度反馈中测速发电机电压纹波,电流反馈中的整流脉动等。为了进行准确控制,必须消除这些干扰。对于随机性的干扰,可以用数字滤波方法予以滤除、削弱,即通过一定的计算或判断程序去减少干扰或噪声在有用信号中的比重。这是一种软件滤波方式,与模拟的硬件滤波器相比具有以下优点:

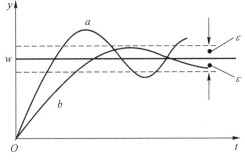

图 6.18 积分分离法克服积分饱和

a— 不采用积分分离 b— 采用积分分离

① 数字滤波采用程序实现,无需增加硬件设备,其可靠性高、稳定性好;

② 可对极低频率(如 0.01 Hz)信号滤波,模拟滤波器无法做到;

③ 可根据信号的不同,采用不同的滤波方法或滤波参数,具有灵活、方便、功能强特点。

常用数字滤波算法有以下几种:

1. 算术平均值法

此法是取 N 个采样数据 $X_i(i = 1 \sim N)$ 的算术平均值作为滤波结果,即

$$y = \frac{1}{N}\sum_{i=1}^{N} x_i \qquad (6.15)$$

滤波效果完全取决于 N 值。当 N 较大时,平滑程度高,但灵敏度低,采样信号的快速变化在滤波后的输出中不易得到反映;当 N 小时,灵敏度高,但平滑程度低。故此法适合于信号本身在某一数值附近作少量上下波动的情况,如电机稳速控制时速度反馈信号的处理。

2. 滑动平均值法

算术平均值法计算一次平均值需做 N 次采样,对于采

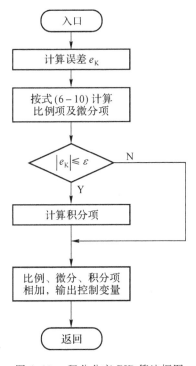

图 6.19 积分分离 PID 算法框图

样速度较慢(如 A/D 转换速度较慢引起)或要求数据计算速率较快的实时系统,应用较为困难。滑动平均值法则采用队列作为测量数据存储器,队列的长度固定为 N,每进行一次新的采样即把结果存入队尾,扔掉原在队首的一个数据,进行一次平均值计算。这样,每次测量采样后,就可算出一个新的算术平均值,提高了滤波计算速度。

3. 防脉冲干扰平均值法

在电机控制中,采样信号中常会窜入因开关元件通、断引起的尖脉冲干扰。这种干扰使得个别采样数据偏离正常值较大,表现为一个不合理的数据,需要在作平均值计算前清除。此时可先对 N 个数据进行比较,去掉其中最大值和最小值,然后对剩下的 $(N-2)$ 个数据进行算术

平均。为了加快计算速度，N 不能太大，常取 4 或者 5，即四取二或五取三作平均。此法计算方便、快速，所需存储量少，广为应用。一种应用 8031 单片微机的平均值法算法子程序框图如图 6.20 所示。

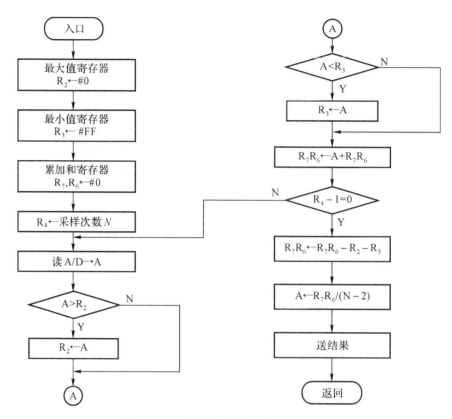

图 6.20   平均值法数字滤波子程序框图

6.3   直流电动机调速系统的微机控制

在直流电机调速系统中，有晶闸管可控整流器调压调速和自关断器件脉宽调制(PWM)调压调速两种主要形式，它们可以采用模拟控制也可采用微机数字控制。由于晶闸管可控整流器的数字触发、闭环系统的数字 PID 调节，速度、电流等反馈量的检测以及各类信号的数字滤波处理等均已在前节作了详细讨论，本节将从系统构成的总体角度讨论这两种直流电机调速系统的微机控制。

一、晶闸管 — 直流电动机可逆调速系统的微机控制

系统原理性框图如图 6.21 所示，图中虚线框所示的各功能方块均由 8031 单片微机构成

的数字控制系统硬、软件来实现。

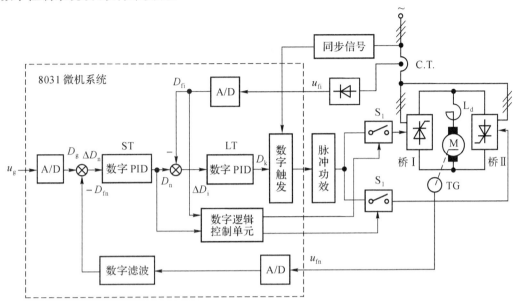

图 6.21　微机控制晶闸管 — 直流电动机可逆调速系统

从图 6.21 可以看出,该系统由三大部分构成

① 主回路由反并联的两组三相晶闸管全控整流器桥 Ⅰ、桥 Ⅱ 构成,从而可以实现四象限可逆运行。

② 控制回路为典型的双闭环系统,即电流控制为内环、速度控制为外环。速度反馈取自同轴直流发电机 TG,其模拟量的速度电压 u_{fn} 经 A/D 转换、再经数字滤波后变为数字量的速度反馈信号 D_{fn}。电流反馈取自电源侧的电流互感器 CT,经整流后获得模拟量的电压信号 u_{fi},再经 A/D 转换后得到所需的相应数字量信号 D_{fi}。

③8031 单片机构成的数字控制部分完成调速系统的逻辑无环流可逆运行控制、速度及电流的闭环调节和两组可控整流器的数字触发功能。系统的调节、控制过程是:速度的数字给定 D_g 和速度的数字反馈 D_{fn} 经比较后得误差信号 ΔD_n,经速度调节的数字 PID 运算后输出 D_n 作为电流环的数字给定,D_n 再与电流的数字反馈量 D_{fi} 相比较后得到误差信号 ΔD_i,经电流调节的数字 PID 运算后,输出 U_k 即为数字触发器的脉冲移相信号。U_k 经数字触发控制生成相应移相角 α 的晶闸管触发脉冲,经功率放大和逻辑开关控制后送至有关晶闸管桥,实现电机运行控制。

由于本系统采用逻辑无环流的可逆控制,为此设置数字逻辑控制单元。和模拟控制中的逻辑装置一样,数字逻辑控制单元以速度调节器的输出 D_n 来判别调速系统所需转矩的极性,决定何桥工作和工作状态;用电流反馈信号 D_{fi} 来判别系统主回路电流是否为零,从而决定两桥切换的时刻;再通过对电子开关 $S_Ⅰ$、$S_Ⅱ$ 的控制,确定开放和封锁哪组桥路。

系统中涉及微机控制的技术细节已在上节中作过仔细讨论,不再赘述。值得补充的是两闭环调节运算的采样周期的确定。根据采样定理:如果对一个具有有限频谱的连续信号 $f(t)$ 进行连续采样,当采样频率满足

$$\omega_s \geqslant 2\omega_{max} \tag{6.16}$$

则采样的离散信号 $f^*(t)$ 能无失真地复现原来的连续信号 $f(t)$。此处 $\omega_{max} = 2\pi f_{max}$ 为连续信号 $f(t)$ 的最高频率，$\omega_s = 2\pi / T$ 为采样频率，由此求得采样周期的理论值为

$$T < \frac{1}{2\pi f_{max}} \tag{6.17}$$

由于系统的最高频率 f_{max} 不好确定，目前采样周期 T 常根据经验由实验最后确定。一般来说，T 越小，复现精度越高，控制越接近连续系统的效果；但 T 太小会使控制系统调节过于频繁，增加计算机负担，某些硬件也不能及时响应。T 太大，则会使干扰得不到及时控制，使动态品质恶化，甚至导致控制系统不稳定，因此采样周期应根据被控制对象特性和对干扰的所需反应速度来选择。通常考虑到电机转速变化相对缓慢，可取速度调节采样周期 $T_n = 10\text{ms}$。由于电枢电流变化较为迅速，同时考虑到三相桥式可控整流 1/6 周期才换流一次的事实，从而可取电流调节采样周期 $T_i = 3.33\text{ms}$。

二、直流电动机可逆脉宽调速系统的微机控制

系统原理性框图如图 6.22 所示。主电路由大功率晶体管 $V_1 \sim V_4$ 构成 H 型桥式电路，与各 GTR 反并联的 $VD_1 \sim VD_4$ 为续流二极管。$M_1 \sim M_4$ 为各 GTR 的基极驱动电路，它们将 8031 单片机 P1 口输出的基极驱动信号加以隔离和放大，输出一定功率的基极电压 $U_{b1} \sim U_{b4}$，按双极性方式控制各 GTR 通、断（图 1.29），实现直流电机四象限可逆运行。

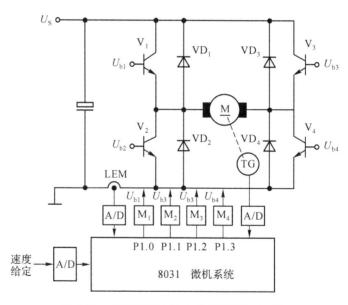

图 6.22　微机控制直流电机 PWM 调速系统

这也是一个电流、速度双闭环系统，速度给定经 A/D 转换后送入微机，速度反馈由测速发电机 TG 输出的速度电压经 A/D 转换后引入微机；电流反馈采用 LEM 电流传感器对电源电流采样，经 A/D 转换后引入微机。双闭环调节控制的结果是电流调节器输出信号 u_k，它是一个反

映所需电枢电压 U_A 的占空比 $\gamma = t_1/T$ 信号,在定频调宽的控制方式下应由它形成 t_1、$(T-t_1)$ 的定时器时间,以实现 H 型桥有关功率开关器件的通、断控制。

因此,软件编写中定时器的选择和使用甚为重要。

① 由于采用 GTR 作功率开关器件,开关频率一般取为 $1 \sim 2\mathrm{kHz}$,因此电流环采样周期取 $T_i = 1\mathrm{ms}$,速度环采样周期取 $T_n = 10\mathrm{ms}$,可选定时器 T1 来定时。

② 定频调宽的时间 t_1、$(T-t_1)$ 可选定时器 T0 来定时,做法上可将电流调节器输出 u_k 和对应的定时器 T0 定时时间做成表格存入内存备查。

③ 定时器 T1 的中断服务程序主要完成速度和电流的控制。速度中断服务程序实现速度的 PI 调节,产生电流给定信号;电流环中断服务程序实现电流的 PI 调节,产生定时器 T0 的定时时间常数。

④ 定时器 T0 的中断服务程序实现在 t_1 期间控制口线 P1.0 和 P1.3 使 V_1 和 V_4 导通,控制 P1.1 和 P1.2 使 V_2 和 V_3 关断;而在 $(T-t_1)$ 期间控制 P1.0 和 P1.3 使 V_1 和 V_4 关断,控制 P1.1 和 P1.2 使 V_2 和 V_3 导通。同时注意在 V_1、V_4 与 V_2、V_3 通、断切换时用软件形成死区时间(对 GTR 器件其死区时间可设为 $30\mu\mathrm{s}$),防止切换时桥臂直通短路。

6.4　SPWM 变频器的微机控制

在交流电机变频调速中,采用自关断器件的 SPWM 变频技术已是当前发展的主导方向。SPWM 波形的生成可以采用模拟和数字等硬件电路来实现,但更多的是采用微机的硬件与软件相结合的方式完成。根据所用软件化思路的不同,SPWM 波形的微机实现方法有以下几种:

(1) 表格法

表格法是事先计算出 SPWM 波的数据并存入 ROM 中备用,运行中根据调频指令顺序调出,控制逆变器功率半导体器件的开关动作。这种方法需占用大量内存,且无实时处理能力。

(2) 随时计算法

随时计算法也是事先在 ROM 中存储一个幅值为 1 的基准正弦波,运行时根据调频指令按不同载波比和调幅比,计算出一个周期内的开关模式和该模式的持续时间,写入第一个 RAM1 中并输出。在 RAM1 数据输出期间如发生指令变化,则按新指令要求重新计算并写入第二个 RAM2 中。RAM2 数据输出期间如发生指令变化,则将计算结果送 RAM1 中备用,以此轮流地使用两个 RAM 随时计算 SPWM 的调制数据。此法无需大容量 ROM,但也无实时处理能力。

(3) 实时计算法

实时计算法即根据 SPWM 调制的数学模型,实时地计算出逆变器元件的开关时刻。如前所述,SPWM 调制的数学方法(模型)有采样法 SPWM、谐波消去法、等面积法等,其中采样法应用最为广泛。采样法最基本的思路出于正弦调制波与三角载波相交交点决定逆变器开关时刻的自然采样方式,但自然采样法的数学模型是一个超越函数,只能采用模拟电子电路作硬件求解而不适合于微机软件的实时数字计算,为解决此问题发展了规则采样法。本节将对规则采样法的基本原理、不对称规则采样法生成三相 SPWM 波形的控制算法以及三相 SPWM 变频器微机控制的具体实现进行讨论。

一、规则采样法的基本原理

规则采样法是用经过采样的正弦波(实际是正弦波的等效阶梯波)与三角波相交,由交点决定脉冲宽度的方法。由于等效阶梯波可在一个采样周期内维持恒值,从而解决了交点的数学计算求解问题,故能适合于微机的软件计算。根据采样点的选取不同,分为对称规则采样法和不对称规则采样法两种具体算法。

(一) 对称规则采样法

此法是只在三角载波的顶点或者底点一处对正弦调制波采样形成等效阶梯调制波,阶梯波再与三角波相交确定出脉冲宽度,如图 6.23 所示(图中为顶点采样)。由于脉宽在一个采样周期 T_s(亦即载波周期 T_t)内位置对称,故称对称规则采样。

由图可见:

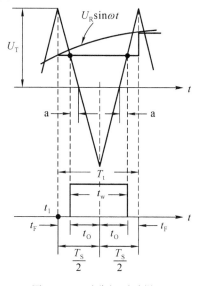

$$t_F = \frac{1}{4}T_s - a \left.\begin{array}{l}\\\\\end{array}\right\} \quad (6.18)$$
$$t_O = \frac{1}{4}T_s + a$$

根据三角形相似关系可解出 a,则有

$$t_F = \frac{1}{4}T_s(1 - M\sin \omega t_1) \left.\begin{array}{l}\\\\\end{array}\right\} \quad (6.19)$$
$$t_O = \frac{1}{4}T_s(1 + M\sin \omega t_1)$$

式中 $M = U_R/U_T$ (6.20)

M 称为调制比,即正弦调制波幅值与三角载波幅值之比;

$$t_1 = kT_t \quad (k = 0, 1, 2, \cdots, N - 1) \quad (6.21)$$

为采样点时刻;而

$$N = T_R/T_t \quad (6.22)$$

图 6.23   对称规则采样法

为载波比,即正弦调制波周期 T_R 与三角载波周期 T_t 之比。

这样,脉冲宽度为

$$t_\omega = \frac{1}{2}T_s(1 + M\sin \omega t_1) \quad (6.23)$$

可见在规则采样的情况下,只要知道采样点 t_1,就能确定出这个采样周期内的脉宽 t_ω 及时间间隔 t_F。

(二) 不对称规则采样法

如果既在三角载波的顶点处又在底点处都对正弦波进行采样,这样形成的等效阶梯调制波与三角载波相交确定出的脉宽在一个载波周期 T_t 内的位置是不对称的,故称为不对称规则采样,如图 6.24 所示。这里,采样周期 T_s 是载波周期 T_t 的一半,即 $T_s = T_t/2$。

在三角波顶点处采样时(采样时刻 t_1)

$$\left.\begin{aligned} t_F &= T_s/2 - a \\ t_O &= T_s/2 + a \end{aligned}\right\} \qquad (6.24)$$

在三角波底点处采样时(采样时刻 t_2)

$$\left.\begin{aligned} t_F &= T_s/2 - b \\ t_O &= T_s/2 + b \end{aligned}\right\} \qquad (6.25)$$

利用三角形相似关系,解出式中 a、b,从而可得

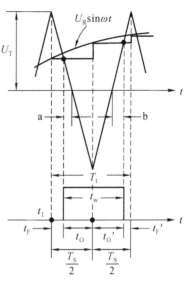

图 6.24　不对称规则采样法

$$\left.\begin{aligned} t_F &= \frac{T_s}{2}(1 - M\sin \omega t_1) \\ t_O &= \frac{T_s}{2}(1 + M\sin \omega t_1) \\ t'_F &= \frac{T_s}{2}(1 - M\sin \omega t_2) \\ t'_O &= \frac{T_s}{2}(1 + M\sin \omega t_2) \end{aligned}\right\} \qquad (6.26)$$

式中

$$\left.\begin{aligned} t_1 &= \frac{T_t}{2} \cdot k \qquad (k = 0,2,4,6,\cdots 顶点采样) \\ t_2 &= \frac{T_t}{2} \cdot k \qquad (k = 1,3,5,7,\cdots 底点采样) \end{aligned}\right\} \qquad (6.27)$$

则脉宽为

$$t_w = t_O + t'_O = \frac{T_t}{2}\left[1 + \frac{M}{2}(\sin \omega t_1 + \sin \omega t_2)\right] \qquad (6.28)$$

不对称规则采样形成的阶梯波比对称规则采样形成的阶梯波更接近于正弦波,脉宽调制结果更接近于自然采样法,逆变器输出电压基波含量更大,谐波含量最少。当载波比 N 为 3 及 3 的倍数时,输出电压不存在偶次谐波,其他高次谐波含量也小,故软件方式生成 SPWM 波时多采用不对称规则采样法。

二、不对称规则采样型三相 SPWM 控制算法

三相逆变器要求输出的三相电压对称,因而要用三个相位互差 1/3 周期的正弦调制波与同一三角载波相交来形成三相 SPWM 波,这就要求载波比 N 须为 3 的整数倍才可使三相采样点具有简单的关系。在不对称规则采样时,每一采样周期 T_s 对应的角度为 $360°/2N = 180°/N$,则对于同一采样点 k 而言,单位幅值的 A、B、C 三相电压采样值为

$$\left.\begin{aligned} U_A &= \sin\left(k\frac{180°}{N}\right) \\ U_B &= \sin\left[\left(k - \frac{2}{3}N\right)\frac{180°}{N}\right] \\ U_C &= \sin\left[\left(k + \frac{2}{3}N\right)\frac{180°}{N}\right] \end{aligned}\right\} \qquad (6.29)$$

式中:$k = 0,1,2,3,\cdots,(2N-1)$ 为采样点序号。

按照前述不对称规则采样的计算方法,三相 SPWM 波形的开关时刻可按下述算式计算:

(1) A 相

$$
\left.\begin{array}{l}
t_{\mathrm{F}}^{\mathrm{A}} = \dfrac{T_{\mathrm{s}}}{2}\left[1 - M\sin\left(k\,\dfrac{180°}{N}\right)\right] \\[2mm]
t_{\mathrm{O}}^{\mathrm{A}} = \dfrac{T_{\mathrm{s}}}{2}\left[1 + M\sin\left(k\,\dfrac{180°}{N}\right)\right]
\end{array}\right\} (k\ \text{为偶数}) \\[4mm]
\left.\begin{array}{l}
t'^{\mathrm{A}}_{\mathrm{F}} = \dfrac{T_{\mathrm{s}}}{2}\left[1 - M\sin\left(k\,\dfrac{180°}{N}\right)\right] \\[2mm]
t'^{\mathrm{A}}_{\mathrm{O}} = \dfrac{T_{\mathrm{s}}}{2}\left[1 + M\sin\left(k\,\dfrac{180°}{N}\right)\right]
\end{array}\right\} (k\ \text{为奇数})
\tag{6.30}
$$

(2) B 相

$$
\left.\begin{array}{l}
t_{\mathrm{F}}^{\mathrm{B}} = \dfrac{T_{\mathrm{s}}}{2}\left[1 - M\sin\left(k - \dfrac{2}{3}N\right)\dfrac{180°}{N}\right] \\[2mm]
t_{\mathrm{O}}^{\mathrm{B}} = \dfrac{T_{\mathrm{s}}}{2}\left[1 + M\sin\left(k - \dfrac{2}{3}N\right)\dfrac{180°}{N}\right]
\end{array}\right\} (k\ \text{为偶数}) \\[4mm]
\left.\begin{array}{l}
t'^{\mathrm{B}}_{\mathrm{F}} = \dfrac{T_{\mathrm{s}}}{2}\left[1 - M\sin\left(k - \dfrac{2}{3}N\right)\dfrac{180°}{N}\right] \\[2mm]
t'^{\mathrm{B}}_{\mathrm{O}} = \dfrac{T_{\mathrm{s}}}{2}\left[1 + M\sin\left(k - \dfrac{2}{3}N\right)\dfrac{180°}{N}\right]
\end{array}\right\} (k\ \text{为奇数})
\tag{6.31}
$$

(3) C 相

$$
\left.\begin{array}{l}
t_{\mathrm{F}}^{\mathrm{C}} = \dfrac{T_{\mathrm{s}}}{2}\left[1 - M\sin\left(k + \dfrac{2}{3}N\right)\dfrac{180°}{N}\right] \\[2mm]
t_{\mathrm{O}}^{\mathrm{C}} = \dfrac{T_{\mathrm{s}}}{2}\left[1 + M\sin\left(k + \dfrac{2}{3}N\right)\dfrac{180°}{N}\right]
\end{array}\right\} (k\ \text{为偶数}) \\[4mm]
\left.\begin{array}{l}
t'^{\mathrm{C}}_{\mathrm{F}} = \dfrac{T_{\mathrm{s}}}{2}\left[1 - M\sin\left(k + \dfrac{2}{3}N\right)\dfrac{180°}{N}\right] \\[2mm]
t'^{\mathrm{C}}_{\mathrm{O}} = \dfrac{T_{\mathrm{s}}}{2}\left[1 + M\sin\left(k + \dfrac{2}{3}N\right)\dfrac{180°}{N}\right]
\end{array}\right\} (k\ \text{为奇数})
\tag{6.32}
$$

式中,当 k 为偶数时为顶点采样,k 为奇数时为底点采样。为了能按上述各式计算出 SPWM 波的开关时刻 t_{O}、t_{F},必须要确定出采样周期 T_{s}、调制比 M、载波比 N 以及采样点上三相正弦函数值。对于不对称规则采样,采样周期 T_{s} 为载波周期 T_{t} 的 $1/2$,故 T_{s} 与输出频率 f、载波比 N 间有如下关系

$$
T_{\mathrm{s}} = \frac{1}{2Nf}
\tag{6.33}
$$

由于受逆变器功率半导体器件开关频率的限制,载波比 N 应随输出频率 f 分段变化。在确定的 N 值下,根据电机变频运行的 V/f 曲线关系,调制比 M 也应随频率 f 变化,因此可以根据 V/f 曲线建立 M 与 f 的函数关系,制成表格存入 EPROM 中以备查用。至于正弦函数,可以根据不同 N 值计算出幅值为 1 的基准正弦函数表 $\sin(k \times 180°/N)$ 存入 EPROM 中备用,且在调频范围内有几个 N 值就应有几张基准正弦函数表。由于三相正弦函数具有式(6.29)的关系,

因此只要在查表时相对偏移 $2N/3$ 个单元,就可从同一张基准正弦函数表中确定出三相的正弦函数值来。

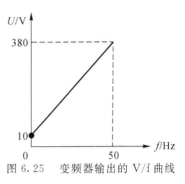

图 6.25　 变频器输出的 V/f 曲线

三、三相 SPWM 变频器的微机控制

设三相变频器的频率变化范围为 $0.5 \sim 50\mathrm{Hz}$;额定频率 $f_\mathrm{N} = 50\mathrm{Hz}$ 时,额定电压为 $U_\mathrm{N} = 380\mathrm{V}, M = 0.9$;V/f 曲线如图 6.25 所示。变频器主电路结构如图 2.70 所示,采用不对称规则采样方法控制。现对微机系统硬件电路、控制变量的量化原则以及控制软件结构作一介绍。

(一)微机系统硬件电路

微机系统硬件电路如图 6.26 所示。频率由电位器 RW 设定,经 ADC0809 作 A/D 转换读入CPU。微机采用八位单片机 8031,其定时器 T0 用于采样周期定时。同时扩展了一片 8253 可编程定时 / 计数器,其计数器 0、计数器 1、计数器 2 分别用于定时 A、B、C 各相的脉宽。8031 的口线 P3.5 与 8253 的 GATE0、GATE1、GATE2 相连接以启动三定时器。任一定时器定时时间一到,其输出端 OUT0、OUT1、OUT2 经或非门使 8031 的 $\overline{\mathrm{INT1}}$ 有效,发出中断申请,在中断服务程序中对 P3.0、P3.1 和 P3.4 进行查询,以判别何定时器定时时间到,以便作出相应处理。经实时计算所形成的 SPWM 信号由 8031P1 口的 P1.0 $\sim$ P1.5 输出,经光电耦合隔离及驱动电路功放处理后送逆变器功率开关器件 GTR 基极。考虑到单片机上电复位时 P1 口输出全为高电平,为避免开机时逆变器同相上、下桥臂元件直通短路,特从驱动电路电平逻辑设计上予以保证,即 P1 口输出高电平时保证 GTR 截止,P1 口输出低电平时 GTR 才导通。

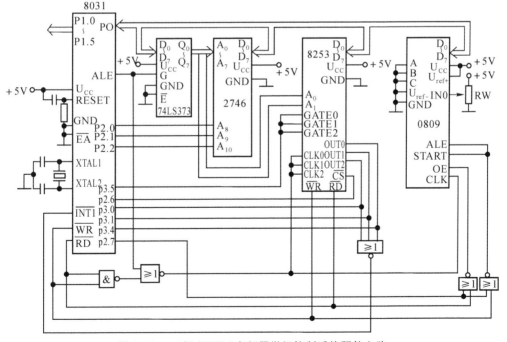

图 6.26　 三相 SPWM 变频器微机控制系统硬件电路

（二）控制变量量化

（1）采样周期 T_s 的量化

T_s 由 8031 内部定时器 T0 定时，当 CPU 采用 6MHz 晶振时，T0 计数速率为 0.5MHz。因此将 T_s 量化为计数脉冲数 R 时，有

$$T_s = 2 \times 10^{-6} R \tag{6.34}$$

考虑 T_s 与输出频率 f、载波比 N 之间的关系式（6.33），则有

$$R = \frac{10^6}{4Nf} \tag{6.35}$$

受 GTR 开关特性限制，选取最大开关频率为 2kHz，由此可将变频器给定调频范围分段，确定出各段载波比 N，如表 6.6 所示。

由于频率设定采用电位器经 8 位 A/D 转换成数字量输入，使 $0.5 \sim 50\text{Hz}$ 的频率范围被分为 256 档（00H ～ FFH），故可由表 6.6 选定 N 后按式（6.35）算出 256 个 R 值，制成 R 与 f 的对应表格存入 EPROM 中备用。

（2）8031 定时器 T0 定时初值

T0 是一个 16 位加法计数器，用于 T0 定时时如工作在方式 1，则定时初值应为（$2^{16} - R$）。

表 6.6   各频率段的载波比

$f(\text{Hz})$	N
$0.5 \sim 8$	90
$8 \sim 12$	60
$12 \sim 20$	42
$20 \sim 30$	30
$30 \sim 50$	18

（3）8253 定时／计数器的定时初值

可以定时 A 相输出脉冲宽度的计数器 0 为例说明。根据式（6.30），当 k 为偶数（顶点采样）时，计数器 0 定时时间为

$$t_F^A = \frac{T_s}{2}\left[1 - M\sin\left(k\frac{180°}{N}\right)\right] \tag{6.36}$$

当 k 为奇数（底点采样），计数器 0 定时时间为

$$t_O'^A = \frac{T_s}{2}\left[1 + M\sin\left(k\frac{180°}{N}\right)\right] \tag{6.37}$$

由于计数器 0 的时钟 CLK0 由地址锁存信号 ALE 驱动，当 8031 采用 6MHz 晶振时，ALE 输出频率为 1MHz，即每 $1\mu s$ 发出一个计数脉冲。这样定时同样的采样周期 T_s，则需 $2R$ 个计数脉冲，故 T_s 的量化值为

$$T_s = 2R \tag{6.38}$$

将式（6.38）代入式（6.36）、式（6.37），可得量化后的 t_F^A，$t_O'^A$

$$\left.\begin{array}{ll} t_F^A = R - RM\sin\left(k \cdot \dfrac{180°}{N}\right) & （k \text{ 为偶数}） \\[2mm] t_O'^A = R + RM\sin\left(k \cdot \dfrac{180°}{N}\right) & （k \text{ 为奇数}） \end{array}\right\} \tag{6.39}$$

（4）调制比 M

调制比与逆变器输出频率关系可通过给定的 V/f 曲线求得。根据图 6.25，V/f 曲线可表示为

$$U = 10 + \frac{f}{50}(380 - 10) = 10 + \frac{370}{50}f \tag{6.40}$$

由于调制比定义为正弦调制波幅值与三角载波幅值之比 $M = U_R/U_T$，根据给定条件 $f = 50\mathrm{Hz}$ 时 $M = 0.9$，可算得

$$U_T = \frac{\sqrt{2} \times 380}{0.9} = 597(\mathrm{V})$$

则有

$$U = \frac{597}{\sqrt{2}}M \tag{6.41}$$

代入式(6.40)，可得调制比 M 与输出频率 f 关系为

$$M = \frac{9}{380} + \frac{333}{380 \times 50}f \tag{6.42}$$

由于 M 随 f 变化较小，在作成表格备查时应作技术处理，即将 M 值放大 P 倍作成 $M-f$ 表格存入 EPROM 后，待调出计算完 $RM\sin\left(k \cdot \frac{180°}{N}\right)$ 后要缩小 P 倍复原。

(5) 基准正弦函数 $\sin(k \cdot 180°/N)$

因为 $k = 0,1,2,3,\cdots,(2N-1)$，对应于某一 N 值可计算出 $2N$ 个正弦函数值。在设计的调频范围内共有五个不同 N 值，故需做成五张正弦函数表。考虑到正弦函数值总是小于等于 1，制表时也应放大 Q 倍存入 EPROM 中，调用计算完 $RM\sin(k180°/N)$ 后再缩小 Q 倍复原。

(三) 控制软件结构

微机控制软件由主程序、T0 中断服务程序和 8253 定时器中断服务程序三部分构成，如图 6.27～6.29 所示。

主程序完成各部分的初始化，根据读入运行频率计算第一个采样点 A、B、C 三相脉宽的定时初值和采样周期，启动定时器 T0 定时采样周期。输出频率的一个周期后采样一次频率给定，当 f 有变化时再次计算新频率下第一个采样点三相脉冲宽度的定时初值和新的采样周期，若读入的频率小于 0.5Hz 则封锁逆变器触发脉冲，停止运行。

T0 中断服务程序用来定时采样周期。将 A、B、C 相的定时初值送入 8253 定时器 0、定时器 1 及定时器 2 并启动定时，同时计算下一个采样点的三相脉宽定时初值。当送完最后一个采样点的三相脉宽定时初值时，启动 ADC0809 以读入新的频率给定值。应注意三相脉宽的定时初值一定要大于 8253 中断服务程序的执行时间，否则只得加大定时初值。

8253 定时器中断服务程序中首先判别是哪相申请中断，若是 A 相顶点采样中断时应由 P1.0 和 P1.3 输出信号，使 V_1 导通、V_4 关断；相反若是底点采样中断时则应使 V_1 关断、V_4 导通。若是 B 相顶点采样中断时应由 P1.2 和 P1.3 输出信号，使 V_3 导通、V_6 关断；若是底点采样中断时则应使 V_3 关断、V_6 导通。若是 C 相顶点采样中断时应由 P1.1 和 P1.4 输出信号，使 V_5 导通、V_2 关断；若是底点采样中断时则应使 V_2 导通、V_5 关断。注意在同相上、下桥臂元件通、断切换过程中，应用软件形成上、下元件均不导通的 $30\mu s$ 死区，以防止桥臂直通短路发生。

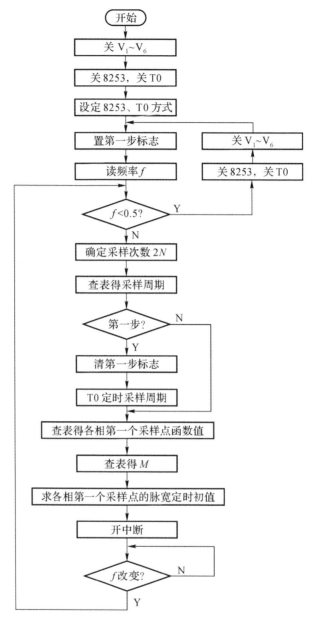

图 6.27 三相 SPWM 变频器微机控制主程序框图

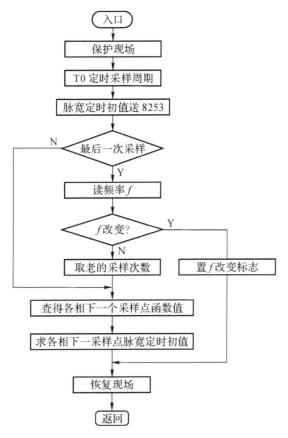

图 6.28　三相 SPWM 变频器微机控制 T0 中断服务程序框图

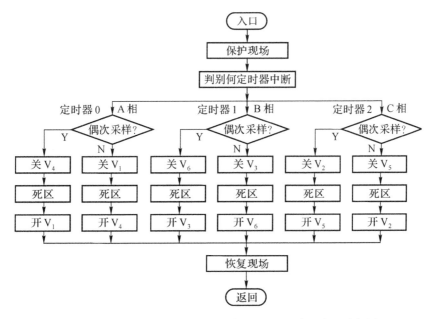

图 6.29　三相 SPWM 变频器微机控制 8253 中断服务程序框图

思考题与习题

1. 与模拟控制方式相比,电机控制系统采用微机数字控制具有哪些明显的优势?

2. 电机微机控制系统软件开发中,有自底向上和自顶向下两种做法,它们各自有什么特点?怎样做最好?

3. 采用光电编码器测量转子空间位置时应使用什么类型编码器?它们应用什么原理来获得转子空间位置?

4. 采用光电编码器测量转速时应使用什么类型编码器?它们应用什么原理来获得电机转速和转向?

5. 什么是 M 法测速?什么是 T 法测速?什么是 M/T 法测速?它们各自有什么优缺点?各适应于什么场合使用?

6. 三相桥式可控整流电路中,如果采用三相同步电路,三相方波同步信号 S_1、S_2、S_3 分别送到 8031 的 P1.0、P1.1、P1.2 口线,方波同步信号的上跳沿分别对准六个自然换流点,画出认相程序流程图并编写认相程序段。

7. 在采用单一定时器实现三相桥式可控整流电路 $\alpha = 0° \sim 180°$ 的移相触发时,为何必须进行补发脉冲的处理?

8. 数字 PID 计算中,为何要作积分饱和处理?怎样进行积分饱和处理?

9. 直流电机调速系统中,电流环采用数字 PI 调节器时如何确定其采样周期?速度环采用数字 PI 调节器时又如何确定其采样周期?

10. 什么是软件抗干扰措施?有哪些具体方法

11. 在微机数字控制系统中,如何实现 SPWM 变频器的调制计算?

12. 设计一个测量高压($> 1000\text{V}$)、大电流($> 200\text{A}$)的电压、电流采样电路,用于电机调速系统中数字控制所需的反馈量检测。

附 录 I

坐标变换理论

这里介绍的是变量从 a-b-c 坐标系向任意速旋转的 d-q-n 坐标系变换及其逆变换理论。只要设定 d-q-n 坐标系的具体速度，就可以分别得到惯用的静止（α-β）、转子（d-q）以及同步速（d_c — q_c）坐标系。现从三相变量的空间矢量表示及其性质谈起。

设三相时间余弦函数为

$$\left.\begin{array}{l} f_{a1} = F\cos\theta_e \\[2mm] f_{b1} = F\cos\left(\theta_e - \dfrac{2}{3}\pi\right) \\[2mm] f_{c1} = F\cos\left(\theta_e + \dfrac{2}{3}\pi\right) \end{array}\right\} \qquad (I.1)$$

式中　　F　——　时间余弦函数的幅值；

$\theta_e = \omega_1 t + \theta_e(0)$；

ω_1　——　余弦函数交变角频率；

$\theta_e(0)$——$t = 0$ 时的初始相位角；

这样一组三相时间余弦函数可以看作为一个正交的三维 as-bs-cs 坐标系中的空间矢量 $\overrightarrow{f_{abc1}}$ 分别在三个轴上的投影（瞬时值），如图 I.1 所示。设各坐标轴的单位矢量分别为 $\overrightarrow{u_{a1}}$、$\overrightarrow{u_{b1}}$、$\overrightarrow{u_{c1}}$，则

$$\overrightarrow{f_{abc1}} = f_{a1}\overrightarrow{u_{a1}} + f_{b1}\overrightarrow{u_{b1}} + f_{c1}\overrightarrow{u_{c1}} \qquad (I.2)$$

三相时间函数 f_{a1}、f_{b1}、f_{c1} 决定的空间矢量 $\overrightarrow{f_{abc1}}$ 具有如下性质：

① 矢量长度恒定，为

$$\left|\overrightarrow{f_{abc1}}\right| = \sqrt{f_{a1}^2 + f_{b1}^2 + f_{c1}^2} = \sqrt{\frac{3}{2}}F \qquad (I.3)$$

② 当 f_{a1}、f_{b1}、f_{c1} 为正序安排时，矢量以 ω_1 的恒定角速度逆时针方向旋转。

③ 由于三相变量系统对称，则有

$$f_{a1} + f_{b1} + f_{c1} = 0$$

这是一个过原点 O 的平面方程式，说明矢量 $\overrightarrow{f_{abc1}}$ 在一个过原点的平面内以恒定角速 ω_1 作旋转运动，其矢量尖端轨迹为圆。

由于旋转矢量 $\overrightarrow{f_{abc1}}$、与之垂直的速度矢量 $\dfrac{\mathrm{d}\overrightarrow{f_{abc1}}}{\mathrm{d}t}$、以及矢量运动所形成平面的法线矢量 $\vec{n} = \overrightarrow{u_{a1}} + \overrightarrow{u_{b1}} + \overrightarrow{u_{c1}}$（它是以三个单位矢量作为分量所构成的空间矢量）三者相互垂直，可以利用它们作为一个新的三维旋转坐标系的基础。

设新的旋转坐标系为 d-q-n 坐标系。为此,应首先定义出三个坐标轴上的单位矢量。

①n 轴单位矢量(法线 $\vec{n}$ 的单位矢量)

$$\vec{u_{\mathrm{n}}} = \frac{\vec{u}}{|\vec{u}|} = \frac{1}{\sqrt{3}}(\vec{u_{\mathrm{a1}}} + \vec{u_{\mathrm{b1}}} + \vec{u_{\mathrm{c1}}}) \qquad (\text{I}.4)$$

②d 轴单位矢量(矢量 $\overrightarrow{f_{\mathrm{abc1}}}$ 的单位矢量)

$$\vec{u_{\mathrm{d}}} = \frac{\overrightarrow{f_{\mathrm{abc1}}}}{|\overrightarrow{f_{\mathrm{abc1}}}|} = \frac{\overrightarrow{f_{\mathrm{abc1}}}}{\sqrt{\frac{3}{2}}F}$$

$$= \sqrt{\frac{2}{3}}\left[\cos\theta_{\mathrm{e}}\,\vec{u_{\mathrm{a1}}} + \cos\left(\theta_{\mathrm{e}} - \frac{2}{3}\pi\right)\vec{u_{\mathrm{b1}}} + \cos\left(\theta_{\mathrm{e}} + \frac{2}{3}\pi\right)\vec{u_{\mathrm{c1}}}\right] \qquad (\text{I}.5)$$

③q 轴单位矢量(速度矢量 $\dfrac{\mathrm{d}\overrightarrow{f_{\mathrm{abc1}}}}{\mathrm{d}t}$ 的单位矢量)

$$\vec{u_{\mathrm{q}}} = \frac{\dfrac{\mathrm{d}\overrightarrow{f_{\mathrm{abc1}}}}{\mathrm{d}t}}{\left|\dfrac{\mathrm{d}\overrightarrow{f_{\mathrm{abc1}}}}{\mathrm{d}t}\right|}$$

$$= \sqrt{\frac{2}{3}}\left[-\sin\theta_{\mathrm{e}}\,\vec{u_{\mathrm{a1}}} - \sin\left(\theta_{\mathrm{e}} - \frac{2}{3}\pi\right)\vec{u_{\mathrm{b1}}} - \sin\left(\theta_{\mathrm{e}} + \frac{2}{3}\pi\right)\vec{u_{\mathrm{c1}}}\right] \qquad (\text{I}.6)$$

可以看出,d、q、n 轴有如下的空间位置关系

$$\vec{u_{\mathrm{d}}} \times \vec{u_{\mathrm{q}}} = \vec{u_{\mathrm{n}}} \qquad (\text{I}.7)$$

静止 as-bs-cs 坐标系与旋转的 d-q-n 坐标系的位置关系如图 I.2 所示。

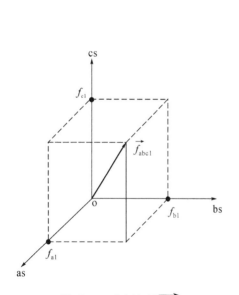

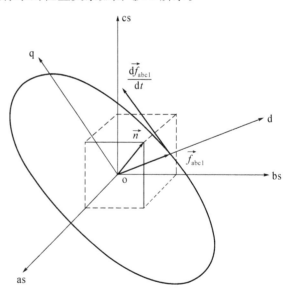

图 I.1 空间矢量 $\overrightarrow{f_{\mathrm{abc1}}}$　　　　图 I.2 静止 as-bs-cs 坐标系与旋转 d-q-n 坐标系

这样,同一空间矢量在静止 as-bs-cs 坐标系中可以称为矢量 $\overrightarrow{f_{\mathrm{abc1}}}$,而在新定义的旋转 d-q-n 坐标系中可以称为矢量 $\overrightarrow{f_{\mathrm{dqn1}}}$。且

$$\overrightarrow{f_{\mathrm{dqn1}}} = f_{\mathrm{d1}}\,\vec{u_{\mathrm{d}}} + f_{\mathrm{q1}}\,\vec{u_{\mathrm{q}}} + f_{\mathrm{n1}}\,\vec{u_{\mathrm{n}}} \qquad (\text{I}.8)$$

其中 f_{d1}、f_{q1}、f_{n1} 为矢量 $\overrightarrow{f_{dqn1}}$ 在相应的 d、q、n 轴上的分量值(瞬时值)。

同一矢量在不同坐标系统各轴上的分量之间必有一定的关系,这就是变量的坐标变换关系。式(Ⅰ.4)～ 式(Ⅰ.6)给出了两个坐标系中单位矢量间的变换关系。单位矢量的逆变换关系则为

$$\left.\begin{aligned}\overrightarrow{u_{a1}} &= \sqrt{\frac{2}{3}}\left[\cos\theta_e\overrightarrow{u_d} - \sin\theta_e\overrightarrow{u_q} + \frac{1}{\sqrt{2}}\overrightarrow{u_n}\right]\\ \overrightarrow{u_{b1}} &= \sqrt{\frac{2}{3}}\left[\cos(\theta_e - \frac{2}{3}\pi)\overrightarrow{u_d} - \sin(\theta_e - \frac{2}{3}\pi)\overrightarrow{u_q} + \frac{1}{\sqrt{2}}\overrightarrow{u_n}\right]\\ \overrightarrow{u_{c1}} &= \sqrt{\frac{2}{3}}\left[\cos(\theta_e + \frac{2}{3}\pi)\overrightarrow{u_d} - \sin(\theta_e + \frac{2}{3}\pi)\overrightarrow{u_q} + \frac{1}{\sqrt{2}}\overrightarrow{u_n}\right]\end{aligned}\right\} \quad (Ⅰ.9)$$

将式(Ⅰ.9)代入式(Ⅰ.2),得

$$\begin{aligned}\overrightarrow{f_{abc1}} = &\sqrt{\frac{2}{3}}\left[f_{a1}\cos\theta_e + f_{b1}\cos(\theta_e - \frac{2}{3}\pi) + f_c\cos(\theta_e + \frac{2}{3}\pi)\right]\overrightarrow{u_d}\\ &+\sqrt{\frac{2}{3}}\left[-f_{a1}\sin\theta_e - f_{b1}\sin(\theta_e - \frac{2}{3}\pi) - f_{c1}\sin(\theta_e + \frac{2}{3}\pi)\right]\overrightarrow{u_d}\\ &+\frac{1}{\sqrt{3}}\left[f_{a1} + f_{b1} + f_{c1}\right]\overrightarrow{u_n}\end{aligned}$$

与式(Ⅰ.8)对照,可以求出分量的变换关系为

$$\left.\begin{aligned}f_{d1} &= \sqrt{\frac{2}{3}}\left[f_{a1}\cos\theta_e + f_{b1}\cos(\theta_e - \frac{2}{3}\pi) + f_{c1}\cos(\theta_e + \frac{2}{3}\pi)\right]\\ f_{q1} &= \sqrt{\frac{2}{3}}\left[-f_{a1}\sin\theta_e - f_{b1}\sin(\theta_e - \frac{2}{3}\pi) - f_{c1}\sin(\theta_e + \frac{2}{3}\pi)\right]\\ f_{n1} &= \frac{1}{\sqrt{3}}\left[f_{a1} + f_{b1} + f_{c1}\right]\end{aligned}\right\} \quad (Ⅰ.10)$$

到此为止,实际上已经得到静止 as-bs-cs 坐标系与旋转 d-q-n 坐标系间的变量坐标变换关系。但是实际应用中往往在形式上作如下考虑:

① 由于选用矢量 $\overrightarrow{f_{abc1}}$ 作为 d-q-n 坐标系的 d 轴,使坐标系是以 ω_1 的角速度在空间旋转。实际上只要按照以上原则选定 d、q、n 坐标轴线后,没有必要限定坐标系的转速。可以将坐标系的速度设为任意速 $\Omega = \Omega(t)$,这样就得到了任意速度旋转的 d-q-n 坐标系。

② 由于 $|\overrightarrow{f_{dqn1}}| = |\overrightarrow{f_{abc1}}| = \sqrt{\frac{3}{2}}F$,可以看出空间矢量的幅值与三相时间余弦函数的幅值 F 不相等,差 $\sqrt{\frac{3}{2}}$ 倍,给某些使用场合带来不便。这可以通过改变变量间比例尺的方法得到统一。例如 d-q-n 变量缩小为原来的 $\sqrt{\frac{2}{3}}$,则有

$$|\overrightarrow{f_{abc1}}| = \sqrt{\frac{2}{3}}(\sqrt{\frac{3}{2}}F) = F$$

这样,d-q-n 变量缩小到原来的 $\sqrt{\frac{2}{3}}$ 倍后,式(1-10)变为

$$f_{d1} = \frac{2}{3}\left[f_{a1}\cos\theta + f_{b1}\cos(\theta - \frac{2}{3}\pi) + f_{c1}\cos(\theta + \frac{2}{3}\pi) \right]$$

$$f_{q1} = \frac{2}{3}\left[-f_{a1}\sin\theta - f_{b1}\sin(\theta - \frac{2}{3}\pi) - f_{c1}\sin(\theta + \frac{2}{3}\pi) \right] \quad (\text{I}.11)$$

$$f_{n1} = \frac{2}{3}\left[\frac{1}{\sqrt{2}}(f_{a1} + f_{b1} + f_{c1}) \right]$$

这里已将 d-q-n 坐标系的速度广义地定义为任意速度 Ω，故

$$\theta = \int_0^t \Omega dt + \theta(0)$$

以上坐标变换关系可以紧凑地写成矩阵形式。令

$$\boldsymbol{f}_{abc1} = [f_{a1}, f_{b1}, f_{c1}]^T$$

$$\boldsymbol{f}_{dqn1} = [f_{d1}, f_{q1}, f_{n1}]^T$$

则有

$$\boldsymbol{f}_{dqn1} = \mathbf{T}(\theta) \cdot \boldsymbol{f}_{abc1} \quad (\text{I}.12)$$

式中

$$\mathbf{T}(\theta) = \frac{2}{3}\begin{bmatrix} \cos\theta & \cos(\theta - \frac{2}{3}\pi) & \cos(\theta + \frac{2}{3}\pi) \\ -\sin\theta & -\sin(\theta - \frac{2}{3}\pi) & -\sin(\theta + \frac{2}{3}\pi) \\ \frac{1}{\sqrt{2}} & \frac{1}{\sqrt{2}} & \frac{1}{\sqrt{2}} \end{bmatrix} \quad (\text{I}.13)$$

称为静止 as-bs-cs 坐标系至任意速 d-q-n 坐标系变量坐标变换矩阵。

变量间逆变换关系为

$$\boldsymbol{f}_{abc1} = \mathbf{T}(\theta)^{-1} \cdot \boldsymbol{f}_{dqn1} \quad (\text{I}.14)$$

其中

$$\mathbf{T}(\theta)^{-1} = \begin{bmatrix} \cos\theta & -\sin\theta & \frac{1}{\sqrt{2}} \\ \cos(\theta - \frac{2}{3}\pi) & -\sin(\theta - \frac{2}{3}\pi) & \frac{1}{\sqrt{2}} \\ \cos(\theta + \frac{2}{3}\pi) & -\sin(\theta + \frac{2}{3}\pi) & \frac{1}{\sqrt{2}} \end{bmatrix} \quad (\text{I}.15)$$

称为任意速 d-q-n 坐标至静止 as-bs-cs 坐标系变量坐标逆变换矩阵。

对于一个以 ω 速度在空间旋转的 ar-br-cr 坐标系来说，考虑到任意速度坐标系与 ar-br-cr 坐标之间的相对速度为 $(\Omega - \omega)$，相对位置角为 $(\theta - \theta_r)$。其中

$$\theta_r = \int_0^t \omega dt + \theta_r(0)$$

若令

$$\boldsymbol{f}_{abc2} = [f_{a2}, f_{b2}, f_{c2}]^T$$

$$\boldsymbol{f}_{dqn2} = [f_{d2}, f_{q2}, f_{n2}]^T$$

其中 f_{a2}、f_{b2}、f_{c2} 为变量在 ar-br-cr 坐标系中各轴上的坐标值，f_{d2}、f_{q2}、f_{n2} 则为变量在 d-q-n 坐标系中各轴上的坐标值。这样，以 ω 速度旋转的 ar-br-cr 坐标系与任意速 d-q-n 坐标系变量间的坐标变换及逆变换关系为

$$\boldsymbol{f}_{dqn2} = \mathbf{T}(\theta - \theta_r) \cdot \boldsymbol{f}_{abc2} \qquad (\text{Ⅰ.16})$$

$$\boldsymbol{f}_{abc2} = \mathbf{T}(\theta - \theta_r)^{-1} \cdot \boldsymbol{f}_{dqn2} \qquad (\text{Ⅰ.17})$$

其中,$\mathbf{T}(\theta - \theta_r)$、$\mathbf{T}(\theta - \theta_r)^{-1}$ 的结构形式分别与式(Ⅰ.13)及式(Ⅰ.15)相同,只需将其中 θ 改为 $(\theta - \theta_r)$ 即可。

最后,有几点值得指出:

① 尽管采用时间的余弦函数进行推导,但所得坐标变换关系完全适合于时间的任意函数,即无论正弦与否、平衡与否、稳态与否。

② n 轴分量与习惯上使用的零序分量 f_{01} 之间有如下关系

$$f_{n1} = \sqrt{2}\, f_{01}$$

且

$$f_{01} = \frac{1}{3}(f_{a1} + f_{b1} + f_{c1})$$

可见,f_{n1} 和 f_{01} 具有相同的性质。

③ 采用 d-q-n 变量来计算 a-b-c 变量系统的瞬时功率时,考虑到在定义 d-q-n 变量时人为地引入了 $\sqrt{\dfrac{2}{3}}$ 的折算系数,故按 d-q-n 变量所得的功率应乘以 $\dfrac{3}{2}$ 的系数以满足功率不变原则,即

$$
\begin{aligned}
P_{abc} &= u_a i_a + u_b i_b + u_c i_c \\
&= \frac{3}{2}(u_d i_d + u_q i_q + u_n i_n) \\
&= \frac{3}{2} P_{dqn}
\end{aligned}
$$

④ 如果将三维立体 as-bs-cs 直角坐标系和各坐标轴线向 d-q 平面投影,其投影线可构成惯用的平面 a-b-c 坐标系。它与 d-q-n 坐标系的关系也就是惯用的坐标变换关系。

⑤ 在电工分析中,函数"f"可以代表电压"u",电流"i",磁链"Ψ"等变量。

附 录 Ⅱ

异步电机基本方程式

1. a-b-c 变量表示的电机方程式

异步电机示意图如图 Ⅱ.1 所示。假设电机为理想化电机,即设

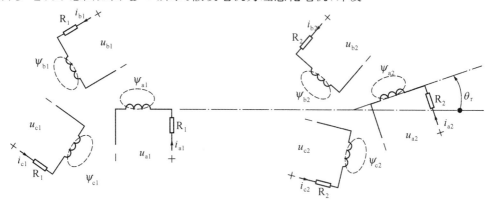

图 Ⅱ.1　异步电机示意图

① 定、转子绕组三相对称,其有效导体沿气隙空间作正弦分布;

② 气隙均匀;

③ 磁路线性。

这样,可以将电机的定、转子电压方程式写成如下矩阵形式:

$$\boldsymbol{u}_{\mathrm{abc1}} = R_1 \boldsymbol{i}_{\mathrm{abc1}} + \frac{\mathrm{d}\boldsymbol{\Psi}_{\mathrm{abc1}}}{\mathrm{d}t} \qquad (\text{Ⅱ}.1)$$

$$\boldsymbol{u}_{\mathrm{abc2}} = R_2 \boldsymbol{i}_{\mathrm{abc2}} + \frac{\mathrm{d}\boldsymbol{\Psi}_{\mathrm{abc2}}}{\mathrm{d}t} \qquad (\text{Ⅱ}.2)$$

其中

$$\boldsymbol{f}_{\mathrm{abc1}} = \left[f_{\mathrm{a1}}, f_{\mathrm{b1}}, f_{\mathrm{c1}} \right]^{\mathrm{T}}$$

$$\boldsymbol{f}_{\mathrm{abc2}} = \left[f_{\mathrm{a2}}, f_{\mathrm{b2}}, f_{\mathrm{c2}} \right]^{\mathrm{T}}$$

这里采用变量符号"f"简练地表示或者"u",或者"i"或者"Ψ"等变量。

磁链 $\boldsymbol{\Psi}_{\mathrm{abc1}}$、$\boldsymbol{\Psi}_{\mathrm{abc2}}$ 由以下磁链方程式决定:

$$\boldsymbol{\Psi}_{\mathrm{abc1}} = \boldsymbol{L}_{11} \cdot \boldsymbol{i}_{\mathrm{abc1}} + \boldsymbol{L}_{12} \cdot \boldsymbol{i}_{\mathrm{abc2}} \qquad (\text{Ⅱ}.3)$$

$$\boldsymbol{\Psi}_{\mathrm{abc2}} = \boldsymbol{L}_{12}^{\mathrm{T}} \cdot \boldsymbol{i}_{\mathrm{abc1}} + \boldsymbol{L}_{22} \cdot \boldsymbol{i}_{\mathrm{abc2}} \qquad (\text{Ⅱ}.4)$$

其中

$$\boldsymbol{L}_{11} = \begin{bmatrix} L_{\mathrm{a1a1}} & L_{\mathrm{a1b1}} & L_{\mathrm{a1c1}} \\ L_{\mathrm{b1a1}} & L_{\mathrm{b1b1}} & L_{\mathrm{b1c1}} \\ L_{\mathrm{c1a1}} & L_{\mathrm{c1b1}} & L_{\mathrm{c1c1}} \end{bmatrix}$$

为定子电感矩阵

$$\boldsymbol{L}_{22} = \begin{bmatrix} L_{a2a2} & L_{a2b2} & L_{a2c2} \\ L_{b2a2} & L_{b2b2} & L_{b2c2} \\ L_{c2a2} & L_{c2b2} & L_{c2c2} \end{bmatrix}$$

为转子电感矩阵

可以看出,以上两电感矩阵对角线上的元素分别为定子或转子各相的自感,其他元素分别为定子或转子相间的互感。由于气隙均匀,这些电感均为与转子位置无关的常数。由于三相绕组完全对称,各相绕组在位置上互差 120°,使得定、转子各项自感及相间互感具有简单一致的形式。如忽略漏磁引起的相间互感部分,则相间互感等于自感中对应于主磁场部分电感值之半。因此定、转子电感矩阵最后具有以下形式:

$$\boldsymbol{L}_{11} = \begin{bmatrix} L_1 + L_{m1} & -\dfrac{1}{2}L_{m1} & -\dfrac{1}{2}L_{m1} \\ -\dfrac{1}{2}L_{m1} & L_1 + L_{m1} & -\dfrac{1}{2}L_{m1} \\ -\dfrac{1}{2}L_{m1} & -\dfrac{1}{2}L_{m1} & L_1 + L_{m1} \end{bmatrix} \qquad (\text{Ⅱ}.5)$$

$$\boldsymbol{L}_{22} = \begin{bmatrix} L_2 + L_{m2} & -\dfrac{1}{2}L_{m2} & -\dfrac{1}{2}L_{m2} \\ -\dfrac{1}{2}L_{m2} & L_2 + L_{m2} & -\dfrac{1}{2}L_{m2} \\ -\dfrac{1}{2}L_{m2} & -\dfrac{1}{2}L_{m2} & L_2 + L_{m2} \end{bmatrix} \qquad (\text{Ⅱ}.6)$$

式中 L_1、L_2 —— 定、转子漏感;

L_{m1}、L_{m2} —— 定、转子自感中对应于主磁场部分的电感。

定、转子间互感矩阵为

$$\boldsymbol{L}_{12} = \begin{bmatrix} L_{a1a2} & L_{a1b2} & L_{a1c2} \\ L_{b1a2} & L_{b1b2} & L_{b1c2} \\ L_{c1a2} & L_{c1b2} & L_{c1c2} \end{bmatrix}$$

若定子和转子绕组产生的磁场均作正弦分布,则定、转子绕组间的互感将随两绕组轴线间的夹角 θ_r 作余弦变化。如果两相绕组轴线重合时($\theta_r = 0$)互感最大,为 L_{12}(互感系数),则定、转子互感矩阵各元素可以表达成以下形式:

$$\boldsymbol{L}_{12} = L_{12} \begin{bmatrix} \cos \theta_r & \cos(\theta_r + \dfrac{2}{3}\pi) & \cos(\theta_r - \dfrac{2}{3}\pi) \\ \cos(\theta_r - \dfrac{2}{3}\pi) & \cos \theta_r & \cos(\theta_r + \dfrac{2}{3}\pi) \\ \cos(\theta_r + \dfrac{2}{3}\pi) & \cos(\theta_r - \dfrac{2}{3}\pi) & \cos \theta_r \end{bmatrix} \qquad (\text{Ⅱ}.7)$$

2. d-q-n 变量表示的电机方程式

a-b-c 变量表示的电机方程式可以通过坐标变换得到任意速坐标中的 d-q-n 变量表示的电机方程式。

（1）定子电压方程式

根据式（Ⅰ.2）、式（Ⅰ.14）

$$\mathbf{T}(\theta) \cdot \boldsymbol{u}_{\text{abc1}} = R_1 \mathbf{T}(\theta) \cdot \boldsymbol{i}_{\text{abc1}} + \mathbf{T}(\theta) \frac{\mathrm{d}}{\mathrm{d}t}[\mathbf{T}(\theta)^{-1} \cdot \mathbf{T}(\theta) \cdot \boldsymbol{\varPsi}_{\text{abc1}}]$$

即

$$\boldsymbol{u}_{\text{dqn1}} = R_1 \cdot \boldsymbol{i}_{\text{dqn1}} + \mathbf{T}(\theta)\left[\frac{\mathrm{d}}{\mathrm{d}t}\mathbf{T}(\theta)^{-1}\right]\boldsymbol{\varPsi}_{\text{dqn1}} + \frac{\mathrm{d}\boldsymbol{\varPsi}_{dqn1}}{\mathrm{d}t}]$$

根据式（Ⅰ.13），可以演算证明

$$\mathbf{T}(\theta) \cdot \frac{\mathrm{d}\mathbf{T}(\theta)^{-1}}{\mathrm{d}t} = \begin{bmatrix} 0 & -\varOmega & 0 \\ \varOmega & 0 & 0 \\ 0 & 0 & 0 \end{bmatrix} = \boldsymbol{\varOmega X}$$

式中 $\varOmega = \dfrac{\mathrm{d}\theta}{\mathrm{d}t}$

因此 $$\boldsymbol{u}_{\text{dqn1}} = R_1 \cdot \boldsymbol{i}_{\text{dqn1}} + \boldsymbol{\varOmega X} \cdot \boldsymbol{\varPsi}_{\text{dqn1}} + \frac{\mathrm{d}\boldsymbol{\varPsi}_{\text{dqn1}}}{\mathrm{d}t} \qquad (\text{Ⅱ}.8)$$

（2）转子电压方程式

转子各相变量 $\boldsymbol{f}_{\text{abc2}}$ 可以看作是一个以 ω 速度旋转的 ar-bc-cr 坐标系中的变量，因此必须以 $(\theta - \theta_{\text{r}})$ 角度关系变换到 d-q-n 坐标系统。

根据式（Ⅰ.16）、（Ⅰ.17），有

$$\mathbf{T}(\theta - \theta_{\text{r}}) \cdot \boldsymbol{u}_{\text{abc2}} = R_2 \mathbf{T}(\theta - \theta_{\text{r}}) \cdot \boldsymbol{i}_{\text{abc2}} + \mathbf{T}(\theta - \theta_{\text{r}}) \frac{\mathrm{d}\boldsymbol{\varPsi}_{abc2}}{\mathrm{d}t}$$

经过类似的演算，任意速坐标系中采用 d-q-n 变量形式的转子电压方程式为

$$\boldsymbol{u}_{\text{dqn2}} = R_2 \boldsymbol{i}_{\text{dqn2}} + (\boldsymbol{\varOmega} - \boldsymbol{\omega})\boldsymbol{X} \cdot \boldsymbol{\varPsi}_{\text{dqn2}} + \frac{\mathrm{d}\boldsymbol{\varPsi}_{\text{dqn2}}}{\mathrm{d}t} \qquad (\text{Ⅱ}.9)$$

式中 $$(\boldsymbol{\varOmega} - \boldsymbol{\omega})\boldsymbol{X} = \begin{bmatrix} 0 & -(\varOmega - \omega) & 0 \\ (\varOmega - \omega) & 0 & 0 \\ 0 & 0 & 0 \end{bmatrix}$$

（3）定子磁链方程式

磁链中由定子电流产生的部分应用 $\mathbf{T}(0)$ 进行坐标变换，转子电流产生部分应用 $\mathbf{T}(\theta - \theta_{\text{r}})$ 进行坐标变换。这样，式（Ⅱ.3）可以演变为

$$\boldsymbol{\varPsi}_{\text{dqn1}} = \mathbf{T}(\theta)\boldsymbol{L}_{11} \cdot \mathbf{T}(\theta)^{-1} \cdot \boldsymbol{i}_{\text{dqn1}} + \mathbf{T}(\theta) \cdot \boldsymbol{L}_{12} \cdot \mathbf{T}(\theta - \theta_{r})^{-1} \cdot \boldsymbol{i}_{\text{dqn2}}$$

经过矩阵运算，得到

$$\boldsymbol{\varPsi}_{\text{dqn1}} = \begin{bmatrix} L_1 + \dfrac{3}{2}L_{\text{m1}} & 0 & 0 \\ 0 & L_1 + \dfrac{3}{2}L_{\text{m1}} & 0 \\ 0 & 0 & L_1 \end{bmatrix} \cdot \boldsymbol{i}_{\text{dqn1}} + \begin{bmatrix} \dfrac{3}{2}L_{12} & 0 & 0 \\ 0 & \dfrac{3}{2}L_{12} & 0 \\ 0 & 0 & 0 \end{bmatrix} \cdot \boldsymbol{i}_{\text{dqn2}} \qquad (\text{Ⅱ}.10)$$

（4）转子磁链方程式

应用类似的方法，式（Ⅱ.4）经过坐标变换后可得

$$\boldsymbol{\Psi}_{dqn2} = \begin{bmatrix} L_2 + \dfrac{3}{2}L_{m2} & 0 & 0 \\ 0 & L_2 + \dfrac{3}{2}L_{m2} & 0 \\ 0 & 0 & L_2 \end{bmatrix} \cdot \boldsymbol{i}_{dqn2} + \begin{bmatrix} \dfrac{3}{2}L_{12} & 0 & 0 \\ 0 & \dfrac{3}{2}L_{12} & 0 \\ 0 & 0 & 0 \end{bmatrix} \cdot \boldsymbol{i}_{dqn1} \qquad (\text{Ⅱ}.11)$$

（5）匝比变换（折算）后分量形式电机方程式

为了简化表达式,方便计算和利于构成等值电路,转子变量应按定、转子各相绕组有效匝数之比 $\dfrac{N_1}{N_2}$ 进行变换或折算。折算规律如一般电机学中的规定。

折算中注意到除了定、转漏抗外,其余电抗均对应于气隙主磁场。它们之间除匝数不同外,磁路磁导相同,故有

$$L_{m1} = \frac{N_1}{N_2}L_{12} = (\frac{N_1}{N_2})^2 L_{m2} \qquad (\text{Ⅱ}.12)$$

如果定义

$$L_m = \frac{3}{2}L_{m1} \qquad (\text{Ⅱ}.13)$$

为励磁电感,经过代数恒等变换,可以得到以下经匝比变换后的 d、q、n 分量形式的电机方程式。式中以带撇量表示折算过后的各量。

① 电压方程式

$$\left. \begin{aligned} u_{d1} &= R_1 i_{d1} + \frac{\mathrm{d}\boldsymbol{\Psi}_{d1}}{\mathrm{d}t} - \Omega\boldsymbol{\Psi}_{q1} \\ u_{q1} &= R_1 i_{q1} + \frac{\mathrm{d}\boldsymbol{\Psi}_{q1}}{\mathrm{d}t} + \Omega\boldsymbol{\Psi}_{d1} \\ u_{n1} &= R_1 i_{n1} + \frac{\mathrm{d}\boldsymbol{\Psi}_{n1}}{\mathrm{d}t} \end{aligned} \right\} \qquad (\text{Ⅱ}.14)$$

$$\left. \begin{aligned} u'_{d2} &= R'_2 i'_{d2} + \frac{\mathrm{d}\boldsymbol{\Psi}'_{d2}}{\mathrm{d}t} - (\Omega - \omega)\boldsymbol{\Psi}'_{q2} \\ u'_{q2} &= R'_2 i'_{q2} + \frac{\mathrm{d}\boldsymbol{\Psi}'_{q2}}{\mathrm{d}t} + (\Omega - \omega)\boldsymbol{\Psi}'_{d2} \\ u'_{n2} &= R'_2 i'_{n2} + \frac{\mathrm{d}\boldsymbol{\Psi}'_{n2}}{\mathrm{d}t} \end{aligned} \right\} \qquad (\text{Ⅱ}.15)$$

② 磁链方程式

$$\left. \begin{aligned} \boldsymbol{\Psi}_{d1} &= L_1 i_{d1} + L_m(i_{d1} + i'_{d2}) \\ &= L_{11} i_{d1} + L_m i'_{d2} \\ \boldsymbol{\Psi}_{q1} &= L_1 i_{q1} + L_m(i_{q1} + i'_{q2}) \\ &= L_{11} i_{q1} + L_m i'_{q2} \\ \boldsymbol{\Psi}_{n1} &= L_1 i_{n1} \end{aligned} \right\} \qquad (\text{Ⅱ}.16)$$

$$
\begin{aligned}
\Psi'_{d2} &= L'_2 i'_{d2} + L_m(i_{d1} + i'_{d2}) \\
&= L'_{22} i'_{d2} + L_m i_{d1} \\
\Psi'_{q2} &= L'_2 i'_{q2} + L_m(i_{q1} + i'_{q2}) \\
&= L'_{22} i'_{q2} + L_m i_{q1} \\
\Psi'_{n2} &= L'_2 i'_{n2}
\end{aligned}
\qquad (\text{II}.17)
$$

式中 L_{11} —— 定子全自感，$L_{11} = L_1 + L_m$；

L'_{22} —— 转子全自感，$L'_{22} = L'_2 + L_m$。

此外，还可以定义出 d、q 轴的气隙（互感）磁链

$$
\begin{aligned}
\Psi_{md} &= L_m(i_{d1} + i'_{d2}) \\
\Psi_{mq} &= L_m(i_{q1} + i'_{q2})
\end{aligned}
\qquad (\text{II}.18)
$$

（6）d-q-n 变量表示的矩阵形式电机方程式

$$
\begin{bmatrix} u_{d1} \\ u_{q1} \\ u_{n1} \\ u'_{d2} \\ u'_{q2} \\ u'_{n2} \end{bmatrix} =
\begin{bmatrix}
R_1 + L_{11}p & -\Omega L_{11} & 0 & L_m p & -\Omega L_m & 0 \\
\Omega L_{11} & R_1 + L_{11}p & 0 & \Omega L_m & L_m p & 0 \\
0 & 0 & R_1 + L_1 p & 0 & 0 & 0 \\
L_m p & -(\Omega-\omega)L_m & 0 & R'_2 + L'_{22}p & -(\Omega-\omega)L'_{22} & 0 \\
(\Omega-\omega)L_m & L_m p & 0 & (\Omega-\omega)L'_{22} & R'_2 + L'_{22}p & 0 \\
0 & 0 & 0 & 0 & 0 & R'_2 + L'_2 p
\end{bmatrix}
\begin{bmatrix} i_{d1} \\ i_{q1} \\ i_{n1} \\ i'_{d2} \\ i'_{q2} \\ i'_{n2} \end{bmatrix}
$$

$$(\text{II}.19)$$

式中 $p = \dfrac{\mathrm{d}}{\mathrm{d}t}$；

Ω——d-q-n 坐标系的旋转角速度，Ω 可为任意值。

若设 $\Omega = 0$，则得静止坐标系异步电机方程式；若设 $\Omega = \omega_1$，则得同步速坐标系异步电机方程式；若设 $\Omega = \omega$，则得转子速坐标系异步电机方程式。

参考文献

[1] 许大中,贺益康编著. 电机控制(第二版). 杭州:浙江大学出版社,2002

[2] 许大中、贺益康编著. 电机的电子控制及其特性. 北京:机械工业出版社,1988

[3] 杨兴瑶编著. 电动机调速原理与系统. 北京:水利电力出版社,1979

[4] 陈伯时主编. 电力拖动自动控制系统—运动控制系统(第3版). 北京:机械工业出版社,2003

[5] 柴肇基主编. 电力传动与调速系统. 北京:北京航天航空大学出版社,1992

[6] 王离九,黄锦恩编著. 晶体管脉宽直流调速系统. 武汉:华中理工大学出版社,1998

[7] 许大中编著. 交流电机调速理论. 杭州:浙江大学出版社,1991

[8] 贺益康编著. 交流电机调速系统计算机仿真. 杭州:浙江大学出版社,1993

[9] 刘竞成主编. 交流调速系统. 上海:上海交通大学出版社,1991

[10] 贺益康,潘再平编著. 电力电子技术. 北京:科学出版社,2004

[11] 佟纯厚主编. 近代交流调速(第二版). 北京:冶金工业出版社,1997

[12] Avadhanlu T. V., Saxena R. B. Torque Pulsation Minimization in a Variable Speed Inverter Fed Induction Motor Drive System,IEEE Trans. 1979,PAS—98(1)

[13] Oliver G. et al., Evaluation of Phase Commutated Converters for Slip—Power Control in Induction Drives. IEEE IAS Annual Meeting. 1981,536~542

[14] 赵昌颖,孙泽昌. 串级调速系统闭环结构及动特性分析与综合. 电气传动,1981(3)

[15] 秦晓平,王克成编著. 感应电动机的双馈调速和串级调速. 北京:机械工业出版社,1990

[16] Bimal k. Bose. Modern Power Electronics and AC Drives. 北京:机械工业出版社,2003

[17] 何冠英. 异步电机变频调速的矢量变换控制系统. 电气传动. 1984(4~5)

[18] 陈峻峰编著. 永磁电机. 北京:机械工业出版社,1982

[19] 许大中编著. 晶闸管无换向器电机. 北京:科学出版社,1984

[20] P. M. 安德逊.,A. A. 佛阿德著. 电力系统的控制与稳定. 北京:水利电力出版社,1979

[21] 姚守献,张世栋编著. 自动恒压同步发电机的励磁系统. 北京:机械工业出版社,1985

[22] 叶金虎等编著. 无刷直流电动机. 北京:科学出版社,1982

[23] 张琛编著. 直流无刷电动机原理及应用. 北京:机械工业出版社,1996

[24] 唐任远主编. 特种电机. 北京:机械工业出版社,1998

[25] 苏彦民编. 电力拖动系统的微机计算机控制. 西安:西安交通大学出版社,1988

[26] 吴守箴,臧英杰著. 电气传动的脉宽调制控制技术. 北京:机械工业出版社,1997

[27] 刘迪吉编著. 开关磁阻调速电动机. 北京:机械工业出版社,1994

[28] 朱振东. 发电机交流励磁变速运行的研究.[博士学位论文]. 杭州:浙江大学,1996

[29] 刘其辉.变速恒频风力发电系统运行与控制研究.[博士学位论文].杭州:浙江大学,2005

[30] 唐任远等著.现代永磁电机. 北京:机械工业出版社,1997

[31] 苏彦民,李宏编著. 交流调速系统的控制策略. 北京:机械工业出版社,1998

[32] 谭建成主编. 电机控制专用集成电路. 北京:机械工业出版社,1997